21世纪高职高专土建系列工学结合型规划教材

土力学与地基基础

主 编 陈东佐
副主编 任晓菲 靳雪梅 白 哲
　　　　孙 晋 袁 慧 毕小兵
主 审 高 平

内 容 简 介

本书主要依据最新发布的国家标准《建筑地基基础设计规范》(GB 50007—2011)、《岩土工程勘察规范》(GB 50021—2001)(2009 年版)、《建筑抗震设计规范》(GB 50011—2010)、《膨胀土地区建筑技术规范》(GB 50112—2013)、《复合土钉墙基坑支护技术规范》(GB 50739—2011)、《复合地基技术规范》(GB/T 50783—2012)、《建筑边坡工程技术规范》(GB 50330—2013)、《建筑基坑工程监测技术规范》(GB 50497—2009),以及行业标准《建筑地基处理技术规范》(JGJ 79—2012)、《建筑基坑支护技术规程》(JGJ 120—2012)、《建筑桩基技术规范》(JGJ 94—2008)等进行编写。

全书共 14 章,内容包括:绪论、地基土的物理性质与工程分类、地基土中的应力、地基土的压缩性及变形计算、土的抗剪强度和地基承载力、土压力和土坡稳定、地基勘察、天然地基上的浅基础、桩基础与其他深基础简介、基坑工程、地基处理、特殊土地基、地基基础抗震、地基基础工程事故的预防及处理。为了便于理解和掌握本书的重点和难点,方便学生自学,书中每章后面都安排了精选的习题。

本书既可作为高职高专建筑工程技术专业的教材,也可作为其他土建类相关专业的教材,还可作为工程技术人员和施工管理人员的参考用书。

图书在版编目(CIP)数据

土力学与地基基础/陈东佐主编. —北京:北京大学出版社,2015.3
(21 世纪高职高专土建系列工学结合型规划教材)
ISBN 978-7-301-25525-4

Ⅰ.①土… Ⅱ.①陈… Ⅲ.①土力学—高等职业教育—教材②地基—基础(工程)—高等职业教育—教材 Ⅳ.①TU4

中国版本图书馆 CIP 数据核字(2015)第 032170 号

书 名	土力学与地基基础
著作责任者	陈东佐 主编
策 划 编 辑	赖青 李辉
责 任 编 辑	姜晓楠
标 准 书 号	ISBN 978-7-301-25525-4
出 版 发 行	北京大学出版社
地 址	北京市海淀区成府路 205 号 100871
网 址	http://www.pup.cn 新浪微博:@北京大学出版社
电子信箱	pup_6@163.com
电 话	邮购部 010-62752015 发行部 010-62750672 编辑部 010-62750667
印 刷 者	北京虎彩文化传播有限公司
经 销 者	新华书店
	787 毫米×1092 毫米 16 开本 22.25 印张 518 千字
	2015 年 3 月第 1 版 2022 年 8 月修订 2022 年 8 月第 4 次印刷
定 价	45.00 元

未经许可,不得以任何方式复制或抄袭本书之部分或全部内容。
版权所有,侵权必究
举报电话:010-62752024 电子信箱:fd@pup.pku.edu.cn
图书如有印装质量问题,请与出版部联系,电话:010-62756370

前　言

随着我国城乡建设的快速发展，以及高层建筑、大型公共建筑、重型设备基础、城市地铁、越江越海隧道等工程的大量兴建，地基基础的设计方法与施工工艺取得了很大发展，土力学理论与地基基础技术显得越来越重要。

"教书育人，教材先行"，为了贯彻教育部关于高职高专人才培养目标及教材建设的总体要求，为培养适应社会需要的高等技术应用型人才，我们进行了本书的编写。

本书以必需精要为度，力求时效性、针对性、适应性和实用性，兼顾系统性和完整性，努力体现高职高专教育的特色，并注重反映地基基础领域的新规范、新规程，以及推广应用的新技术、新工艺。例如，在设计和施工方面引入目前已较多采用并首次列入规范的复合土钉墙结构设计和施工技术等，从而满足应用型高等专门人才培养要求的需要。

本书由运城职业技术学院特聘教授(原太原大学教授)陈东佐担任主编，运城职业技术学院副教授任晓菲、山西工程技术学院副教授靳雪梅、河南城建学院白哲博士、山西建筑职业技术学院孙晋硕士、太原城市职业技术学院袁慧博士、山西水利职业技术学院毕小兵硕士担任副主编。全书内容共14章，具体编写分工为：第11章由陈东佐编写，第1章由任晓菲编写，第2章、第3章由靳雪梅编写，第6章、第12章、第13章由白哲编写，第4章、第5章、第14章由孙晋编写，第7章、第8章由袁慧编写，第9章、第10章由毕小兵编写。全书由主编陈东佐统稿。

本书由山西平朔房地产开发有限公司副总经理高平高级工程师主审。高老师审稿认真仔细，提出了许多中肯的意见，谨此表示衷心的感谢！

另外，编者在本书编写过程中参考了近几年出版的相关书籍中的优秀内容，同时也得到了运城职业技术学院、河南城建学院、山西工程技术学院、山西建筑职业技术学院、山西水利职业技术学院等相关院校，山西平朔房地产开发有限公司等相关单位，以及北京大学出版社的大力支持，在此一并致谢！

由于编者水平所限，加之时间仓促，书中难免有疏漏和不妥之处，恳请读者在使用过程中给予指正并提出宝贵意见。

编　者

2014年10月

CONTENTS 目录

第1章 绪论 ··· 1
1.1 概述 ··· 3
1.2 本学科发展概况 ··· 6
1.3 本课程的特点及学习要求 ··· 8
习题 ··· 9

第2章 地基土的物理性质与工程分类 ··· 10
- 2.1 土的成因 ··· 11
- 2.2 土的三相组成 ··· 15
- 2.3 土的结构与构造 ··· 21
- 2.4 土的物理性质指标 ··· 22
- 2.5 土的物理状态指标 ··· 27
- 2.6 地基岩土的工程分类 ··· 33
- 习题 ··· 36

第3章 地基土中的应力 ··· 39
- 3.1 地基土中的自重应力 ··· 40
- 3.2 基底压力 ··· 43
- 3.3 地基土中的附加应力 ··· 46
- 习题 ··· 56

第4章 地基土的压缩性及变形计算 ··· 59
- 4.1 土的压缩性 ··· 60
- 4.2 地基最终沉降量计算 ··· 66
- 4.3 地基沉降与时间的关系 ··· 74
- 4.4 建筑物沉降观测与地基变形允许值 ··· 80
- 习题 ··· 83

第5章 土的抗剪强度和地基承载力 ··· 85
- 5.1 土的抗剪强度理论 ··· 87
- 5.2 土的抗剪强度试验 ··· 91
- 5.3 地基承载力 ··· 99
- 习题 ··· 103

第6章 土压力和土坡稳定 ··· 105
- 6.1 概述 ··· 106
- 6.2 土压力理论 ··· 107
- 6.3 挡土墙设计 ··· 119
- 6.4 土坡稳定分析 ··· 125
- 习题 ··· 129

第7章 地基勘察 ··· 132
- 7.1 工程地质知识概述 ··· 133
- 7.2 岩土工程勘察阶段与等级 ··· 135
- 7.3 岩土工程勘察的基本要求 ··· 138
- 7.4 岩土工程勘察方法 ··· 141
- 7.5 岩土工程勘察报告及应用 ··· 147
- 7.6 验槽 ··· 149
- 习题 ··· 152

第8章 天然地基上的浅基础 ··· 153
- 8.1 地基基础设计的基本规定 ··· 154
- 8.2 浅基础的类型及材料 ··· 157
- 8.3 基础埋置深度 ··· 162
- 8.4 基础底面尺寸的确定 ··· 165
- 8.5 无筋扩展基础设计 ··· 170
- 8.6 钢筋混凝土扩展基础设计 ··· 172
- 8.7 柱下钢筋混凝土条形基础 ··· 180
- 8.8 筏形基础 ··· 182
- 8.9 减少建筑物不均匀沉降的措施 ··· 183
- 8.10 天然地基浅基础施工 ··· 187
- 习题 ··· 188

第9章 桩基础与其他深基础简介 ··· 191
- 9.1 概述 ··· 192
- 9.2 桩的分类 ··· 194
- 9.3 单桩竖向承载力 ··· 196
- 9.4 桩基础设计 ··· 203

9.5 桩基础施工 …………………… 211
9.6 其他深基础简介 ……………… 224
习题 …………………………………… 226

第10章 基坑工程 …………………… 228
10.1 概述 ………………………… 229
10.2 基坑支护结构形式及其选用 …… 230
10.3 排桩支护 …………………… 234
10.4 土钉墙支护 ………………… 238
10.5 复合土钉墙支护 …………… 241
10.6 基坑排水和降水 …………… 245
10.7 基坑开挖与监测 …………… 248
习题 …………………………………… 251

第11章 地基处理 …………………… 252
11.1 概述 ………………………… 254
11.2 复合地基概论 ……………… 259
11.3 换填垫层法 ………………… 265
11.4 排水固结法 ………………… 274
11.5 强夯法 ……………………… 281
11.6 水泥粉煤灰碎石桩法 ……… 286
11.7 灰土挤密桩法和土挤密桩法 … 290

11.8 水泥土搅拌法 ……………… 294
习题 …………………………………… 299

第12章 特殊土地基 ………………… 301
12.1 湿陷性黄土地基 …………… 302
12.2 膨胀土地基 ………………… 308
12.3 红黏土地基 ………………… 310
习题 …………………………………… 312

第13章 地基基础抗震 ……………… 313
13.1 概述 ………………………… 314
13.2 地基基础的震害现象 ……… 316
13.3 建筑地基基础抗震设计 …… 318
习题 …………………………………… 331

第14章 地基基础工程事故的预防及处理 …………………………… 332
14.1 地基基础工程事故的类型 …… 333
14.2 地基基础工程事故的预防及处理概述 ……………………… 335
习题 …………………………………… 342

参考文献 …………………………… 343

第1章

绪 论

学习目标

本章介绍了土的特点,土力学、地基与基础的概念,地基与基础的类型,基础工程的作用,学科发展概况。通过本章的学习,要求学生掌握土力学、地基与基础的概念,地基与基础的类型;熟悉地基与基础的设计组合要求以及进行作用效应组合时应注意的问题;了解基础工程的作用、基础工程学科发展的概况以及本课程的特点与学习方法。

土力学与地基基础

引 例

意大利比萨斜塔倾斜的原因

比萨斜塔是一座独立的钟塔建筑,周围空旷,比萨塔的建造经历了三个时期。

第一期,自1173年9月8日至1178年,建至第4层,高度约29m时,因塔倾斜而停工。

第二期,钟塔施工中断94年后,于1272年复工,至1278年,建完第7层,高48m,再次停工。

第三期,经第二次施工中断82年后,于1360年再复工,至1370年竣工,三个时期前后近200年。

全塔共8层,高55m,总荷重约为145MN,塔身传递到地基的平均压力约500kPa。

1590年,伽利略曾在此塔做落体实验,创立了物理学上著名的自由落体定律,斜塔因此成为世界上最珍贵的历史文物之一。1990年1月,该塔南北两端沉降差达1.8m,塔顶中心线偏离塔底中心线达5.27m,倾角5°21′16″。比萨斜塔基础底面倾斜值,经计算为0.093,即93‰,我国国家标准《建筑地基基础设计规范》(GB 50007—2011)中规定:高耸结构基础的倾斜,当建筑物高度H_g为:50m<H_g≤100m时,其允许值为0.005,即5‰。比萨斜塔基础倾斜值已等于我国国家标准允许值的18倍,因倾斜程度过大而被关闭(图1.1)。

(a) 比萨斜塔全景

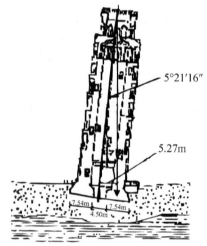
(b) 比萨斜塔地质剖面图

图 1.1 比萨斜塔

关于比萨斜塔倾斜的原因,早在18世纪就有两派不同见解:一派由历史学家兰尼里·克拉西为首,坚持比萨塔有意建成不垂直;另一派由建筑师阿莱山特罗领导,认为比萨塔的倾斜归因于它的地基不均匀沉降。

20世纪以来,一些学者提供了塔的基本资料和地基土的情况。根据资料分析认为比萨钟塔倾斜的原因如下:

(1) 钟塔基础底面位于第2层粉砂中。施工不慎,南侧粉砂局部外挤,造成偏心荷载,使塔南侧附加应力大于北侧,导致塔向南倾斜。

(2) 塔基底压力高达500kPa,超过持力层粉砂的承载力,地基产生塑性变形,使塔下沉。

塔南侧接触压力大于北侧，南侧塑性变形必然大于北侧，使塔的倾斜加剧。

（3）钟塔地基中的黏土层厚达近30m，位于地下水位下，呈饱和状态。在长期重荷作用下，土体发生蠕变，也是钟塔继续缓慢倾斜的一个原因。

（4）在比萨平原深层抽水，使地下水位下降，相当于大面积加载，这也是钟塔倾斜的重要原因。在20世纪60年代后期与70年代早期，观察到地下水位下降，同时钟塔的倾斜率增加。当天然地下水恢复后，则钟塔的倾斜率也回到常值。

处理措施如下：①卸荷处理。1838—1839年，挖环形基坑卸载；②防水与灌水泥浆。1933—1935年，基坑防水处理，基础环灌浆加固；③塔身加固。1990年1月封闭整修，1992年7月加固塔身，用压重法和取土法进行地基处理。经过12年的整修，耗资约2500万美元，斜塔被扶正44cm，2001年12月重新对外开放。

1.1 概　　述

1.1.1 土的概念及特点

工程上所称的土，通常是指地球岩石圈经过强烈的风化、剥蚀、搬运、沉积后在地球表面形成的散粒堆积物。

由于成土母岩和形成历史的不同，使得土体在自然界中的种类繁多、分布复杂、性质各异。由于土粒之间的连接强度远小于土颗粒自身的强度，故土体常表现出散体性；由于土体之间的孔隙内存在水和空气，而常受外界温度、湿度及压力的影响，土又具有多孔性、多样性和易变性等特点。

土在地球表面分布极广，它与工程建设的关系十分密切。工程中常将土作为地基（如房屋、水闸、码头、道路、桥梁等），或作为建筑材料（如路基、土坝、堤防等），或作为建筑物周围的介质或护层（如隧道、涵洞、运河以及其他地下建筑物）。土的性质对建筑物的设计与使用有着直接的影响。

1.1.2 土力学的概念

土力学是地基基础设计的理论依据，它是运用力学的基本原理和土工测试技术研究土的问题。土力学是力学的一个分支。土力学研究的对象主要是土的物理性质、物理状态，以及土的应力、变形、强度和渗透等力学特性的一门学科。由于土体的多孔性，使得土体具有易变性、多样性，其物理、化学和力学性质与一般刚性或弹性固体有所不同。因此，必须通过专门的土工测试技术进行探讨。

1.1.3 地基与基础的概念

地基与基础是两个完全不同的概念。通常将埋入土层一定深度的建（构）筑物下部的承重结构称为基础，而将支承基础的土层或岩层称为地基。位于基础底面下的第一层土称为持力层；而在持力层以下的土层称为下卧层，强度低于持力层的下卧层称为软弱下卧层。基础应埋置在良好的持力层上（图1.2）。

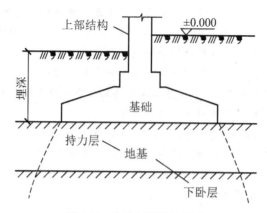

图 1.2 地基与基础示意图

基础起着"承上启下"的作用，也就是承受其上部作用的全部荷载，并将其传递、扩散到地基中。所以，要求基础必须具有足够的强度与稳定性，以保证整个建筑物的安全和正常使用。而地基承受着由基础传来的整个建筑物荷载，它对整个建筑物的安全和正常使用起着根本作用，所以要求地基也必须具有足够的强度与稳定性，并且变形（主要指沉降）也应在容许范围内。对于浅基础而言，地基可分为持力层和下卧层。持力层为直接与基础底面相接触的那部分地层，持力层以下受建筑物荷载影响的地层称为下卧层。整个桥梁分为上部结构和下部结构，上部结构为用于通行的桥跨结构，而下部结构包括桥墩、桥台及其基础。

基础工程是研究基础或包含基础的地下结构设计与施工的一门科学，也称为基础工程学。基础工程既是结构工程中的一部分，又是独立的地基基础工程。基础设计与施工也就是地基基础设计与施工。其设计必须满足三个基本条件：①作用于地基上的荷载效应（基底压力）不得超过地基容许承载力或地基承载力特征值，保证建筑物不因地基承载力不足造成整体破坏或影响正常使用，具有足够防止整体破坏的安全储备；②基础沉降不得超过地基变形容许值，保证建筑物不因地基变形而损坏或影响其正常使用；③挡土墙、边坡以及地基基础保证具有足够防止失稳破坏的安全储备。荷载作用下，地基、基础和上部结构三部分彼此联系、相互制约。设计时应根据地质勘察资料，综合考虑地基—基础—上部结构的相互作用、变形协调与施工条件，进行经济技术比较，选取安全可靠、经济合理、技术先进、环境保护和施工简便的地基基础方案。

1.1.4 地基与基础的类型

根据地层变化情况、上部结构的要求、荷载特点和施工技术水平，可采用不同类型的地基与基础。

1. 地基的类型

地基是地层的一部分。地层包括岩层和土层，因此地基有岩石地基和土质地基之别。

无论是岩层还是土层都是自然界的产物。一旦拟建场地确定，人们对地质条件便没有选择的余地，只能尽可能地对它进行了解，并合理地利用或处理。对于那些开挖基坑后就可以直接修筑基础的地基,称为天然地基;对那些不能满足要求、需要进行人工加固处理的地基称为人工地基。

2. 基础的类型

基础按埋置深度可分为浅基础和深基础两种,见表1-1。

表1-1 按埋置深度划分的基础类型

类型	特点
浅基础	浅层地基承载力较大时,采用埋深较小的浅基础。浅基础施工方便,通常从地面开挖基坑后,直接在基坑底面砌筑、浇筑基础
深基础	如果浅层土质不良,需将基础埋置于较深的良好土层上,则为深基础。深基础设计和施工较复杂,但具有良好的适应性和抗震性

● 特 别 提 示

最常见的深基础形式是桩基础,其他还有沉井基础、地下连续墙、管柱基础等。我国应用最多的深基础是桩基础。

1.1.5 基础工程的作用

1. 基础工程的学科地位

基础工程(Foundation Engineering)是以土力学、建筑材料、钢筋混凝土结构、建筑施工等课程为专业基础,研究在各种可能荷载及其组合作用及一定工程地质条件和环境条件下,地基基础受力、变形和稳定性性状的变化规律,以及各种地基基础的设计、施工、检测与维护的专门学科,是土木工程学科的一个重要分支。

随着我国国民经济的快速发展、城市化进程的加快以及城市用地的日益紧缺,城市建设向多层、高层和地下建筑发展已成必然趋势。各种新型基础形式和施工方法层出不穷,各种复杂、异形的基础平面形式的使用,给基础的设计、施工带来一系列的新课题。地铁或其他地下结构的大量兴建,也为基础工程学科开辟了新的领域。

2. 基础工程的重要性

基础工程勘察、设计和施工质量的好坏,直接影响建筑物的安危、经济和正常使用。对整个建筑物的质量和正常使用具有十分重要的作用。

(1) 基础工程施工难度大。基础工程施工常在地下或水下进行,往往需挡土挡水,施工难度大,其进度经常控制着整个建筑物的施工进度。

(2) 基础工程造价高。在一般多层、高层建筑中,基础工程造价约占总造价的1/4,工期为总工期的25%~30%。若需采用深基础或人工地基,其造价和工期所占比例更大。

(3) 基础工程为隐蔽工程,如有缺陷,较难发现,也较难弥补和修复,而这些缺陷往往直接影响整个建筑物的使用甚至安全。而一旦失事,往往后果严重,补救困难,有些即使可以补救，其加固、修复所需的费用也非常高。倾斜的意大利比萨斜塔、我国苏州虎丘塔都是与地基强度和变形有关的工程事故。

1.2 本学科发展概况

　　土力学与地基基础既是一门古老的工程技术，又是一门新兴的理论，它伴随着生产实践的发展而发展，经历了从感性认识到理性认识、形成独立学科和新的发展四个阶段。

　　早在史前的人类建筑活动中，地基基础作为一项工程技术就被应用。我国西安市半坡村新石器时代遗址中的土台和石础，就是祖先们应用这一工程技术的见证。我国劳动人民远在春秋战国时期开始兴建的万里长城以及隋唐时期修通的南北大运河，穿越了各种复杂的地质条件；隋朝工匠李春在河北省修建的赵州桥，不仅因其建筑和结构设计而闻名于世，其地基基础处理也是非常合理的，他将桥台砌置于密实粗砂层上，1300多年来沉降量仅几厘米。现代通过验算确定桥台的基底压力为500～600kPa，这与用现代土力学理论方法给出的该土层的承载力非常接近。建于唐代的西安小雁塔其下为巨大的船形灰土基础，这使小雁塔经历数次大地震而留存于今。上述一切证明，人类在其建筑工程实践中积累了丰富的基础工程设计、施工经验和知识，但是由于受到当时的生产实践规模和知识水平限制，在相当长的历史时期内，地基基础仅作为一项建筑工程技术而停留在经验积累和感性认识阶段。

　　18世纪西方掀起了工业革命热潮，在大规模的城市建设和水利、铁路的兴建中，遇到了大量与土有关的工程技术问题，积累了许多经验教训，促使人们寻找理论上的解释。下面几个古典理论奠定了土力学与地基基础的理论基础，见表1-2。

表1-2　经典的几个古典理论

时间	理论提出者	相关古典理论
1773年	库仑(Coulomb)(法国)	根据试验提出了砂土的抗剪强度公式和挡土墙土压力的滑动土楔原理
1855年	达西(Darcy)(法国)	创立了土层的层流渗透定律
1857年	朗肯(Rankine)(英国)	提出了建立在土体的极限平衡条件分析基础上的土压力理论
1885年	布辛奈斯克(Boussinesq)(法国)	提出了均匀的、各向同性的半无限体表面在竖直集中力和线荷载作用下的位移和应力分布理论

　　20世纪20年代后，土力学的研究有了较快的发展，其重要理论见表1-3。

表1-3　20世纪后土力学的重要理论

时间	理论提出者	重要理论
1915年	瑞典的彼得森(Petterson)首先提出，由费兰纽斯(Fellenius)等人进一步发展	土坡整体稳定分析的圆弧滑动面法
1920年	普朗德尔(Prandtl)(法国)	提出地基剪切破坏时的滑动面形状和极限承载力公式等

续表

时间	理论提出者	重要理论
1925年	太沙基（Terzaghi）（奥裔美国学者）	归纳了以往的理论研究成果，发表了第一本《土力学》专著，又于1929年与其他学者一起发表了《工程地质学》。这些比较系统完整的科学著作的出版，带动了各国学者对本学科各个方面的研究和探索。太沙基的《土力学》的问世，标志着土力学成为一门独立的学科，也标志着近代土力学的开端。太沙基被公认为是现代土力学的奠基人
1957年	第四届国际土力学与基础工程会议	现代科技成就特别是电子技术进入了土力学与地基基础的研究领域。实验技术实现了自动化、现代化，人们对地层的性质有了更深的了解，土力学理论和基础工程技术出现了令人瞩目的进展

知识链接

从1936年在美国召开第一届国际土力学与基础工程会议起，至2009年，共计召开了17次国际会议。其间，包括我国在内的许多国家和地区也都开展了类似的活动，交流和总结了本学科新的研究成果和实践经验。从20世纪50年代起，现代科技成就尤其是电子技术渗入了土力学及基础工程的研究领域。在实现实验测试技术自动化、现代化的同时，人们对土的基本性质又有了更进一步的认识。土力学理论和基础工程技术也取得了令人瞩目的进展。如人们试图建立较为复杂的考虑土的应力-应变-强度-时间关系的计算模型，在工程实践中考虑较为复杂的土的应力-应变关系。与此同时新的基础设计理论与施工技术，也得到了迅速发展，如出现了补偿性基础、桩筏基础、桩箱基础、巨型沉井基础、灌注桩后压浆施工法等。在地基处理技术方面，如强夯法、CFG桩复合地基法、深层搅拌桩复合地基法等，都得到了发展与完善。

这个时期，年轻的中华人民共和国也以朝气蓬勃的姿态步入了国际土力学及基础工程科技交流发展的行列。从1962年开始的全国土力学及基础工程学术讨论会的定期召开，已成为土力学及地基基础学科迅速进展的里程碑。

时至今日，在土建、水利、桥梁、隧道、道路、港口、海洋等有关工程中，以岩土体的利用、改造与整治问题为研究对象的科技领域，因其区别于结构工程的特殊性和各专业岩土问题的共同性，已融合为一个自成体系的新专业——岩土工程（Geotechnical Engineering）。它的工作方法就是：调查勘察、试验测定、分析计算、方案论证、监测控制、反演分析、修改定案。它的研究方法是以三种相辅相成的基本手段，即数学模拟（建立岩土本构模型进行数值分析）、物理模拟（定性的模型试验，以离心机中的模型进行定量测试和其他物理模拟试验）和原体观测（对工程实体或建筑物的性状进行短期或长期观测）综合而成的。我国的地基与基础科学技术，作为岩土工程的一个重要组成部分，将继续遵循现代岩土工程的工作方法和研究方法进行发展。

1.3 本课程的特点及学习要求

"土力学与地基基础"是高等院校土建类专业的一门必修课程。本课程包括土力学和基础工程两部分。土力学部分为专业基础课,基础工程部分是专业课。

本课程涉及工程地质学、土力学、建筑结构和建筑施工等几个学科领域,内容广泛,综合性强,学习时应从本专业出发重视工程地质的基本知识,培养阅读和使用工程地质勘察资料的能力,掌握土的应力、应变、强度、土压力等土力学基本原理,应用这些基本概念和基本原理,结合建筑结构理论和施工知识,分析和解决地基基础问题。本课程共有14章,见表1-4。

表1-4 各章主要学习内容

章序号	主要内容
第1章~第2章	本课程的基础知识
第3章~第5章	为土力学的基本原理部分,也是本课程的重点内容,讲述土中应力分布及地基沉降的计算方法,土的抗剪强度理论及抗剪强度的测试方法,土的极限平衡原理和条件,地基承载力的确定方法
第6章	讲述土压力的概念、产生条件及计算,重力式挡土墙的墙型选择、验算内容和方法,土坡稳定分析的基础知识
第7~10章	包括地基勘察、浅基础、桩基础,讲述岩土工程勘察的目的、任务、等级、要求、方法;浅基础的类型与设计、施工要点;桩基础的类型与设计、施工要点。第10章"基坑工程",讲述基坑支护结构的类型、特点,常用的基坑支护结构形式,基坑降水,基坑监测
第11章	讲述常用地基处理方法的要点与适用范围
第12章	讲述区域特殊土如湿陷性黄土、膨胀土、红黏土等的特性与评价,以及相应防止工程事故的措施
第13章	讲述建筑场地的选择、地基基础抗震设计与抗震措施
第14章	讲述地基基础工程事故的类型、预防及处理

土力学原理是本课程学习的重点,其计算理论和公式是在作出某些假设和忽略某些因素的前提下建立的,如土中应力计算、土的压缩变形与地基固结沉降计算、土的抗剪强度理论等。在学习时,一方面应当了解这些理论不完善之处,注意这些理论在工程实际使用中的适用条件;另一方面,也要认识到这些理论和公式仍然是目前解决工程实际问题的理论依据,它们在长期的工程实践中发挥着无可替代的作用,并且在不断完善与发展。因此,应该全面掌握这些基本理论,并学会将它们应用到工程实际中。

我国土地辽阔、幅员广大,由于自然环境不同,分布着多种不同的土类。天然土层的性质和分布,不但因地而异,即使是同一地区的土,其特性在水平方向和深度方向也可能有很大的变化。因此测定土的工程性质指标成为解决地基基础问题的关键。学习土力学的理论知识的同时必须重视这些指标的试验测定方法，了解这些指标的适用条件，对主要的试验指标，应掌握其土工试验的操作方法与数据整理方法。

本课程与工程地质学、水文地质学、建筑力学、建筑材料、建筑结构、建筑施工等学科有着密切的联系，因此，要学好本课程，还应熟练掌握上述相关课程的知识，特别是工程地质勘察知识，能正确阅读、理解、应用岩土工程勘察报告。

除此之外，还必须认真学习国家和各级行政部门颁发的技术规范、规程、标准，如《建筑地基基础设计规范》《岩土工程勘察规范》等。能正确使用现行《建筑地基基础设计规范》及其他相关规范、规程、标准，理论联系实际，解决地基基础中遇到的问题，提高分析问题和解决问题的能力。

简答题

1. 什么是地基和基础？什么是持力层和下卧层？
2. 地基和基础的类型有哪些？
3. 联系工程实际说明基础工程的重要性。

第 2 章

地基土的物理性质与工程分类

学习目标

本章介绍了土的成因、土的三相组成、土的结构与构造、土的物理性质指标、土的物理状态指标、土的压实原理、地基岩土的工程分类。通过本章的学习，要求学生掌握土的粒度成分的分析与表示方法，土中水的类型和性质，土的物理性质指标和土的物理状态指标，土的工程分类方法和土的压实原理。

第2章 地基土的物理性质与工程分类

引 例

我国幅员辽阔，土质类型十分丰富。由于土的成因、成分及结构构造上的差别，造成不同环境下土的千差万别的性质，而在某一特定范围内各种土性又常表现出相近的物理力学性质。2013年1月11日，云南省昭通市镇雄县果珠乡高坡村赵家沟村民组发生滑坡灾害，滑坡体上下长120m、左右宽110m、平均厚16m，总体积约21万 m³，共造成46人死亡、2人受伤。据国土资源部和云南省有关专家调查，赵家沟滑坡是一起在特殊地形地貌、地层岩土和气象条件下形成，具有较强突发性、隐蔽性和破坏性的自然成因的特大型地质灾害。主要成因如下：

一是地形地貌山高坡陡。滑坡发生区域最大海拔标高1735m，赵家沟村民组海拔标高1556m，高差达179m。滑坡发生区域地形为陡坎与斜长缓坡交替，整体地形坡角约35°，滑坡所处的陡坎部位的地形坡角达50°，斜坡稳定性较差。

二是斜坡岩土体松散破碎。滑坡发生在第四纪松散的残坡积黏性土夹碎块石中，主要是由二叠纪软弱砂页岩风化破碎形成的残积和坡积土组成，十分松散，且整体性差、强度低。

三是雨雪冻融导致土体软化强度降低。滑坡发生区域长期干旱，连续一个月持续雨雪冻融天气，地表水不断渗入松散土体，使土体含水量增加，自身重量增大，土体软化，强度降低，斜坡在重力作用下易于变形破坏。

四是受到彝良地震的影响。滑坡发生地距2012年"9·7"彝良地震震中心约100km，是彝良地震的四度影响区，地震对斜坡岩土结构和土体完整性有一定影响。

由此可见，掌握土的物理力学性质及正确评估土的工程特性对生命财产的重要性。

土是岩石经风化、搬运、沉积形成的产物。不同的土其矿物成分和颗粒大小存在着很大差异，土颗粒、土中水和土中气的相对比例也各不相同，这就决定了不同的土具有不同的物理性质。同时，土的物理性质指标又与土的力学性质发生联系，并在一定程度上决定着土的工程性质。因此，土的物理性质及其工程分类，是进行土力学计算、地基基础设计和地基处理等必备的知识。

本章主要阐述土的成因、土的组成、土的物理性质指标、无黏性土的密实度、黏性土的物理特性、土的压实原理以及地基岩土的工程分类。

2.1 土 的 成 因

2.1.1 土的生成

地球表面的整体岩石，在大气中经风化、剥蚀、搬运、沉积，形成的由固体矿物颗粒、水、气体三种成分的集合体就是土。

岩石和土在其存在、搬运、沉积的各个过程都在不断地风化，不同的风化作用形成不同性质的土。风化作用主要有物理风化和化学风化。

物理风化是指岩石经受风、霜、雨、雪的侵蚀，温度、湿度的变化，不均匀的膨胀与收缩破碎，或者运动过程中因碰撞和摩擦破碎。物理风化只改变颗粒的大小和形状，不改变矿物颗粒的成分，只经过物理风化形成的土为无黏性土，组成无黏性土的矿物称为原生矿物。

化学风化是指母岩表面破碎的颗粒受环境因素的作用而产生一系列的化学变化，改变了原来矿物的化学成分，形成新的矿物，也称次生矿物。化学风化的结果中形成微小的土颗粒，其主要成分为黏土矿物和可溶性盐类。

2.1.2 土的成因类型

工程上遇到的大多数土都是在第四纪地质历史时期内形成的。第四纪地质年代的土又可划分为更新世和全新世，其中在人类文化期以来所沉积的土称为新近沉积土。第四纪的土由于其搬运和堆积的方式不同，又可以分为残积土和搬运土两个大类。

知 识 拓 展

第四纪地质是指距今约 260 万年到现代的地质时期，在第四纪中，人类开始使用工具，而高纬度地区则出现了多次冰川时代。第四纪地质是研究距今约 260 万年内第四纪的沉积物、生物、气候、地层、构造运动和地壳发展历史规律的学科，是开发利用第四纪资源和工程地质工作的基础，同时也是地质灾害和地球环境变化预测的重要学科。

1. 残积土

残积土是指母岩表层经风化作用破碎成为岩屑或细小颗粒后，未经搬运，残留在原地的堆积物（图 2.1）。它的特征是颗粒表面粗糙、多棱角、没有层理构造，均质性很差，孔隙度较大，容易引起不均匀沉降。残积土矿物成分的与母岩相同。

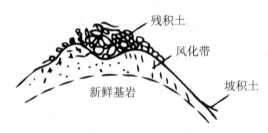

图 2.1 残积土示意图

2. 搬运土

搬运土是指风化所形成的土颗粒，受自然力的作用，被搬运到远近不同的地点，逐渐沉积下来的堆积物。搬运土的颗粒经过滚动和摩擦作用而变圆滑，并且在沉积过程中因受水流等自然力的分选作用而具有明显的层理性。搬运动力和沉积过程不同，土的性质也有较大差别。下面介绍几类常见搬运土。

（1）坡积土。坡积土是雨、雪水流将高处的岩石风化产物，顺坡向下搬运，或由于重力的作用而沉积在较平缓的山坡或坡角处的土（图 2.2）。它一般分布在坡腰或坡脚，其上部与残积土相接。坡积土的矿物成分与下卧基岩没有直接关系，这是它与残积土明显区别之处。

新近堆积的坡积物经常具有垂直的孔隙，结构比较疏松，一般具有较高的压缩性，且易沿下卧基岩倾斜面发生滑动，在坡积土上进行工程建设时，要引起注意。

(2) 洪积土。洪积土是由暂时性洪流,将山区高地的碎屑物质携带至沟口或平缓地带堆积形成的土(图 2.3)。山洪携带的大量碎屑物质流出沟谷口后,因水流流速骤减而呈扇形沉积体,称洪积扇。

洪积土作为建筑物地基,一般认为是较理想的,尤其是离山前较近的洪积土颗粒较粗,地下水位埋藏较深,具有较高的承载力,压缩性低,是工业与民用建筑物的良好地基。在离山区较远的地带,洪积物的颗粒较细、成分较均匀、厚度较大,一般也是良好的天然地基。但应注意的是上述两地段的中间过渡地带,常因粗碎屑土与细粒黏性土的透水性不同而使地下水溢出地表形成泉或沼泽地,因此土质较差,承载力较低,作为建筑物地基时应慎重对待。

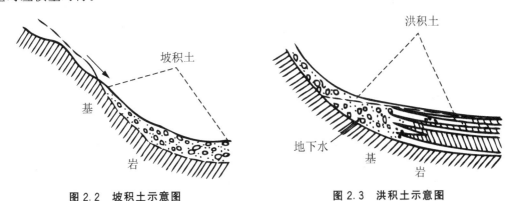

图 2.2 坡积土示意图　　　　图 2.3 洪积土示意图

(3) 冲积土。冲积土是河流两岸的基岩及其上部覆盖的松散物质被河流流水剥蚀后,经搬运、沉积于河流坡降平缓地带而形成的沉积土。冲积土的特点是具有明显的层理构造。经过搬运过程的作用,颗粒的磨圆度好。随着从上游到下游的流速逐渐减小,冲积土具有明显的分选现象。上游沉积物多为粗大颗粒,中下游沉积物大多由砂粒逐渐过渡到粉粒和黏粒。典型的冲积土是形成于河谷内的沉积物,冲积土可分为平原河谷冲积土(图 2.4)、山区河谷冲积土和三角洲冲积土(图 2.5)等类型。

(4) 风积土。风积土是岩石风化碎屑物质经风力搬运作用至异地降落、堆积所形成的土,其特点为土质均匀、质纯、孔隙大、结构松散。最常见的是风成砂土及风成黄土,风成黄土具有湿陷性,在处理黄土时应充分注意这一特点。

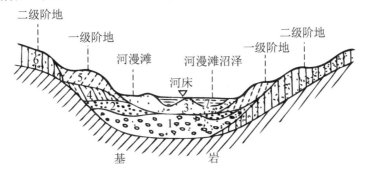

图 2.4 平原河谷横断面示例(垂直比例尺放大)

1—砾卵石;2—中粗砂;3—粉细砂;4—粉质黏土;5—粉土;6—黄土;7—淤泥

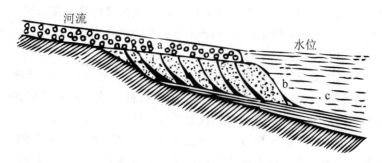

图 2.5 三角洲冲积土示意图
a—顶积层；b—前积层；c—底积层

(5) 冰积土。冰积土由冰川或冰水挟带搬运所形成的沉积物，颗粒粗细变化较大，土质也不均匀。

(6) 湖泊沼泽沉积土。湖泊沼泽沉积土是在极为缓慢水流或静水条件下沉积形成的堆积物。这种土的特征，除了含有细微的颗粒外，常伴有由生物化学作用所形成的有机物的存在，成为具有特殊性质的淤泥或淤泥质土，其工程性质一般都很差。

(7) 海相沉积土。海相沉积土是由水流挟带到大海沉积起来的堆积物，其颗粒细，表层土质松软，工程性质较差。

总之，土的成因类型决定了土的工程地质特性。一般来说，处于相似的地质环境中形成的第四纪沉积物，工程地质特征具有很大一致性。

2.1.3 土的工程特性

土与其他具有连续固体介质的工程材料相比，具有压缩性高、强度低、透水性大这三个显著的工程特性。

(1) 压缩性高。土的压缩主要是在压力作用下，孔隙中水和气体排出，土中孔隙体积减小，土颗粒位置重新排列的结果。

(2) 强度低。土的强度是指土的抗剪强度。无黏性土的强度来源于土粒表面粗糙不平产生的摩擦力，黏性土的强度除摩擦力外还有黏聚力。无论摩擦力和黏聚力，其强度均小于建筑材料本身强度，因此土的强度比其他工程材料要低得多。

(3) 透水性大。材料的透水性可以用实验来说明：将一杯水倒在木桌面上可以保留较长时间，说明木材透水性小；若将水倒在混凝土地板上，也可保留一段时间；若将水倒在室外土地上，则发现水即刻不见。这是由于土体中固体矿物颗粒之间有无数孔隙，这些孔隙是透水的。因此，土的透水性大，尤其是卵石或粗砂，其透水性更大。

土的工程特性与土的生成条件有着密切的关系，通常流水搬运沉积的土优于风力搬运沉积的土。土的沉积年代越长，则土的工程性质越好。土的工程特性的优劣与工程设计和施工关系密切，需高度重视。

2.2 土的三相组成

前文已指出,土是由岩石风化生成的松散沉积物。一般情况下,土是由固体颗粒(固相)、水(液相)和气体(气相)三部分组成的三相体系。土的三相组成不是固定的,不同成因形成的土,其三相组成不同,即使是同一成因形成的土,在不同的条件下(如季节气候变化、地下水位升降、承受地面荷载前后等)其三相组成也会发生变化。土的三相组成不同时,会呈现出不同的物理状态,例如干燥与潮湿、密实与松散等,而土的物理状态与其力学性能有着密切联系。因此,要研究土的工程性质,必须首先分析和研究土的三相组成。

2.2.1 土的固体颗粒

土的固体颗粒是构成土的骨架最基本的物质,称为土粒。对土粒应从其矿物成分、颗粒的大小和形状来描述。

1. 土粒的矿物成分

土中的矿物成分可以分为原生矿物和次生矿物两大类。

原生矿物是指岩浆在冷凝过程中形成的矿物,如石英、长石、云母等。

次生矿物是由原生矿物经过风化作用后形成的新矿物,如黏土矿物、氧化物、氢氧化物和各种难溶的盐类等。其中黏土矿物分为高岭石、伊利石和蒙脱石三类,是黏性土的重要组成部分。

矿物成分对土的物理力学性质影响很大。如石英、长石呈粒状,化学性质不活泼,堆积时形成的土密实度较高,云母则呈片状,形成的堆积物较松散;土中的盐类可增强土粒间的胶结,但可溶性盐类遇水又溶解,使强度降低,压缩性增大;黏土矿物中蒙脱石为亲水矿物,与水的作用能力强,表现出很大的胀缩性,而高岭石为憎水矿物,具有较好的水稳定性;土中有机质含量增加时,使土的压缩增大等。

2. 土粒的粒度成分

1) 土的粒组划分

天然土是由大小不同的颗粒组成的,土粒的大小称为粒度。土颗粒的大小相差悬殊,大到几十厘米的漂石,小到几微米的胶粒。土颗粒越小,与水的相互作用就越强。粗粒土和水之间几乎没有物理化学作用,而粒径小于0.005mm的黏粒和胶粒,遇水时出现黏性、可塑性、膨胀等诸多特性。而粒径大小在一定范围内的土粒,其物理力学性质较接近。

天然土的粒径一般是连续变化的,为了描述方便,工程上常把大小相近的土粒合并为组,称为粒组。粒组间的分界线是人为划定的。

对粒组的划分,各个国家不尽相同,我国现在常用的各粒组名称及其分界粒径尺寸见表2-1。表中粒组的分界尺寸200mm、20mm、2mm、0.075mm和0.005mm称为界限粒径。

表2-1 土粒的粒组划分

粒组名称		粒径范围/mm	一般特征
漂石或块石颗粒		>200	透水性很大,无黏性
卵石或碎石颗粒		200～60	
圆砾或角砾颗粒	粗	60～20	透水性大,无黏性,毛细水上升高度不超过粒径大小
	中	20～5	
	细	5～2	
砂粒	粗	2～0.5	易透水,当混入云母等杂质时透水性减小,而压缩性增加;无黏性,遇水不膨胀,干燥时松散;毛细水上升高度不大,随粒径变小而增大
	中	0.5～0.25	
	细	0.25～0.1	
	极细	0.1～0.075	
粉粒	粗	0.075～0.01	透水性小;湿时稍有黏性,遇水膨胀小,干时稍有收缩;毛细水上升高度较大较快,极易出现冻胀现象
	细	0.01～0.005	
黏粒		<0.005	透水性很小;湿时有黏性、可塑性,遇水膨胀大,干时收缩显著;毛细水上升高度大,但速度较慢

2) 粒度成分分析方法

土的粒度成分是指土中各种不同粒组的相对含量(以干土质量的百分比表示),它可用以描述土中不同粒径土粒的分布特征。

土粒的形状往往是不规则的,很难直接测量土粒的大小,只能用间接的方法来定量地描述土粒的大小及各种颗粒的相对含量。

常用的方法有粒度成分分析方法有筛分法和密度计法。工程上对粒径大于0.075mm的粗粒土常用筛分法,而对小于0.075mm的土粒则用密度计法。

图2.6 用振筛仪进行筛分试验

(1) 筛分法。筛分法是将土样风干、分散之后,取具有代表性的土样倒入一套按孔径大小排列的标准筛(例如孔径为200mm、20mm、2mm、0.5mm、0.25mm、0.075mm的筛及底盘),经振摇后,分别称出留在各个筛及底盘上土的质量,即可求出各粒组相对含量的百分数(图2.6)。

(2) 密度计法。密度计法是根据土粒直径大小不同,在水中沉降速度也不同的特性,将密度计放入悬液中,测出不同时间密度计读数,然后计算出各粒组相对含量的百分数。

3) 粒度成分表示方法

常用的粒度成分的表示方法有表格法和累计曲线法。

(1) 表格法。表格法是以列表形式直接表达各粒组的相对含量。它用于粒度成分的分类是十分方便的，例如表 2-2 给出了 3 种土样的粒度成分分析结果。

表 2-2　粒度成分分析结果　　　　　　　　　　　　　　　单位：%

粒组/mm	土样 a	土样 b	土样 c	粒组/mm	土样 a	土样 b	土样 c
10~5	—	25.0	—	0.10~0.075	9.0	4.6	14.4
5~2	3.1	20.0	—	0.075~0.01	—	8.1	37.6
2~1	6.0	12.3	—	0.01~0.005	—	4.2	11.1
1~0.5	16.4	8.0	—	0.005~0.001	—	5.2	18.0
0.5~0.25	41.5	6.2	—	<0.001	—	1.5	10.0
0.25~0.10	26.0	4.9	8.0				

(2) 累计曲线法。累计曲线法是一种图示的方法，通常用半对数纸绘制，横坐标（按对数比例尺）表示某一粒径，纵坐标表示小于某一粒径的土粒的百分含量。表 2-2 中的三种土的累计曲线，如图 2.7 所示。由曲线的陡缓大致可判断土的均匀程度。如曲线较陡，则表示颗粒大小相差不多，土粒均匀；反之曲线平缓，则表示粒径大小相差悬殊，土粒不均匀。图 2.7 中曲线 a 最陡，曲线 c 较陡，曲线 b 较平缓，故土样 b 的级配最好，土样 a 的级配最差，土样 c 的级配居中。

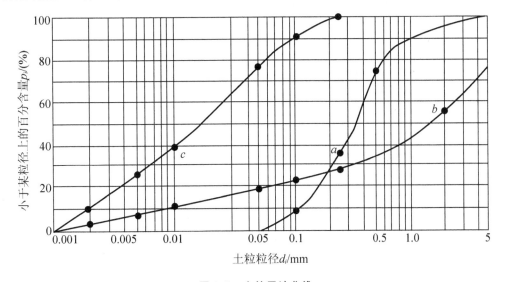

图 2.7　土的累计曲线

在工程中，采用定量分析的方法判断土的级配，常以不均匀系数 C_u 和曲率系数 C_c 表示颗粒的不均匀程度，即

不均匀系数

$$C_u = \frac{d_{60}}{d_{10}} \tag{2-1}$$

曲率系数

$$C_c = \frac{(d_{30})^2}{d_{60} d_{10}} \tag{2-2}$$

式中：d_{60}——小于某粒径的土粒含量为60%时所对应的粒径，也称限制粒径；

d_{10}——小于某粒径的土粒含量为10%时所对应的粒径，称有效粒径；

d_{30}——小于某粒径的土粒含量为30%时所对应的粒径，称为中值粒径。

不均匀系数C_u反映粒组的分布情况，$C_u<5$的土称为匀粒土，级配不良；C_u越大，表示粒组分布范围比较广，$C_u \geq 10$的土级配良好。但如果C_u过大，表示可能缺失中间粒径，属不连续级配。故需同时用描述累计曲线整体形状的指标曲率系数C_c来评价。对于砾类土或砂类土，同时满足$C_u \geq 5$和$C_c = 1 \sim 3$时，可认为是良好级配的土。

3. 土粒的形状

土粒的形状是多种多样的，与土的矿物成分有关，也与土的形成条件及地质历史有关。如卵石接近于圆形而碎石颇多棱角，云母是薄片状而石英砂却是颗粒状的。土粒形状对于土的密实度和土的强度有显著的影响，棱角状的颗粒互相嵌挤咬合形成比较稳定的结构，强度较高；磨圆度好的颗粒之间容易滑动，土体的稳定性比较差。

2.2.2 土中水

土中水处于不同位置和温度条件下，可具有不同的物理状态——固态、液态、气态。水的数量和存在形式直接影响土的状态和性质。因此，研究土中水，必须考虑到水的存在状态及其与土粒间的相互作用。

1. 液态水

液态水是土中孔隙水的主要存在状态，因其受土粒表面电分子影响程度的不同可分为结合水和自由水。

1) 结合水

结合水是指受电分子吸引力吸附于土粒表面的土中水（图2.8）。这种电分子吸引力高达几千到几万个大气压，使水分子和土粒表面牢固地黏结在一起。结合水具有与一般自由水不同的性质，其密度较大、黏滞度高、流动性差、冰点低、比热较大、介电常数较低，这种差异随距离增加而减弱。结合水又可以分为强结合水和弱结合水两种。

(1) 强结合水。强结合水紧靠于颗粒表面、所受电场的作用力很大、几乎完全固定排列、丧失液体的特性而接近于固体，不能流动，不能传递静水压力，不溶解盐类，密度为$1.2 \sim 2.4 g/m^3$，冰点低至$-78℃$，具有很大黏滞、弹性和抗剪强度。

黏性土中强结合水的吸着度约为17%，土中仅含有强结合水时呈固态，磨碎呈粉末状；砂土中强结合水的吸着度约为1%，土中仅含有强结合水时呈散粒状。

(2) 弱结合水。弱结合水是紧靠强结合水的外围形成的结合水膜，所受的电场作用力随着与颗粒距离的增大而减弱，性质呈黏滞状态，可挤压变形，可沿结合膜移动，不能传递静水压力。弱结合水主要影响黏性土的性质，砂土中不含弱结合水。

2) 自由水

自由水是在电分子影响以外的水，为自由液态水。它主要受重力作用的控制，土粒表

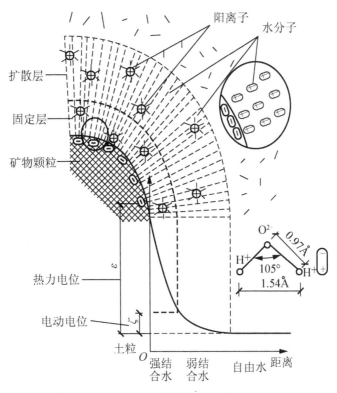

图 2.8 结合水定向排列图（注：1Å＝0.1nm）

面吸引力居次要地位，亦称非结合水。自由水与普通水性质相同，能传递静水压力，有溶解能力和冰点。自由水按其移动所受作用力的不同，可分为重力水和毛细水，见表 2-3。

表 2-3 自由水类型

类型	成 因	位 置	作 用	工程特征
重力水	在重力和水位差作用下能在土中流动的自由水	存在于地下水位以下的透水土层中	具有融解能力，能传递静水和动水压力，并对土粒起浮力作用	重力水对开挖基槽、基坑以及修筑地下构筑物的排水、防水有较大的影响
毛细水	受到水与空气交界面处表面张力作用的自由水	存在于地下水位以上的透水土层中	使土粒挤紧，砂土呈现黏聚现象	在稍湿状态的砂性地基可开挖成一定深度的直立坑壁

毛细水按其与地下水是否有联系可分为毛细悬挂水（与地下水无直接联系）和毛细上升水（与地下水相连）两种。

砂土孔隙中局部存在毛细水时，毛细水的弯液面和土粒接触处的表面张力反作用于土粒上，使土粒之间由于这种毛细压力而挤紧，砂土呈现出黏聚现象，这种力称为毛细黏聚力，也称假黏聚力（图 2.9）。稍湿状态的砂性地基可开挖成一定深度的直立坑壁，就是因为砂粒间存在着假黏聚力的缘故。当地基饱和或特别干燥时，不存在水与空气的界面，假黏聚力消失，坑壁就会塌落。

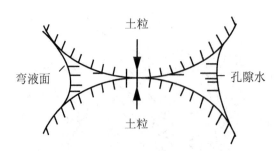

图 2.9　毛细管水压力示意图

● 知 识 拓 展

在北方寒冷地区，要注意因毛细水上升引起的地基基础冻胀，建筑物的地下部分要采取防潮措施；在干旱地区，地下水中的可溶性盐随毛细水的上升而不断蒸发，盐分逐渐聚集在地表处形成的盐渍土可能侵蚀基础。

2. 固态水

地面下一定深度的土温，随大气温度而改变。当土中的温度降至冰点以下时，土中的水结冰，成为固态水。固态水在土中形成冰夹层、冰透镜体时，称为"冻土"。冻土的冻胀和融陷对建筑物有较大影响。因此，在北方寒冷地区，基础埋置深度的确定要考虑冻胀和融陷问题，防止地基冻胀起鼓以及融陷下沉。

3. 气态水

气态水即水蒸气，对土的性质影响不大。

2.2.3　土中气体

土颗粒骨架形成的空隙中，没有被水占据的部分都被气体充满，土种气体的存在形式主要有自由气体和封闭气泡两种。

1. 自由气体

在粗颗粒土的空隙中，存在有颗粒间相互贯通，并与大气直接连通的空气，称为自由气体。该部分气体在土层受到外部压力、土体发生压缩时逸出，它对土的性质影响不大。

2. 封闭气泡

在细颗粒土中，存在有与大气隔绝的密闭型气体，称为封闭气泡。封闭气泡在土层受到外部荷载作用时不能逸出，被压缩或溶解于水中，压力减小时能有所复原。封闭气泡对土的性质有较大的影响，使土的渗透性减小、弹性增大，延长土体受力后变形达到稳定的历时。

此外，对于淤泥和泥炭等有机质土，由于微生物的分解作用，在土中蓄积了某种可燃气体（如硫化氢、甲烷等），使土层在自重作用下长期得不到压密，而形成高压缩性土层。

2.3 土的结构与构造

2.3.1 土的结构

土的结构是指在成土过程中土颗粒的空间排列及联结方式，与组成土的颗粒大小、颗粒形状、矿物成分和沉积条件有关。土的主要结构类型有单粒结构、蜂窝结构和絮凝结构（图 2.10），其主要性质见表 2-4。

  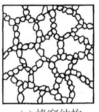 

(a) 单粒结构(疏松状态)　　(b) 单粒结构(密实状态)　　(c) 蜂窝结构　　(d) 絮凝结构

图 2.10　土的结构

表 2-4　土的主要结构类型及工程特性

名称	成因和特点	分　　布	工程特性
单粒结构	粗颗粒在沉积过程中受重力控制，粒间以点接触为主，土粒间的分子吸引力较小，颗粒间几乎没有联结，偶尔可能具有微弱的毛细水联结	主要存在于由砾砂等所组成的粗粒土中	密实状态：在外载作用下压缩性小，承载力较高，是良好的天然地基。疏松状态：骨架不稳定，当受震动或其他外力时，会产生很大变形，未经处理一般不宜作为建筑物地基
蜂窝结构	粉粒在水中下沉时，基本上是单个土粒下沉，当碰到已沉土粒时，由于粒间的相互引力大于重力，土粒就停留在最初的位置不再下沉，形成具有较大孔隙的蜂窝结构	主要存在于以粉粒为主的细粒土中	孔隙大、压缩性高、强度低，土粒之间的联结强度(结构强度)在长期压密下有所提高
絮凝结构	黏粒能在水中长期悬浮不下沉。当悬浮黏粒被带至浓度较大电解质中(如海水)时，黏粒凝聚成絮状集合体下沉，并和先期下沉的絮状集合体接触，形成如绒絮一样的絮凝结构	多见于由黏粒($d<0.005mm$)和胶粒($d<0.002mm$)组成的黏性土中	孔隙大、压缩性高、强度低，土粒之间的联结强度在长期压密下有所提高。但土粒间联结较弱，在施工扰动影响下，土的结构一旦遭到破坏，强度会降低很快

2.3.2 土的构造

土的构造是指同一土层中的物质成分和颗粒大小等相近的各部分之间的相互关系特征。土的构造可分为层理构造、分散构造和裂隙构造。

1. 层理构造

层理构造是指土粒在沉积过程中，由于不同阶段沉积的物质成分、颗粒大小或颜色不同，而沿竖向呈现出成层特征(图 2.11)。层理构造是大部分细粒土的主要外观特征之一。最常见的层理是水平层理(薄层相互平行，且平行于水平界面)。此外，还有波状层理及斜层理等。

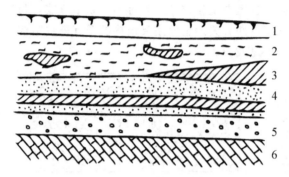

图 2.11 土的层理构造

1—表层土；2—淤泥夹黏土透镜体；3—黏土尖灭层；
4—砂土夹黏土层；5—砾石层；6—石灰岩层

2. 分散构造

分散构造是指各部分的土粒组合无明显差别，分布均匀，性质相近的土层。如砂、砾石、卵石等各种经过分选和形成较大的埋藏厚度的土层，无明显层次，都属于分散构造。分散构造的土比较接近理想的各向同性体。

3. 裂隙构造

裂隙构造是指土体为不连续的小裂隙分割，裂隙中充填盐类沉淀。不少坚硬与硬塑状态的黏土有此构造。裂隙是土中的软弱结构面，沿裂隙抗剪强度降低，透水性增加，浸水后裂缝张开，工程性质更差。

2.4 土的物理性质指标

土是固、液、气三相的分散体。土的三相比例指标反映了土的干燥与潮湿、疏松与紧密，是评价土的工程性质的最基本的物理性质指标。同时，土的三相比例指标又与其力学性质有内在联系，显然固相成分的比例越高，土的压缩性越小，抗剪强度越大，承载力越高。

土的三相比例指标可分为两种，一种是试验指标(基本指标)可通过土工试验测得；另一种是换算指标，由试验指标换算求得。

土中的三相分布本来是交错分布的，为了形象地分析土的三相组成的比例关系，通常把土体中的三相分开，以三相图表示，如图 2.12 所示。

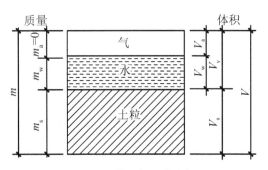

图 2.12 土的三相组成比例图

m_s—土粒质量;m_w—土中水的质量;m_a—气体的质量,一般假定为零;m—土的总质量,$m=m_s+m_w$;V_s—土粒体积;V_w—土中水的体积;V_a—土中气体的体积;V_v—土中孔隙的体积,$V_v=V_w+V_a$;V—土的总体积,$V=V_v+V_s$

2.4.1 土的基本物理性质指标

1. 密度 ρ 和重度 γ

土的密度是指土在天然状态下单位体积的质量,单位为 g/cm³,可用式(2-3)表示

$$\rho = \frac{m}{V} \tag{2-3}$$

土的密度取决于土粒的密度、孔隙体积的大小和孔隙中水的质量多少,它综合反映了土的物质组成和结构特征。不同的土,密度不同。一般土的密度为 1.3~2.2 g/cm³,密度大的土比较密实,强度也较高。

土的密度可用"环刀法"测定,即根据所切取土的质量除以环刀的容积即得。对不宜用环刀切取的土样,粗粒土可用现场灌水(砂)法求得,不规则的坚硬土可用蜡封法求得。

土的重度是指土在天然状态下单位体积的重量,单位为 kN/m³,可用式(2-4)表示

$$\gamma = \frac{mg}{V} = \rho g \tag{2-4}$$

2. 土粒的相对密度 d_s

土粒的相对密度是指土粒质量(或重量)与同体积 4℃时纯水的质量(或重量)之比,无量纲,可用式(2-5)表示

$$d_s = \frac{m_s}{V_s \times (\rho_w)_{4℃}} = \frac{\rho_s}{(\rho_w)_{4℃}} \tag{2-5}$$

式中:ρ_s——土粒密度;

ρ_w——水的密度。

土粒的相对密度仅与组成土粒的矿物成分有关。同一种类的土,其相对密度变化幅度很小。当土中含有大量有机质时,相对密度显著减小。土粒的相对密度可在试验室内用比重瓶法测定,也可参考表 2-5 取用。

表 2-5　土粒相对密度参考值

土的类型	砂土	粉质砂土	粉质黏土	黏土
土粒相对密度	2.65	2.68	2.68~2.72	2.70~2.75

3. 含水率 w

土的含水率(也称含水量)是指土中水的质量与土粒质量之比,以百分数表示。即

$$w=\frac{m_w}{m_s}\times 100\% \qquad (2-6)$$

土的含水率是标志土含水程度的一个重要物理指标。天然土层含水量与土的种类、埋藏条件及其所处的自然地理环境等有关,变化范围较大。含水量小,土的强度就高,反之亦然。

土的含水量一般用"烘干法"测定,先称小块原状土样的湿土质量,置于烘箱内维持105~110℃烘至恒重,根据烘干前后的质量差与烘干后的干土质量之比求得含水量。

2.4.2　土的其他物理性质指标

1. 与孔隙有关的物理性质指标

1) 孔隙比 e 和孔隙率 n

孔隙比 e 是指土中孔隙体积与土粒体积之比,以小数表示,即

$$e=\frac{V_v}{V_s} \qquad (2-7)$$

孔隙比 e 是个重要的物理性指标,它反映了土的密实程度。孔隙比越小,土越密实,承载力越高,孔隙比越大,土越疏松,工程性质越差。

孔隙率 n 是指土中孔隙体积与总体积之比,以百分数表示,即

$$n=\frac{V_v}{V}\times 100\% \qquad (2-8)$$

孔隙比和孔隙率都是用以表示孔隙体积含量的概念。两者有如下关系

$$n=\frac{e}{1+e} \quad 或 \quad e=\frac{n}{1-n} \qquad (2-9)$$

2) 土的饱和度

土的饱和度是指土中水的体积与孔隙体积之比,以百分数表示,即

$$S_r=\frac{V_w}{V_v}\times 100\% \qquad (2-10)$$

饱和度为 0~100%,干燥时 $S_r=0$。孔隙全部为水充填时,$S_r=100\%$。工程研究中,一般将 $S_r>95\%$ 的天然黏性土视为完全饱和土;而砂土 $S_r>80\%$ 时就认为已达到饱和了。

S_r 还可作为砂土湿度划分的标准:$S_r<50\%$,稍湿;$S_r=50\%\sim 80\%$,很湿;$S_r>80\%$,饱和。

2. 不同状态下土的密度和重度

1) 干密度 ρ_d 和干重度 γ_d

土中孔隙完全被气体充满时的密度(重度)称干密度(干重度),即

$$\rho_d = \frac{m_s}{V} \tag{2-11}$$

$$\gamma_d = \frac{m_s g}{V} = \rho_d g \tag{2-12}$$

土的干密度一般为 1.4~1.7g/cm³。在工程上，常把干密度作为评定土体紧密程度的标准，以控制填土工程的施工质量。

2) 饱和密度 ρ_{sat} 和饱和重度 γ_{sat}

土中孔隙完全被水充满时的密度（重度）称为饱和密度（重度）。可用下式表示

$$\rho_{sat} = \frac{m_s + V_v \rho_w}{V} \tag{2-13}$$

$$\gamma_{sat} = \frac{m_s g + V_v \gamma_w}{V} = \rho_{sat} g \tag{2-14}$$

3) 有效重度 γ'

在地下水位以下，单位体积土体中土粒的重量扣除水的浮力后，称为土的有效重度，即

$$\gamma' = \frac{m_s g - V_s \gamma_w}{V} = \gamma_{sat} - \gamma_w \tag{2-15}$$

由上可知，同一种土在体积不变的条件下，它的各种重度在数值上有如下关系

$$\gamma_{sat} > \gamma > \gamma_d > \gamma'$$

2.4.3　土的物理性质指标换算

三相指标相互之间有一定关系。只要知道其中某些指标，通过简单的计算，就可以得到其他指标。三相指标的换算方法可用三相指标换算图（图 2.13）来说明。令固体颗粒体积 $V_s = 1$，根据定义可得出，$V_v = e$, $V = 1+e$, $m_s = d_s \rho_w$, $m_w = w d_s \rho_w$, $m = d_s(1+w) \rho_w$，据此很容易得出各指标的换算关系。

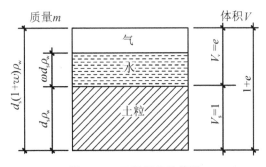

图 2.13　三相指标换算图

由密度的定义可得

$$\rho = \frac{m}{V} = \frac{d_s(1+w)\rho_w}{1+e}$$

由此式推出孔隙比的换算公式

$$e=\frac{d_s(1+w)\rho_w}{\rho}-1$$

同样,可由定义得出

$$n=\frac{V_v}{V}=\frac{e}{1+e}$$

$$S_r=\frac{V_w}{V_v}=\frac{m_w}{V_v\rho_w}=\frac{wd_s}{e}$$

$$\rho_d=\frac{m_s}{V}=\frac{d_s\rho_w}{1+e}$$

$$\rho_{sat}=\frac{m_s+V_v\rho_w}{V}=\frac{(d_s+e)\rho_w}{1+e}$$

$$\rho'=\rho_{sat}-\rho_w=\frac{(d_s-1)\rho_w}{1+e}$$

其他常用的三相比例指标换算公式见表 2-6。

表 2-6 土的三相比例指标常用换算公式

名称	符号	三相比例表达式	常用换算公式	单位
密度	ρ	$\rho=\dfrac{m}{V}$	$\rho=\dfrac{d_s(1+w)}{1+e}\rho_w$ $\rho=\rho_d(1+w)$	g/cm³
土粒相对密度	d_s	$d_s=\dfrac{m_s}{V_s\rho_w}$	$d_s=\dfrac{S_r e}{w}$	
含水量	w	$\omega=\dfrac{m_w}{m_s}\times100\%$	$w=\dfrac{\rho}{\rho_d}-1$ $w=\dfrac{S_r e}{d_s}$	
干密度	ρ_d	$\rho_d=\dfrac{m_s}{V}$	$\rho_d=\dfrac{\rho}{1+w}$ $\rho_d=\dfrac{d_s\rho_w}{1+e}$	g/cm³
饱和密度	ρ_{sat}	$\rho_{sat}=\dfrac{m_s+V_v\rho_w}{V}$	$\rho_{sat}=\dfrac{(d_s+e)\rho_w}{1+e}$	g/cm³
重度	γ	$\gamma=\dfrac{m}{V}g=\rho g$	$\gamma=\dfrac{d_s(1+w)}{1+e}\gamma_w$	kN/m³
干重度	γ_d	$\gamma_d=\dfrac{m_s}{V}g=\rho_d g$	$\gamma_d=\dfrac{d_s\gamma_w}{1+e}$	kN/m³
饱和重度	γ_{sat}	$\gamma_{sat}=\dfrac{m_s+V_v\rho_w}{V}g=\rho_{sat}g$	$\gamma_{sat}=\dfrac{(d_s+e)\gamma_w}{1+e}$	kN/m³
有效重度	γ'	$\gamma'=\dfrac{m_s-V_s\rho_w}{V}g$	$\gamma'=\dfrac{(d_s-1)\gamma_w}{1+e}$	kN/m³

续表

名称	符号	三相比例表达式	常用换算公式	单位
孔隙比	e	$e=\dfrac{V_v}{V_s}$	$e=\dfrac{(1+w)d_s\rho_w}{\rho}-1$ $e=\dfrac{d_s\rho_w}{\rho_d}-1$	
孔隙率	n	$n=\dfrac{V_v}{V}\times 100\%$	$n=\dfrac{e}{1+e}$	
饱和度	S_r	$S_r=\dfrac{V_w}{V_v}\times 100\%$	$S_r=\dfrac{d_s w}{e}$	

【例 2-1】 某土样经试验测得体积为 100cm^3，湿土质量为 187g，烘干后的干土质量为 167g。若土粒的相对密度 d_s 为 2.66，试求该土样的天然含水量 w、密度 ρ、重度 γ、干土重度 γ_d、孔隙比 e、饱和重度 γ_{sat} 和有效重度 γ'。

【解】（1）$w=\dfrac{m_w}{m_s}\times 100\%=\dfrac{m-m_s}{m_s}=\dfrac{187-167}{167}\times 100\%=11.98\%$

（2）$\rho=\dfrac{m}{V}=\dfrac{187}{100}=1.87(\text{g/cm}^3)$

（3）$\gamma=\rho g=1.87\times 10=18.7(\text{kN/m}^3)$

（4）$\gamma_d=\rho_d g=\dfrac{167}{100}\times 10=16.7(\text{kN/m}^3)$

（5）$e=\dfrac{d_s(1+w)\rho_w}{\rho}-1=\dfrac{2.69\times(1+11.98\%)\times 1}{1.87}-1=0.593$

（6）$\gamma_{sat}=\dfrac{d_s+e}{1+e}\gamma_w=\dfrac{2.66+0.593}{1+0.593}\times 10=20.4(\text{kN/m}^3)$

（7）$\gamma'=\gamma_{sat}-\gamma_w=20.4-10=10.4(\text{kN/m}^3)$

2.5 土的物理状态指标

砂土和碎石土统称为无黏性土。松散的无黏性土孔隙多，结构不稳定，在荷载特别是动荷载作用下易产生较大的沉降，而中密和密实的无黏性土强度高，压缩性小，是良好的建筑物地基。因此，密实度是评价这类土工程性质的重要指标。

2.5.1 无黏性土的密实度

1. 砂土的密实度

砂土的密实状态可以用相对密实度 D_r 和标准贯入锤击数 N 进行评价。

1）用相对密实度 D_r 评价砂土的密实度

工程上为了更好地评价砂土的密实状态，采用将土的天然孔隙比 e 与该种土所能达到最密实时的孔隙比 e_{max} 和最松散时的孔隙比 e_{min} 相比较的办法，来表征土的密实程度。这种度量密实度的指标称为相对密度 D_r，可用式(2-16)表示

$$D_r = \frac{e_{max} - e}{e_{max} - e_{min}} \tag{2-16}$$

式中：e_{max}——土最松散时的孔隙比，即最大孔隙比。测定方法是将松散的风干土样，通过长颈漏斗轻轻地倒入容器，求得土的最小干密度 ρ_{dmin}；

e_{min}——土最密实时的孔隙比，即最小孔隙比。一般用"松砂器法"测定。测定方法是将松散的风干土样分批装入金属容器内，按规定的方法进行振动或锤击夯实，直至密实度不再提高，求得最大干密度 ρ_{dmax}。

e_{min} 和 e_{max} 均由干密度求得。因此，砂土的相对密度的实用表达式为

$$D_r = \frac{(\rho_d - \rho_{dmin})\rho_{dmax}}{(\rho_{dmax} - \rho_{dmin})\rho_d} \tag{2-17}$$

当 $D_r = 0$，表示砂土处于最松散状态；当 $D_r = 1$，表示砂土处于最密实状态。砂类土密实度的划分标准见表 2-7。

表 2-7 按相对密实度 D_r 划分砂土密实度

密实度	密实	中密	松散
D_r	$D_r > 2/3$	$2/3 \geqslant D_r > 1/3$	$D_r < 1/3$

应指出，要在实验室测得各种土理论上的 e_{max} 和 e_{min} 是十分困难的。在静水中缓慢沉积形成的土，其孔隙比有时可能比实验室测得的 e_{max} 还大；同样，在漫长地质年代中堆积形成的土，其孔隙比有时可能比实验室测得的 e_{min} 还小。此外，在地下深处，特别是地下水位以下的粗粒土的天然孔隙比 e，很难准确测定。因此，相对密实度 D_r 这一指标，虽然理论上讲，能更合理地用以确定土的密实状态，但由于上述原因，在实际工程中的广泛应用还存在困难。

2）用标准贯入试验评价砂土的密实度

为了有效避免采取原状砂样的困难，现行国家标准《建筑地基基础设计规范》(GB 50007—2011)采用按原位标准贯入试验锤击数 N 划分砂土的密实度，见表 2-8。

表 2-8 按标准贯入试验锤击数 N 划分砂土密实度(GB 50007—2011)

砂土密实度	松散	稍密	中密	密实
N	$N \leqslant 10$	$10 < N \leqslant 15$	$15 < N \leqslant 30$	$N > 30$

注：当用静力触探探头阻力判定砂土的密实度时，可根据当地经验确定。

标准贯入试验是动力触探试验的一种。它利用一定的锤击动能，将一定规格的对开管式的贯入器打入钻孔底的土中，根据打入土中的贯入阻抗，判别土层的工程性质。贯入阻抗用贯入器贯入土中 30cm 的锤击数 N 表示，N 也称为标贯击数。

试验时，先用钻具钻至试验土层 15cm 处（避免扰动），将 63.5kg 的穿心锤，自 76cm 高度自由落下，将贯入器打入 15cm，此时不计锤击数，以后每打入 30cm 的锤击数即为实测锤击数 N。标准贯入试验除用来评定砂土的相对密度外，还可评定地基土承载力和估算单桩承载力等。

【例 2-2】某砂土试样，试验测定土粒相对密度 $d_s = 2.7$，含水量 $w = 9.43\%$，天然

密度 $\rho=1.66/cm^3$。已知体积为 $1000cm^3$ 的砂样，最密实状态时称得干砂质量 $m_{s1}=1.62kg$，最疏松状态时称得干砂质量 $m_{s2}=1.45kg$。求此砂土的相对密实度 D_r，并判断砂土所处的密实状态。

【解】砂土在天然状态下的孔隙比：$e=\dfrac{d_s(1+w)\rho_w}{\rho}-1=\dfrac{2.70\times(1+9.43\%)\times 1}{1.66}-1=0.78$

砂土最小孔隙比：$\rho_{dmax}=\dfrac{m_{s1}}{V}=1.62g/cm^3$，$e_{min}=\dfrac{d_s\rho_w}{\rho_{dmax}}-1=0.67$

砂土最大孔隙比：$\rho_{dmin}=\dfrac{m_{s2}}{V}=1.45g/cm^3$，$e_{max}=\dfrac{d_s\rho_w}{\rho_{dmin}}-1=0.86$

相对密实度：$D_r=\dfrac{e_{max}-e}{e_{max}-e_{min}}=0.42\in(1/3,2/3)$，该砂层处于中密状态。

2．碎石土的密实度

1）碎石土的重型（圆锥）动力触探试验

碎石土的密实度可按重型（圆锥）动力触探锤击数 $N_{63.5}$ 来划分。重型（圆锥）动力触探试验方法见第 7.4 节，具体划分标准见表 2-9。

表 2-9 按重型（圆锥）动力触探锤击数 $N_{63.5}$ 划分碎石土密实度（GB 50007—2011）

密实度	密 实	中 密	稍 密	松 散
重型动力触探击数 $N_{63.5}$	$N_{63.5}>20$	$20\geqslant N_{63.5}>10$	$10\geqslant N_{63.5}>5$	$N_{63.5}\leqslant 5$

注：1. 本表适用于平均粒径小于等于 50mm 且最大粒径不超过 100mm 的卵石、碎石、圆砾、角砾。对于平均粒径大于 50 mm 或最大粒径大于 100mm 的碎石土，可按野外鉴别方法确定密实度。

2. 表内 $N_{63.5}$ 为经综合修正后的平均值。

2）碎石土密实度的野外鉴别

对于大颗粒含量较多的碎石土，其密实度很难做室内试验或原位触探试验。这时，可根据野外鉴别可挖性、可钻性和骨架颗粒含量与排列方式，划分土的密实状态，其划分标准见表 2-10。

表 2-10 碎石土密实度野外鉴别方法（GB 50007—2011）

密实度	骨架颗粒含量和排列	可挖性	可钻性
密实	骨架颗粒含量大于总重的 70%，呈交错排列，连续接触	锹镐挖掘困难，用撬棍方能松动，井壁一般较稳定	钻进极困难，冲击钻探时，钻杆、吊锤跳动剧烈，孔壁较稳定
中密	骨架颗粒含量等于总重的 60%～70%，呈交错排列，大部分接触	锹镐可挖掘，井壁有掉块现象，从井壁取出大颗粒处，能保持颗粒凹面形状	钻进较困难，冲击钻探时，钻杆、吊锤跳动不剧烈，孔壁有坍塌现象
稍密	骨架颗粒含量等于总重的 55%～60%，排列混乱，大部分不接触	锹可以挖掘，井壁易坍塌，从井壁取出大颗粒后，砂土立即坍落	钻进较容易，冲击钻探时，钻杆稍有跳动，孔壁易坍塌
松散	骨架颗粒含量小于总重的 55%，排列十分混乱，绝大部分不接触	锹易挖掘，井壁极易坍塌	钻进很容易，冲击钻探时，钻杆无跳动，孔壁极易坍塌

2.5.2 黏性土的物理特性

黏性土与砂土相比，在性质上有很大差异。黏性土的特性主要是由于土中的黏粒和胶粒与水之间的相互作用产生的。

1. 土的界限含水量

1) 界限含水量的概念

黏性土的物理状态常以稠度来表示。稠度的含义是指土体在各种不同的湿度条件下，受外力作用后所具有的活动程度。黏性土的稠度，可以决定黏性土的力学性质及其在荷载作用下的性状。随着黏性土中水分含量的减少，可呈现：流动状态、可塑状态、半固态和固态。

黏性土由一种状态转到另一种状态时的分界含水量称界限含水量（图 2.14）。流动状态与可塑状态间的分界含水量称液限；可塑状态与半固体状态间分界含水量称塑限；半固体状态与固体状态间的分界含水量称缩限。

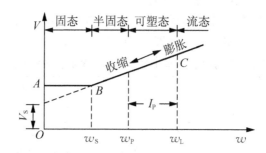

图 2.14 黏性土的物理状态与含水量及体积的关系

2) 界限含水量的测定

（1）用搓条法测定塑限 w_P。传统测定塑限的方法，一般用搓条法，即用双手将天然湿度的土样搓成小圆球（球径小于 10mm），放在毛玻璃板上，再用手掌慢慢搓滚成小土条，用力均匀，搓到土条直径为 3mm（图 2.15），出现裂纹，自然断开，这时土条的含水量就是塑限 w_P 值。

2) 用平衡锥式液限仪测定 w_L。测定黏性土的液限，常用的是锥式液限仪（图 2.16）。其工作过程是：将黏性土调成均匀的浓糊状，装满盛土杯，刮平杯口表面，将 76 克重圆锥体轻放在试样表面的中心，使其在自重作用下徐徐沉入试样，若圆锥体经 5 秒钟恰好沉入 10mm 深度，这时杯内土样的含水量就是液限 w_L。

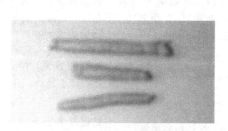

图 2.15 搓好的泥条

图 2.16 锥式液限仪

(3) 液塑联合测定法测定液限和塑限。液塑联合测定法适用于粒径小于 0.5 mm，以及有机质含量不大于试样总质量 5% 的土。

液塑联合测定法测定步骤如下。

① 将所取试样放在橡皮板上，用纯水将土样调成均匀膏状，放入调土皿，浸润过夜。

② 试样均匀填入试样杯中，不留空隙，填满后刮平。

③ 将试样杯放在升降台上（如图 2.17），接通电源，吸住圆锥。调节零点，将屏幕上的标尺调在零位，调整升降台，使圆锥尖接触试样表面，再按按钮，经 5s 后测读圆锥下沉深度 h_1（锥尖处），取出试样杯，并取锥体附近试样测定含水量 w_1，得第一点 (w_1, h_1)。

④ 将全部试样加水或烘干后调匀，重复②至③的步骤分别测得第二点 (w_2, h_2)、第三点 (w_3, h_3)。

⑤ 以含水量为横坐标，圆锥入土深度为纵坐标，在双对数坐标纸上绘制关系曲线（图 2.18）。如三点不在同一直线，则取最高点与其他两点连线，在 2mm 处含水量不超过 2mm 时取中点，超过时重测。

⑥ 曲线上下沉深度为 10mm 时所对应含水量为液限，下沉深度为 2mm 所对应含水量为塑限。

图 2.17 液、塑限联合测定仪

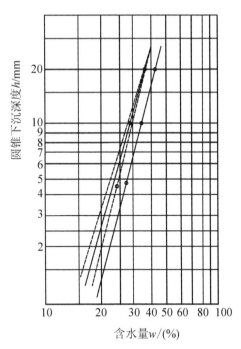

图 2.18 圆锥入土深度与含水量关系曲线

2. 塑性指数和液性指数

1) 塑性指数 I_P

塑性指数 I_P 是液限和塑限的差值（省去%），即土处在可塑状态的含水量变化范围，是衡量土的可塑性大小的重要指标。

$$I_P = w_L - w_P \tag{2-18}$$

塑性指数的大小取决于土颗粒吸附结合水的能力，即与土中黏粒含量有关。黏粒含量越多，塑性指数就越高

影响塑性指数大小的因素如下。

(1) 土粒粗细。土中细粒含量增多，含弱结合水量范围增大，塑性指数愈高，土的黏性与可塑性好。

(2) 水中离子成分和浓度。水中高价阳离子多，浓度高，I_P下降；水中低价阳离子多，浓度低，I_P上升。

(3) 土粒的矿物成分。蒙脱石多，与水结合能力强，I_P值大，高岭石多，与水结合能力弱，I_P值小。

2) 液性指数I_L

液性指数I_L是指黏性土的天然含水量w与塑限含水量w_P的差值与塑性指数I_P之比值，即

$$I_L = \frac{w - w_P}{I_P} \tag{2-19}$$

液性指数是表征土的天然含水量与界限含水量间的相对关系。当$I_L \leq 0$时，$w \leq w_P$，土处于坚硬状态；当$I_L > 1$时，$w > w_L$，土处于流动状态。根据I_L值可以直接判定土的软硬状态。工程上按液性指数I_L的大小，把黏性土分成五种稠度（软硬）状态，见表2-11。

表2-11 黏性土稠度状态的划分(GB 50007—2011)

状 态	坚 硬	硬 塑	可 塑	软 塑	流 塑
液性指数I_L	$I_L \leq 0$	$0 < I_L \leq 0.25$	$0.25 < I_L \leq 0.75$	$0.75 < I_L \leq 1$	$I_L > 1$

特别提示

塑限与液限均用重塑土(天然结构被破坏后的土)测定，土的天然结构已破坏，只能反映黏土颗粒与水的相互作用，不反映黏土结构与水的关系。原状土(土体保持天然状态，其结构没有被扰动的土)达到液限并不流动，破坏结构后才流动。

3. 黏性土的触变性及灵敏度

1) 黏性土的灵敏度

在土的密度和含水量不变的条件下，原状土的无侧限抗压强度q_u与重塑土的无侧限抗压强度q_u'的比值，称为土的灵敏度，用s_t表示。表达式为

$$s_t = \frac{q_u}{q_u'} \tag{2-20}$$

灵敏度反映了由于重塑而破坏原状结构时，土的强度的降低程度，是反映黏性土结构性强弱的特征指标。

根据灵敏度大小可将饱和性土分为：低灵敏($1<s_t≤2$)、中灵敏($2<s_t≤4$)和高灵敏($s_t>4$)三类。土的灵敏度愈高，其结构性愈强，受扰动后土的强度降低就愈多。所以在基础施工中应注意保护基槽，避免或尽量减少土体结构的扰动。

2) 黏性土的触变性

土的触变性是指在含水量和密度不变的情况下，土因重塑而软化，又因静置而逐渐硬化，强度部分恢复的性质。土的触变性是由于土粒、水分子和化学离子体系随时间而逐渐趋于新的平衡状态的缘故。例如：在黏性土中打桩时，桩侧土的结构受到破坏而强度降低，易于沉桩，但在停止打桩以后，土的强度逐渐恢复，桩的承载力逐渐增加，这就是土的触变性在实际工程中的应用。

2.6 地基岩土的工程分类

土的分类就是根据土的工程性质差异将土划分成一定的类别，目的在于通过通用的鉴别标准，便于在不同土类间作有价值的比较、评价、积累以及学术与经验的交流。土的分类原则如下。

(1) 分类要简明，既能综合反映土的主要工程性质，又要测定方法简单，使用方便。

(2) 土的分类体系所采用的指标要在一定程度上反映不同类工程用土的不同特性。

下面介绍《建筑地基基础设计规范》(GB 50007—2011)采用的分类体系。

《建筑地基基础设计规范》根据土粒大小，粒组的土粒含量或土的塑性指数把地基土(岩)分为岩石、碎石土、砂土、粉土、黏性土和人工填土等。

2.6.1 岩石

岩石应为颗粒间牢固联结，呈整体或具有节理裂隙的岩体。作为建筑物地基，岩石应按坚硬程度、完整程度和风化程度进行分类。

1. 按坚硬程度分类

岩石坚固程度根据岩块的饱和单轴抗压强度 f_{rk} 分为坚硬岩、较硬岩、较软岩、软岩和极软岩(表 2-12)。当缺乏饱和单轴抗压强度资料或不能进行该项试验时，可在现场通过观察定性划分。

表 2-12 岩石按坚硬程度划分(GB 50007—2011)

名称		f_{rk}/MPa	定性鉴定	代表性岩石
硬质岩	坚硬岩	$f_{rk}>60$	锤击声清脆，有回弹，难击碎，基本无吸水反应	未风化~微风化的花岗岩、闪长岩、辉绿岩、玄武岩、安山岩、片麻岩、石英岩、硅质砾岩、石英砂岩、硅质石灰岩等
	较硬岩	$60≥f_{rk}>30$	锤击声较清脆，有轻微回弹，稍震手，较难击碎，有轻微吸水反应	1. 微风化的坚硬岩 2. 未风化~微风化的大理岩、板岩、石灰岩、钙质砂岩等

续表

名称		f_{rk}/MPa	定性鉴定	代表性岩石
软质岩	较软岩	$30 \geq f_{rk} > 15$	锤击声不清脆，无回弹；指甲可刻出印痕	1. 中风化的坚硬岩和较硬岩 2. 未风化～微风化的凝灰岩、千枚岩、砂质岩、泥灰岩等
	软岩	$15 \geq f_{rk} > 5$	锤击声哑，无回弹，有凹痕，易击碎；浸水后可捏成团	1. 强风化的坚硬岩和较硬岩 2. 中风化的较软岩 3. 未风化～微风化的泥质砂岩、泥岩等
极软岩		$f_{rk} \leq 5$	锤击声哑，无回弹，有较深凹痕，手可捏碎；浸水后可捏成团	1. 风化的软岩 2. 全风化的各种岩石 3. 各种半成岩石

2. 按完整程度分类

岩石的完整程度划分为完整、较完整、较破碎、破碎和极破碎。当缺乏试验数据时，可按表 2-13 的规定划分。

表 2-13 岩体完整程度划分(GB 50007—2011)

名称	完整性指数	结构面组数	控制性结构面平均间距/m	代表性结构类型
完整	>0.75	1～2	>1.0	整体状结构
较完整	0.75～0.55	2～3	0.4～1.0	块状结构
较破碎	0.55～0.35	>3	0.2～0.4	镶嵌状结构
破碎	0.35～0.15	>3	<0.2	碎裂状结构
极破碎	<0.15	无序	—	散体状结构

注：完整性指数为岩体纵波波速与岩块纵波波速之比的平方。选定岩体、岩块测定波速时应有代表性。

3. 按风化程度分类

岩石按风化程度分为未风化、微风化、中等风化、强风化、全风化五个类别。岩石的风化程度可根据岩质新鲜程度、裂隙、矿物成分、可挖性、可钻性等综合判定。

2.6.2 碎石土

粒径大于 2mm 的颗粒含量超过 50% 的土称为碎石土。根据粒组含量及颗粒形状，碎石土可按表 2-14 分类。

表 2-14 碎石土的分类(GB 50007—2011)

土的名称	颗粒形状	粒组含量
漂石	圆形及亚圆形为主	粒径大于 200mm 的颗粒含量超过全重 50%
块石	棱角形为主	

续表

土的名称	颗粒形状	粒组含量
卵石	圆形及亚圆形为主	粒径大于20mm的颗粒含量超过全重50%
碎石	棱角形为主	
圆砾	圆形及亚圆形为主	粒径大于2mm的颗粒含量超过全重50%
角砾	棱角形为主	

注：分类时应根据粒组含量由大到小以最先符合者确定。

2.6.3 砂土

粒径大于2mm的颗粒含量不超过全重的50%、而粒径大于0.075mm的颗粒超过全重50%的土称为砂土。砂土可分为砾砂、粗砂、中砂、细砂和粉砂（表2-15）。

表2-15 砂土的分类（GB 50007—2011）

土的名称	颗粒含量
砾砂	粒径大于2mm的颗粒含量占全重25%~50%
粗砂	粒径大于0.5mm的颗粒含量超过全重50%
中砂	粒径大于0.25mm的颗粒含量超过全重50%
细砂	粒径大于0.075mm的颗粒含量超过全重85%
粉砂	粒径大于0.075mm的颗粒含量超过全重50%

注：分类时应根据粒组含量由大到小以最先符合者确定。

2.6.4 粉土

粉土是指塑性指数 $I_P \leqslant 10$ 且粒径大于0.075mm的颗粒含量不超过总质量50%的土。粉土是介于砂土和黏性土之间的过渡性土类，它具有砂土和黏性土的某些特征。粉土的性质与其粒径级配、包含物、密实度和湿度等有关。

2.6.5 黏性土

塑性指数 I_P 值大于10的土定名为黏性土。根据塑性指数的大小，黏性土又分为黏土和粉质黏土（表2-16）。

表2-16 黏性土的分类（GB 50007—2011）

土的名称	塑性指数
黏土	$I_P > 17$
粉质黏土	$10 < I_P \leqslant 17$

黏性土中有两个亚类（淤泥和淤泥质土、红黏土）与工程建筑关系极为密切，分别如下。

1. 淤泥和淤泥质土

淤泥是在静水或缓慢的流水环境中沉积，并经生物化学作用形成的，天然含水量大于液限、天然孔隙比大于或等于1.5的黏性土。当天然含水量大于液限而天然孔隙比小于1.5、大于等于1.0时称为淤泥质土。

含有大量未分解的腐殖质，有机质含量大于60%的土为泥炭，有机质含量大于或等于10%而小于或等于60%的土为泥炭质土。

2. 红黏土

红黏土是指碳酸盐系的岩石（石灰岩及白云岩等）经红土化作用形成的高塑性黏土。其液限一般大于50%。红黏土经再搬移后仍保留其基本特征，液限大于45%的土为次生红黏土。

2.6.6 人工填土

由于人类活动而形成的堆积物称为人工填土。人工填土物质成分较杂乱，均匀性较差，根据其物质组成和成因，可分为素填土、杂填土、冲填土和压实填土四类。各类填土应根据下列特征予以区别。

(1) 素填土。由碎石土、砂土、粉土、黏性土等组成的填土。其中不含杂质或含杂质很少。按主要组成物质分为碎石素填土、砂性素填土、粉性素填土及黏性填土。

(2) 杂填土。含有建筑垃圾、工业废料、生活垃圾等杂物的填土。按其组成物质成分和特征分为建筑垃圾土、工业废料土及生活垃圾土。

(3) 冲填土。由水力冲填泥沙形成的填土。

(4) 压实填土。经分层压实或夯实的素填土。

习 题

一、填空题

1. 土是由_____、_____ 和_____所组成，其中_____部分构成土的骨架，_____部分构成土中孔隙。

2. 对土的颗粒进行分析，粒径大于0.075mm的颗粒用_____法测定，小于0.075mm的颗粒用_____法测定。

3. 土的不均匀系数C_u越_____，级配就越_____；土的液性指数I_L越_____，土质就越_____。无黏性土的孔隙比越_____，土就越_____。

4. 土中的自由水包括_____和_____，其中_____存在于地下水位以_____；_____存在于地下水位以_____。

5. 根据液性指数，黏性土的物理状态可划分为_____、_____、_____、_____、_____五种类型。

6. 若某土样的颗粒级配曲线较缓，则不均匀系数数值较_____，其夯实后密实度较_____。

7. 利用_____曲线可确定不均匀系数 C_u；为了获得较大密实度，应选择 C_u 值较_____的土作为填方工程的土料。

8. 能传递静水压力的土中水是_____水和_____水。

9. 黏性土越坚硬，其液性指数数值越_____，黏性土的黏粒含量越高，其塑性指数数值越_____。

10. 黏性土的灵敏度越高，扰动后其强度降低就越_____，所以在施工中应注意保护基槽，尽量减少对坑底土的扰动。

二、选择题（不定项）

1. 土颗粒的级配曲线越平缓表示（　　）。
   A. 土颗粒大小较均匀，级配良好
   B. 土颗粒大小不均匀，级配不良
   C. 土颗粒大小不均匀，级配良好

2. 当黏性土的 $I_L<0$ 时，天然土处于（　　）状态。
   A. 流动状态　　B. 可塑状态　　C. 坚硬状态　　D. 软塑状态

3. 某土样的液限 $w_L=36\%$，塑限 $w_P=22\%$，天然含水量 $w=28\%$，则该土的液性指数为（　　）。
   A. 0.33　　　　B. 0.43　　　　C. 0.57　　　　D. 0.67

4. 土的结构为絮状结构的是（　　）。
   A. 粉粒　　　　B. 碎石　　　　C. 黏粒　　　　D. 砂粒

5. 不能传递静水压力的土中水是（　　）
   A. 毛细水　　　B. 自由水　　　C. 重力水　　　D. 结合水

6. 根据液性指数，黏性土的状态可分为（　　）。
   A. 硬塑　　　　B. 可塑　　　　C. 中塑
   D. 软塑　　　　E. 流塑

7. 确定无黏性土密实度的方法是（　　）。
   A. 砂土用载荷试验　　　B. 碎石土用锤击 $N_{63.5}$　　　C. 碎石土用野外鉴别法
   D. 砂土用标贯锤击数 N　　　E. 砂土用压缩试验

三、简答题

1. 土是怎样形成的？什么是残积土？搬运土分为哪几个类别？
2. 什么是土的颗粒级配？土的颗粒级配指标有哪些？如何利用土的颗粒级配曲线形态和颗粒级配指标评价土的工程性质？
3. 土中液态水有哪些类型？它们对土的性质有哪些影响？
4. 土中气有哪些类型？它们对土的性质有哪些影响？
5. 什么是土的结构？土的结构有哪些类型？什么是土的构造？土的构造有哪些类型？
6. 土的三相比例指标有哪些？哪些可以直接测定？哪些需要通过换算求得？

7. 说明土的天然重度 γ、饱和重度 γ_{sat}、有效重度 γ' 和干重度 γ_d 的物理意义，并比较它们的大小。

8. 评价砂土密实度的方法有哪些？简述各方法的评价标准。

9. 评价碎石土密实度的方法有哪些？简述各方法的评价标准。

10. 黏性土的界限含水量有哪些？如何确定？

11. 什么是塑性指数？塑性指数的大小与哪些因素有关？在工程上有何应用？

12. 什么是液性指数？如何应用液性指数来评价土的软硬状态？

13. 简述现行《建筑地基基础设计规范》对地基土的分类。

四、计算题

1. 某土样在天然状态下的体积为 200cm³，质量为 334g，烘干后质量为 290g，土粒相对密度 $d_s=2.66$，试计算该土样的密度、含水量、干密度、孔隙比、孔隙率和饱和度。

2. 已知某土样的土粒相对密度 $d_s=2.65$，饱和度 $S_r=40\%$，孔隙比 $e=0.95$，问饱和度提高到 90% 时，每立方米的土应加多少水？

3. 某砂土土样的天然重度为 17.5kN/m³，天然含水量为 9.8%，土的相对密度为 2.68，烘干后测定最小孔隙比为 0.456，最大孔隙比为 0.935，试求砂土的相对密实度 D_r，并判断该砂土的密实度。

4. 某黏性土的含水量为 34.2%，液限为 47.2%，塑限为 24.1%，试确定该土样的名称和状态。

5. 某无黏性土样，颗粒分析成果见表 2-17，要求：

（1）确定该土样名称；

（2）若该土样标准贯入试验锤击数 $N=14$，判断该土的密实状态。

表 2-17 颗粒分析成果表

粒径范围/mm	>2	2~0.5	0.5~0.25	0.25~0.075	0.075~0.05	<0.05
粒组含量/(%)	13.5	18.6	21.5	19.4	15.6	11.4

第 3 章

地基土中的应力

学习目标

本章介绍了地基土中的自重应力和附加应力。通过本章的学习，要求学生掌握土体中自重应力的分布规律和计算，角点法计算矩形及条形基础下土中的附加应力；熟悉基底压力的分布规律和计算；了解圆形基础下土中的附加应力。

引 例

长期大量开采地下水导致地面沉降

我国的水资源总量包括地下水和地表水,大约为每年28000亿 m^3,地下水占水资源的总资源量的三分之一,是保障城乡人民生活、生产以及支持社会经济可持续发展的重要的自然资源。我国地下水的开采由于社会经济发展,人口增加,蓄水量增加得很快,对地下水的需求几十年来大幅度增长,社会上水资源的供需矛盾日趋严重,开发地下水的势头越来越增大,特别是20世纪70年代以后,地下水的开采量增加的速度很快。70年代的时候地下水平均开采量达到572亿 m^3 每年。80年代增加到748亿 m^3,到90年代末地下淡水开采量达到了1058亿 m^3。

数据显示,1966—2011年的45年间,上海地面累计沉降量约为0.29m。而2011年的统计数据,我国有50多个城市沉降量超过200mm的总面积已达7.9万 km^2,地面沉降和滑坡已经成为主要的地质灾害。长期大量开采地下水,导致有效应力增加,是地面下沉的主要原因。

土体在自身重力、建筑物荷载、交通荷载或其他因素(如地下水渗流、地震力等)的作用下,均可产生土中应力。土中应力将引起土体或地基的变形,使土工建筑物(如路堤、土坝等)或建筑物(如房屋、桥梁、涵洞等)发生沉降、倾斜以及水平位移。土体或地基的变形过大时,往往会影响路堤、房屋和桥梁等的正常使用;土中应力过大时,又会导致土体发生强度破坏,使土坡失稳,或使建筑物因地基承载力不足而发生倾斜甚至倒塌。因此,在研究土的变形、强度及稳定性问题时,都必须掌握土中应力状态,土中应力的计算和分布规律是土力学的基本内容之一。

土中应力按起因可分为自重应力和附加应力两种,见表3-1。

表3-1 土中应力类型

类型	成因	工程特征
自重应力	指土体受到自身重力作用而产生的应力	一种是成土年代久远,土体在自重作用下已经完成压缩固结,这种自重应力不再引起土体或地基的变形
		另一种是成土年代不久,例如新近沉积土、近期人工填土等,土体在自身重力作用下尚未完成固结,因而它将引起土体或地基的变形
附加应力	指土体在外荷载以及地下水渗流、地震等作用下附加产生的应力增量	是引起土体或地基变形的主要原因,也是导致土体强度破坏和失稳的重要原因

土中自重应力和附加应力的产生原因不同,因而两者计算方法不同,分布规律及对工程的影响也不同。本章主要介绍土中自重应力和附加应力的分布规律及计算方法。

3.1 地基土中的自重应力

土中自重应力是指建筑物或构筑物建造之前,由土体本身自重引起的应力,它是土体的初始应力状态。在计算自重应力时,假定地基为均匀、连续、各向同性的半无限弹性体，土体中所有竖直面和水平面上均无剪应力存在，由此可知，在均匀土体中，土中某点的自重应力只与该点的深度有关。

3.1.1 均质地基土中的自重应力

如图 3.1 所示，若 z 深度内的土质为均质土，天然重度 γ 不发生变化，则该深度的 M 点处竖向自重应力 σ_{cz} 可取为该深度上任意单位面积的土柱体自重 $\gamma z \times 1$。于是 M 点的竖向自重应力为

$$\sigma_{cz}=\gamma z \tag{3-1}$$

式中：γ——土的天然重度（kN/m^3）；

z——计算点的深度（m）。

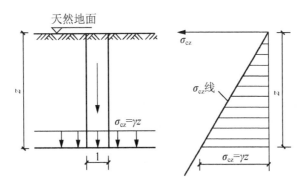

图 3.1 均质地基土的自重应力分布图

3.1.2 成层地基土中的自重应力

当地基土由多个不同重度的土层（成层土）组成时（图3.2），任意深度 z 处的竖向自重应力为各层土竖向自重应力之和，即

$$\sigma_{cz}=\gamma_1 h_1+\gamma_2 h_2+\cdots+\gamma_n h_n=\sum_{i=1}^{n}\gamma_i h_i \tag{3-2}$$

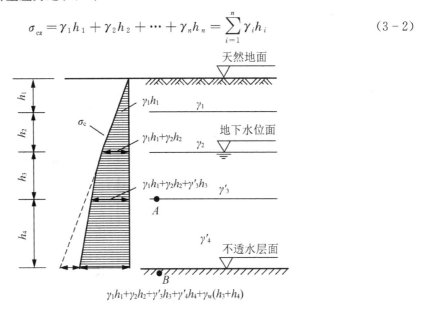

图 3.2 成层土中竖向自重应力沿深度的分布

式中：n——从地面到深度 z 处的土层数；

γ_i——第 i 层土的重度（kN/m^3）；

h_i——第 i 层土的厚度（m）。

3.1.3 有地下水位的土层中的自重应力

由于土的自重应力取决于土的有效重度，有效重度在地下水位以上用天然重度，在地下水位以下用有效重度。如图 3.2 中 A 点的自重应力为

$$\sigma_{cA} = \gamma_1 h_1 + \gamma_2 h_2 + \gamma_3' h_3 \tag{3-3}$$

地下水位的升降会引起自重应力的变化，由此也会引起地面的升降。在沿海一些软土地区，由于大量抽取地下水，造成地下水位大幅下降，使土中的有效自重应力增加，从而造成地表大面积的下沉。

3.1.4 不透水层对自重应力的影响

如果在地下水位以下，埋藏有不透水层（如岩层或连续分布的坚硬黏性土层），由于不透水层中不存在浮力，所以计算这部分土中的自重应力时，应采用天然重度 γ。作用在不透水层顶面的土自重应力应等于上覆土和水的总重，如图 3.2 中 B 点的自重应力为

$$\sigma_{cB} = \gamma_1 h_1 + \gamma_2 h_2 + \gamma_3' h_3 + \gamma_4' h_4 + \gamma_w (h_3 + h_4) \tag{3-4}$$

由 σ_{cz} 分布图可知，竖向自重应力的分布规律如下。

（1）土的自重应力分布线是一条折线，折点在土层交界处和地下水位处，在不透水层面处分布线有突变。

（2）同一层土的自重应力按直线变化。

（3）自重应力随深度增加而变大。

（4）在同一平面，自重应力各点相等。

【例 3-1】 某地基土层剖面如图 3.3 所示，试计算各土层自重应力并绘制自重应力分布图。

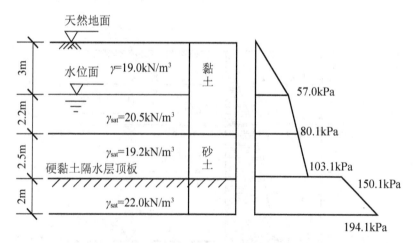

图 3.3 例 3-1 附图

【解】地下水位处：$\sigma_{cz}=\gamma_1 h_1=19.0\times 3.0=57.0(\text{kPa})$

第一层底：$\sigma_{cz}=\gamma_1 h_1+\gamma_2' h_2=57.0+(20.5-10)\times 2.2=80.1(\text{kPa})$

砂土层底：$\sigma_{cz}=\gamma_1 h_1+\gamma_2' h_2+\gamma_3' h_3=80.1+(19.2-10)\times 2.5=103.1(\text{kPa})$

不透水层顶面：$\sigma_{cz}=\gamma_1 h_1+\gamma_2' h_2+\gamma_3' h_3+\gamma_w(h_2+h_3)=103.1+10\times(2.2+3.5)=150.1(\text{kPa})$

钻孔底：$\sigma_{cz}=\gamma_1 h_1+\gamma_2' h_2+\gamma_3' h_3+\gamma_4 h_4+\gamma_w(h_2+h_3)=150.1+22\times 2=194.1(\text{kPa})$

自重应力分布如图3.3所示。

3.2 基 底 压 力

建筑物荷载通过基础传给地基，基础底面传递到地基表面的压力称为基底压力，而地基支承基础的反力称为基底反力。基底压力和基底反力是大小相等、方向相反的作用力和反作用力。基底压力用于分析地基中应力、变形及稳定性，基底反力则用于计算基础结构内力。因此研究基底压力的分布规律和计算方法具有重要的工程意义。

3.2.1 基础底面的压力分布

精确地确定基底压力的分布和大小是很不容易的，它涉及上部结构、基础和地基三者共同作用的问题，并且与建筑物类型、基础刚度、基础的形状及尺寸、基础埋深、基础所受荷载大小及分布、地基土的性质等因素有关。

当基础为绝对柔性基础时（即抗弯刚度$EI=0$），基础随着地基一起变形，中部沉降大，四周沉降小，其压力分布与荷载分布相同，如图3.4(a)所示。如果要使柔性基础的各点沉降相同，则作用在基础上的荷载应是两边大而中部小，如图3.4(b)所示。

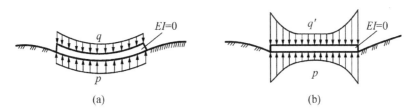

图3.4 柔性基础的基底反力分布图

当基础为绝对刚度基础时（即抗弯刚度$EI=\infty$），基底受荷后仍保持为平面，各点沉降相同，理论上来讲，基底压力分布必是四周大而中间小，如图3.5(a)中的虚线所示。但是，由于地基土的塑性性质，特别是基础边缘地基土产生塑性变形后，基底压力发生重分布，使边缘压力向内转移，基底压力分布呈马鞍形，如图3.5(a)中的实线所示。随着荷载的增加，基础边缘地基土塑性变形区扩大，基底压力由马鞍形发展为抛物线[图3.5(b)]，甚至钟形[图3.5(c)]。

一般建筑物基础介于柔性基础和绝对刚性基础之间而具有较大的抗弯刚度；作用在基础上的荷载，受到地基承载力的限制，一般不会很大；基础又有一定的埋深，因此基底压力分布大多属于马鞍形分布，并比较接近直线。工程中常常将基底压力假定为直线分布，按材料力学公式计算基底压力，这样使得基底压力的计算大为简化。

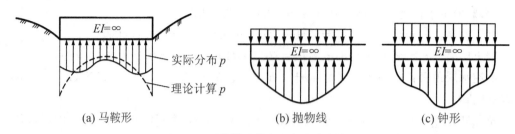

(a) 马鞍形　　　　　　(b) 抛物线　　　　　(c) 钟形

图 3.5　刚性基础基底压力的分布形态

3.2.2　中心荷载作用下的基底压力

当竖向荷载的合力通过基础底面的形心点时，基底压力假定为均匀分布，如图 3.6 所示。此时，基底压力按式 (3-5) 计算

$$p_k = \frac{F_k + G_k}{A} \tag{3-5}$$

式中：p_k——相应于荷载效应标准组合时，基础底面处的平均压力；

F_k——相应于荷载效应标准组合时，上部结构传至基础顶面的竖向力；

G_k——基础及其台阶上回填土的总重，对一般的实体基础：$G_k = \gamma_G A d$，其中 γ_G 为基础及回填土的平均重度，通常 $\gamma_G = 20 \text{kN/m}^3$，但在水位以下部分应扣除浮力，有效重度 $\gamma'_G = 10 \text{kN/m}^3$；$d$ 为基础埋深，当室内外标高不同时取平均值。

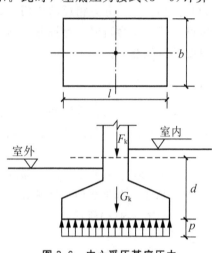

图 3.6　中心受压基底压力

A——基础底面积，对矩形基础，$A = lb$，l 和 b 分别为矩形基础底面的长边和短边；对于条形基础，长度方向取 $l = 1\text{m}$。

3.2.3　偏心荷载作用下的基底压力

如图 3.7 所示，常见的偏心荷载作用于矩形基础的一个主轴上，即单向偏心。设计时通常基底长边 l 方向取为与偏心方向一致，则基底边缘压力为

$$p_{k\min}^{k\max} = \frac{F_k + G_k}{A} \pm \frac{M_k}{W} \tag{3-6}$$

式中：M_k——相应于荷载效应标准组合时，作用在基底形心上的力矩值，$M_k = (F_k + G_k)e$，e 为偏心距；

W——基础底面的抵抗矩，$W = bl^2/6$；

F_k、G_k、A 符号意义同式 (3-5)。

将偏心距 $e = \dfrac{M_k}{F_k + G_k}$ 代入式 (3-6)，得

$$p_{kmin}^{kmax} = \frac{F_k + G_k}{A}(1 \pm \frac{6e}{l}) \quad (3-7)$$

由式(3-7)可见：

(1) 当 $e < l/6$ 时，p_{kmin} 为正值，基底压力呈梯形分布，如图 3.7(a)所示。

(2) 当 $e = l/6$ 时，$p_{kmin} = 0$，基底压力分布呈三角形，如图 3.7(b)所示。

(3) 当 $e > l/6$ 时，p_{kmin} 为负值，表示基础面与地基之间一部分出现拉应力，如图 3.7(c)中虚线所示。实际上，它们之间不会传递拉应力，此时基底与地基局部脱开，而使基底压力重新分布。因此，根据偏心荷载应与基底反力相平衡的条件，荷载合力($F_k + G_k$)应通过三角形反力分布图的形心，如图 3.7(c)实线所示，则基底边缘的最大压力

$$p_{kmax} = \frac{2(F_k + G_k)}{3ab} \quad (3-8)$$

式中：a——荷载作用点至基底边缘的距离，$a = l/2 - e$。

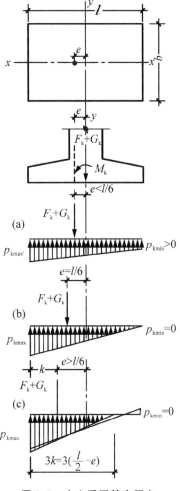

图 3.7 中心受压基底压力

【例 3-2】某基础底面尺寸 $l = 4$m，$b = 2$m，基础顶面作用轴心力 $F_k = 680$kN，弯矩 $M_k = 150$kN·m，基础埋深 $d = 2.0$m，如图 3.8 所示。试计算基底压力并绘出分布图。

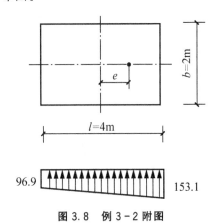

图 3.8 例 3-2 附图

【解】基础及基础上回填土重：$G_k = \gamma_G A d = 20 \times 4 \times 2 \times 2.0 = 320$(kN)

偏心距：$e = \dfrac{M_k}{F_k + G_k} = \dfrac{150}{680 + 320} = 0.15$(m)

基底压力：$p_{kmin}^{kmax} = \dfrac{F_k + G_k}{bl}(1 \pm \dfrac{6e}{l}) = \dfrac{680 + 320}{2 \times 4}(1 \pm \dfrac{6 \times 0.15}{4}) = \dfrac{153.1}{96.9}$(kPa)

基底压力分布图如图 3.8 所示。

3.2.4 基底附加压力

基底附加压力是指作用在基础底面的压力与基底处建造前土中自重应力之差,是引起地基附加应力和变形的主要因素。基底附加应力 p_0 可按式(3-9)计算。

轴心荷载时

$$p_0 = p_k - \sigma_{cz} \qquad (3-9)$$

偏心荷载时

$$p_{0\min}^{0\max} = p_{k\min}^{k\max} - \sigma_{cz} \qquad (3-10)$$

式中:p_0——基底附加压力(kPa);

σ_{cz}——基底处土的自重应力(kPa)。

3.3 地基土中的附加应力

对一般天然土层来说,土的自重应力引起的压缩变形在地质历史上早已完成,不会再引起地基沉降,因此地基变形与破坏的主要原因是附加应力。目前计算附加应力的方法是根据弹性理论推导的。

3.3.1 竖向集中力作用下地基土中的附加应力

如图 3.9 所示,竖向集中力 P 作用于半无限空间弹性体表面上,在弹性体内任一点 $M(x,y,z)$ 所引起的应力解析解,由法国人布辛奈斯克(J·Boussinesq,1885 年)根据弹性理论求得,其中竖向附加应力为

$$\sigma_z = \frac{3P}{2\pi} \times \frac{z^3}{R^5} = \frac{3P}{2\pi} \times \frac{z^3}{(x^2+y^2+z^2)^{5/2}} = \frac{3}{2\pi[1+(r/z)^2]^{5/2}} \times \frac{P}{z^2} = \alpha \frac{P}{z^2} \qquad (3-11)$$

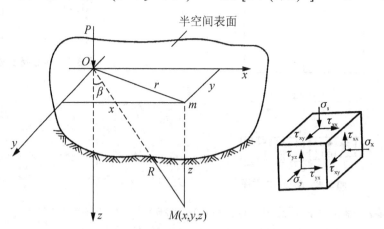

图 3.9 垂直集中力所引起的附加应力

式中:α——竖向集中力作用下土中附加应力系数,$\alpha = \dfrac{3}{2\pi[1+(r/z)^2]^{5/2}}$,也可由表 3-2 查得。

表 3-2 集中荷载作用下应力系数 α 值

r/z	α	r/z	α	r/z	α	r/z	α	r/z	α
0	0.4775	0.50	0.2733	1.00	0.0844	1.50	0.0251	2.00	0.0085
0.05	0.4745	0.55	0.2466	1.05	0.0744	1.55	0.0224	2.20	0.058
0.10	0.4657	0.60	0.2214	1.10	0.0658	1.60	0.0200	2.40	0.0040
0.15	0.4516	0.65	0.1978	1.15	0.0581	1.65	0.0179	2.60	0.0029
0.20	0.4329	0.70	0.1762	1.20	0.0513	1.70	0.0160	2.80	0.0021
0.25	0.4103	0.75	0.1565	1.25	0.0454	1.75	0.0144	3.00	0.0015
0.30	0.3849	0.80	0.1386	1.30	0.0402	1.80	0.0129	3.50	0.0007
0.35	0.3577	0.85	0.1226	1.35	0.0357	1.85	0.0116	4.00	0.0004
0.40	0.3294	0.90	0.1083	1.40	0.0317	1.90	0.0105	4.50	0.0002
0.45	0.3011	0.95	0.0956	1.45	0.0282	1.95	0.0095	5.00	0.0001

集中荷载产生的竖向附加应力 σ_z 在地基中的分布存在如下规律。

1. 在集中力 P 作用线上，r=0

(1) 当 $z \to 0$ 时，$\sigma_z \to \infty$。表明式(3-11)不适用于集中力作用处及其附近。

(2) 当 $0 < z < \infty$ 时，沿 P 作用线上 σ_z 随深度 z 的增加而减小，如图 3.10 所示。

(3) 当 $z \to \infty$ 时，$\sigma_z \to 0$。

2. 在 r>0 的竖线上

(1) 当 z=0 时，$\sigma_z = 0$。

(2) 随着 z 的增加，σ_z 从零逐渐增大，至一定深度后又随着 z 的增加逐渐减小，如图 3.10 所示。

3. 在 z 为常数的水平面上

在 z 为常数的水平面上，σ_z 在集中力作用线上最大，并随着 r 的增大而逐渐减小。随着深度 z 的增加，集中力作用线上的 σ_z 减小，但随 r 增加而降低的速率变缓，如图 3.10 所示。

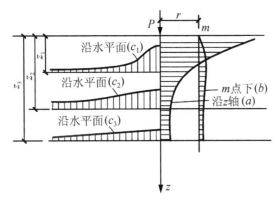

图 3.10 垂直集中力作用下土中附加应力 σ_z 的分布

知识拓展

将地基中附加应力 σ_z 相同的点连接起来，可得到如图3.11所示的 σ_z 等值线，其空间形状如泡状，称为应力泡。图中离集中力作用点越远，附加应力越小，这种现象称为应力扩散现象。

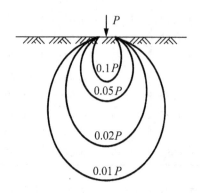

图3.11 土中附加应力 σ_z 的等值线

当地基表面作用有几个集中力时，可分别算出各集中力在地基中引起的附加应力，然后根据弹性体应力叠加原理求出附加应力的总和。

3.3.2 矩形基础竖向均布荷载作用下地基土中的附加应力

设地基表面作用一竖向矩形均布荷载 p，矩形长边为 l，短边为 b。若要求地基内任意点的附加应力 σ_z，应先求出矩形角点下的应力，再利用"角点法"求任意点的应力。

1. 角点下的附加应力

角点下的应力是指图3.12中 O、A、C、D 四个角点下任意深度处的应力。将坐标原点取在角点 O 上，在荷载面积内任意取微分面积 $dA = dx dy$，其上荷载的合力以集中力

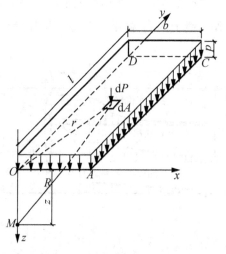

图3.12 矩形面积均布垂直荷载作用时角点下的附加应力

$\mathrm{d}P$ 代替，$\mathrm{d}P = p\mathrm{d}A = p\mathrm{d}x\mathrm{d}y$，利用式(3-11)可求得该集中力在角点 O 下深度 z 处 M 点的竖向附加应力为

$$\mathrm{d}P = \frac{3p}{2\pi} \times \frac{z^3}{(x^2+y^2+z^2)^{\frac{5}{2}}}\mathrm{d}x\mathrm{d}y \tag{3-12}$$

将式(3-12)沿整个矩形面积 $OACD$ 积分，即可得矩形均布荷载 p 在点 M 处的附加应力，即

$$\begin{aligned}\sigma_z &= \int_0^l \int_0^b \frac{3p}{2\pi} \cdot \frac{z^3}{(x^2+y^2+z^2)^{\frac{5}{2}}}\mathrm{d}x\mathrm{d}y \\ &= \frac{p}{2\pi}\left[\arctan\frac{m}{n\sqrt{m^2+n^2+1}} + \frac{mn}{\sqrt{m^2+n^2+1}}\left(\frac{1}{m^2+n^2} + \frac{1}{n^2+1}\right)\right]\end{aligned} \tag{3-13}$$

式中：$m = \dfrac{l}{b}$，$n = \dfrac{z}{b}$，l 为矩形长边，b 为矩形短边。

为了计算方便，可将式(3-13)简写为

$$\sigma_z = \alpha_c p \tag{3-14}$$

式中：α_c——竖向矩形均布荷载角点下的竖向附加应力分布系数，可按公式计算或由表 3-3 查取，

$$\alpha_c = \frac{1}{2\pi}\left[\arctan\frac{m}{n\sqrt{m^2+n^2+1}} + \frac{mn}{\sqrt{m^2+n^2+1}}\left(\frac{1}{m^2+n^2} + \frac{1}{n^2+1}\right)\right]$$

表 3-3 竖向均布荷载角点下附加应力系数 α_c

$n=z/b$	$m=l/b$										
	1.0	1.2	1.4	1.6	1.8	2.0	3.0	4.0	5.0	6.0	10
0.0	0.2500	0.2500	0.2500	0.2500	0.2500	0.2500	0.2500	0.2500	0.2500	0.2500	0.2500
0.2	0.2486	0.2489	0.2490	0.2491	0.2491	0.2491	0.2492	0.2492	0.2492	0.2492	0.2492
0.4	0.2401	0.2420	0.2429	0.2434	0.2437	0.2439	0.2442	0.2443	0.2443	0.2443	0.2443
0.6	0.2229	0.2275	0.2300	0.2315	0.2324	0.2329	0.2339	0.2431	0.2342	0.2342	0.2342
0.8	0.1999	0.2075	0.2120	0.2147	0.2165	0.2176	0.2196	0.2200	0.2202	0.2202	0.2202
1.0	0.1752	0.1851	0.1911	0.1955	0.1981	0.1999	0.2034	0.2042	0.2044	0.2045	0.2046
1.2	0.1516	0.1626	0.1705	0.1758	0.1793	0.1818	0.1870	0.1882	0.1885	0.1887	0.1888
1.4	0.1308	0.1423	0.1508	0.1569	0.1613	0.1644	0.1712	0.1730	0.1735	0.1738	0.1740
1.6	0.1123	0.1241	0.1329	0.1436	0.1445	0.1482	0.1567	0.1590	0.1598	0.1601	0.1604
1.8	0.0969	0.1083	0.1172	0.1241	0.1294	0.1334	0.1434	0.1463	0.1474	0.1478	0.1482
2.0	0.0840	0.0947	0.1034	0.1103	0.1158	0.1202	0.1314	0.1350	0.1363	0.1368	0.1374
2.2	0.0732	0.0832	0.0917	0.0984	0.1039	0.1084	0.1205	0.1248	0.1264	0.1271	0.1277
2.4	0.0642	0.0734	0.0812	0.0879	0.0934	0.0979	0.1108	0.1156	0.1175	0.1184	0.1192
2.6	0.0566	0.0651	0.0725	0.0788	0.0842	0.0887	0.1020	0.1073	0.1095	0.1106	0.1116
2.8	0.0502	0.0580	0.0649	0.0709	0.0761	0.0805	0.0942	0.0999	0.1024	0.1036	0.1048
3.0	0.0447	0.0519	0.0583	0.0640	0.0690	0.0732	0.0870	0.0931	0.0959	0.0973	0.0987
3.2	0.041	0.0467	0.0526	0.0580	0.0627	0.0668	0.0806	0.0870	0.0900	0.0916	0.0933
3.4	0.0361	0.0421	0.0477	0.0527	0.0571	0.0611	0.0747	0.0814	0.0847	0.0864	0.0882
3.6	0.0326	0.0382	0.0433	0.0480	0.0523	0.0561	0.0694	0.0763	0.0799	0.0816	0.0837

续表

$n=z/b$	$m=l/b$										
	1.0	1.2	1.4	1.6	1.8	2.0	3.0	4.0	5.0	6.0	10
3.8	0.0296	0.0348	0.0395	0.0439	0.0479	0.0516	0.0645	0.0717	0.0753	0.0773	0.0796
4.0	0.0270	0.0318	0.0362	0.0403	0.0441	0.0474	0.0603	0.0674	0.0712	0.0733	0.0758
4.2	0.0247	0.0291	0.0333	0.0371	0.0407	0.0439	0.0563	0.0634	0.0674	0.0696	0.0724
4.4	0.0227	0.0268	0.0306	0.0343	0.0376	0.0407	0.0527	0.0597	0.0639	0.0662	0.0692
4.6	0.0209	0.0247	0.0283	0.0317	0.0348	0.0378	0.0493	0.0564	0.0606	0.0630	0.0663
4.8	0.0193	0.0229	0.0262	0.0294	0.0324	0.0352	0.0463	0.0533	0.0576	0.0601	0.0635
5.0	0.0179	0.0212	0.0243	0.0274	0.0302	0.0328	0.0435	0.0504	0.0574	0.0573	0.0610
6.0	0.0127	0.0151	0.0174	0.0196	0.0218	0.0238	0.0325	0.0388	0.0431	0.0460	0.0506
7.0	0.0094	0.0112	0.0130	0.0147	0.0164	0.0180	0.0251	0.0306	0.0346	0.0376	0.0428
8.0	0.0073	0.0087	0.0101	0.0114	0.0127	0.0140	0.0198	0.0246	0.0283	0.0311	0.0367
9.0	0.0058	.0069	0.0080	0.0091	0.0102	0.0112	0.0161	0.0202	0.0235	0.0262	0.0319
10.0	0.0047	0.0056	0.0065	0.0074	0.0083	0.0092	0.0132	0.0167	0.0198	0.0222	0.0280

2. 矩形均布荷载任意点的应力

矩形均布荷载作用下地基内任意点的附加应力,可利用角点下的应力计算公式和应力叠加原理求得,此方法称为角点法。

如图 3.13 所示的矩形荷载平面,求 O 点下任意深度处的附加应力时,可通过 O 点将荷载平面划分为几个小矩形,使 O 点成为几个矩形的公共角点,利用角点下的应力计算公式分别求出每个小矩形的 O 点下同一深度的附加应力,然后利用叠加原理得出总的附加应力。

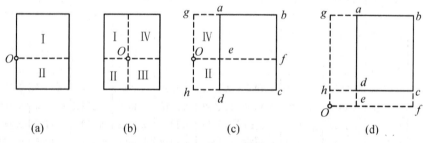

图 3.13 角点法的应用

角点法的应用可分为下列四种情况。

(1) 计算矩形面积边缘上任意点 O 下的附加应力,如图 3.13(a)所示。
$$\sigma_z = \alpha_c p = (\alpha_{cI} + \alpha_{cII})p$$

(2) 计算矩形面积内任意点 O 下的附加应力,如图 3.13(b)所示。
$$\sigma_z = \alpha_c p = (\alpha_{cI} + \alpha_{cII} + \alpha_{cIII} + \alpha_{cIV})p$$

(3) 计算矩形面积边缘外侧点 O 下的附加应力,如图 3.13(c)所示。
$$\sigma_z = \alpha_c p = (\alpha_{cI} + \alpha_{cII} - \alpha_{cIII} - \alpha_{cIV})p$$

图 3.14(c)中 I 为 $Ogbf$,II 为 $Ofch$,III 为 $Ogae$,IV 为 $Oedh$。

(4) 计算矩形面积外角点 O 下的附加应力，如图 3.13(d) 所示。
$$\sigma_z = K_c p = (\alpha_{cⅠ} - \alpha_{cⅡ} - \alpha_{cⅢ} + \alpha_{cⅣ}) p$$

图 3.14(d) 中Ⅰ为 $Ogbf$，Ⅱ为 $Ofch$，Ⅲ为 $Ogae$，Ⅳ为 $Oedh$。

【例 3-3】 如图 3.14 所示，荷载面积 $2m \times 1m$，$p = 100 kPa$，求 A、E、O、F、G 各点下 $z = 1m$ 深度处的附加应力，并利用计算结果说明附加应力的扩散规律。

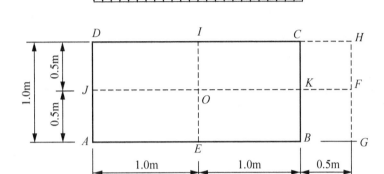

图 3.14 例 3-3 附图（一）

【解】（1）A 点下的应力。

A 点是矩形 $ABCD$ 的角点，$m = \dfrac{l}{b} = \dfrac{2}{1} = 2$，$n = \dfrac{z}{b} = 1$，由表 3-3 查得 $\alpha_{cA} = 0.1999$
故 A 点下的竖向附加应力为
$$\sigma_{zA} = \alpha_{cA} P = 0.1999 \times 100 = 19.99 (kPa)$$

（2）E 点下的应力。过 E 点将矩形荷载面积分为两个相等小矩形 $EADI$ 和 $EBCI$。任一个小矩形 $m = 1$、$n = 1$，由表 3-2 查得 $\alpha_{cE} = 0.1752$，故 E 点下的竖向附加应力为
$$\sigma_{zE} = 2\alpha_{cE} P = 2 \times 0.1752 \times 100 = 35.04 (kPa)$$

（3）O 点下的应力。过 O 点将矩形面积分为四个相等小矩形，任一个小矩形 $m = \dfrac{1}{0.5} = 2$，$n = \dfrac{1}{0.5} = 2$，由表 3-2 查得 $\alpha_{cO} = 0.1202$，故 O 点下的竖向附加应力为
$$\sigma_{zO} = 4\alpha_{cO} = 4 \times 0.1202 \times 100 = 48.08 (kPa)$$

（4）F 点下的应力。过 F 点做矩形 $FGAJ$、$FJDH$、$FGBK$、$FKCH$。设矩形 $FGAJ$ 和 $FJDH$ 的角点下应力系数为 $\alpha_{cⅠ}$；矩形 $FGBK$ 和 $FKCH$ 的角点下应力系数为 $\alpha_{cⅡ}$。

求 $\alpha_{cⅠ}$：$m = \dfrac{2.5}{0.5} = 5$，$n = \dfrac{1}{0.5} = 2$，由表 3-2 查得 $\alpha_{cⅠ} = 0.1363$

求 $\alpha_{cⅡ}$：$m = \dfrac{0.5}{0.5} = 1$，$n = \dfrac{1}{0.5} = 2$，由表 3-2 查得 $\alpha_{cⅡ} = 0.0840$

故 F 点下的竖向附加应力为
$$\sigma_{zF} = 2(\alpha_{cⅠ} - \alpha_{cⅡ}) p = 2 \times (0.1363 - 0.0840) \times 100 = 10.46 (kPa)$$

(5) G 点下的应力。过 G 点做矩形 $GADH$，$GBCH$，分别求出他们的角点应力系数 α_{cI}；K_{cII}。

求 α_{cI}：$m = \dfrac{2.5}{1} = 2.5$，$n = \dfrac{1}{1} = 1$，由表 3-2 查得 $\alpha_{cI} = 0.2016$

求 α_{cII}：$m = \dfrac{1}{0.5} = 2$，$n = \dfrac{1}{0.5} = 2$，由表 3-2 查得 $K_{cII} = 0.1202$

故 G 点的竖向附加应力为

$$\sigma_{zG} = (\alpha_{cI} - \alpha_{cII})p = (0.2016 - 0.1202) \times 100 = 8.14 \text{(kPa)}$$

将计算结果绘成图 3.15(a)；将点 O 和点 F 下不同深度的 σ_z 求出并绘成图 3.15(b)，可以形象地表现出附加应力的分布规律。

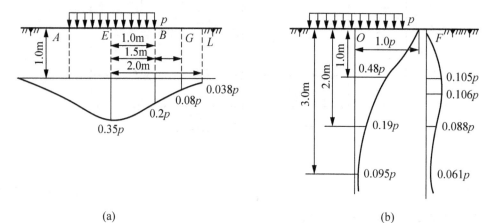

图 3.15 例 3-3 附图（二）

3.3.3 条形基础竖向荷载作用下地基土中的附加应力

1. 线形均布荷载作用下土中附加应力计算

地基表面作用有垂直均布线荷载 $\bar{p}$，如图 3.16 所示，在线荷载上取一微段 dy，其上荷载为 $\bar{p}dy$，可将其看作一个集中力，则其在地基内 M 点引起的附加应力为

$$\sigma_z = \int_{-\infty}^{+\infty} \frac{3\bar{p}z^3}{2\pi(x^2 + y^2 + z^2)^{\frac{5}{2}}} dy = \frac{2\bar{p}z^3}{\pi(x^2 + y^2)^2} \tag{3-15}$$

2. 条形均布荷载作用下土中附加应力计算

如图 3.17 所示，在地基表面作用无限长垂直均布条形荷载 p，则地基中 M 点的垂直附加应力，可取条形荷载的中点为坐标原点，由式(3-15)在荷载分布宽度 b 范围内积分求得。

$$\begin{aligned}\sigma_z &= \int_{-\frac{b}{2}}^{\frac{b}{2}} \frac{3pz^3 d\xi}{\pi[(x-\xi)^2 + z^2]^2} \\ &= \frac{p}{\pi}\left[\arctan\frac{1-2m}{2n} + \arctan\frac{1+2m}{2n} - \frac{4n(4m^2 - 4n^2 - 1)}{(4m^2 + 4n^2 - 1)^2 + 16n^2}\right] = \alpha_{sz} p\end{aligned} \tag{3-16}$$

式中:α_{sz}——条形基础上作用垂直均布荷载时竖向附加应力系数,可查表 3-4,其中 $m=\dfrac{x}{b}$, $n=\dfrac{z}{b}$。

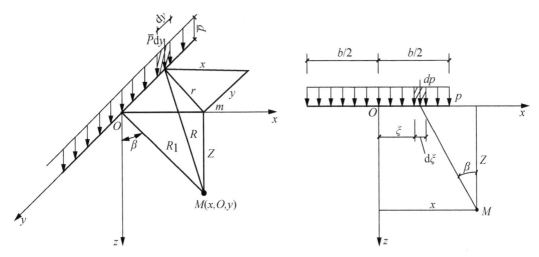

图 3.16 垂直均布线荷载下地基附加应力　　图 3.17 条形均布荷载作用下土中附加应力

表 3-4　条形基础上作用垂直均布荷载时竖向附加应力系数 α_{sz}

z/b	x/b					
	0.00	0.25	0.50	1.00	1.50	2.00
0.00	1.00	1.00	0.50	0.00	0.00	0.00
0.25	0.96	0.90	0.50	0.02	0.00	0.00
0.50	0.82	0.74	0.48	0.08	0.02	0.00
0.75	0.67	0.61	0.45	0.15	0.04	0.02
1.00	0.55	0.51	0.41	0.19	0.07	0.03
1.25	0.46	0.44	0.37	0.20	0.10	0.04
1.50	0.40	0.38	0.33	0.21	0.11	0.06
1.75	0.35	0.34	0.30	0.21	0.13	0.07
2.00	0.31	0.31	0.28	0.20	0.14	0.08
3.00	0.21	0.21	0.20	0.17	0.13	0.10
4.00	0.16	0.16	0.15	0.14	0.12	0.10
5.00	0.13	0.13	0.12	0.12	0.11	0.09
6.00	0.11	0.10	0.10	0.10	0.10	—

3. 三角形分布条形荷载作用下土中附加应力计算

如图 3.18 所示,在地基表面上作用无限长垂直三角形分布条形荷载,荷载最大值为 p_t。取零荷载处为坐标原点,以荷载增大的方向为 x 正方向,则地基中 M 点的竖向附加应力可由式(3-15)在荷载分布宽度 b 范围内积分求得

$$\sigma_z = \frac{2z^3 p_t}{\pi b} \int_0^b \frac{\xi d\xi}{[(x-\xi)^2 + z^2]^2}$$
$$= \frac{p_t}{\pi} \left[n\left(\arctan\frac{m}{n} - \arctan\frac{m-1}{n}\right) - \frac{n(m-1)}{(m-1)^2} \right] = \alpha_{tz} p_t \qquad (3-17)$$

式中：α_{tz}——条形基础上作用三角形分布荷载时附加应力系数，可查表 3-5，其中 $m = \frac{x}{b}$，$n = \frac{z}{b}$。

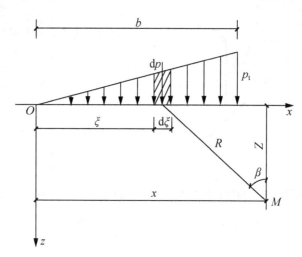

图 3.18　三角形分布条形荷载作用下土中附加应力

表 3-5　条形基础上作用三角形分布荷载时附加应力系数 α_{tz}

z/b	x/b								
	-0.50	-0.25	+0.00	+0.25	+0.50	+0.75	+1.00	+1.25	+1.50
0.01	0.000	0.000	0.003	0.249	0.500	0.750	0.497	0.000	0.000
0.1	0.000	0.002	0.032	0.251	0.498	0.737	0.468	0.010	0.002
0.2	0.003	0.009	0.061	0.255	0.489	0.682	0.437	0.050	0.009
0.4	0.010	0.036	0.011	0.263	0.441	0.534	0.379	0.137	0.043
0.6	0.030	0.066	0.140	0.258	0.378	0.421	0.328	0.177	0.080
0.8	0.050	0.089	0.155	0.243	0.321	0.343	0.285	0.188	0.106
1.0	0.065	0.104	0.159	0.224	0.275	0.286	0.250	0.184	0.121
1.2	0.070	0.111	0.154	0.204	0.239	0.246	0.221	0.176	0.126
1.4	0.080	0.144	0.151	0.186	0.210	0.215	0.198	0.165	0.127
2.0	0.090	0.108	0.127	0.143	0.153	0.155	0.147	0.134	0.115

【例 3-4】已知某条形荷载基础底宽 $b = 15m$，荷载作用如图 3.19 所示，求基础中心点下附加应力 σ_z 沿深度的分布。

【解】将条形基础上作用的梯形荷载分成一个 $p_t = 40kN/m^2$ 的三角形荷载，与一个 $p = 80kN/m^2$ 的均布荷载。分别计算 $z = 0m$、$0.15m$、$1.5m$、$3m$、$6m$、$9m$、$12m$、$15m$、$21m$ 处的附加应力，计算结果列于表 3-6。

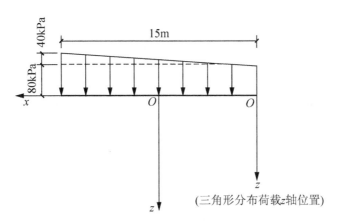

图 3.19 例 3-4 附图

表 3-6 例 3-4 附表

点号	深度 z/m	$\dfrac{z}{b}$	均布荷载 $p=80\text{kN/m}^2$			三角形荷载 $p_t=20\text{ kN/m}^2$			$\sigma_z=\sigma_z'+\sigma_z''$/kPa
			$\dfrac{x}{b}$	α_{sz}	σ_z'	$\dfrac{x}{b}$	α_{tz}	σ_z''	
0	0	0	0	1	80.0	0.5	0.5	20	100
1	0.15	0.01	0	0.999	79.9	0.5	0.5	20	99.9
2	1.5	0.1	0	0.997	79.8	0.5	0.498	19.9	99.7
3	3.0	0.2	0	0.978	78.2	0.5	0.489	19.9	98.1
4	6.0	0.4	0	0.881	70.5	0.5	0.441	17.6	88.1
5	9.0	0.6	0	0.756	60.5	0.5	0.378	15.1	75.6
6	12.0	0.8	0	0.642	51.4	0.5	0.321	12.8	64.2
7	15.0	1.0	0	0.549	43.9	0.5	0.275	11.0	54.9
8	21.0	1.4	0	0.420	33.6	0.5	0.210	8.4	42.0

3.3.4 圆形基础竖向均布荷载作用下地基土中的附加应力

在工程上,有一些基础是圆形的。设圆形基础半径为 R,其上作用有均布荷载 p,需求圆形面积中心点下深度 z 处的竖向附加应力,如图 3.20 所示。现采用极坐标,原点放在圆心 O 处,在圆面积内取微积分面积 $dA=r d\beta dr$,将其上的荷载视为集中力 $dp=pdA=pr d\beta dr$,由式(3-11)用二重积分求得圆心 O 点下深度 z 处的垂直附加应力,即

$$\sigma_z=\alpha_0 p \tag{3-18}$$

式中:α_0——圆形均布荷载作用时,圆心点下的附加应力系数,可由表 3-6 查得。

同理,可求得圆形均布荷载作用时,圆形荷载周边下的附加应力 σ_z,即

$$\sigma_z=\alpha_r p \tag{3-19}$$

式中:α_r——圆形均布荷载作用时,圆心点下的垂直附加应力系数,可查表 3-7。

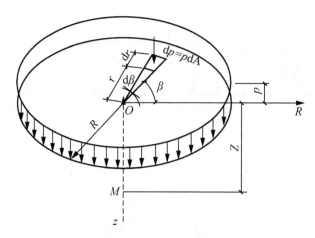

图 3.20　圆形面积上作用均布荷载时中心点下的附加应力

表 3-7　圆形均布荷载作用下的附加应力系数

z/R	系数		z/R	系数		z/R	系数	
	α_0	α_r		α_0	α_r		α_0	α_r
0.0	1.000	0.500	1.6	0.390	0.244	3.2	0.130	0.103
0.1	0.999	0.482	1.7	0.360	0.229	3.3	0.124	0.099
0.2	0.993	0.464	1.8	0.332	0.217	3.4	0.117	0.094
0.3	0.976	0.447	1.9	0.307	0.204	3.5	0.111	0.089
0.4	0.949	0.432	2.0	0.285	0.193	3.6	0.106	0.084
0.5	0.911	0.412	2.1	0.264	0.182	3.7	0.100	0.079
0.6	0.864	0.374	2.2	0.246	0.172	3.8	0.096	0.074
0.7	0.811	0.369	2.3	0.229	0.162	3.9	0.091	0.070
0.8	0.756	0.363	2.4	0.211	0.154	4.0	0.087	0.066
0.9	0.701	0.347	2.5	0.200	0.146	4.2	0.079	0.058
1.0	0.646	0.332	2.6	0.187	0.139	4.4	0.073	0.052
1.1	0.595	0.313	2.7	0.175	0.133	4.6	0.067	0.049
1.2	0.547	0.303	2.8	0.165	0.125	4.8	0.062	0.047
1.3	0.502	0.286	2.9	0.155	0.119	5.0	0.057	0.045
1.4	0.461	0.270	3.0	0.146	0.113			
1.5	0.424	0.256	3.1	0.138	0.108			

习　题

一、填空题

1. 地基中附加应力分布随深度增加而_____，同一深度处，在基底_____点下，附加应力最大。

2. 超量开采地下水会造成_____下降，其直接后果是导致地面_____。

3. 在地基中，矩形荷载所引起的附加应力，其影响深度比相同宽度的条形基础_____，比相同宽度的方形基础_____。

4. 对一般天然土层来说，土的_____应力引起的压缩变形在地质历史上早已完成，不会再引起地基沉降，因此引起地基变形与破坏的主要原因是_____应力。

5. 偏心受压基础的基底压力 $P_{min}>0$ 时，基底压力为_____分布；$P_{min}=0$ 时，基底压力为_____分布；$P_{min}<0$ 时，基底压力为_____分布。

二、选择题

1. 地下水位下降后地基土层自重应力（　　）。
   A. 增大　　　　B. 减小　　　　C. 无关　　　　D. 不变

2. 由于建筑物的建造而在基础底面处所产生的压力增量称为（　　）。
   A. 基底压力　　B. 基底反力　　C. 基底附加压力　　D. 基底净反力

3. 计算土自重应力时，对地下水位以下的土层采用（　　）。
   A. 干重度　　　B. 有效重度　　C. 饱和重度　　D. 天然重度

4. 宽度均为 b，基底附加应力均为 p_0 的基础，同一深度处，附加应力数值最大的是（　　）。
   A. 方形基础　　B. 矩形基础　　C. 条形基础　　D. 圆形基础（b 为直径）

5. 土中自重应力起算点位置为（　　）。
   A. 基础底面　　B. 天然地面　　C. 室内设计地面　　D. 室外设计地面

6. 基底附加应力 p_0 作用下，地基中附加应力随深度 z 增大而减小，z 的起算点为（　　）。
   A. 基础底面　　B. 天然地面　　C. 室内设计地面　　D. 室外设计地面

7. 埋深为 d 的浅基础，基底压力 p 与基底附加应力 p_0 存在的关系为（　　）。
   A. $p<p_0$　　B. $p=p_0$　　C. $p=2p_0$　　D. $p>p_0$

8. 某砂土地基，天然重度 $\gamma=18kN/m^3$，饱和重度 $\gamma_{sat}=20kN/m^3$，地下水位距地表 2m，地表下深度为 4m 处的竖向自重应力为（　　）。
   A. 56kPa　　B. 76kPa　　C. 72kPa　　D. 80kPa

三、简答题

1. 土中自重应力和附加应力的物理意义是什么？通常建筑物的沉降是由何引起的？土的自重应力是否在任何情况下都不会引起建筑物的沉降？

2. 地下水位升降对土的自重应力分布有何影响？

3. 何谓基底压力、地基反力、基底附加压力？如何计算基底附加压力？在计算中为什么要减去基底自重压力？

4. 地基中自重应力的分布有何规律？附加应力的分布又有何规律？

四、计算题

1. 建筑物地基的地质资料如图 3.21 所示，试计算各层交界处的竖向自重应力并绘出其沿深度的分布图。

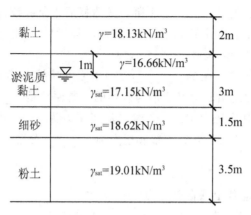

图 3.21 计算题 1 附图

2. 某轴心受压基础如图 3.22 所示，已知 $F_k=500$ kN，基底面积 $2m\times2m$，求基底附加压力。

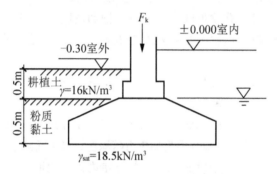

图 3.22 计算题 2 附图

3. 某矩形基础，底面尺寸为 $2m\times4m$，基底附加压力 $p_0=200$ kPa，求基底中心、两个边缘中心点及角点下 $z=3m$ 处的附加应力 σ_z。

4. 宽度为 3m、埋置深度为 1.5m 的条形基础，作用在基础顶面的竖向荷载 $F_k=1000$ kN/m，偏心距 $e=0.3m$，求基底最大压应力。

第4章

地基土的压缩性及变形计算

学习目标

本章介绍了土的压缩试验及压缩性指标；地基最终沉降量计算；地基沉降与时间的关系；建筑物沉降观测与地基变形允许值。通过本章的学习，要求学生掌握土的压缩性指标及其测定方法，地基最终沉降量的计算方法，地基变形特征及允许值，熟悉土的渗透性与渗透变形，有效应力原理，建筑物的沉降观测；了解饱和黏性土地基单向渗透固结理论。

引 例

中国地质调查局公布的《华北平原地面沉降调查与监测综合研究》及《中国地下水资源与环境调查》显示：华北平原不同区域的沉降中心有连成一片的趋势；长江地区最近30多年累计沉降超过200mm的面积近1万km^2，占区域总面积的1/3。其中，上海市、江苏省的苏锡常三市开始出现地裂缝等地质灾害。

"目前，中国在19个省份中超过50个城市发生了不同程度的地面沉降，累计沉降量超过200毫米的总面积超过7.9万km^2。"2011年12月，国土资源部地质环境司副司长陶庆法表示，"地面沉降的重灾区主要是长江三角洲地区、华北平原和汾渭盆地这三个区域。"

地面沉降又称为地面下沉或地陷。它是在人类工程经济活动影响下，由于地下松散地层固结压缩，导致地壳表面标高降低的一种局部的下降运动（或工程地质现象）。2012年2月，中国首部《全国地面沉降防治规划（2011—2020年）》获得国务院批复。

4.1 土的压缩性

4.1.1 土的压缩性及其特点

在由建筑物或构筑物等引起的基底附加压力的作用下，地基土中会产生附加应力。在附加应力作用下，土体通常表现为体积缩小，土的这种性能称为土的压缩性。简言之，土的压缩性是指土在压力作用下体积缩小的特性。一般认为，这主要是由于土中孔隙体积被压缩而引起的。试验研究表明，固体土颗粒和孔隙水本身的压缩量是很微小的，在一般压力（<600kPa）作用下，其压缩量不足总压缩量的1/400，一般可不予考虑。对于封闭气体的压缩，只有在高饱和的土中发生，它的压缩量在土体总压缩量中所占的比例也很小，一般也可以忽略不计。因此，土的压缩主要是在压力作用下，由于土粒产生相对移动并重新排列，导致土的孔隙体积减小和孔隙水及气体的排出所引起的。对于透水性较大的无黏性土，由于水极易排出，这一压缩过程在极短时间内即可完成；而对于饱和黏性土，由于透水性小，排水缓慢，故需要很长时间才能达到压缩稳定。土体在压力作用下，其压缩量随时间增长的过程称为土的固结。

由上可知，土的压缩性主要有以下两个特点。

（1）土的压缩性主要是由于土中孔隙体积减小而引起的。

（2）土的压缩具有时间性，是一个逐渐发展的过程。其时间的长短与土的渗透性及边界条件有关。

由于土具有压缩性，因而地基土承受基底附加压力后，必然在垂直方向产生一定的位移，这种位移称为地基沉降。地基沉降值的大小，一方面与建筑物或构筑物等荷载的大小和分布有关；另一方面与地基土的类型、分布、土层的厚度及其压缩性有关。

进行建筑物设计时，需要知道由于建筑物荷载所产生的压力引起地基最终沉降量及其他变形是否超过建筑物的允许变形值。因此，就要进行地基沉降量的计算，为此必须先获取土的压缩性指标。土的压缩性指标可以通过室内压缩试验和现场载荷试验取得。无论采用室内试验或原位测试来测定它们,应当力求试验条件与土的天然状态及其在外荷作用下的实际应力条件相适应。

4.1.2 压缩试验及压缩性指标

1. 土的侧限压缩试验

研究土的压缩性及其特征的室内试验方法称为压缩试验,亦称固结试验。压缩试验通常是取天然结构的原状土样,进行侧限压缩试验。所谓侧限压缩试验是指限制土体的侧向变形,使土样只产生竖向变形。对一般工程来说,在压缩土层厚度较小的情况下,侧限压缩试验的结果与实际情况比较吻合。进行压缩试验的仪器叫压缩仪,又称固结仪,试验装置如图 4.1 所示。

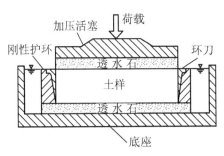

图 4.1 侧限压缩仪

试验时,先用金属环刀(内径 61.8mm 或 79.8mm,高 20mm)从原状土样切取试样,将试样连同环刀装入侧限固结仪中,试样上下面各置一块透水石,以使试样受压后能够自由排水,传压板通过透水石上面对试样施加垂直荷载。由于被金属环刀及刚性护环限制,土样在压力作用下只能在竖向产生压缩,而不能产生侧向变形,故称为侧限压缩。土粒比重 d_s、含水量 w 和试样体积预先测出,并由此算出初始孔隙比 e_0。在做压缩试验时,先给土加上荷载并以适当的时间间隔记录沉降量。在每级荷载作用下将土样压至稳定后,再加下一级荷载,一般加足 6 级荷载。土中的水通过上下两层透水石流出,于是,水的消散降低土样的高度,从而使孔隙比减小。最后一级加载量(垂直荷载)的大小,要求一定要超过这一土样代表的未来的地基土将承受的总压力。详见《土工试验方法标准》(GB/T 50123—1999)。

根据每级荷载作用下的稳定压缩变形量,可以计算各级荷载作用下的孔隙比,从而绘制出土样的压缩曲线,即 e-p 曲线。

2. e-p 曲线

e-p 曲线又称为压缩曲线。

根据土样的竖向压缩量与土样的三项基本物理性质指标,可以导出试验过程孔隙比的计算公式。

设试样初始高度为 H_0,试样受压变形稳定后的高度为 H,试样变形量为 ΔH,即 $H = H_0 - \Delta H$。若试样受压前初始孔隙比为 e_0,则受压后孔隙比为 e,如图 4.2 所示。

由于试验过程中土粒体积 V_s 不变和在侧限条件下试验使得试样的面积 A 不变,根据试验过程中的基本物理关系可列出下式

$$V_0 = H_0 A = V_s + e_0 V_s = V_s (1 + e_0)$$

由此得

$$\frac{H_0}{1 + e_0} = \frac{V_s}{A}$$

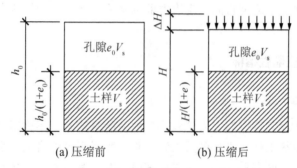

(a) 压缩前　　　　　(b) 压缩后

图 4.2　压缩过程中试样变形示意图

同样

$$HA = V_s + eV_s = V_s(1+e)$$

$$\frac{H}{1+e} = \frac{V_s}{A}$$

由于 A 及 V_s 为不变量，所以有

$$\frac{H_0}{1+e_0} = \frac{H}{1+e}$$

将 $H = H_0 - \Delta H$ 代入上式，并整理得

$$e = e_0 - \frac{\Delta H}{H_0}(1+e_0) \tag{4-1}$$

$$e_0 = \frac{d_s(1+w)\rho_w}{\rho} - 1$$

式中：e_0——试样受压前初始孔隙比，可由基础物理性质指标求得；

d_s——土粒相对密度；

ρ_w——水的密度；

w——试样的初始含水量；

ρ——试样的受压前初始密度；

H_0——试样的初始高度；

ΔH——某级压力下试样高度变化。

根据式(4-1)，在 e_0 已知的情况下，只要压缩试验测得各级压力 p 作用下压缩量，就能求出对应的孔隙比 e，从而绘出试样压缩试验的 e-p 曲线，见图 4.3。

3. 土的压缩性指标

通常将侧限压缩试验的 e-p 关系用普通直角坐标绘制如图 4.3 所示的 e-p 曲线。压缩性不同的土，其曲线的形状是不一样的。曲线越陡，说明在相同的压力作用下，土的孔隙比减小的越显著，因而土的压缩性越高。

1) 压缩系数 a

从图 4.3 可以看出，由于软黏土的压缩性大，当发生压力变化 Δp 时，则相应的孔隙比的变化 Δe 也大，因而曲线就比较陡；相反地，像密实砂土的压缩性小，当发生相同压

力变化 Δp 时，相应的孔隙比的变化 Δe 就小，因而曲线比较平缓，因此，土的压缩性大小可以用 $e\text{-}p$ 曲线的斜率来表示。

$e\text{-}p$ 曲线上任意点的切线斜率 a 称为压缩系数

$$a = -\frac{de}{dp} \tag{4-2}$$

式中：负号表示 e 随 p 的增加而减少。

如图 4.4 所示，当压力变化范围不大时，土的 $e\text{-}p$ 曲线可近似用割线来表示。当压力由 p_1 增至 p_2 时，相应的孔隙比由 e_1 减小到 e_2，则压缩系数近似地用割线 M_1M_2 的斜率来表示，即

$$a = \tan\alpha = -\frac{\Delta e}{\Delta p} = \frac{e_1 - e_2}{p_2 - p_1} \tag{4-3}$$

式中：a——压缩系数（MPa^{-1}）；

p_1——地基土中某深度处土中的原有的垂直自重应力；

p_2——地基土中某深度处自重应力与附加应力之和；

e_1——相应于 p_1 作用下压缩稳定后土的孔隙比；

e_2——相应于 p_2 作用下压缩稳定后土的孔隙比。

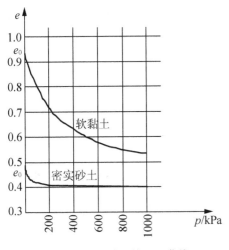 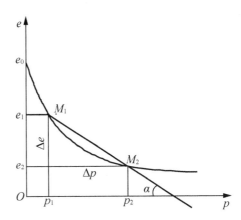

图 4.3 压缩试验的 $e\text{-}p$ 曲线　　　　图 4.4 $e\text{-}p$ 曲线确定压缩系数

压缩系数 a 表示在单位压力增量作用下土的孔隙比的减小量。因此，压缩系数 a 越大，土的压缩性就越大。不同的土压缩性差异很大，即使是同一种土，其压缩性也是有差异的。由于 $e\text{-}p$ 曲线在压力较小时，曲线较陡，而随着压力的增大曲线越来越平缓，因此，一种土的压缩系数 a 值不是一个常量。工程上提出用 $p_1 = 100\text{kPa}$，$p_2 = 200\text{kPa}$ 时相对应的压缩系数 a_{1-2} 来评价土的压缩性：$a_{1-2} < 0.1\text{MPa}^{-1}$，属低压缩性土；$0.1\text{MPa}^{-1} \leqslant a_{1-2} < 0.5\text{MPa}^{-1}$，属中压缩性土；$a_{1-2} \geqslant 0.5\text{MPa}^{-1}$，属高压缩性土。

知识拓展

将土的孔隙比 e 和垂直压力的对数绘制成 $e\text{-}\lg p$ 曲线，见图 4.5。从该图中可以看出，在

压力较大部分，$e\text{-}\lg p$ 曲线趋于直线，该直线的斜率称为压缩指数，用 C_c 表示，它是无量纲量。

$$C_c = \frac{e_1 - e_2}{\lg p_2 - \lg p_1} = \frac{e_1 - e_2}{\lg \dfrac{p_2}{p_1}} \tag{4-4}$$

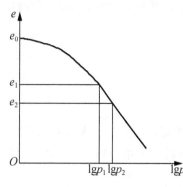

图 4.5　$e\text{-}\lg p$ 曲线确定压缩指数

压缩指数 C_c 也是表示土的压缩性高低的指标，但压缩指数 C_c 与压缩系数 a 不同，a 值随压力变化而变化，而 C_c 值在压力较大时为常数，不随压力变化而变化。一般 C_c 越大，压缩曲线越陡，压缩性越高；反之压缩性越低。低压缩性土的 C_c 值一般小于 0.2，高压缩性土的 C_c 值一般大于 0.4，中压缩性土的 C_c 值一般为 0.2～0.4。

2）压缩模量 E_s

根据 $e\text{-}p$ 曲线，可以得到土的另一个重要的侧限压缩性指标——侧限压缩模量，简称压缩模量，用 E_s 表示。

压缩模量是指在完全侧限条件下，土的竖向附加应力增量与相应的应变增量之比。在土的压缩试验中，在 p_1 作用下至变形稳定时，试样的高度为 H_1，此时试样的孔隙比为 e_1。当压力从 p_1 增至 p_2 时，压力增量 $\Delta z = p_2 - p_1$，其稳定的试样高度为 H_2，变形量 $\Delta s = H_1 - H_2$，相应的孔隙比为 e_2，由式(4-1)得

$$\Delta s = \frac{e_1 - e_2}{1 + e_1} H_1 \tag{4-5}$$

由土的压缩模量的定义及式(4-5)，可得

$$E_s = \frac{\Delta p}{\varepsilon_z} = \frac{p_2 - p_1}{\dfrac{\Delta s}{H_1}} = \frac{p_2 - p_1}{\dfrac{e_1 - e_2}{1 + e_1}} = \frac{1 + e_1}{\dfrac{e_1 - e_2}{p_2 - p_1}} = \frac{1 + e_1}{a} \tag{4-6}$$

土的压缩模量 E_s 是表示土的压缩性的又一个指标。同压缩系数 a 一样，压缩模量也不是常数，而是随着压力变化而变化的。显然，压缩模量 E_s 与压缩系数成反比，当压力小的时候，压缩系数 a 大，压缩模量 E_s 小；在压力大的时候，压缩系数 a 小，压缩模量 E_s 大。

一般当 $E_s < 4\mathrm{MPa}$ 时属高压缩性土；当 $E_s = 4\sim15\mathrm{MPa}$ 时属中压缩性土；当 $E_s > 15\mathrm{MPa}$ 时属低压缩性土。

【例 4-1】某原状土的试样进行室内侧限压缩试验，试样高为 $h_0 = 20\mathrm{mm}$，在 $p_1 = 100\mathrm{kPa}$ 作用下测得压缩量 $s_1 = 1.1\mathrm{mm}$，在 $p_2 = 200\mathrm{kPa}$ 作用下测得压缩量为 $s_2 = 0.64\mathrm{mm}$。土样初始孔隙比为 $e_0 = 1.4$。求土的压缩系数 a_{1-2}、压缩模量 E_{s1-2}，并判别土的压缩性大小。

【解】在 $p_1 = 100\mathrm{kPa}$ 作用下，孔隙比为

$$e_1 = e_0 - \frac{s_1}{h_0}(1 + e_0) = 1.4 - \frac{1.1}{20}(1 + 1.4) = 1.27$$

在 $p_1 = 200\mathrm{kPa}$ 作用下，孔隙比为

$$e_2 = e_0 - \frac{s_1 + s_2}{h_0}(1+e_0) = 1.4 - \frac{1.1+0.64}{20}(1+1.4) = 1.19$$

$$a_{1-2} = \frac{e_1 - e_2}{p_2 - p_1} = \frac{1.27 - 1.19}{0.2 - 0.1} = 0.8(\text{MPa}^{-1})$$

$$E_{s1-2} = \frac{1+e_1}{a_{1-2}} = \frac{1+1.27}{0.8} = 2.84(\text{MPa})$$

因为 $a_{1-2} = 0.8\text{MPa}^{-1} > 0.5(\text{MPa}^{-1})$

该土样为高压缩性。

4.1.3 现场载荷试验

土的压缩性指标，除用室内压缩试验测定外，还可以通过现场原位测试取得。例如可以通过载荷试验或旁压试验所测得的地基沉降（或土的变形）与压力之间近似的比例关系，从而利用地基沉降的弹性力学公式来反算土的变形模量。

1. 载荷试验方法

载荷试验，又称为平板载荷试验，是一种常用的比较可靠的现场测定土的压缩性和地基承载力的方法。装置如图 4.6 所示。

图 4.6 载荷试验

载荷试验一般在试验基坑内进行，基坑尺寸以方便设置试验装置便于操作为宜。一般试坑宽度不应小于 $3b$（b 为承压板的宽度或直径）。试验点一般布置在勘察取样的钻孔附近。承压板的面积不应小于 0.25m^2，对于软土不应小于 0.5m^2。准备工作必须注意保持试验土层的原状土结构和天然湿度。试验土层顶面宜采用不超过 20mm 厚的粗砂或中粗砂找平。试验加荷分级不应少于 8 级。最大加载量不应小于设计要求的两倍，并应尽量接近预估的地基极限荷载。详见相关规范。

根据各级载荷及其相应的稳定沉降的观测值，即可采用适当比例绘制荷载和稳定沉降量的关系曲线，如图 4.7 所示。

2. 临塑荷载 p_{cr} 和极限荷载 p_u

现场荷载试验表明：地基从开始发生变形到失去稳定的发展过程，典型的 p-s 曲线可以分成三个阶段，即压密变形阶段（Oa）、局部剪损阶段（ab）和整体剪切破坏阶段（bc），三个阶段之间存在着两个界限荷载（图 4.7）。

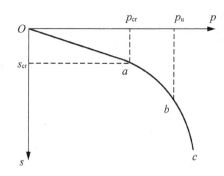

图 4.7 载荷试验曲线

第一个界限荷载是临塑荷载 p_{cr},它位于 Oa 直线段的终点,也称比例界限。临塑荷载是基础边缘地基中刚要出现但还未出现塑性区时基底单位面积上所承担的荷载,它是地基从压缩阶段过渡到剪切阶段时的界限荷载。

第二个界限荷载是极限荷载 p_u,它位于 ab 段的末端,当地基土中塑性区不断扩大,将要形成一个连续的滑动面而导致地基破坏时的界限荷载。

3. 变形模量 E_0

通过载荷试验的结果可以得到土体的变形模量,变形模量是指土体在无侧限条件下的应力与应变的比值。

根据 p-s 曲线的直线段,利用弹性理论可反算得到地基的变形模量

$$E_0 = \omega(1-\mu^2)\frac{p_{cr}b}{s} \tag{4-7}$$

式中:ω——沉降影响系数,圆形承压板取 0.79,方形承压板取 0.88;

μ——土的泊松比;

p_{cr}——荷载,取直线段内荷载值,一般取比例界限荷载(kN);

s——与所取荷载相对应的沉降量(mm);

b——沉压板的边长或直径(m)。

当 p-s 曲线没有出现明显的直线段,无法确定比例界限荷载时,可取 $s/b=0.01\sim 0.015$ 所对应的荷载代入式(4-7)计算土的变形模量,但所取荷载不应大于载荷试验最大加载量的一半。

需要说明的是,土在荷载下的变形实际上包含了弹性变形和塑性变形,因而上式得到的是包含弹性变形和塑性变形的总变形和载荷之间的关系,因此,称为变形模量而不能称为弹性模量。

4. 压缩模量与变形模量之间的关系

如上所述,土的变形模量是在无侧限条件下取得的,而压缩模量则是在完全侧限条件下测得的。尽管如此,二者在理论上是完全可以互换的,根据理论推导可得:$E_0 = \left(1-\dfrac{2\mu^2}{1-\mu}\right)E_s$。

必须指出,上式仅仅是 E_0 和 E_s 理论关系。实际上,由于试验过程中土样的扰动、加载速率等的影响,E_0 和 E_s 并不完全具有上述关系。

4.2 地基最终沉降量计算

地基沉降有均匀沉降和不均匀沉降两种。无论哪种沉降都会对建筑物或构筑物产生危害。轻则会影响建筑物或构筑物的正常使用和美观,重则造成建筑物或构筑物的破坏。

因此,进行地基设计时,必须根据建筑物或构筑物的情况和勘探试验资料,计算地基可能发生的沉降,并设法将其控制在建筑物或构筑物所容许的范围内。

在进行地基基础设计时,无论采用天然地基还是采用人工地基,都必须先估算地基最终沉降量。地基最终沉降量是指地基在荷载作用下变形稳定后基底处的最大竖向位移。地基最终沉降量的计算方法有多种,本节将介绍常用的分层总和法和规范法。

4.2.1 分层总和法计算地基最终沉降量

所谓分层总和法,就是将地基土在计算深度范围内,分成若干土层,计算每一土层的压缩变形量,然后叠加起来,就得到地基的沉降量。在采用分层总和法计算地基最终沉降量时,为了简化计算,通常作以下假定。

(1)地基是均质、各向同性的半无限线性变形体,即可按弹性理论计算土中应力。

(2)地基土在压缩变形时,只产生竖向压缩变形,不产生侧向变形,因此可采用侧限条件下的压缩性指标。为了弥补由于忽略地基土侧向变形而使计算结果偏小的误差,通常取基底中心点下的附加应力进行沉降量计算,以基底中点的沉降作为基础的沉降。

1. 基本原理

当基础下压缩土层厚度 $H<0.5b$(b 为基础宽度),或当基础尺寸或荷载面积水平向为无限分布时,地基压缩层内只有竖向压缩变形,而没有侧向变形,因而,地基土应力与变形情况都与压缩仪中试样的应力和变形情况类似。由式(4-5)可知,薄层地基土压缩量为

$$\Delta S = \Delta H = \frac{e_1 - e_2}{1 + e_1} H = \frac{\Delta e}{1 + e_1} H \quad (4-8)$$

式中:H——薄压缩层原厚度(mm);

e_1——与薄压缩层自重应力值 σ_c(即初始压力 p_1)对应的孔隙比,可从土的 e-p 曲线上查得。

e_2——与自重应力 σ_c 和附加应力之和(即 p_2)对应的孔隙比,可从土的 e-p 曲线上查得。

不难证明,式(4-8)也可写成

$$S = \frac{a}{1+e_1} \sigma_z H = \frac{1}{E_s} \sigma_z H \quad (4-9)$$

式中:a——压缩系数(MPa^{-1});

σ_z——薄地基压缩层中平均附加应力,即 $\sigma_z = p_2 - p_1$;

E_s——压缩模量(MPa)。

2. 计算步骤

大多数地基的可压缩土层厚度常大于 2 倍基础宽度,应该考虑到地基中附加应力随深度增加而衰减以及地基的成层性和单一土层中压缩性的可能变化。为此,只要将地基分成若干薄层,就可以认为沿薄层厚度方向上的土中附加应力分布和压缩性基本均匀。然后采用分层总和法来计算地基最终沉降量。

对于如图 4.8 所示的地基及应力分布,可将地基分成若干层,分别计算基础中心点下

地基中各个分层土的压缩变形量 ΔS_i，基础的平均沉降量 S 等于 ΔS_i 的总和，即

$$S = \sum_{i=1}^{n} \Delta S_i = \sum_{i=1}^{n} \frac{e_{1i} - e_{2i}}{1 + e_{1i}} H_i = \sum_{i=1}^{n} \frac{a_i}{1 + e_{1i}} \bar{\sigma}_{zi} H_i = \sum_{i=1}^{n} \frac{\bar{\sigma}_{zi}}{E_{si}} H_i \qquad (4-10)$$

式中：e_{1i}——与第 i 层土自重应力的平均值 $\bar{\sigma}_{ci}$ 对应的孔隙比，可从土的 e-p 曲线上查得；

e_{2i}——与第 i 层土平均自重应力和平均附加应力之和 $\bar{\sigma}_{ci} + \bar{\sigma}_{zi}$ 对应的孔隙比，可从土的 e-p 曲线上查得；

H_i——第 i 层土的厚度（mm）；

a——第 i 层土的压缩系数（MPa^{-1}）；

$\bar{\sigma}_{zi}$——第 i 层土的平均附加应力（kPa）；

E_{si}——第 i 层土的侧限压缩模量（MPa）。

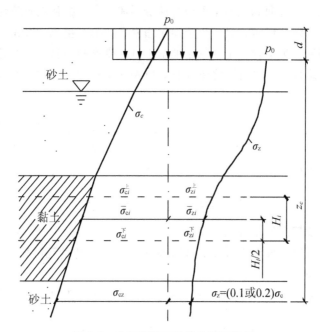

图 4.8　分层总和法计算地基沉降量

单向压缩分层总和法计算步骤如下。

1）绘制基础中心下地基中的自重应力分布曲线和附加应力分布曲线

自重应力分布曲线由天然地面起算，基底压力 p 由作用于基础上的荷载计算。地基中的附加应力分布曲线用上一章所讲的方法计算。

2）确定沉降计算深度 z_n

由于地基土的应力扩散作用，地基表面上作用的局部荷载在地基土中产生的附加应力随深度的增加而变小，而随深度增加地基土中的自重固结应力不断变大，使得地基土中附加应力引起的变形随深度增加而逐渐减低，因此，超过一定深度后，土层的压缩量对总沉降量的影响可以被忽略。满足这一条件的深度称为沉降计算深度。

一般取附加应力与自重应力的比值为 20%（一般土）或 10%（软土）的深度处作为沉降计算深度的下限。在沉降计算深度范围内存在基岩时，z_n 可取至基岩表面。

第4章　地基土的压缩性及变形计算

3) 确定沉降计算深度范围内的分层界面

成层土的层面(不同土层的压缩性及重度不同)及地下水位面划分为薄层的分层界面。此外分层厚度一般不大于基础宽度的0.4倍。

4) 计算各分层的压缩量

根据自重应力和附加应力分布曲线确定各分层的自重应力平均值和附加应力平均值$\bar{\sigma}_{zi}$(图4.9)。

$$\bar{\sigma}_{ci} = \frac{1}{2}(\sigma_{ci}^{\text{上}} + \sigma_{ci}^{\text{下}}) \qquad (4-11)$$

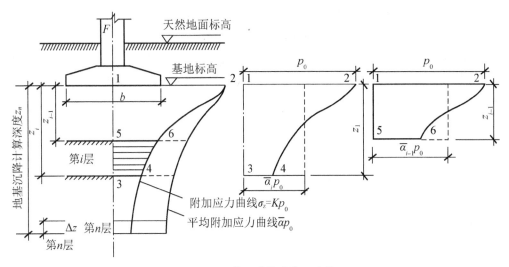

图4.9　规范法计算地基沉降量

$$\bar{\sigma}_{zi} = \frac{1}{2}(\sigma_{zi}^{\text{上}} + \sigma_{zi}^{\text{下}}) \qquad (4-12)$$

式中：$\sigma_{ci}^{\text{上}}$、$\sigma_{ci}^{\text{下}}$——第i层分层上、下层面处的自重应力；

$\sigma_{zi}^{\text{上}}$、$\sigma_{zi}^{\text{下}}$——第i层分层上、下层面处的附加应力。

根据$p_{1i} = \bar{\sigma}_{ci}$ 和 $p_{2i} = \bar{\sigma}_{ci} + \bar{\sigma}_{zi}$，分别由$e-p$压缩曲线确定相应的初始孔隙比$e_{1i}$和压缩稳定后的孔隙比$e_{2i}$。则$i$分层土的沉降量为

$$\Delta S_i = \frac{e_{1i} - e_{2i}}{1 + e_{1i}} H_i \qquad (4-13)$$

5) 计算基础最终沉降量

将地基压缩层计算深度范围内各土层压缩量相加，即得地基沉降量S

$$S = \sum_{i=1}^{n} \Delta S_i \qquad (4-14)$$

式中：n——地基压缩层计算深度范围内的分层数。

在计算地基最终沉降量时，对地基土压缩前后的孔隙比取值，需注意以下几个问题。

(1) 建筑物或构筑物基础下地基变形计算，用平均自重应力$\bar{\sigma}_{cz}$查$e-p$曲线得到压缩前的孔隙比e_1，用平均自重应力加平均附加应力$(\bar{\sigma}_{cz} + \bar{\sigma}_z)$查$e-p$曲线得到压缩变形后的孔隙比$e_2$。

(2) 附加应力计算应考虑土体在自重作用下的固结程度，若地基土在其自重作用下

未完全固结，则附加应力中还应包括地基土本身的自重作用。即用平均自重应力$\bar{\sigma}_{cz}$查 e-p 曲线得到e_1，用平均自重应力加平均附加应力(包含土的自重作用)查 e-p 曲线得到e_2。

(3) 有相邻荷载作用时，应将相邻荷载在各压缩分层内引起的应力叠加到附加应力中去，用平均自重应力$\bar{\sigma}_{cz}$查 e-p 曲线得到e_1，用平均自重应力加平均附加应力(含相邻荷载作用)查 e-p 曲线得到e_2。

(4) 地下水位下降引起地基土中应力变化，用水位下降前平均自重应力(有效重度对应的自重应力)查 e-p 曲线得到e_1，用水位下降后平均自重应力(天然重度对应的自重应力)查 e-p 曲线得到e_2。

(5) 建筑物或构筑物增层改造引起地基变形计算，用增层前的$(\bar{\sigma}_{cz}+\bar{\sigma}_z)$查 e-p 曲线得到e_1，用增层后的$(\bar{\sigma}_{cz}+\bar{\sigma}_z)$查 e-p 曲线得到e_2。

【例 4-2】 某基础底面尺寸为 4m×4m，在基底下有一土层厚 1.5m，其上下层面的附加应力分别为$\sigma_z^{\text{上}}=80\text{kPa}$，$\sigma_z^{\text{下}}=58\text{kPa}$，通过试验测得土的天然孔隙比为 0.7，压缩系数为 0.6，求该土层的最终沉降量。

【解】 该土层的厚度 $H=1.5\text{m}<0.4b=1.6\text{m}$

由式(4-12)得 $\bar{\sigma}_{zi}=\dfrac{1}{2}(\sigma_{zi}^{\text{上}}+\sigma_{zi}^{\text{下}})=\dfrac{80+58}{2}=69(\text{kPa})$

由式(4-6)得 $E_s=\dfrac{1+e_1}{a}=\dfrac{1+0.7}{0.6}=2.83(\text{MPa})$

再由式(4-10)得 $\Delta S=\dfrac{a}{1+e_1}\bar{\sigma}_z H=\dfrac{69\times 10^{-3}}{2.8}\times 1500=37(\text{mm})$

3. 分层总和法存在的不足

分层总和法的不足之处主要表现在以下方面。

(1) 计算中采用的是土的侧限压缩指标，即认为土体无侧向变形，与实际情况有出入，计算结果偏小。

(2) 采用基础中心点下的附加应力来进行变形计算，实际上土层各点的附加应力大小是不一样的，一般是中心最大，往两侧逐渐减小，计算结果与实际情况有误差。

(3) 按 $0.4b$ 分层，往往使同一土层分成若干层，并采用不同的压缩模量参数，要分别计算各分层处的自重应力和附加应力平均值，计算工作量较大。

4.2.2 规范法计算地基最终沉降量

规范法是《建筑地基基础设计规范》(GB 50007—2011)提出的计算地基最终沉降量的另一种形式的分层总和法，该法仍然采用上述分层总和法的假设前提，但在计算中引入了平均附加应力系数和沉降经验系数ψ_s，对分层总和法以简化和修正，使得计算值更接近实测值(图 4.9)。

1. 基本计算公式

根据各向同性线性变形体理论，基础最终沉降量可表示为

$$S=\psi_s S'=\psi_s \sum_{i=1}^{n}\dfrac{p_0}{E_{si}}(z_i \bar{\alpha}_i - z_{i-1}\bar{\alpha}_{i-1}) \tag{4-15}$$

第4章 地基土的压缩性及变形计算

式中：S'——按分层总和法计算的沉降量(mm)；

n——沉降计算深度范围划分的土层数；

p_0——相应于作用的准永久组合时基础底面处的附加应力(kPa)；

E_{si}——基础底面下第 i 层土的压缩模量，取土的自重压力至土的自重压力与附加压力之和的压力段计算(MPa)；

z_{i-1}、z_i——基础底面至第 i 层土的顶面、底面的距离(mm)；

$\bar{\alpha}_{i-1}$、$\bar{\alpha}_i$——基础底面计算点至第 i 层土顶面、底面范围内平均附加应力系数，见表 4-2。

ψ_s——沉降经验系数，根据地区沉降观测资料及经验确定，无地区经验时可采用表 4-1 的数值。

表 4-1 沉降计算经验系数 ψ_s (GB 50007—2011)

基底附加压力	$\overline{E}_s$/MPa				
	2.5	4.0	7.0	15.0	20.0
$p_0 \geqslant f_{ak}$	1.4	1.3	1.0	0.4	0.2
$p_0 \leqslant 0.75 f_{ak}$	1.1	1.0	0.7	0.4	0.2

注：1. $\overline{E}_s$ 为沉降计算深度范围内各分层压缩模量的当量值，按式(4-16)计算

$$\overline{E}_s = \frac{\sum A_i}{\sum \dfrac{A_i}{E_{si}}} \tag{4-16}$$

式中：A_i——第 i 层土附加应力面积，$A_i = p_0(z_i \bar{\alpha}_i - z_{i-1} \bar{\alpha}_{i-1})$；

2. f_{ak} 为地基承载力特征值。

表 4-2 矩形面积上均布荷载作用下角点下平均竖向附加应力系数 $\bar{\alpha}$ 值

z/b	l/b												
	1.0	1.2	1.4	1.6	1.8	2.0	2.4	2.8	3.2	3.6	4.0	5.0	10.0
0.0	0.2500	0.2500	0.2500	0.2500	0.2500	0.2500	0.2500	0.2500	0.2500	0.2500	0.2500	0.2500	0.2500
0.2	0.2496	0.2497	0.2497	0.2498	0.2498	0.2498	0.2498	0.2498	0.2498	0.2498	0.2498	0.2498	0.2498
0.4	0.2474	0.2479	0.2481	0.2483	0.2483	0.2484	0.2485	0.2485	0.2485	0.2485	0.2485	0.2485	0.2485
0.6	0.2423	0.2437	0.2444	0.2448	0.2451	0.2452	0.2454	0.2455	0.2455	0.2455	0.2455	0.2455	0.2456
0.8	0.2346	0.2372	0.2387	0.2395	0.2400	0.2403	0.2407	0.2408	0.2409	0.2409	0.2410	0.2410	0.2410
1.0	0.2252	0.2291	0.2313	0.2326	0.2335	0.2340	0.2346	0.2349	0.2351	0.2352	0.2352	0.2353	0.2353
1.2	0.2149	0.2199	0.2229	0.2248	0.2260	0.2268	0.2278	0.2282	0.2285	0.2286	0.2287	0.2288	0.2289
1.4	0.2043	0.2102	0.2140	0.2164	0.2180	0.2191	0.2204	0.2211	0.2215	0.2217	0.2218	0.2220	0.2221
1.6	0.1939	0.2006	0.2049	0.2079	0.2099	0.2113	0.2130	0.2138	0.2143	0.2146	0.2148	0.2150	0.2152
1.8	0.1840	0.1912	0.1960	0.1994	0.2018	0.2034	0.2055	0.2066	0.2073	0.2077	0.2079	0.2082	0.2084
2.0	0.1746	0.1822	0.1875	0.1912	0.1938	0.1958	0.1982	0.1996	0.2004	0.2009	0.2012	0.2015	0.2018
2.2	0.1659	0.1737	0.1793	0.1833	0.1862	0.1883	0.1911	0.1927	0.1937	0.1943	0.1947	0.1952	0.1955
2.4	0.1578	0.1657	0.1715	0.1757	0.1789	0.1812	0.1843	0.1862	0.1873	0.1880	0.1885	0.1890	0.1895
2.6	0.1503	0.1583	0.1642	0.1686	0.1719	0.1745	0.1779	0.1799	0.1812	0.1820	0.1825	0.1832	0.1838
2.8	0.1433	0.1514	0.1574	0.1619	0.1654	0.1680	0.1717	0.1739	0.1753	0.1763	0.1769	0.1777	0.1784
3.0	0.1369	0.1449	0.1510	0.1556	0.1592	0.1619	0.1658	0.1682	0.1698	0.1708	0.1715	0.1725	0.1733

续表

z/b	l/b												
	1.0	1.2	1.4	1.6	1.8	2.0	2.4	2.8	3.2	3.6	4.0	5.0	10.0
3.2	0.1310	0.1390	0.1450	0.1497	0.1533	0.1562	0.1602	0.1628	0.1645	0.1657	0.1664	0.1675	0.1685
3.4	0.1256	0.1334	0.1394	0.1441	0.1478	0.1508	0.1550	0.1577	0.1595	0.1607	0.1616	0.1628	0.1639
3.6	0.1205	0.1282	0.1342	0.1389	0.1427	0.1456	0.1500	0.1528	0.1548	0.1561	0.1570	0.1583	0.1595
3.8	0.1158	0.1234	0.1293	0.1340	0.1378	0.1408	0.1452	0.1482	0.1502	0.1516	0.1526	0.1541	0.1554
4.0	0.1114	0.1189	0.1248	0.1294	0.1332	0.1362	0.1408	0.1438	0.1459	0.1474	0.1485	0.1500	0.1516
4.2	0.1073	0.1147	0.1205	0.1251	0.1289	0.1319	0.1365	0.1396	0.1418	0.1434	0.1445	0.1462	0.1479
4.4	0.1035	0.1107	0.1164	0.1210	0.1248	0.1279	0.1325	0.1357	0.1379	0.1396	0.1407	0.1425	0.1444
4.6	0.1000	0.1070	0.1127	0.1172	0.1209	0.1240	0.1287	0.1319	0.1342	0.1359	0.1371	0.1390	0.1410
4.8	0.0967	0.1036	0.1091	0.1136	0.1173	0.1204	0.1250	0.1283	0.1307	0.1324	0.1337	0.1357	0.1379
5.0	0.0935	0.1003	0.1057	0.1102	0.1139	0.1169	0.1216	0.1249	0.1273	0.1291	0.1304	0.1325	0.1348
5.2	0.0906	0.0972	0.1026	0.1070	0.1106	0.1136	0.1183	0.1217	0.1241	0.1259	0.1273	0.1295	0.1320
5.4	0.0878	0.0943	0.0996	0.1039	0.1075	0.1105	0.1152	0.1186	0.1211	0.1229	0.1243	0.1265	0.1292
5.6	0.0852	0.0916	0.0968	0.1010	0.1046	0.1076	0.1122	0.1156	0.1181	0.1200	0.1215	0.1238	0.1266
5.8	0.0828	0.0890	0.0941	0.0983	0.1018	0.1047	0.1094	0.1128	0.1153	0.1172	0.1187	0.1211	0.1240
6.0	0.0805	0.0866	0.0916	0.0957	0.0991	0.1021	0.1067	0.1101	0.1126	0.1146	0.1161	0.1185	0.1216
6.2	0.0783	0.0842	0.0891	0.0932	0.0966	0.0995	0.1041	0.1075	0.1101	0.1120	0.1136	0.1161	0.1193
6.4	0.0762	0.0820	0.0869	0.0909	0.0942	0.0971	0.1016	0.1050	0.1076	0.1096	0.1111	0.1137	0.1171
6.6	0.0742	0.0799	0.0847	0.0886	0.0919	0.0948	0.0993	0.1027	0.1053	0.1073	0.1088	0.1114	0.1149
6.8	0.0723	0.0779	0.0826	0.0865	0.0898	0.0926	0.0970	0.1004	0.1030	0.1050	0.1066	0.1092	0.1129
7.0	0.0705	0.0761	0.0806	0.0844	0.0877	0.0904	0.0949	0.0982	0.1008	0.1028	0.1044	0.1071	0.1109
7.2	0.0688	0.0742	0.0787	0.0825	0.0857	0.0884	0.0928	0.0962	0.0987	0.1008	0.1023	0.1051	0.1090
7.4	0.0672	0.0725	0.0769	0.0806	0.0838	0.0865	0.0908	0.0942	0.0967	0.0988	0.1004	0.1031	0.1071
7.6	0.0656	0.0709	0.0752	0.0789	0.0820	0.0846	0.0889	0.0922	0.0948	0.0968	0.0984	0.1012	0.1054
7.8	0.0642	0.0693	0.0736	0.0771	0.0802	0.0828	0.0871	0.0904	0.0929	0.0950	0.0966	0.0994	0.1036
8.0	0.0627	0.0678	0.0720	0.0755	0.0785	0.0811	0.0853	0.0886	0.0912	0.0932	0.0948	0.0976	0.1020
8.2	0.0614	0.0663	0.0705	0.0739	0.0769	0.0795	0.0837	0.0869	0.0894	0.0914	0.0931	0.0959	0.1004
8.4	0.0601	0.0649	0.0690	0.0724	0.0754	0.0779	0.0820	0.0852	0.0878	0.0893	0.0914	0.0943	0.0938
8.6	0.0588	0.0636	0.0676	0.0710	0.0739	0.0764	0.0805	0.0836	0.0862	0.0882	0.0898	0.0927	0.0973
8.8	0.0576	0.0623	0.0663	0.0696	0.0724	0.0749	0.0790	0.0821	0.0846	0.0866	0.0882	0.0912	0.0959
9.2	0.0554	0.0599	0.0637	0.0670	0.0697	0.0721	0.0761	0.0792	0.0817	0.0837	0.0853	0.0882	0.0931
9.6	0.0533	0.0577	0.0614	0.0645	0.0672	0.0696	0.0734	0.0765	0.0789	0.0809	0.0825	0.0855	0.0905
10.0	0.0514	0.0556	0.0592	0.0622	0.0649	0.0672	0.0710	0.0739	0.0763	0.0783	0.0799	0.0829	0.0880
10.4	0.0496	0.0537	0.0572	0.0601	0.0627	0.0649	0.0686	0.0716	0.0739	0.0759	0.0775	0.0804	0.0857
10.8	0.0479	0.0519	0.0553	0.0581	0.0606	0.0628	0.0664	0.0693	0.0717	0.0736	0.0751	0.0781	0.0834
11.2	0.0463	0.0502	0.0535	0.0563	0.0587	0.0609	0.0644	0.0672	0.0695	0.0714	0.0730	0.0759	0.0813
11.6	0.0448	0.0486	0.0518	0.0545	0.0569	0.0590	0.0625	0.0652	0.0675	0.0694	0.0709	0.0738	0.0793
12.0	0.0435	0.0471	0.0502	0.0529	0.0552	0.0573	0.0606	0.0634	0.0656	0.0674	0.0690	0.0719	0.0774
12.8	0.0409	0.0444	0.0474	0.0499	0.0521	0.0541	0.0573	0.0599	0.0621	0.0639	0.0654	0.0682	0.0739
13.6	0.0387	0.0420	0.0448	0.0472	0.0493	0.0512	0.0543	0.0568	0.0589	0.0607	0.0621	0.0649	0.0707
14.4	0.0367	0.0398	0.0425	0.0448	0.0468	0.0486	0.0516	0.0540	0.0561	0.0577	0.0592	0.0619	0.0677
15.2	0.0349	0.0379	0.0404	0.0426	0.0445	0.0463	0.0492	0.0515	0.0535	0.0551	0.0565	0.0592	0.0650
16.0	0.0332	0.0361	0.0385	0.0407	0.0425	0.0442	0.0469	0.0492	0.0511	0.0527	0.0540	0.0567	0.0625
18.0	0.0297	0.0323	0.0345	0.0364	0.0381	0.0396	0.0422	0.0442	0.0460	0.0475	0.0487	0.0512	0.0570
20.0	0.0269	0.0292	0.0312	0.0330	0.0345	0.0359	0.0383	0.0402	0.0418	0.0432	0.0444	0.0468	0.0524

2. 沉降计算深度 z_n 的确定

按规范法计算地基沉降时,沉降计算深度 z_n 应满足式(4-17)

$$\Delta S'_n \leqslant 0.025 \sum_{i=1}^{n} \Delta S'_i \qquad (4-17)$$

式中:$\Delta S'_i$——计算深度范围内,第 i 层土的计算沉降值;

$\Delta S'_n$——在由计算深度向上取厚度为 Δz 的土层计算沉降值,Δz 的取值按表 4-3 确定。

若确定的计算深度下部仍有软弱土层,则继续向下计算。

若无相邻荷载影响,基础宽度在 1~30m 范围内时,基础中点的地基沉降计算深度可按下述简化公式计算

$$z_n = b(2.5 - 0.4\ln b) \qquad (4-18)$$

式中:b——基础宽度。

表 4-3 Δz 值

基底宽度 b/m	$b \leqslant 2$	$2 < b \leqslant 4$	$4 < b \leqslant 8$	$b > 8$
Δz/m	0.3	0.6	0.8	1.0

3. 计算步骤

(1) 确定沉降计算分层,以自然土层界面划分沉降计算分层,不需要划分较小的土层。

(2) 根据基础的类型(矩形、条形、圆形),荷载分布形式(均布、三角形)计算平均附加应力系数。

(3) 由公式 $\Delta S_i = \dfrac{p_0}{E_{si}}(z_i \bar{\alpha}_i - z_{i-1}\bar{\alpha}_{i-1})$ 计算各土层的沉降量。

(4) 由式(4-17)或式(4-18)确定沉降计算深度 z_n。

(5) 确定沉降经验系数 ψ_s。

(6) 按公式(4-15)计算地基最终沉降量 S。

【例 4-3】某基础底面尺寸为 2.5m×2.5m,埋深为 2m,基底附加应力 $p_0 = 200$kPa。地基土分层及各层的其他数据如图 4.10 所示。用规范法计算地基最终沉降量。

【解】(1) 确定沉降计算深度。

$z_n = b(2.5 - 0.4\ln b) = 2.5 \times (2.5 - 0.4 \times \ln 2.5) = 5.33$(m),取 $z_n = 5.4$m

(2) 计算地基沉降计算深度范围内土层压缩量,见表 4-4。

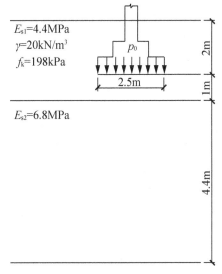

图 4.10 例 4-3 图

表 4-4　例 4-3 表

z/m	l/b	z/b	$\bar{\alpha}_i$	$z_i\bar{\alpha}_i/m$	$z_i\bar{\alpha}_i - z_{i-1}\bar{\alpha}_{i-1}/m$	E_{si}/MPa	$\Delta S'_i/mm$
0	1.0	0					
1.0	1.0	0.8	0.9384	0.9384	0.9384	4.4	42.65
5.4	1.0	4.32	0.4201	2.2085	1.3301	6.8	39.12

(3) 复核计算深度。

因 $2<b\leqslant4$，查表 4-3 得 $\Delta z=0.6m$，$z_{n-1}=5.4-0.6=4.8(m)$，即要求计算 4.8~5.4m 土层的沉降量。

$z_{n-1}=4.8m$，$l/b=1$，$z_{n-1}/b=4.8/1.25=3.84$，查表 4-2 的 $\bar{\alpha}_{n-1}=0.4596$。

$z_n=5.4$，$l/b=1$，$z_n/b=5.4/1.25=4.32$，查表 4-2 得 $\bar{\alpha}_n=0.4201$。

4.8~5.4m 土层产生的沉降量

$$\Delta S'_n = \frac{p_0}{E_{s2}}(z_i\bar{\alpha}_i - z_{i-1}\bar{\alpha}_{i-1})$$

$$= \frac{200}{6.8}\times(0.4201\times5.4 - 0.4596\times4.8)$$

$$= 1.84(mm) < 0.025(\Delta S'_1 + \Delta S'_2)$$

$$= 0.025\times(42.65+39.12)$$

$$= 2.04(mm)，满足要求$$

(4) 确定沉降计算经验系数。

计算附加应力面积

$$A_1 = \bar{\alpha}_1 p_0 z_1 = 0.9384\times200\times1 = 187.7(kPa)$$

$$A_2 = \bar{\alpha}_2 p_0 z_2 - \bar{\alpha}_1 p_0 z_1 = 0.4201\times200\times5.4 - 0.9384\times200\times1 = 266(kPa\cdot m)$$

代入式(4-16)得

$$\bar{E}_s = \frac{\sum A_i}{\sum \dfrac{A_i}{E_{si}}} = \frac{A_1+A_2}{\dfrac{A_1}{E_{s1}}+\dfrac{A_2}{E_{s2}}} = \frac{187.7+266}{\dfrac{187.7}{4.4}+\dfrac{266}{6.8}} = \frac{453.7}{89.8} = 5.55(MPa)$$

由 $p_0 \geqslant f_k$，$\bar{E}_s=5.55MPa$，查表 4-1 内插得 $\psi_s=1.15$。

(5) 计算地基最终沉降量。

$$S = \psi_s S' = \psi_s\times(\Delta S'_1 + \Delta S'_2) = 1.15\times(42.65+39.12) = 94(mm)$$

4.3　地基沉降与时间的关系

以上介绍的是地基最终沉降量的计算，是在建筑物荷载产生的附加应力作用下，使土的孔隙发生压缩产生的。对于饱和土体压缩，其压缩过程实质上是土中孔隙水的排水过程，因此，排水的速率影响到土体沉降稳定所需的时间。对于碎石和砂土地基，由于土的透水性强，压缩性小，沉降能很快完成，一般在施工完毕时就能沉降稳定。而黏性土地基，特别是饱和黏性土地基，由于其排水过程较慢，固结稳定时间较长，其沉降（固结）往往要持续几年甚至几十年时间才能稳定。

因此，在建筑物设计中，既要计算地基最终沉降量，还需要知道地基沉降与时间的关系，即需要预估建筑物完工一段时间后的沉降量和达到某一沉降所需要的时间，以便预留建筑物有关部分之间的净空，合理选择连接方法和施工顺序，控制施工进度及采取必要的措施，以消除沉降可能带来的不利影响。对发生裂缝、倾斜等工程事故的建筑物，也需要知道沉降与时间的关系，以便对沉降计算值和实测值进行分析。

关于沉降量与时间的关系，目前均以太沙基的饱和土体单向固结理论为基础，本节介绍这一理论及应用。

4.3.1 达西定律

土体中孔隙的形状和大小是极不规则的，因而水在土体孔隙中的渗透是一种十分复杂的现象，由于土体中的孔隙一般非常微小，水在土体中流动时的黏滞阻力很大，流速缓慢，因此，其流动状态大多属于层流，即相邻两个水分子运动的轨迹相互平行而不混流。

1856 年，法国工程师达西（Darcy）在层流条件下，对均匀砂进行了大量的渗透试验，得到渗流速度与水头梯度和土的渗透性质之间关系的基本规律，即渗流的基本规律——达西定律。

达西定律认为，土体中水渗流的速度 v 与水头梯度 I 成正比，且与土的渗透性质有关，其表达式为

$$v = kI \tag{4-19}$$

或

$$q = kIA \tag{4-20}$$

式中：v——断面平均渗流速度（m/s）；

q——单位渗流量（m³/s）；

i——水头梯度，$i=\Delta h/L$，指单位长度上的水头损失；

A——垂直于渗流方向的试样截面积（圆筒的内断面面积）（m²）；

k——土的渗透系数，反应土的透水性能（m/s）。

渗透系数 k 的大小，反映了土渗透性的强弱，它受许多因素影响，包括土的颗粒级配、矿物成分、土的密实度、土的饱和度、土的结构和水的温度等，可通过室内渗透试验确定。常见土的渗透系数参考值如表 4-5 所示。一般来说，土的颗粒越小，渗透系数越小，渗透性就越差，由于黏性土的渗透系数很小，所以压实的黏性土可以认为是不透水的。

表 4-5 土的渗透系数参考值

土的类别	渗透系数 k/(m/s)	渗透性
黏土	$<5\times10^{-8}$	几乎不透水
粉质黏土	$5\times10^{-8}\sim1\times10^{-6}$	极低
粉土	$1\times10^{-6}\sim5\times10^{-6}$	低
粉砂	$5\times10^{-6}\sim1\times10^{-5}$	低

续表

土的类别	渗透系数 $k/\mathrm{(m/s)}$	渗透性
细砂	$1\times10^{-5}\sim5\times10^{-5}$	低
中砂	$5\times10^{-5}\sim2\times10^{-4}$	中
粗砂	$2\times10^{-4}\sim5\times10^{-4}$	中
圆砾	$5\times10^{-4}\sim1\times10^{-3}$	高
卵石	$1\times10^{-3}\sim5\times10^{-3}$	高

对于密实的黏性土,由于土颗粒周围存在着结合水,结合水因受到分子引力作用而呈现黏滞性,对水的渗流产生一定的阻力,只有克服结合水的黏滞阻力后水才能开始渗流。将克服结合水黏滞阻力所需要的水头梯度称为起始水头梯度 I_0。此时达西定律可修正为

$$v=k(I-I_0) \qquad (4-21)$$

图 4.11 绘出了砂土与黏土的渗流规律曲线,直线 a 表示砂土,它是通过原点的一条直线;曲线 b(图中虚线所示)表示密实黏性土,d 点为起始水头梯度。为简单起见,一般常用折线 c(图中 Oef 线)代替曲线 b,认为 e 点为黏土的起始水头梯度。

达西定律是在层流条件下得到的,故一般仅适用于中砂、细砂、粉砂等,对于粗砂、砾石、卵石等粗颗粒土则不太适合,因为在这些土的孔隙中水的渗流速度较大,不再是层流而是紊流。

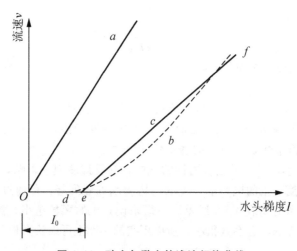

图 4.11 砂土与黏土的渗流规律曲线

4.3.2 土的渗透性与渗透变形

土是一种三相组成的多孔介质,其孔隙在空间互相连通。在饱和土中,水充满整个孔隙,当土中不同位置存在水位差时,土中水就会在水位能作用下,从水位高(即能量高)的位置向水位低(即能量低)的位置流动。液体(如土中水)从物质微孔(如土体孔隙)中透过的现象称为渗透。土体具有被液体(如土中水)透过的性质称为土的渗透性或透水性。液体

(如地下水、地下石油)在土孔隙或其他透水性介质(如水工建筑物)中的流动称为渗流。非饱和土的渗透性较复杂,这里只介绍饱和土的渗透性与渗透变形。

1. 渗透力

当水在土体孔隙中流动时,由于土粒的阻力而产生水头损失,这种阻力的反作用力即为水对土颗粒施加的渗流作用力,单位体积土颗粒所受到的渗流作用力称为渗透力或动水力。土的渗透变形就是指渗透力引起的土体失稳现象。

渗透力的计算公式为

$$G_D = F = \gamma_w I \tag{4-22}$$

式中:G_D——渗透力或动水力(kN/m^3);

F——单位体积土体颗粒对水渗流的阻力(kN/m^3);

γ_w——水的重度(kN/m^3);

I——水头梯度。

由上式可见,渗透力的大小和水头梯度成正比,其方向与渗流方向一致。

2. 渗透变形

按照渗透水流所引起的局部破坏的特征,渗透变形可分为流土和管涌两种基本形式。

(1) 流土。渗透力对土的作用特点随其作用方向而异,当水的渗流方向自上而下时,渗透力的作用方向与土颗粒的重力方向一致,这样将增加土颗粒间的压力,使土体稳定;若水的渗流方向自下而上时,渗透力的作用方向与土颗粒的重力方向相反,将减小土颗粒间的压力,可能导致土体不稳定。

当渗透力与土的浮重度相等时,即

$$G_D = \gamma_w I = \gamma' \tag{4-23}$$

此时土粒间的压力(有效应力)等于零,土颗粒处于悬浮状态而失去稳定性,并随水流一起流动,这种现象称为流土现象。流土现象多发生于砂土中,因此也称为流砂。这时的水头梯度称为临界水头梯度 I_{cr}。

由式(4-23)可得

$$I_{cr} = \frac{\gamma'}{\gamma_w} \tag{4-24}$$

任何类型的土只要渗流时的水头梯度 I 大于临界水头梯度 I_{cr},就会发生流土。流土现象从开始到破坏历时较短,容易造成地基失稳、基坑塌方等工程事故,因此在设计与施工中,必须保证一定的安全系数,把土中渗流的水头梯度控制在允许水头梯度 $[I]$ 之内,即

$$I \leqslant [I] = \frac{I_{cr}}{K} \tag{4-25}$$

式中:K 为安全系数,一般取 $2.0 \sim 2.5$。

(2) 管涌。管涌是渗透变形的另一种形式。当水在砂类土中渗流时,土中的一些细小颗粒在渗透力作用下,可能通过粗颗粒的孔隙被水流带走,并在粗颗粒之间形成贯通的渗流管道,这种现象称为管涌,也叫潜蚀。

管涌可以发生在土体中的局部范围,也可能发生在较大的土体范围内。较大土体范围内的管涌久而久之,就会在土体内部逐步形成管状流水孔道,并在渗流出口形成孔穴甚至洞穴,并最终导致土体失稳破坏。1998年发生于我国长江的大洪水曾使长江两岸的数段河堤发生管涌破坏,给国家和人民财产造成巨大损失。

管涌破坏一般有个时间发育过程,是一种渐进性质的破坏。一般来说,黏性土只有流土而无管涌;无黏性土渗透变形的形式主要取决于颗粒级配曲线的形状,其次是土的密度。

3. 渗透变形的防治

(1) 防治流土的原则是"治流土必治水"。防治流土的关键在于控制逸出处的水头梯度,其主要途径有:①减小或消除水头差,如采取基坑外的井点降水法降低地下水位,或采取水下挖掘;②增长渗流路径,如打板桩;③在向上渗流出口处地表用透水材料覆盖压重以平衡渗流力;④土层加固处理,如冻结法、注浆法等。

(2) 土是否发生管涌,首先取决于土的性质,管涌多发生在砂性土中,其特征是颗粒大小差别较大,往往缺少某种粒径,孔隙直径大且相互连通。无黏性土产生管涌必须具备两个条件。

① 几何条件。土中粗颗粒所构成的孔隙直径必须大于细颗粒的直径,这是必要条件,一般不均匀系数 $C_u>10$ 的土才会发生管涌。

② 水力条件。渗流力能够带动细颗粒在孔隙间滚动或移动是发生管涌的水力条件,可用管涌的水力梯度来表示。但管涌临界水力梯度的计算至今尚未成熟。对于重大工程,应尽量由试验确定。

防治管涌现象,一般可从下列两个方面采取措施:①改变几何条件,在渗流逸出部位铺设反滤层是防止管涌破坏的有效措施;②改变水力条件,降低水力梯度,如打板桩。

4.3.3 饱和土的单向渗透固结理论

一般认为当土中孔隙体积的80%以上为水充满时,土中虽有少量的气体存在,但大都是封闭气体,就可视为饱和土。饱和土的固结包括渗透固结和次固结两部分,前者由土孔隙中自由水的排出速度所决定;后者由土骨架的蠕变速度所决定。饱和土在附加压力作用下,孔隙中相应的一些自由水将随时间而逐渐被排出,同时孔隙体积也随着缩小这个过程称为饱和土的渗透固结。饱和土的单向渗透固结是指土在压缩变形时,孔隙水只能沿一个方向(通常指垂直方向 z)渗流,土的变形也只能在垂直方向产生。这种情形类似于土的室内侧限压缩试验的情况。

1. 有效应力原理

饱和土孔隙中水的挤出速度,主要取决于土的渗透性和土的厚度。土的渗透性越低或土层越厚,孔隙水挤出所需的时间就越长。为了说明饱和土的渗透固结过程,可用一简单的力学模型来说明。

图4.12为太沙基(1923年)建立的模拟饱和土渗透固结的弹簧模型。在一个盛满水的圆筒中装着一个带有弹簧的活塞,弹簧上下端连接活塞和筒底,活塞上有许多透水的小

孔。整个模型表示饱和土体,弹簧代表土的固结颗粒骨架,容器内的水代表土体中的孔隙水。将由容器内的水承担的压力(相当于由外荷载 p 在土体孔隙中水所引起的超静水压力),称为孔隙水压力,记作 u;弹簧承担的压力(相当于由骨架所传递的压力),称为有效应力,记作 σ'。

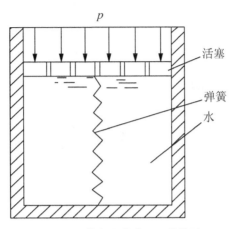

图 4.12 饱和土的渗透固结模型

当 $t=0$ 的加荷瞬间,容器中的水来不及排出,活塞不动,全部压力由圆筒内的水所承担,$u=p$,$\sigma'=0$。

当 $t>0$ 时,水从活塞水孔中逐渐排出,活塞下降,弹簧压缩。随着容器中水的不断排出,u 不断减小,σ' 不断增大。

当水从孔隙中充分排出,弹簧变形稳定,此时活塞不再下降,外荷载 p 全部由土骨架承担,$\sigma'=p$,这表示饱和土的渗透固结完成。

由此可知,饱和土的渗透固结过程就是孔隙水压力向有效应力转化的过程。若以外荷载 p 模拟土体中的总应力 σ,则在任一时刻,有效应力 σ' 和孔隙水压力 u 之和应始终等于饱和土体中的总应力 σ。即

$$\sigma = \sigma' + u \tag{4-26}$$

式(4-26)就是在土力学中著名的饱和土体的有效应力原理。在渗透固结过程中,孔隙水压力在逐渐消散,有效应力在逐渐增长,土的体积也在逐渐减小,而土的强度随之提高。

2. 地基固结度

地基某一时刻 t 的固结度 U_t 指的是地基在固结过程中某一时刻 t 的固结沉降量 S_t 与其最终固结沉降量 S 之比,即

$$U_t = \frac{S_t}{S} \tag{4-27}$$

式中:S_t,S——分别为地基在某一时刻和最终的沉降量。

如果知道了地基某一时刻的固结度,则地基某一时刻的固结沉降量 S_t 就可以由式(4-27)求出

$$S_t = U \cdot S \tag{4-28}$$

根据太沙基单向渗透固结理论(1925 年)，地基任一时刻的固结度 U_t 为

$$U_t = 1 - \frac{8}{\pi^2} \sum_{m=1}^{\infty} \frac{1}{m^2} e^{-m^2 \frac{\pi^2}{4} T_v} \qquad (4-29)$$

式中：T_v——时间因数。

由于式(4-29)中级数收敛很快，故当 T_v 值较大(如 $T_v \geqslant 0.16$)时，可只取其第一项，其精度完全可以满足工程要求。式(4-29)可简化为

$$U_t = 1 - \frac{8}{\pi^2} e^{-\frac{\pi^2}{4} T_v} \qquad (4-30)$$

固结度是时间因数 T_v 的函数，与土中附加应力的分布情况有关。式(4-29)适用于以下两种情况。

(1) 地基为上、下双面排水。

(2) 地基为单面排水，地基中附加应力沿深度为均布的情况。

若地基为单面排水，且在土层的上下面的附加应力不相等的情况下，要对式(4-30)进行调整，可按下式计算

$$U_t = 1 - \frac{(\frac{\pi}{2}\alpha - \alpha + 1)}{1+\alpha} \cdot \frac{32}{\pi^3} \cdot e^{-\frac{\pi^2}{4} T_v} \qquad (4-31)$$

式中：α——代表大小不同的附加应力分布，$\alpha = \dfrac{\sigma_{z1}}{\sigma_{z2}}$；

σ_{z1}、σ_{z2}——分别为透水面、不透水面上的附加应力。有关知识见相关资料。

4.4 建筑物沉降观测与地基变形允许值

4.4.1 建筑物沉降观测

建筑物的沉降观测是对建筑物、构筑物的垂直位移变化所进行周期性的观测。

沉降观测在建筑物的施工、竣工验收以及竣工后的监测等过程中，具有安全预报、科学评价及检验施工质量等的职能。通过现场监测数据的反馈信息，可以对施工过程等问题起到预报作用，及时做出较合理的技术决策和现场的应变决定。

1. 沉降观测的对象

沉降观测的对象包括地基基础设计等级为甲级的建筑物，复合地基或软弱地基上的设计等级为乙级的建筑物，加层、扩建建筑物，受邻近深基坑开挖施工影响或受地下水等环境因素变化影响的建筑物，以及需要积累建筑经验或进行设计反分析的工程。

2. 沉降观测方法

1) 水准点的布设

观测点的布设是沉降观测工作中一个很重要的环节，它直接影响观测数据能否真实地反映出建筑物的整体沉降趋势及局部沉降特点。

观测点的数目和位置与建筑物的大小、荷重、基础形式和地质条件等有关。一般来说，

布设在建筑物的四角、转角及沿外墙每 10～15m 处；高低层建筑物、新旧建筑物、不同地质条件、不同荷载分布、不同基础类型、不同基础埋深、不同上部结构、沉降缝和建筑物裂缝处的两侧；建筑物宽度大于或等于 15m，或宽度小于 15m 但地质条件复杂的建筑物的内纵墙处，以及框架、框剪、框筒、筒中筒结构体系的楼、电梯井和中心筒处；筏基、箱基的四角和中部位置处；多层砌体房屋纵墙间距 6～10m 横墙对应墙端处；框架结构可能产生较大不均匀沉降的相邻柱基处；高层建筑横向和纵向两个方向对应尽端处。各种构筑物沿四周或基础轴线的对称位置上布点，数量不少于 4 个测点。观测基准点应设在基坑工程影响范围以外，一般为 30～50m 且数量不应少于两个。

2）观测时间

观测时间有严格的限制条件，特别是首次观测必须按时进行，否则整个观测得不到完整的观测意义。施工期间一般在基础或地下室完成后开始观测，每完成一层观测一次，沉降速度≥2.0mm/d 应减缓加载速度并增加观测次数；施工中，如果中途停工时间较长，应在停工时和复工前进行观测。当基础附近地面荷重突然增加，周围大量积水暴雨及地震后，或周围大量挖方等，均应观测。竣工后要按沉降量的大小，定期进行观测。开始可隔 1～2 个月观测一次，以每次沉降量在 5～10mm 以内为限度，否则要增加观测次数。以后，随着沉降量的减小，可逐渐延长观测周期，直到沉降稳定为止。各个阶段的复测必须定时进行，不得漏测或补测，只有这样才能得到准确的沉降情况或规律。

3）精度选择

同一测区或同一建筑物随着沉降量和沉降速度的变化，原则上可以采取不同的沉降观测等级和精度，因为有的工程由于沉降观测初期沉降量较大或非常明显，采用较高精度不仅费时、费工造成浪费，而且也无必要。而在观测后期或经过治理以后沉降量较小，采用较低精度观测则不能正确反映其沉降量。同一测区也有沉降量大的区域和小的区域，采用不同的观测等级和精度较为经济，也符合要求。但一般情况下，如果变形量差别不是很大，还是采用同一种观测精度较为方便。

4）稳定标准

稳定标准应由沉降量与时间关系曲线判定，对重点观测和科研观测工程，或最后三次观测中每次沉降量均不大于 $2\sqrt{2}$ 倍测量中误差，则认为已进入稳定阶段。建筑物安全等级为二、三级的多层建筑以 0.04mm/d，高层建筑和安全等级为一级的多层建筑以 0.01mm/d 为稳定标准。若施工过程中沉降大于 2.0mm/d 则应采取有效措施。

3. 成果整理

根据建筑变形测量任务委托方的要求，可按周期或变形发展情况提交阶段性成果，其中包括本次或前 1～2 次观测结果、与前一次观测间的变形量、本次观测后的累计变形量、简要说明及分析建议等。当建筑变形测量任务全部完成后或委托方需要时，应提交综合成果，其中包括技术设计书或施测方案、变形测量工程的平面位置图、基准点与观测点分布平面图、标石标志规格及埋设图、仪器检验与校正资料、平差计算、成果质量评定资料及成果表、反映变形过程的图表、技术报告书。

4.4.2　地基变形特征及允许值

地基变形按其变形特征分为沉降量、沉降差、倾斜和局部倾斜。

(1) 沉降量。沉降量指独立基础或刚性很大的基础中心点的沉降值。

(2) 沉降差。沉降差指两相邻独立基础中心点的沉降量差值。

(3) 倾斜。倾斜指独立基础在倾斜方向两端点的沉降差与其距离之比。

(4) 局部倾斜。局部倾斜指砌体承重结构沿纵向的6~10m内基础两点的沉降差与其距离之比。

《建筑地基基础设计规范》(GB 50007—2011)规定：建筑物的地基变形计算值，不应大于地基变形允许值，并作为强制性条文执行。表4-6是《建筑地基基础设计规范》列出的建筑物地基基础变形允许值，对表中未包括的建筑物，其地基变形允许值应根据上部结构对地基变形的适应能力和使用上的要求确定。

表4-6 建筑物的地基变形允许值(GB 50007—2011)

变形特征		地基土类别	
		中、低压缩性土	高压缩性土
砌体承重结构基础的局部倾斜		0.002	0.003
工业与民用建筑相邻柱基的沉降差 (1) 框架结构 (2) 砌体墙填充的边排柱 (3) 当基础不均匀沉降时不产生附加应力的结构		0.002l 0.0007l 0.005l	0.003l 0.001l 0.005l
单层排架结构(柱距为6m)柱基的沉降量(mm)		(120)	200
桥式吊车轨面的倾斜(按不调整轨道考虑) 纵　　向 横　　向		0.004 0.003	
多层和高层建筑基础的倾斜	$H_g \leqslant 24$	0.004	
	$24 < H_g \leqslant 60$	0.003	
	$60 < H_g \leqslant 100$	0.0025	
	$H_g > 100$	0.002	
体型简单的高层建筑基础的平均沉降量/mm		200	
高耸结构建筑的倾斜	$H_g \leqslant 20$	0.008	
	$20 < H_g \leqslant 50$	0.006	
	$50 < H_g \leqslant 100$	0.005	
	$100 < H_g \leqslant 150$	0.004	
	$150 < H_g \leqslant 200$	0.003	
	$200 < H_g \leqslant 250$	0.002	
高耸结构基础的沉降量/mm	$H_g \leqslant 100$	400	
	$100 < H_g \leqslant 200$	300	
	$200 < H_g \leqslant 250$	200	

注：1. 本表数值为建筑物地基实际最终变形允许值；

2. 有括号者仅适用于中压缩性土；

3. l为相邻柱基的中心距离(mm)；H_g为自室外地面起算的建筑物高度(m)。

第4章 地基土的压缩性及变形计算

习 题

一、填空题

1. 土的压缩性指标有_____、_____等。
2. 在计算土体变形时，通常假设_____体积是不变的，因此土体变形量为_____体积的减小值。
3. 通过土粒承受和传递的粒间应力，又称为_____应力。
4. 压缩系数 a_{1-2} 数值越大，土的压缩性越_____，$a_{1-2} \geqslant$_____的土为高压缩性土。
5. 压缩系数越小，土的压缩性越_____，压缩模量越小，土的压缩性越_____。
6. 土的压缩模量是土在_____条件下应力与应变的比值，土的变形模量是土在_____条件下应力与应变的比值。
7. 当渗流方向_____，且水头梯度大于_____水头梯度时，会发生流砂现象。
8. 对于民用建筑，每建完_____（包括地下部分），应进行沉降观测一次。

二、选择题

1. 工业与民用建筑相邻柱基础的变形特征是（   ）。
   A. 沉降量　　　B. 沉降差　　　C. 倾斜　　　D. 局部倾斜
2. 《建筑地基基础设计规范》按（   ）的大小，将地基土的压缩性分为三类。
   A. E_s　　　B. a_{1-2}　　　C. e　　　D. w
3. 砌体承重结构基础的变形特征是（   ）。
   A. 沉降量　　　B. 沉降差　　　C. 倾斜　　　D. 局部倾斜
4. 在下列压缩性指标中，数值越大，压缩性越低的指标是（   ）。
   A. 压缩系数　　　B. 压缩指数　　　C. 压缩模量　　　D. 孔隙比
5. 下列关系式中，σ_{cz} 为自重应力，σ_z 为附加应力，当采用分层总和法计算高压缩性地基最终沉降量时，压缩层下限确定的根据是：（   ）。
   A. $\sigma_{cz}/\sigma_z \leqslant 0.1$　　B. $\sigma_{cz}/\sigma_z \leqslant 0.2$　　C. $\sigma_z/\sigma_{cz} \leqslant 0.1$　　D. $\sigma_z/\sigma_{cz} \leqslant 0.2$
6. 用规范法计算地基最终沉降量时，考虑相邻荷载影响时，压缩层厚度 Z_n 确定的根据是（   ）。
   A. $\sigma_z/\sigma_{cz} \leqslant 0.1$　　　　　　B. $\sigma_z/\sigma_{cz} \leqslant 0.2$
   C. $\Delta S_n \leqslant 0.025 \sum \Delta S_i$　　　　D. $Z_n = b(2.5 - 0.4 \ln b)$

三、简答题

1. 引起土体压缩的主要原因是什么？
2. 压缩系数的物理意义是什么？怎样用 a_{1-2} 判别土的压缩性质？

3. 地下水位升降对基础沉降有何影响？

4. 与分层总和法相比，规范法计算地基沉降有哪些特点？

5. 流砂产生的原因是什么？防治流砂的措施有哪些？

6. 管涌发生的条件是什么？防治措施有哪些？

7. 地基变形有哪些特征？

四、计算题

1. 某土的试样压缩试验结果如下：当荷载由 $p_1=100\text{kPa}$ 增加至 $p_2=200\text{kPa}$ 时，$24h$ 内的试样的孔隙比由 0.875 减少至 0.813，求土的压缩系数 a_{1-2}，并计算相应的压缩模量 E_s，评价土的压缩性。

2. 对某土体进行室内压缩试验，当法向应力 $p_1=100\text{kPa}$ 时，测得孔隙比 $e_1=0.62$，当法向应力 $p_2=200\text{kPa}$ 时，测得孔隙比 $e_2=0.58$，求该土样的压缩系数 a_{1-2} 和压缩模量 E_{s1-2}。

3. 某独立基础基底尺寸 $3\text{m}\times3\text{m}$，上部结构垂直荷载为 2000kN，基础埋深 1m，其他数据如图 4.13 所示，按规范法计算地基最终沉降量。

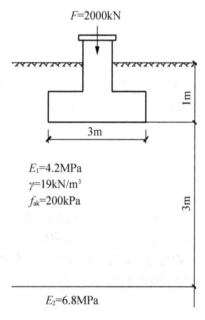

图 4.13　计算题 3 附图

第 5 章

土的抗剪强度和地基承载力

学习目标

本章介绍了土的抗剪强度理论,土的抗剪强度试验,地基的临塑荷载、临界荷载和极限荷载,地基承载力的确定。通过本章的学习,要求学生掌握库仑定律和极限平衡理论,地基承载力的确定;熟悉土的抗剪强度试验方法。

引 例

加拿大特朗斯康谷仓倾倒

加拿大特朗斯康谷仓，由于地基强度破坏发生整体滑动，是建筑物失稳的典型例子，见图 5.1。

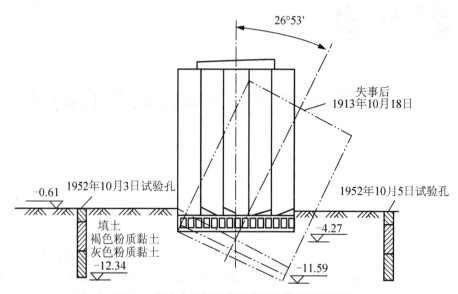

图 5.1 加拿大特朗斯康谷仓因地基滑动而倾倒

该谷仓平面呈矩形，南北向长 59.44m，东西向宽 23.47m，高 31.00m，容积 36368m^3，谷仓为圆筒仓，每排 13 个圆仓，5 排共计 65 个圆筒仓。谷仓基础为钢筋混凝土筏板基础，厚度 61cm，埋深 3.66m。谷仓于 1911 年动工，1913 年完工，空仓自重 20000t，相当于装满谷物后满载总重量的 42.5%。1913 年 9 月装谷物，10 月 17 日当谷仓已装了 31822m^3 谷物时，发现 1h 内竖向沉降达 30.5cm，结构物向西倾斜，并在 24h 内谷仓不断倾斜，倾斜度离垂线达 26°53′，谷仓西端下沉 7.32m，东端上抬 1.52m，上部钢筋混凝土筒仓坚如磐石。谷仓地基土事先未进行调查研究，据邻近结构物槽开挖试验结果，计算地基承载力为 352kPa，应用到此谷仓。1952 年经勘察试验与计算，谷仓地基实际承载力为 193.8～276.6kPa，远小于谷仓破坏时发生的压力 329.4kPa，因此，谷仓地基因超载发生强度破坏而滑动。事后在谷仓基础下面做了 70 多个支撑于基岩上的混凝土墩，使用 388 个 50t 千斤顶以及支撑系统，才把仓体逐渐纠正过来，但其位置比原来降低了 4m。

综上所述，加拿大特朗斯康谷仓发生地基滑动强度破坏的主要原因是对谷仓地基土层事先未作勘察，采用的设计荷载超过地基土的抗剪强度，导致这一严重事故。

建筑物由于土的原因引起的事故中，一部分是由于沉降过大，或是差异沉降过大造成的；另一部分是由于土体的强度破坏而引起的。从事故的灾害性来说，强度问题比沉降问题要严重得多。而土体的破坏通常都是剪切破坏，研究土的强度特性，就是研究土的抗剪强度特性。为此，应研究地基在建筑物荷载或其他外荷载作用下土体的应力状态，最大限度地发挥和利用土体的抗剪强度，保证土体的稳定性。

土的抗剪强度是指土体抵抗剪切破坏的极限能力。土的抗剪强度主要应用于地基承载力的计算和地基稳定性分析、边坡稳定性分析、挡土墙及地下结构物上的土压力计算等。

5.1 土的抗剪强度理论

5.1.1 库仑强度理论

不同类型的土其抗剪强度不同,即使同一类土,在不同条件下的抗剪强度也不相同。1773 年法国学者库仑根据砂土的试验,将土的抗剪强度表达为滑动面上法向总应力的函数,即

$$\tau_f = \sigma \cdot \tan\varphi \tag{5-1}$$

以后又提出了适合黏性土的更普通的形式

$$\tau_f = \sigma \cdot \tan\varphi + c \tag{5-2}$$

式中:τ_f——土的抗剪强度(kPa);

σ——剪切面的法向应力(kPa);

φ——土的内摩擦角(°);

c——土的黏聚力(kPa)。

这两个式子称为抗剪强度的库仑定律,内摩擦角 φ 和黏聚力 c 称为土的抗剪强度指标,式(5-1)和式(5-2)也可用图(图 5.2)表示。

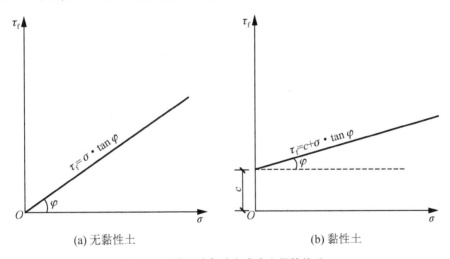

图 5.2 抗剪强度与法向应力之间的关系

由土的抗剪强度表达式可以看出:在法向应力变化范围不大时,抗剪强度与法向应力的关系近似为一条直线;砂土的抗剪强度是由内摩擦力构成的,而黏性土的抗剪强度则由内摩擦力和黏聚力两个部分所构成。

长期的试验研究指出,土的抗剪强度不仅与土的性质有关,还与试验时的排水条件、剪切速率、应力状态和应力历史等许多因素有关,其中最重要的是试验时的排水条件,

根据太沙基的有效应力概念，土体内的剪应力只能由土的骨架承担，因此，土的抗剪强度 τ_f 应表示为剪切破坏面上的法向有效应力 σ' 的函数，库仑公式应修改为

$$\tau_f = \sigma' \tan\varphi' \tag{5-3}$$

$$\tau_f = \sigma' \tan\varphi' + c' \tag{5-4}$$

式中：σ'——剪切破坏面上的法向有效应力(kPa)；

c'——有效黏聚力(kPa)；

φ'——有效内摩擦角(°)。

因此，土的抗剪强度有两种表达方法，一种是以总应力 σ 表示剪切破坏面上的法向应力，抗剪强度表达式即为库仑公式，称为抗剪强度总应力法，相应的 φ 和 c 称为总应力强度指标(参数)；另一种则是以有效应力 σ' 表示剪切破坏面上的法向应力，称为抗剪强度有效应力法，φ' 和 c' 称为有效应力强度指标(参数)。

试验研究表明，土的抗剪强度取决于土粒间的有效应力，但准确测定孔隙水压力比较困难。而由库仑公式建立的概念在应用上比较方便，许多土工问题的分析方法都还建立在这种概念的基础上，故在工程上仍沿用至今。

5.1.2 土的极限平衡条件

在土体中取一微单元体，如图 5.3 所示。设作用在该单元体上的两个主应力为 σ_1 和 σ_3，在单元体内与大主应力 σ_1 作用平面成任意角 α 的 mn 平面上有正应力 σ 和剪应力 τ。为了建立 σ 和 τ 与 σ_1、σ_3 之间的关系，取微棱柱体 abc 为隔离体，将各力分别在水平和垂直方向投影，根据静力平衡条件

$$\sigma_3 ds \sin\alpha - \sigma ds \sin\alpha + \tau ds \cos\alpha = 0 \tag{5-5}$$

$$\sigma_1 ds \cos\alpha - \sigma ds \cos\alpha - \tau ds \sin\alpha = 0 \tag{5-6}$$

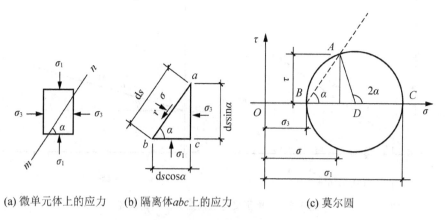

(a) 微单元体上的应力　(b) 隔离体 abc 上的应力　(c) 莫尔圆

图 5.3 土体中任意点的应力

联立求解以上方程，可得 mn 平面上的应力为

$$\sigma = \frac{1}{2}(\sigma_1 + \sigma_3) + \frac{1}{2}(\sigma_1 - \sigma_3)\cos 2\alpha \tag{5-7}$$

$$\tau = \frac{1}{2}(\sigma_1 - \sigma_3)\sin 2\alpha \tag{5-8}$$

消去式(5-8)中的 α，则可得到

$$\left(\sigma - \frac{\sigma_1 - \sigma_3}{2}\right)^2 + \tau^2 = \left(\frac{\sigma_1 - \sigma_3}{2}\right)^2$$

可见，在 σ-τ 坐标平面内，土单元的应力状态的轨迹是一个圆，圆心坐标为 $\left(\frac{\sigma_1+\sigma_3}{2}, 0\right)$，半径为 $\frac{\sigma_1-\sigma_3}{2}$，该圆就称为莫尔应力圆[图5.3(c)]，即在 σ-τ 直角坐标系中，按一定的比例尺，沿 σ 轴截取 OB 和 OC 分别表示 σ_3 和 σ_1，以 D 为圆心，$(\sigma_1-\sigma_3)$ 为直径作一圆，从 DC 开始逆时针旋转 2α 角，使 DA 线与圆周交于 A 点，可以证明，A 点的横坐标即为斜面 mn 上的正应力 σ，纵坐标即为剪应力 τ。这样，莫尔圆就可以表示土体中一点的应力状态。莫尔圆圆周上各点的坐标就表示该点在相应平面上的正应力和剪应力。如果给定了土的抗剪强度参数 σ、τ 及土中某点的应力状态，则可将抗剪强度包线与莫尔应力圆画在同一张坐标图上，如图5.4所示。它们之间的关系有以下三种情况。

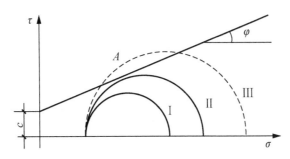

图5.4 莫尔圆与抗剪强度的关系

(1) 整个莫尔应力圆位于抗剪强度包线的下方(圆Ⅰ)，说明该点在任何平面上的剪应力都小于土所能发挥的抗剪强度($\tau < \tau_f$)，因此不会发生剪切破坏。

(2) 抗剪强度包线是莫尔圆的一条割线(圆Ⅲ)，实际上这种情况是不可能存在的，因为该点任何方向上的剪应力都不可能超过土的抗剪强度(即不存在 $\tau > \tau_f$ 的情况)。

(3) 莫尔圆与抗剪强度包线相切(圆Ⅱ)，切点为 A，说明在 A 点所代表的 A 平面上，剪应力正好等于抗剪强度($\tau = \tau_f$)，该点就处于极限平衡状态。圆Ⅱ称为极限应力圆。

根据上述的论述，可以得出如下判断。

(1) 当 $\sigma_{1f} > \sigma_1$ 或 $\sigma_{3f} < \sigma_3$ 时，土体处于稳定平衡。

(2) 当 $\sigma_{1f} = \sigma_1$ 或 $\sigma_{3f} = \sigma_3$ 时，土体处于极限平衡。

(3) 当 $\sigma_{1f} < \sigma_1$ 或 $\sigma_{3f} > \sigma_3$ 时，土体处于失稳状态。

注：σ_{1f} 为最大主应力，σ_{3f} 为最小主应力；σ_1 为实测最大主应力，σ_3 为实测最小主应力。根据极限应力圆与抗剪强度包线相切的几何关系(图5.5)，可建立下面的极限平衡条件

$$\sin\varphi = \frac{\sigma_1 - \sigma_3}{\sigma_1 + \sigma_3 + 2c \times \cot\varphi} \tag{5-9}$$

对式(5-9)进行化简后，可得到黏性土的极限平衡条件

$$\sigma_1 = \sigma_3 \tan^2\left(45° + \frac{\varphi}{2}\right) + 2c \times \tan\left(45° + \frac{\varphi}{2}\right) \tag{5-10}$$

$$\sigma_3 = \sigma_1 \tan^2(45° - \frac{\varphi}{2}) - 2c \times \tan(45° - \frac{\varphi}{2}) \tag{5-11}$$

对于无黏性土，由于 $c=0$，则其极限平衡条件为

$$\sigma_1 = \sigma_3 \tan^2(45° + \frac{\varphi}{2}) \tag{5-12}$$

$$\sigma_3 = \sigma_1 \tan^2(45° - \frac{\varphi}{2}) \tag{5-13}$$

由图 5.5(b) 中三角形 ABD 的外角与内角的关系可得破裂角

$$\alpha_f = 45° + \frac{\varphi}{2} \tag{5-14}$$

说明破坏面与大主应力 σ_1 的作用面的夹角为 $45° + \frac{\varphi}{2}$。

这就是土体达到极限平衡状态的条件，故而，也称之为极限平衡条件。

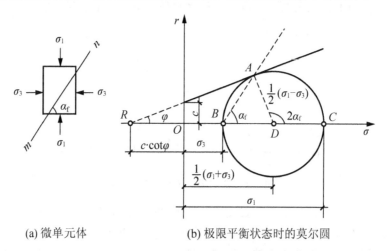

(a) 微单元体　　　　(b) 极限平衡状态时的莫尔圆

图 5.5　土体中一点达极限平衡时的莫尔圆

【例 5-1】地基中某点的大主应力 $\sigma_1 = 100\text{kPa}$，小主应力 $\sigma_3 = 20\text{kPa}$，土的抗剪强度指标 $\varphi = 20°$，$C = 10\text{kPa}$。试判断该点与大主应力作用平面成 30°角的面是否被剪破，并判断该点是否稳定。

【解】（1）计算与大主应力面成 30°角的面上的法向应力 σ 和剪应力 τ。

$$\sigma_1 = \frac{1}{2}(\sigma_1 + \sigma_3) + \frac{1}{2}(\sigma_1 - \sigma_3)\cos 2\alpha = \frac{1}{2}(100 + 20) + \frac{1}{2}(100 - 20)\cos 2 \times 30° = 80(\text{kPa})$$

$$\tau = \frac{1}{2}(\sigma_1 - \sigma_3)\sin 2\alpha = \frac{1}{2}(100 - 20)\sin 2 \times 30° = 34.6(\text{kPa})$$

（2）计算与大主应力面成 30°的面上的抗剪强度。

$$\tau_f = \sigma \tan\varphi + c = 80 \times \tan 20° + 10 = 39.1(\text{kPa})$$

（3）因为 $\tau < \tau_f$，所以与大主应力面成 30°角的面处于稳定状态。

（4）计算该点处于极限平衡状态时，$\sigma_3 = 20\text{kPa}$ 所对应的大主应力 σ_{1f}。

$$\sigma_{1f} = \sigma_3 \tan\varphi\left(45° + \frac{\varphi}{2}\right) + 2c\tan\left(45° + \frac{\varphi}{2}\right)$$
$$= 20\tan\varphi\left(45° + \frac{20°}{2}\right) + 2\times10\tan\left(45° + \frac{20°}{2}\right) = 69.5(\text{kPa})$$

由于 $\sigma_1 > \sigma_{1f}$，所以该点处于剪切破坏状态。

5.2 土的抗剪强度试验

土的抗剪强度是土的一个重要力学性能指标，在计算承载力、评价地基的稳定性以及计算挡土墙的土压力时，都要用到土的抗剪强度指标。因此，正确地测定土的抗剪强度在工程上具有重要意义。

抗剪强度的试验方法有多种，在实验室内常用的有直接剪切试验、三轴压缩试验和无侧限抗压强度试验；在现场原位测试的有十字板剪切试验、大型直接剪切试验等。本节着重介绍几种常用的试验方法。

5.2.1 直接剪切试验

1. 试验方法

直接剪切试验是测定土的抗剪强度的最简单的方法，它所测定的是土样预定剪切面上的抗剪强度。本试验方法适用于细粒土。

直剪试验所使用的仪器称为直剪仪，按加荷方式的不同，直剪仪可分为应变控制式和应力控制式两种。我国普遍采用的是应变控制式直剪仪，如图5.6、图5.7所示，该仪器的主要部件由固定的上盒和活动的下盒组成，试样放在上下盒内上下两块透水石之间。试验时，由杠杆系统通过加压活塞和上透水石对试件施加某一垂直压力 σ，然后等速转动手轮对下盒施加水平推力，使试样在上下盒之间的水平接触面上产生剪切变形，剪切变形值可由百分表测定，剪应力的大小可借助于上盒接触的量力环的变形值由式(5-15)计算确定。

$$\tau = \frac{CR}{A_0} \times 10 \tag{5-15}$$

式中：τ——试样所受的剪应力(kPa)；

C——测力计率定系数(N/0.01mm)；

R——测力计量表读数(0.01mm)；

A_0——试样的初始断面积(cm^2)；

10——单位换算系数。

试验中通常对同一种土取不少于4个试样，分别在不同的法向应力下剪切破坏，测出相应的抗剪强度 τ_f（一般将曲线的峰值作为该级法向应力 σ 下相应的抗剪强度 τ_f），并将试验结果绘制成剪应力 τ 和剪切变形 δ 的关系曲线，如图5.8(a)所示。进而绘制 σ-τ_f 曲线，即为土的抗剪强度曲线(也就是莫尔-库仑破坏包线)，如图5.8(b)所示。

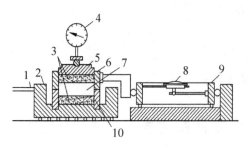

图 5.6　应变控制式直剪仪结构示意图　　　　图 5.7　DJY 四联等应变直剪仪

1—轮轴；2—底座；3—透水石；4—量表；5—活塞；
6—上盒；7—土样；8—量表；9—量力环；10—下盒

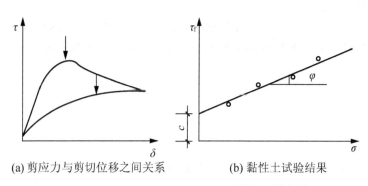

(a) 剪应力与剪切位移之间关系　　　(b) 黏性土试验结果

图 5.8　直接剪切试验结果

大量的试验和工程实践表明，土的抗剪强度指标与土体受力后的排水固结状况关系密切。为了近似模拟土体在现场受剪的排水条件，直接剪切试验可分为快剪、固结快剪和慢剪三种方法。

(1) 快剪试验是在试样施加竖向压力 σ 后，立即以 0.8mm/min 的剪切速率快速施加水平剪应力使试样剪切破坏。一般从加荷到土样剪坏只用 3～5min，得到的抗剪强度指标用 c_q、φ_q 表示。快剪试验适用于场地土体渗透性较差、排水条件不良、施工速度快的情况，如斜坡的稳定性、厚度很大的饱和黏土地基等。

(2) 固结快剪是允许试样在竖向压力下排水，待固结稳定后，再以 0.8mm/min 的剪切速率快速施加水平剪应力使试样剪切破坏。得到的抗剪强度指标用 c_{cq}、φ_{cq} 表示。固结快剪适用于一般建筑物地基的稳定性计算或竣工后有大量活荷载的情况。

(3) 慢剪试验则是允许试样在竖向压力下排水，待固结稳定后，以小于 0.02mm/min 的剪切速率施加水平剪应力直至试样剪切破坏。试样在受剪过程中一直充分排水和产生体积变形，得到的抗剪强度指标用 c_s、φ_s 表示。慢剪试验适用于土体排水条件良好、地基土透水性较好、加荷速率较慢的情况。

一般情况下，快剪所得的 φ 值最小，慢剪所得的 φ 值最大，固结快剪居中。

2. 直剪试验的优缺点

直剪试验的优点的简单方便，但是试验存在如下缺点。

(1) 剪切面限定在上下盒之间的平面,而不是沿土样最薄弱的面剪切破坏。

(2) 剪切面上剪应力分布不均匀,土样剪切破坏时先从边缘开始,在试件边缘发生应力集中现象,但计算时仍按应力均布计算。

(3) 在剪切过程中,土样剪切面逐渐缩小,而在计算抗剪强度时却是按土样的原截面积计算的。

(4) 试验时不能严格控制排水条件,不能量测孔隙水压力,在进行不排水剪切时,试件仍有可能排水,特别是对于饱和黏性土,由于它的抗剪强度受排水条件的影响显著,故不排水试验结果不够理想。

(5) 试验时上下盒之间的缝隙中易嵌入砂粒,易使试验结果偏大。

5.2.2 三轴剪切试验

三轴剪切试验(也称三轴压缩试验)是测定土体抗剪强度的一种比较完善的室内试验方法。本试验方法适用于细粒土和粒径小于20mm的粗粒土。三轴剪切试验的原理是:对三个以上圆柱形试样上施加最大主应力(轴向压力)σ_1 和最小主应力(周围压力)σ_3,保持其中之一(一般是 σ_3)不变,改变另一个主应力,使试样中的剪应力逐渐增大,直至达到极限平衡而剪坏,由此利用莫尔-库仑破坏准则确定土抗剪强度参数($c、\varphi$)。

三轴剪切仪由压力室、轴向加荷系统、施加周围压力系统和孔隙水压力量测系统等组成,如图5.9、图5.10所示。压力室是三轴剪切仪的主要组成部分,它是一个由金属上盖、底座和透明有机玻璃圆筒组成的密闭容器。

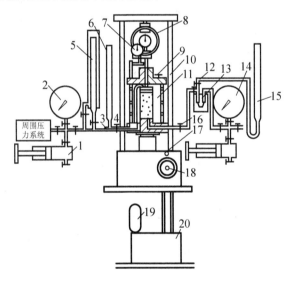

图5.9 应变控制式三轴剪切仪

1—调压筒;2—周围压力表;3—周围压力阀;4—排水阀;5—体变管;6—排水管;
7—变形量表;8—量力环;9—排气孔;10—轴向加压设备;11—压力室;
12—量管阀;13—零位指示器;14—孔隙压力表;15—量管;16—孔隙压力阀;
17—离合器;18—手轮;19—电动机;20—变速箱

图 5.10　SJ-1A.G 型三轴仪

试验时，先对试样施加均布的周围压力 σ_3，此时土内无剪应力。然后施加轴压增量，水平向 $\sigma_2=\sigma_3$ 保持不变。在偏应力 $\sigma_1-\sigma_3=\Delta\sigma_1$ 作用下试样中产生剪应力，当 $\Delta\sigma_1$ 增加时，剪应力也随之增加，当增到一定数值时，试样被剪破。由土样破坏时的 σ_1 和 σ_3 所作的应力圆是极限应力圆。同一组土的 3 个试样在不同的 σ_3 条件下进行试验，同理可作出 3 个极限应力圆，如图 5.11 中的圆 A、B 和 C。求出各极限应力圆的公切线，则为该土样的抗剪强度包线，该直线与横坐标的夹角为土的内摩擦角 φ，直线与纵坐标的截距为土的黏聚力 c。

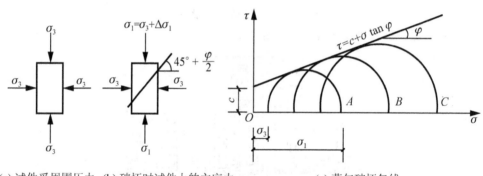

(a) 试件受周围压力　(b) 破坏时试件上的主应力　(c) 莫尔破坏包线

图 5.11　三轴压缩试验原理

三轴剪切仪的突出优点是能较为严格地控制排水条件以及可以量测试件中孔隙水压力的变化。测量时，先打开孔隙水压力阀，在试件上施加压力以后，再调整调压筒的零位指示器的水银面始终保持原来的位置，这样，孔隙水压力表中的读数就是孔隙水压力值。如要量测试验中的排水量，可打开排水阀门，让试件中的水排入量水管中，根据量水管中水位的变化可算出在试验过程中的排水量。

对应于直接剪切试验的快剪、固结快剪和慢剪试验，三轴剪切试验按剪切前受到周围压力 σ_3 的固结状态和剪切时的排水条件，分为如下三种方法。

1. 不固结不排水剪试验（UU 试验）

试样在施加周围压力和随后施加竖向压力直至剪切破坏的整个过程中都不排水，试验自始至终关闭排水阀门。试验结果整理后如图 5.12 所示，图中三个实线半圆 A、B、C

分别表示三个试件在不同的 σ_3 作用下破坏时的总应力圆,虚线是有效应力圆。试验结果表明,虽然三个试件的周围压力 σ_3 不同,但破坏时的主应力差却相等,在 τ_f-σ_3 图上表现出三个总应力圆直径相同,因而破坏包线是一条水平线,即

$$\varphi_u = 0 \tag{5-16}$$

$$\tau_f = c_u = \frac{\sigma_1 - \sigma_3}{2} \tag{5-17}$$

式中:φ_u——不排水内摩擦角(°);

c_u——不排水抗剪强度(kPa)。

这种试验方法所对应的实际工程条件相当于饱和软黏土中快速加荷时的应力状况。

2. 固结排水剪试验(CD 试验)

在施加周围应力及随后施加偏应力直至剪切破坏的整个过程中都将排水阀门打开,并给予充分的时间让试样中的孔隙水压力能够完全消散。因此在整个试验过程中,超孔隙水压力始终为零,总应力最后全部转化为有效应力,所以总应力圆就是有效应力圆,总应力破坏包线就是有效应力破坏包线,如图 5.13 所示。

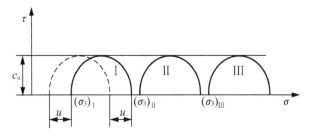

图 5.12 不固结不排水剪试验结果

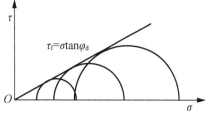

图 5.13 固结排水剪试验结果

3. 固结不排水剪试验(CU 试验)

试样在施加周围压力 σ_3 时打开排水阀门,允许排水固结,待固结稳定后关闭排水阀门,再施加竖向压力,使试样在不排水条件下剪切破坏。CU 试验得到的抗剪强度指标用 c_{cu}、φ_{cu} 表示,其适用的实际工程条件为一般正常固结土层在工程竣工或在使用阶段受到大量、快速的活荷载或新增荷载作用下所对应的受力情况。

图 5.14 表示正常固结饱和黏性土固结不排水剪试验结果,图中以实线表示的为总应力圆和总应力破坏包线,图中虚线表示有效应力圆和有效应力破坏包线,由于 $\sigma_1' = \sigma_1 - u_f$,$\sigma_3' = \sigma_3 - u_f$,故 $\sigma_1' - \sigma_3' = \sigma_1 - \sigma_3$($u_f$ 为剪切破坏时的孔隙水压力)。

图中可见,有效应力圆与总应力圆直径相同但位置不同,且有效应力圆在总应力圆的左方。总应力破坏包线和有效应力破坏包线都通过原点,说明未受任何固结压力的土不会具有抗剪强度,一般而言,有效应力破坏包线的倾角 φ' 比总应力破坏包线的倾角 φ_{cu} 要大。

试验证明,固结排水剪强度参数 c_d 和 φ_d 与固结不排水剪强度参数 c_{cu}、φ_{cu} 很接近,但由于固结不排水剪过程中试样的体积保持不变,而固结排水剪试验过程中试样的体积一般要发生变化,故固结排水剪的强度参数 c_d 和 φ_d 要略大于固结不排水剪的强度参数 c_{cu}、φ_{cu}。

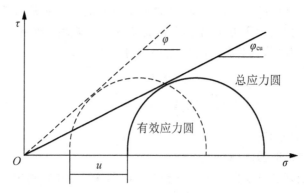

图 5.14　正常固结饱和黏性土固结不排水试验结果

三轴剪切试验的优点除了能严格控制排水条件外,试件中的应力状态也比较明确,破裂面是在最薄弱处。三轴剪切试验的缺点是主应力方向固定不变,而且是在令 $\sigma_2=\sigma_3$ 的轴对称情况下进行的,与实际情况尚不能完全符合。

5.2.3　无侧限抗压强度试验

1. 试验设备

无侧限抗压试验实际上是三轴试验的一种特殊情况,即周围压力 $\sigma_3=0$ 的三轴试验,适用于饱和黏性土,其主要设备为应变式无侧限压缩仪,由测力计、加压框架和升降设备组成,如图 5.15(a)所示。

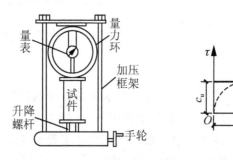

(a) 无侧限抗压试验仪　　　　(b) 无侧限抗压强度试验结果

图 5.15　无侧限抗剪强度试验

2. 试验步骤

无侧限抗压试验所用试样为原状土样,试样直径宜为 35~50mm,高度与直径比宜采用 2.0~2.5。无侧限抗压强度试验按下列步骤进行。

(1) 在试样两端抹一薄层凡士林,当气候干燥时,试样周围也需涂抹,防止水分蒸发。

(2) 将试样放在底座上,转动手轮,使底座缓慢上升,试样与加压板刚好接触,把测力计读数调整为零。

(3) 转动手柄使升降设备上升进行试验,每隔一定时间,读数一次。试验宜在8~10min内完成。

(4) 当测力计读数出现峰值时,继续进行3%~5%的应变后停止试验;当读数无峰值时,至应变达20%为止。

3. 抗剪强度指标的确定

以轴向应力为横坐标,轴向应变为纵坐标,绘制轴向应力与应变关系曲线。取曲线上最大轴向应力作为无侧限抗压强度 q_u;当曲线上峰值不明显时,取轴向应变15%所对应应力作为无侧限抗压强度值 q_u。由于不能改变周围压力 σ_3,因而根据试验结果只能作出一个极限应力圆($\sigma_{1f} = q_u$,$\sigma_{3f} = 0$),极限应力圆的水平切线就是破坏包线[图5.15(b)],其抗剪强度包线为一水平线,$\varphi = 0°$。抗剪强度指标为

$$\tau_f = c_u = q_u/2 \tag{5-18}$$

式中:c_u——土的不排水抗剪强度(kPa);

q_u——无侧限抗压强度(kPa)。

饱和黏性土在不固结不排水的剪切试验中,破坏包线近似一条水平线,即 $\varphi_u = 0$。对于这种情况,就可用无侧限抗压强度 q_u 来换算土的不固结不排水强度 c_u。

在使用过程中应注意,由于取样过程中土样受到扰动,原位应力被释放,用这种试样测得的不排水强度并不能够完全代表试样的原位不排水强度。

4. 灵敏度的测定

将已做完无侧限抗压强度试验的土样,包以塑料薄膜,用手搓揑,彻底破坏其结构,然后将扰动土重塑成圆柱形,填压入重塑筒内,塑成与原状土试样同体积的试样,再进行无侧限抗压试验,测得重塑土的无侧限抗压强度 q_u',求出该土的灵敏度(见第2.5.2节)。

5.2.4 十字板剪切试验

室内的抗剪强度要求取得原状土样,由于试样在采取、运送、保存和制备等方面不可避免受到扰动,特别是对于高灵敏度的软黏土,室内试验结果的精度就受到影响。因此,发展原位测试土性的仪器具有重要意义。在抗剪强度的原位测试方法中,国内广泛应用的是十字板剪切试验。

十字板剪切仪示意图如图5.16所示。在现场试验时,先钻孔至需要试验的土层深度以上750mm处,然后将装有十字板的钻杆放入钻孔底部,并插入土中750mm,施加扭矩使钻杆旋转直至土体剪切破坏。土体的剪切破坏面为十字板旋转所形成的圆柱面。十字板剪切破坏扭力矩为

$$M = \pi D^2 \left(\frac{h}{2} \tau_{fh} + \frac{D}{6} \tau_{fv} \right) \tag{5-19}$$

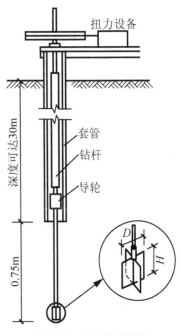

图 5.16 十字板剪切仪

为简化计算令：$\tau_f = \tau_{fh} = \tau_{fv}$，则土的抗剪强度可按式(5-20)计算

$$\tau_f = \frac{2M}{\pi D^2 H(1 + \dfrac{D}{3H})} \tag{5-20}$$

式中：τ_{fh}——水平面上的抗剪强度(kPa)；

τ_{fv}——竖直面上的抗剪强度(kPa)；

H、D——分别为十字板的高度和直径(mm)。

由于十字板在现场测定的土的抗剪强度，属于不排水剪切的试验条件，因此其结果应与无侧限抗压强度试验结果接近，即

$$\tau_f \approx \frac{q_u}{2} \tag{5-21}$$

十字板剪切试验的优点是不需钻取原状土样，对土的结构扰动较小。因此它适用于软塑状态的黏性土。但在软土层中加砂薄层时，测试结果可能失真或偏高。

5.2.5 抗剪强度指标的选用

土的抗剪强度指标随试验方法、排水条件的不同而不同。对于具体工程，应尽可能根据现场条件来确定所采用的试验方法，以获得合适的抗剪强度指标。土的抗剪强度室内试验方法的选用，参见表5-1。

表5-1 抗剪强度室内试验方法选用

试验方法	适用条件
三轴不固结不排水剪试验(UU)或直接剪切快剪试验(Q)	地基土的透水性小，排水条件不良，建筑物施工速度较快；如厚层饱和黏性土地基
三轴固结不排水剪试验(CU)或直接剪切固结快剪试验(CQ)	建筑物竣工以后较久，受到大量、快速新增荷载作用(如房屋增层)，或地基条件等介于上述两种情况之间
三轴固结排水剪试验(CD)或直接剪切慢剪试验(S)	地基土的透水性大，排水条件较好，建筑物加荷速率较慢；如薄层黏性土、粉土、黏性土层中夹杂砂层等地基

相对于三轴试验而言，直剪试验设备简单，操作方便，故目前在实际工程中使用比较普遍。然而，直接剪切试验中只是用剪切速率的"快"与"慢"来模拟试验中的"不排水"和"排水"，对试验排水条件的控制很不严格，因此在有条件的情况下应尽量采用三轴试验方法。鉴于大多数工程施工速度快，较接近不固结不排水剪切条件，所以一般应选用三轴不固结不排水剪试验，而且采用该试验成果计算，一般偏于安全。

> **知 识 链 接**
>
> 《建筑地基基础设计规范》(GB 50007—2011)规定：土的抗剪强度指标，可采用原状土室内剪切试验、无侧限抗压强度试验、现场剪切试验、十字板剪切试验等方法测定。当采用室内剪切试验确定时，宜选择三轴压缩试验的自重压力下预固结的不固结不排水试验。经过预压固结的地基可采用固结不排水试验。

做抗剪强度室内试验时,每层土的试验数量不得少于 6 组。由试验求得的抗剪强度指标 φ、c 为基本值,再按数理统计方法求其标准值 φ_k、c_k,计算方法见《建筑地基基础设计规范》(GB 50007—2011)附录 E。

5.3 地基承载力

5.3.1 地基破坏的类型

研究表明,在荷载作用下,建筑物由于承载能力不足而引起的破坏,通常是由于基础下持力层土的剪切破坏所造成的,而这种剪切破坏是逐渐发展的:当一点的剪应力等于地基土的抗剪强度时,该点就达到极限平衡,发生剪切破坏。随着外荷载增大,地基中剪切破坏的区域逐渐扩大。当破坏区扩展到极大范围,并且出现贯穿到地表面的滑动面时,整个地基即失稳破坏。根据发生破坏的形式把地基的破坏类型分为整体剪切、局部剪切和冲剪三种(图 5.17)。

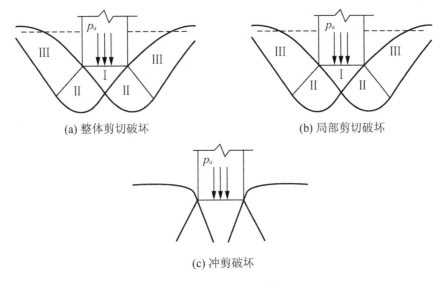

(a) 整体剪切破坏 (b) 局部剪切破坏

(c) 冲剪破坏

图 5.17 地基破坏的类型

1. 整体剪切破坏

地基整体剪切破坏时[图 5.17(a)],出现与地面贯通的滑动面,地基土沿此滑动面向两侧挤出。基础下沉,基础两侧地面显著隆起。对应于这种破坏形式,当基础上的荷载较小时,基础压力与沉降的关系近乎直线变化,此时属弹性变形阶段,如图 5.17(a)曲线中 OA 段;随着荷载的增大,并达到某一数值时,首先在基础边缘处的土开始出现剪切破坏,如图 5.17(a)所示曲线中 A 点;随着荷载的增大,剪切破坏地区也相应扩大,此时压力与沉降关系呈曲线形状,属弹性塑性变形阶段,如图 5.17(a)所示曲线中 AB 段。若荷载继续增大,剪切破坏区不断扩大,在地基内部形成连续的滑动面,一直到达地表,如图 5.17(a)曲线中 BC 段。

对于压缩较小的土,如密实砂土或坚硬黏土,当压力 p 值足够大时,一般都发生这种形式的破坏。

2. 局部剪切破坏

局部剪切破坏如图 5.17(b)曲线所示,它是介于上述两者之间的一种过渡性的破坏形式。破坏时地基的塑性变形区局限于基础下方,滑动面也不延伸到地面。可能地面有轻微隆起,但基础不会明显倾斜或倒塌,p-s 曲线开始段为直线,随着荷载增大,沉降量亦明显增加但其转折点不明显[图 5.17(b)曲线]。

局部剪切破坏的过程与整体剪切破坏相似,破坏也从基础边缘下开始,随着荷载增大,剪切破坏地区也相应地扩大。二者的区别在于:局部剪切破坏时,其压力与沉降的关系,从一开始就呈现非线性的变化,并且当达到破坏时,均未出现明显的转折现象。

3. 刺入剪切破坏(冲剪破坏)

冲剪破坏时[图 5.17(c)曲线]地基土发生较大的压缩变形,但没有明显的滑动面,基础四周的地面也不隆起,基础没有很大的倾斜,其 p-s 曲线[图 5.17(c)曲线]多具非线性关系,无明显的转折点,地基破坏是由于基础下面软弱土变形并沿基础周边产生竖向剪切,导致基础连续下沉,最后因基础侧面附近土的垂直剪切而破坏。

当基础相对埋深较大和压缩性大的松砂和软土中,多出现这种破坏形式。

地基发生何种形式的破坏,既取决于地基土的类型和性质,又与基础的特性和埋深以及受荷条件等有关。如密实的砂土地基,多出现整体剪切破坏;但基础埋深很大时,也会因较大的压缩变形,发生冲剪破坏。对于软黏土地基,当加荷速率较小,容许地基土发生固结变形时,往往出现冲剪破坏;但当加荷速率很大时,由于地基土来不及固结压缩,就可能已经发生整体剪切破坏;加荷速率处于以上两种情况之间时,则可能发生局部剪切破坏。

5.3.2 地基承载力的确定

地基单位面积上承受荷载的能力称为地基承载力。地基承载力的确定有较多的方法:如按理论公式确定、按载荷试验确定、按经验方法确定等。

1. 按土的抗剪强度指标确定地基承载力

《建筑地基基础设计规范》(GB 50007—2011)规定,当荷载偏心距 e 小于或等于 1/30 基底宽度时,地基承载力的特征值可根据抗剪强度指标 φ_k、c_k 按下列公式计算确定。

$$f_a = M_b \gamma b + M_d \gamma_m d + M_c c_k \tag{5-22}$$

式中:M_b、M_d、M_c——承载力系数,可以根据土的内摩擦角标准值 φ_k 从表 5-2 中查出;

b——基础底面宽度,大于 6m 时按 6m 取值,对于砂土小于 3m 时按 3m 取值;

γ——基础底面以下土的重度,地下水位以下取浮重度;

γ_m——基础底面以上土的加权平均重度,地下水位以下取浮重度;

c_k——基底下一倍短边宽度深度内土的黏聚力标准值;

d——基础埋置深度,一般自室外地面标高算起。在填方整平地区,可自填土地面标高算起,但填土在上部结构施工后完成时,应从天然地面标高算起。对于地下室,如采用箱形基础或筏基时,基础埋置深度自室外地面标高算起;当采用独立基础或条形基础时,应从室内地面标高算起。

表 5-2 承载力系数 M_b、M_d、M_c

$\varphi_k/(°)$	M_b	M_d	M_c	$\varphi_k/(°)$	M_b	M_d	M_c
0	0	1.00	3.14	22	0.61	3.44	6.04
2	0.03	1.12	3.32	24	0.80	3.87	6.45
4	0.06	1.25	3.51	26	1.10	4.37	6.90
6	0.10	1.39	3.71	28	1.40	4.93	7.40
8	0.14	1.55	3.93	30	1.90	5.59	7.95
10	0.18	1.73	4.17	32	2.60	6.35	8.55
12	0.23	1.94	4.42	34	3.40	7.21	9.22
14	0.29	2.17	4.69	36	4.20	8.25	9.97
16	0.36	2.43	5.00	38	5.00	9.44	10.80
18	0.43	2.72	5.31	40	5.80	10.84	11.73
20	0.51	3.06	5.66				

注:φ_k 为基底下一倍短边宽度深度内土的内摩擦角标准值。φ_k、c_k 的确定方法参见相关规范。

2. 按载荷试验确定地基承载力

载荷试验是对现场试坑中的天然土层中的承压板施加竖直荷载,测定承压板压力与地基变形的关系,从而确定地基土承载力和变形模量等指标。载荷试验方法见第4.1节。

通过载荷试验确定承载力特征值应符合下列规定。

(1) 当 p-s 曲线上有比例界限时,取该比例界限所对应的荷载值。

(2) 当极限荷载小于对应比例界限的荷载值的2倍时,取极限荷载值的一半。

(3) 当不能按上述两款要求确定时,承压板面积为 $0.25\sim0.5m^2$,可取 $s/b=0.01\sim0.015$ 所对应的荷载,但其值不应大于最大加载量的一半。

(4) 同一土层参加统计的试验点不应少于3点,当试验实测值的极差不超过其平均值的30%时,取此平均值作为该土层的地基承载力特征值。

3. 确定地基承载力的其他方法

(1) 旁压试验。旁压试验(PMT)是用可侧向膨胀的旁压器,对钻孔壁周围的土体施加径向压力的原位测试(实质上是在钻孔中进行横向载荷试验),使土体产生变形,由此测得土体的应力-应变关系曲线,用于评价地基土的承载力和变形特性。旁压仪分为预钻式、自钻式和压入式三种。

(2) 间接原位测试的方法。如静力触探试验和标准贯入试验,不能直接测定地基承载力,但可以通过与载荷试验所确定地基承载力的相关关系来间接确定地基承载力。

选择一定数量有代表性的土层同时进行载荷试验和原位测试,分别求得地基承载力和原位测试指标,用回归分析的方法建立回归方程,确定地基承载力与原位测试指标间的函数关系,以确定地基承载力。

4. 地基承载力特征值的修正

《建筑地基基础设计规范》(GB 50007—2011)规定,当基础宽度大于 3m 或埋置深度大于 0.5m 时,从载荷试验或其他原位测试、经验值等方法确定的地基承载力特征值,尚应按下式修正

$$f_a = f_{ak} + \eta_b \gamma (b-3) + \eta_d \gamma_m (d-0.5) \tag{5-23}$$

式中:f_a——修正后的地基承载力特征值;

f_{ak}——按原位测试、公式计算并结合工程实践经验等方法确定的地基承载力特征值;

γ——基底以下土的重度,地下水位以下用浮重度;

γ_m——基底以上土的加权平均重度,地下水位以下取浮重度;

b——基础底面宽度(m),当宽度小于 3m 时按 3m 计,大于 6m 时按 6m 计;

η_b,η_d——基础宽度和埋置深度的承载力修正系数,按表 5-3 查用;

d——基础埋置深度(m),规定同式(5-22)。

表 5-3 承载力修正系数 η_b,η_d (GB 50007—2011)

土的类别		η_b	η_d
淤泥和淤泥质土		0	1.0
人工填土 e 或 I_L 大于等于 0.85 的黏性土		0	1.0
红黏土	含水比 $\alpha_w > 0.8$	0	1.2
	含水比 $\alpha_w \leqslant 0.8$	0.15	1.4
大面积压实填土	压实系数>0.95、黏粒含量 $\rho_c \geqslant 10\%$ 的粉土	0	1.5
	最大干密度>2.1t/m³ 的级配砂石	0	2.0
粉土	黏粒含量 $\rho_c \geqslant 10\%$ 的粉土	0.3	1.5
	黏粒含量 $\rho_c < 10\%$ 的粉土	0.5	2.0
e 及 I_L 均小于 0.85 的黏性土		0.3	1.6
粉砂、细砂(不包括很湿与饱和时的稍密状态)		2.0	3.0
中砂、粗砂、砾砂和碎石土		3.0	4.4

注:1. 强风化和全风化的岩石,可参照所风化形成的相应土类取值,其他状态下的岩石不修正。
2. 地基承载力特征值按深层平板载荷试验确定时,η_d 取 0。
3. 含水比 $\alpha_w = w/w_L$。

【例 5-2】 偏心距 $e < 0.1$m 的条形基础底面宽 $b=3$m,基础埋深 $d=1.5$m,土层为粉质黏土,基础底面以上土层平均重度 $\gamma_m = 18.5$ kN/m³,基础底面以下土层重度 $\gamma=19$ kN/m³,饱和重度 $\gamma_{sat} = 20$ kN/m³,内摩擦角 $\varphi = 20°$,内聚力 $c = 10$ kPa,当地下水从基底下很深处上升至基底底面时,地基承载力特征值有何变化?

【解】 由题可知:$0.033b = 0.099 \approx 0.1 > e$,满足公式 $f_a = M_b \gamma b + M_d \gamma_m d + M_c c_k$ 的使用范围。

根据条件,查表 5-2 得 $M_b = 0.51$、$M_d = 3.06$、$M_c = 5.66$

当地下水位很深时，地基承载力特征值为
$$f_a = M_b \gamma b + M_d \gamma_m d + M_c c_k$$
$$= 0.15 \times 19 \times 3 + 3.06 \times 18.5 \times 1.5 + 5.66 \times 10 = 170.6 (\text{kPa})$$

当地下水从基底下很深处上升至基地面时，地基承载力特征值为
$$f_a = M_b \gamma' b + M_d \gamma_m d + M_c c_k$$
$$= 0.15 \times (20-10) \times 3 + 3.06 \times 18.5 \times 1.5 + 5.66 \times 10 = 155.75 (\text{kPa})$$

【例 5-3】地基土为均匀中砂，条形基础宽度为 2m，埋置深度 1.2m。天然重度 $\gamma = 17 \text{kN/m}^3$，$\varphi = 26°$，基础底面以上的加权平均重度 $\gamma_m = 18 \text{kN/m}^3$，地基承载力特征值 $f_{ak} = 144 \text{kPa}$，求修正后的地基承载力特征值。

【解】查表 5-3 得，$\eta_b = 3$，$\eta_d = 4.4$
$$f_a = f_{ak} + \eta_b \gamma (b-3) + \eta_d \gamma_m (d-0.5)$$
$$= 144 + 3 \times 17 \times (3-3) + 4.4 \times 18 \times (1.2-0.5)$$
$$= 199.44 (\text{kPa})$$

习 题

一、填空题

1. 直接剪切试验一般分为_____剪、慢剪和_____剪三种类型。
2. 若建筑物施工速度较慢，而地基土的透水性较大且排水良好时，可采用直接剪切试验的_____剪试验结果或三轴剪切试验的_____剪试验结果进行地基稳定分析。
3. _____黏性土当采用三轴压缩试验的_____方法时，其抗剪强度包线为水平线。
4. 地基极限承载力随土的内摩擦角增大而_____，随埋深增大而_____。

二、选择题

1. 由直剪试验得到的抗剪强度线在纵坐标上的截距，与水平线的夹角分别被称为（　　）。
   A. 黏聚力、内摩擦角　　　　　　　　B. 内摩擦角、黏聚力
   C. 有效内摩擦角、有效黏聚力　　　　D. 有效黏聚力、有效内摩擦角
2. 当莫尔应力圆与抗剪强度线相离时，土体处于的状态是（　　）。
   A. 破坏状态　　B. 安全状态　　C. 极限平衡状态　　D. 主动极限平衡状态
3. 内摩擦角为 10°的土样，发生剪切破坏时，破坏面与最大主应力作用平面的夹角为（　　）。
   A. 40°　　　　　B. 50°　　　　　C. 55°　　　　　D. 60°
4. 现场测定软土的抗剪强度指标采用的试验方法是（　　）。
   A. 三轴剪切试验　　　　　　　　B. 标准贯入试验
   C. 平板载荷试验　　　　　　　　D. 十字板剪切试验
5. 地基破坏时滑动面延续到地表的破坏形式为（　　）。
   A. 刺入式破坏　　　　　　　　　B. 冲剪式破坏

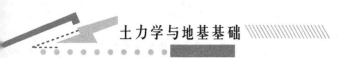

  C. 整体剪切破坏   D. 局部剪切破坏

  6. 饱和黏性土，在同一竖向荷载下进行快剪、固结快剪和慢剪，（　　）试验方法得到的强度最大。

  A. 快剪   B. 固结快剪   C. 慢剪

  7. 有三种塑性指数不同的土样，试问哪一种土的内摩擦角最大？（　　）

  A. $I_P > 0$ B. $I_P = 0$ C. $I_P < 0$

三、简答题

  1. 三轴压缩试验按排水条件的不同，可分为哪几种试验方法？工程应用时，如何根据地基土排水条件的不同，选择土的抗剪强度指标？

  2. 地基破坏形式有哪几种类型？各在什么情况下容易发生？

  3. 试比较直剪试验三种方法和三轴压缩试验三种方法的异同点和适用性。

  4. 地下水位的升降，对地基承载力有什么影响？

四、计算题

  1. 已知某无黏性土的 $c=0$，$\varphi=30°$，若对该土取样做试验：(1)如果对该样施加大小主应力分别为 200kPa 和 120kPa，该试样会破坏吗？为什么？(2)若使小主应力保持原值不变，而将大主应力不断加大，你认为能否将大主应力增加到 400kPa，为什么？

  2. 对一黏土土样进行固结不排水剪切试验，施加围压 $\sigma_3 = 200$kPa，试件破坏时主应力差 $\sigma_1 - \sigma_3 = 280$kPa，破坏面与水平面的夹角 $\alpha = 60°$。试求内摩擦角及破坏面上的法向应力和剪应力。

  3. 某土样的黏聚力为 10kPa，内摩擦角为 $\varphi = 30°$，若大主应力为 300kPa，求土样处于极限平衡状态时的小主应力。

  4. 已知某承受中心荷载的柱下独立基础，底面尺寸为 $3.0m \times 1.8m$，埋深 $d = 1.8m$；地基土为粉土，黏粒含量 $\rho_c = 5\%$，基础底面以上土层平均重度 $\gamma_m = 18.5$kN/m³，地基承载力特征值 $f_{ak} = 160$kPa，试对地基承载力特征值进行修正。

第 6 章

土压力和土坡稳定

学习目标

本章介绍了土压力理论,常见情况下的土压力计算,挡土墙的类型和设计计算,以及边坡稳定分析。通过本章的学习,要求学生掌握朗肯土压力理论和库仑土压力理论,常见情况下的土压力计算,重力式挡土墙的稳定性验算,无黏性土土坡的稳定性分析方法;熟悉重力式挡土墙的构造,边坡失稳的原因及影响因素。

引 例

1972年7月某日清晨，香港宝城路附近，2万 m^3 残积土从山坡上下滑，巨大滑动体正好冲过一幢高层住宅——宝城大厦。顷刻间，宝城大厦被冲毁倒塌，并砸毁相邻一幢大楼一角约五层住宅，死亡67人。

事故原因是山坡上的残积土本身强度较低，加之雨水入渗使其强度进一步降低，当土体滑动力超过土的抗剪强度后，滑坡便产生了。

在房屋建筑、铁道、公路、桥梁以及水利工程中，经常要修筑一些如挡土墙、隧道、基坑围护结构和桥台等挡土结构物，如图6.1所示，它起着支撑土体，保持土体稳定，使之不致坍塌的作用。在这些构筑物与土体的接触面处均存在侧向压力的作用，这种侧向压力就是土压力。

重力式挡土墙具有结构简单，施工方便，易于就地取材等优点，在工程中得到广泛的应用。重力式挡土墙的计算内容包括稳定性验算，墙身强度验算和地基承载力验算。

土坡可分为天然土坡和人工土坡，由于某些外界不利因素，土坡可能发生局部土体滑动而失去稳定。土坡的坍塌常造成严重的工程事故，并危及人身安全。因此，应验算土坡的稳定性并采取适当的工程措施。

本章将分别讨论土压力理论、挡土墙设计及土坡稳定分析等问题。

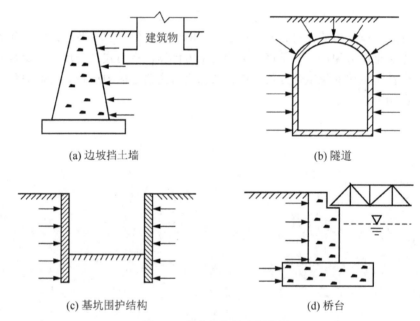

图 6.1 挡土结构物应用举例

6.1 概 述

挡土墙是防止土体坍塌的构筑物，广泛用于房屋建筑、铁道、公路、桥梁和水利工程中，例如支撑建筑物周围填土的挡土墙、桥台，以及储藏粒状材料的挡墙等。挡土墙的结构形式可分为重力式、悬臂式和扶壁式等，通常用块石、砖、素混凝土及钢筋混凝土等材料建成。重力式挡土墙的计算内容包括稳定性验算，墙身强度验算和地基承载力验算。

土压力是设计挡土结构物断面和验算其稳定性的主要对象。在挡土结构的设计中首先应该确定土压力的大小、方向和合力作用点的位置。当挡土结构物是条形，其断面形状在相当长的范围内保持不变，且其延长长度远大于高度和宽度时，其有关力学问题可视为平面问题，土压力的计算一般是取 1 延长米进行分析。土压力的影响因素很多，如挡土结构物的形式、刚度、表面粗糙度、位移方向，墙后土体的地表形态、土的物理及力学性质、地基的刚度，以及墙后填土的施工方法等。在这些因素中，以墙身的位移、墙高和填土的物理及力学性质最为重要。墙体位移的方向和位移量决定土压力的性质和大小。

土坡可分为天然土坡和人工土坡。天然土坡是指由地质作用形成的山坡和江河湖海的岸坡，人工土坡是指因人类平整场地、开挖基坑、开挖路堑或填筑路堤、土坝形成的边坡。影响土坡稳定性的因素复杂多变，但其根本原因在于土体内部某个面上的剪应力达到了抗剪强度，使稳定平衡遭到破坏。由均质砂性土构成的土坡，破坏时的滑动面往往接近于一个平面，因此在分析砂性土的土坡稳定时，为了简化计算，一般均假定滑动面是平面。黏性土土坡失稳一般沿着某一曲面产生整体滑动，为了简化计算，在稳定分析中通常作为平面问题处理，而且假定滑动面为圆弧面。

6.2 土压力理论

土压力通常是指挡土墙后的填土因自重或外荷载作用对墙背产生的侧压力。由于土压力是挡土墙的主要外荷载，因此，设计挡土墙时首先要确定土压力的性质、大小、方向和作用点。依据挡土墙可能的位移方向和大小，土压力可分为静止土压力、主动土压力和被动土压力。挡土墙是防止土体坍塌的构筑物，在房屋建筑、铁道、公路、桥梁，以及水利工程中得到广泛应用。正确计算挡土墙墙背的土压力，是一个常见且重要的课题。

6.2.1 土压力的类型

作用在挡土结构上的土压力，按挡土结构的位移情况和墙后土体所处的应力状态，可分为静止土压力、主动土压力和被动土压力三种。

1. 静止土压力

挡土墙在压力作用下不发生任何变形和位移(移动或转动)，墙后土体处于弹性平衡状态时，作用在挡土墙背上的土压力称为静止土压力，用 E_0 表示，如图 6.2(a)所示。

2. 主动土压力

挡土墙在土压力作用下离开土体向前移动时，土压力随之减小。当位移至一定数值时，墙后土体达到主动极限平衡状态，墙背上作用的土压力减至最小。此时，作用在墙背上的土压力称为主动土压力，用 E_a 表示，如图 6.2(b)所示。

3. 被动土压力

挡土墙在较大的外力作用下,推挤土体向后移动时,作用在墙背上的土压力随之增大。当位移至一定数值时,墙后土体达到被动极限平衡状态,墙背上作用的土压力增至最大。此时,作用在墙背上的土压力称为被动土压力,用 E_p 表示,如图 6.2(c) 所示。

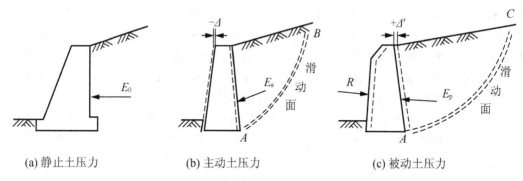

图 6.2 挡土墙上的三种土压力

大部分情况下,作用在挡土墙上的土压力值均介于上述三种状态下的土压力值之间。挡土墙位移与土压力的关系,可用图 6.3 所示曲线表示。理论分析和原型实测均证明:对同一挡土墙,在填土的物理力学性质相同的条件下,主动土压力小于静止土压力,而静止土压力远小于被动土压力,即

$$E_a < E_0 \ll E_p \tag{6-1}$$

相应地,产生被动土压力的位移量 Δ_p 也远大于产生主动土压力所相应的位移量 Δ_a,如图 6.3 所示,即 $\Delta_p \gg \Delta_a$,详见表 6-1。

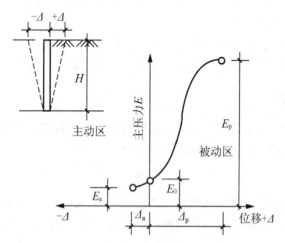

图 6.3 墙身位移与土压力的关系

表 6-1　墙体移动或转动达到平衡状态时 Δ/h

土质类型和条件	移动率 Δ/h	
	主　动	被　动
密实无黏性土	0.001	0.02
松散无黏性土	0.004	0.06
密实黏性土	0.010	0.02
松散黏性土	0.020	0.04

注：Δ—水平位移；h—墙体高度。

6.2.2　静止土压力计算

作用在挡土结构背面的静止土压力可视为天然土层自重应力的水平分量。如图 6.4 所示，在墙后填土体中任意深度 z 处取一微小单元体，作用于单元体水平面上的应力为 γz，则该点的静止土压力，即侧压力强度为

$$p_0 = K_0 \gamma z \tag{6-2}$$

式中：p_0——静止土压力强度(kPa)；

　　　K_0——静止土压力系数；

　　　γ——墙后填土的重度(kN/m³)；

　　　z——计算点在填土面下的深度(m)。

静止土压力系数 K_0 与土的性质、密实程度等因素有关，确定的方法有以下几种。

(1) 通过侧限条件下的试验测定，一般认为这是最可靠的方法。

(2) 采用经验公式计算，即 $K_0 = 1 - \sin\varphi'$，式中 φ' 为土的有效内摩擦角。该式计算的 K_0 值，与砂性土的试验结果吻合较好，对黏性土会有一定误差，对饱和软黏土更应慎重采用。

(3) 根据经验值酌定，见表 6-2。

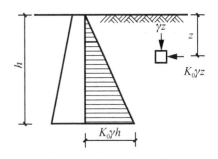

图 6.4　静止土压力计算

表 6-2　静止土压力系数 K_0 的经验值

土　类	坚硬土	硬塑-可塑黏性土、粉质黏土、砂土	可塑黏性土	软塑黏性土	流塑黏性土
K_0	0.2~0.4	0.4~0.5	0.5~0.6	0.6~0.75	0.75~0.8

由式(6-2)可知，静止土压力沿墙高呈三角形分布，如图 6.4 所示，如果取单位墙长计算，则作用在墙上的静止土压力为

$$E_0 = \frac{1}{2}\gamma h^2 K_0 \tag{6-3}$$

式中：E_0——单位墙长的静止土压力(kN/m)；
　　　h——挡土墙高度(m)。
E_0 的作用点位于墙底面以上 $h/3$ 处。

6.2.3 朗肯土压力理论

朗肯(Rankine，1857年)土压力理论是经典土压力理论之一，它是根据半空间土体的应力状态和土体极限平衡条件导得的。

朗肯土压力理论的前提条件是：①墙为刚体；②墙背垂直、光滑；③填土面水平。根据这一假定可知墙后填土中的应力状态与半无限空间土体中的应力状态相一致，即水平面和铅垂面上的剪应力为零，正应力分别为大、小主应力。

1. 主动土压力

如图6.5(a)所示，重度为 γ 的半无限土体处于静止状态，即弹性平衡状态时，在地表下 z 处取一微单元体 M，在 M 的水平和竖直表面上的应力为

$$\sigma_z = \gamma z \tag{6-4}$$

$$\sigma_x = K_0 \gamma z \tag{6-5}$$

由前述可知 σ_z、σ_x 均为主应力，且在正常固结土中 $\sigma_1 = \sigma_z$、$\sigma_3 = \sigma_x$。在静止状态下的莫尔应力圆如图6.5(b)中圆Ⅰ。

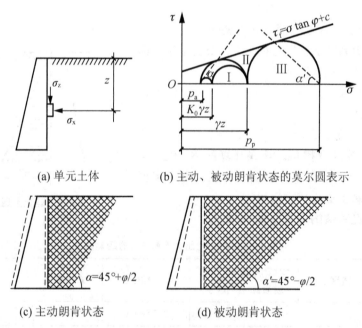

(a) 单元土体　　(b) 主动、被动朗肯状态的莫尔圆表示

(c) 主动朗肯状态　　(d) 被动朗肯状态

图 6.5　半空间体的极限平衡状态

挡土墙在土压力作用下产生离开土体的位移，这时可认为作用在墙背微单元 M 上的竖向应力保持不变，而水平应力则由于土体抗剪强度的发挥而逐渐减少，如图6.5(b)所示。当挡土墙位移增大到 Δ_a，墙后土体在某一范围达到极限平衡状态(即朗肯主动状态)时，墙后土体出现一组滑裂面，它与大主应力作用面(即水平面)的夹角为 $(45° + \varphi/2)$，

如图6.5(c)所示,水平应力 σ_x 减至最低限值 p_a,即主动土压力。以 $\sigma_1=\sigma_z=\gamma z$,$\sigma_3=\sigma_x=p_a$ 为直径画出的莫尔圆与抗剪强度线相切,即如图6.5(b)中圆Ⅱ。若挡土墙继续位移,只能使土体产生塑性变形,而不会改变其应力状态。

由土体的极限平衡条件可知,在极限平衡状态下,黏性土中任一点的大、小主应力即 σ_1 和 σ_3 之间应满足式(6-6)所示的关系式,即

$$\sigma_3 = \sigma_1 \tan^2\left(45° - \frac{\varphi}{2}\right) - 2c\tan\left(45° - \frac{\varphi}{2}\right) \tag{6-6}$$

将以 $\sigma_3 = p_a$、$\sigma_1 = \gamma z$ 代入式(6-6),并令 $K_a = \tan^2\left(45° - \frac{\varphi}{2}\right)$

则有

$$p_a = \gamma z K_a - 2c\sqrt{K_a} \tag{6-7}$$

式(6-7)适合于墙背填土为黏性土的情况,对于无黏性土,由于 $c=0$,则有

$$p_a = \gamma z K_a \tag{6-8}$$

式中:p_a——主动土压力强度(kPa);

K_a——朗肯主动土压力系数,$K_a = \tan^2(45° - \varphi/2)$;

γ——墙后填土的重度(kN/m³);

c——填土的黏聚力(kPa);

φ——填土的内摩擦角(°);

z——计算点离填土表面的距离(m)。

式(6-8)表明,无黏性土的主动土压力强度与 z 成正比,与前面所述的静止土压力分布形式相同,即沿墙高呈三角形分布,如图6.6(b)所示。作用在单位墙长上的主动土压力 E_a 为

$$E_a = \frac{1}{2}\gamma h^2 K_a \tag{6-9}$$

式中:h——挡土墙高度(m);

E_a——单位墙长的主动土压力值(kN/m)。

E_a 的作用点距墙底 $h/3$。

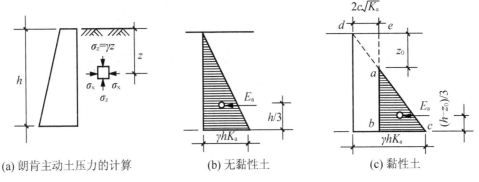

(a) 朗肯主动土压力的计算　　(b) 无黏性土　　(c) 黏性土

图6.6　朗肯主动土压力强度分布图

式(6-7)表明,黏性土的土压力强度由土的自重引起的对墙的压力和由黏聚力引起的

对墙的"拉力"两部分组成,叠加后如图6.6(c)所示,包括△abc 所示的压力和所示的△ade 所示的"拉力"。由于挡土墙与土体之间不能承受拉力,土压力的分布为图6.6(c)中实线三角形部分(△abc)。

土压力图形顶点 a 在填土面下的深度称为临界深度,可记为 z_0。令式(6-7)中 $p_a=0$ 即可确定 z_0,即

$$p_a = \gamma z K_a - 2c\sqrt{K_a} = 0$$

$$z_0 = \frac{2c}{\gamma\sqrt{K_a}} \tag{6-10}$$

取单位墙长计算,黏性土的主动土压力 E_a 为

$$E_a = \frac{1}{2}(h-z_0)(\gamma h K_a - 2c\sqrt{K_a}) \tag{6-11}$$

或

$$E_a = \frac{1}{2}\gamma(h-z_0)^2 K_a \tag{6-12}$$

E_a 作用于距墙底 $(h-z_0)/3$ 处。

2. 被动土压力

基于与导出主动土压力计算公式相似的思路,考虑墙背填土处于被动极限状态时,小主应力 $\sigma_3 = \sigma_z$,大主应力 $\sigma_1 = p_p$,如图6.5(b)所示,可以推出对应的被动土压力计算公式。

黏性土

$$p_p = \gamma z K_p + 2c\sqrt{K_p} \tag{6-13}$$

无黏性土

$$p_p = \gamma z K_p \tag{6-14}$$

其分布图形见图6.7。

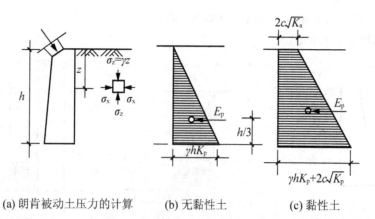

(a) 朗肯被动土压力的计算　　(b) 无黏性土　　(c) 黏性土

图6.7　朗肯被动土压力强度分布图

单位墙长的被动土压力 E_p 的计算式分两种。

(1) 无黏性土。

$$E_p = \frac{1}{2}\gamma h^2 K_p \tag{6-15}$$

E_p 的作用点距墙底 $h/3$。

（2）黏性土。

$$E_p = \frac{1}{2}\gamma h^2 K_p + 2ch\sqrt{K_p} \tag{6-16}$$

E_p 的作用点位于梯形面积的重心。

式中：p_p、E_p——分别为被动土压力强度(kPa)和单位墙长的被动土压力值(kN/m)；

K_p——朗肯被动土压力系数，$K_p = \tan^2(45° + \varphi/2)$。

> **特 别 提 示**
>
> 朗肯土压力理论应用弹性半空间土体的应力状态，并根据土的极限平衡理论计算土压力，其概念明确，计算公式简便。但由于假定墙背垂直、光滑，填土表面水平，使其适用范围受到限制。应用朗肯理论计算的土压力与实际情况相比其主动土压力值偏大，被动土压力值偏小，其结果偏于安全。

【例 6-1】某挡土墙高 5m，假定墙背垂直、光滑，墙后填土面水平。填土为黏性土，黏聚力 $c=11\text{kPa}$，内摩擦角 $\varphi=20°$，重度 $\gamma=18\text{kN/m}^3$。试求出墙背主动土压力及其作用点，并绘出主动土压力分布图。

【解】主动土压力系数 $K_a = \tan^2(45° - \dfrac{\varphi}{2}) = 0.49$

墙底处的土压力强度 $p_a = \gamma h K_a - 2c\sqrt{K_a} = 18 \times 5 \times 0.49 - 2 \times 11 \times 0.7 = 28.7(\text{kPa})$

临界深度 $z_0 = \dfrac{2c}{\gamma\sqrt{K_a}} = \dfrac{2 \times 11}{18 \times 0.7} = 1.75(\text{m})$

主动土压力 $E_a = \dfrac{1}{2} \times (5 - 1.75) \times 28.7 = 46.6(\text{kN/m})$

主动土压力距墙底的距离为 $\dfrac{h - z_0}{3} = \dfrac{5 - 1.75}{3} = 1.08(\text{m})$

主动土压力分布如图 6.8 所示。

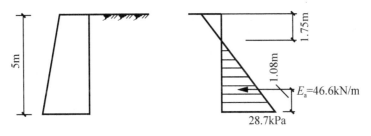

图 6.8　例 6-1 附图

6.2.4 库仑土压力理论

库仑(Coulomb,1776 年)土压力理论也属古典土压力理论,它是假定墙后土体处于极限平衡状态并形成一滑动楔体,然后从楔体的静力平衡条件导出土压力的计算方法。

库仑土压力理论的基本假定为:①墙后填土为理想的散粒体($c=0$);②滑动破坏面为通过墙踵的平面;③滑动土楔为一刚性体,即本身无变形。

1. 主动土压力

设挡土墙高为 h,墙背俯斜,与垂线的夹角为 α;墙后填土为砂土,填土表面与水平面的夹角为 β;墙背与填土间的摩擦角(称为外摩擦角)为 δ。

当挡土墙向前移动或转动时,墙后填土将沿着某一破坏面 BC 和墙背 AB 向下滑动,形成一滑动楔体 ABC。当达到主动极限平衡状态时,取滑动楔体 ABC 作为脱离体研究其平衡条件,如图 6.9(a)所示。

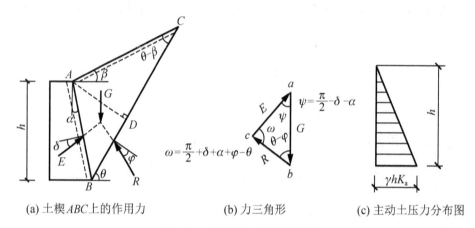

(a) 土楔 ABC 上的作用力   (b) 力三角形   (c) 主动土压力分布图

图 6.9 库仑主动土压力计算图

作用于土楔 ABC 上的力如下。

(1) 土楔 ABC 的重力 G。设滑裂面 $\overline{BC}$ 的倾角为 θ,则

$$G = \gamma \cdot \triangle ABC$$

利用平面三角形知识得

$$G = \frac{1}{2}\gamma h^2 \frac{\cos(\alpha-\beta) \cdot \cos(\theta-\alpha)}{\cos^2\alpha \cdot \sin(\theta-\beta)}$$

土楔重力方向向下。

(2) 滑裂面 $\overline{BC}$ 上的反力 R。其大小是未知的,方向与滑裂面 $\overline{BC}$ 的法线逆时针成 φ 角(φ 为土的内摩擦角),即位于 $\overline{BC}$ 法线的下侧。

(3) 墙背对土楔体的反力 E。E 与墙背的法线成 δ 角。当土楔下滑时,墙对土楔的阻力是向上的,故反力 E 必在 $\overline{BC}$ 法线的下侧。

土楔体 ABC 在以上三力作用下处于静力平衡状态,因此,三力必形成一个闭合的力三角形,如图 6.9(b)所示,由正弦定理可得

$$E = \frac{W\sin(\theta-\varphi)}{\sin[180°-(\theta-\varphi+\psi)]} = \frac{W\sin(\theta-\varphi)}{\sin(\theta-\varphi+\psi)}$$

将 G 的表达式代入上式得

$$E = \frac{1}{2}\gamma h^2 \frac{\cos(\alpha-\beta)\cos(\theta-\alpha)\sin(\theta-\varphi)}{\cos^2\alpha \cdot \sin(\theta-\beta)\sin(\theta-\varphi+\psi)}$$

由于滑裂面$\overline{BC}$是任意假定的，给出不同的滑裂面可以得出一系列相应的土压力 E 值。因此上式中的 E 不是确定的数值，在 γ、h、α、β、φ 和 δ 已知的条件下，E 是 θ 的函数。当 $\theta=90°+\alpha$ 时，滑裂面即为墙背面，显然 $E=0$；当 $\theta=\varphi$ 时，R 与 G 相等；当 θ 在两者之间时，E 有一个最大值，此值即为主动土压力，相应的滑裂面为最危险的滑裂面。为求主动土压力，可用微分学中求极限的方法求 E 的极大值，令

$$\frac{dE}{d\theta} = 0$$

从而解得 E 为极大值时填土的破裂面$\overline{BC}$与水平面夹角 θ_{cr}，这才是出现主动极限平衡状态时滑裂面的倾角。将 θ_{cr} 代入 E 的表达式，整理后可得库仑土压力的一般表达式

$$E_a = \frac{1}{2}\gamma h^2 \frac{\cos^2(\varphi-\alpha)}{\cos^2\alpha \cdot \cos(\alpha+\delta)\left[1+\sqrt{\dfrac{\sin(\varphi+\delta)\cdot\sin(\varphi-\beta)}{\cos(\alpha+\delta)\cdot\cos(\alpha-\beta)}}\right]^2} \tag{6-17}$$

令

$$K_a = \frac{\cos^2(\varphi-\alpha)}{\cos^2\alpha \cdot \cos(\alpha+\delta)\left[1+\sqrt{\dfrac{\sin(\varphi+\delta)\cdot\sin(\varphi-\beta)}{\cos(\alpha+\delta)\cdot\cos(\alpha-\beta)}}\right]^2} \tag{6-18}$$

则

$$E_a = \frac{1}{2}\gamma h^2 K_a \tag{6-19}$$

式中：K_a——库仑主动土压力系数，按式(6-18)确定；

γ——墙后填土的重度(kN/m^3)；

φ——墙后填土的内摩擦角(°)；

α——墙背的倾斜角(墙背与铅垂线的夹角)(°)，以铅垂线为准，顺时针为负，称仰斜，逆时针为正，称俯斜；

β——墙后填土表面的倾角(°)；

δ——土对挡土墙墙背的摩擦角(°)，可查表 6-3 确定。

表 6-3　土对挡土墙墙背的摩擦角

挡土墙情况	δ
墙背平滑、排水不良	$(0\sim0.33)\varphi$
墙背粗糙、排水良好	$(0.33\sim0.5)\varphi$
墙背很粗糙、排水良好	$(0.5\sim0.67)\varphi$
墙背与填土间不可能滑动	$(0.67\sim1.0)\varphi$

> **特别提示**
>
> 当墙背垂直（$\alpha=0$）、光滑（$\delta=0$），填土面水平（$\beta=0$）时，式(6-19)为
>
> $$E_a = \frac{1}{2}\gamma h^2 \tan^2\left(45°-\frac{\varphi}{2}\right) \tag{6-20}$$
>
> 可见，在上述条件下，库仑公式与朗肯公式相同。

由式(6-19)可知，主动土压力 E_a 与墙高的平方成正比，为求得离墙顶为任意深度 z 处的主动土压力强度 p_a，可将 E_a 对 z 求导数而得，即

$$p_a = \frac{dE_a}{dz} = \frac{d}{dz}\left(\frac{1}{2}\gamma z^2 K_a\right) = \gamma z K_a \tag{6-21}$$

由式(6-21)可见，主动土压力强度沿墙高呈三角形分布，如图6.9(c)所示。主动土压力的合力作用点在离墙底 $h/3$ 处，合力方向与墙背法线成夹角 δ，与水平面成夹角（$\alpha+\delta$）。式(6-21)是 E_a 对垂直深度 z 微分得来的，因而在图6.9(c)中所示的土压力分布图只表示沿墙垂直高度的大小，而不代表作用方向。

2. 被动土压力

挡土墙前面受到推力，迫使挡土墙向填土方向移动。当其位移或转角达到一定数值时，墙后土体将产生滑动面 $\overline{BC}$，土楔 ABC 在墙推力作用下将沿 $\overline{BC}$ 面向上滑动。此时，运用类似求主动土压力的方法，求得库仑被动土压力。由于库仑被动土压力理论值与实测值相差较大，工程中应用不多。

6.2.5 地基规范法计算土压力

为了克服经典土压力理论适用范围的局限性，《建筑地基基础设计规范》（GB 50007—2011）提出一种在各种土质、直线形边界等条件下都能适用的土压力计算公式，建议当墙后的填土为黏性土，且表面有连续均布荷载 q 作用时，如图6.10所示，主动土压力合力可按下列公式计算

$$E_a = \psi_c \frac{1}{2}\gamma h^2 K_a \tag{6-22}$$

$$\begin{aligned} K_a = \frac{\sin(\alpha+\beta)}{\sin^2\alpha \sin^2(\alpha+\beta-\varphi-\delta)} & \{K_q [\sin(\alpha+\beta)\sin(\alpha-\delta)+\sin(\varphi+\delta) \\ \sin(\varphi-\beta)] + 2\eta\sin\alpha\cos\varphi\cos(\alpha+\beta-\varphi-\delta) - 2 [(K_q [\sin(\alpha+\beta) \\ \sin(\varphi-\beta)+\eta\sin\alpha\cos\varphi)(K_q [\sin(\alpha-\delta)\sin(\varphi+\delta)+\eta\sin\alpha\cos\varphi])^{1/2} \} \end{aligned} \tag{6-23}$$

$$K_q = 1 + \frac{2q}{\gamma h}\frac{\sin\alpha\cos\beta}{\sin(\alpha+\beta)}$$

$$\eta = \frac{2c}{\gamma h}$$

式中：ψ_c——主动土压力增大系数（土坡高度小于5m时宜取1.0；高度为5～8m时宜取1.1；高度大于8m时宜取1.2）；

K_a——主动土压力系数，应按式(6-23)计算，也可查表确定；

q——地表均布荷载(以单位水平投影面上的荷载强度计算)。

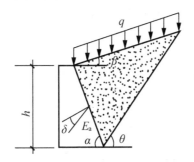

图 6.10　地基规范法计算简图

为了避免主动土压力系数的繁琐计算,《建筑地基基础设计规范》对墙高 $h \leqslant 5m$ 的挡土墙,当排水条件和填土质量符合《建筑地基基础设计规范》有关规定,其主动土压力系数可根据土类、α 和 β 值查表确定(限于篇幅,此表省略)。当地下水丰富时,应考虑水压力的作用。工程实践中,当现场实测指标与上述选取指标相差较大时,应采用式(6-28)计算主动土压力系数。

6.2.6　几种特殊情况下的土压力计算

在实际工程中经常遇到一些特殊的情况。例如,墙后填土表面有连续的均布荷载,填土中存在地下水以及填土为成层土等,利用朗肯理论的基本公式也可以计算这些情况下的土压力。

1. 填土表面有连续均布荷载

当墙后土体表面有连续均布荷载作用时,如图 6.12 所示。一般将均布荷载换算成等效的土重(其重度 γ 与填土相同),即设想一厚度为 $h_s = q/\gamma$ 的土层,作用在填土面上,然后计算填土面处和墙底处的土压力,从而确定墙背的土压力分布情况。

2. 成层填土

当挡土墙后有几层不同种类的水平土层时,仍可用朗肯理论计算土压力。以无黏性土为例,若求某层的土压力强度,则需先求出各层土的土压力系数,其次求出各层面处的竖向应力,然后乘以相应土层的主动土压力系数,必须注意,由于各层土的性质不同,主动土压力系数 K_a 也不同,因此在土层的分界面上,主动土压力强度会出现两个数值。

3. 墙后填土有地下水

挡土墙后的填土常会部分或全部处于地下水位以下。由于地下水的存在将使土的含水量增加,抗剪强度降低、从而使墙背土压力增大,同时还会产生静水压力。因此,挡土墙应具有良好的排水措施。

当墙后填土有地下水时,作用在墙背上的侧压力有土压力和水压力两部分。计算土压力时,假设水上及水下土的内摩擦角、黏聚力都相同,地下水位以下取有效重度进行计算。

【例6-2】 一挡墙高为6m，墙背直立光滑，墙后填土面水平填土面上作用有均部荷载 $q=20\text{kPa}$，填土情况见图6.11，试求作用在墙背上的主动土压力，并绘出主动土压力分布图。

【解】
$$K_{a1}=\tan^2\left(45°-\frac{\varphi}{2}\right)=\tan^2\left(45°-\frac{30°}{2}\right)=\frac{1}{3}$$

$$K_{a2}=\tan^2\left(45°-\frac{\varphi}{2}\right)=\tan^2\left(45°-\frac{20°}{2}\right)=0.49$$

$$p_{a1}=qK_{a1}-2c\sqrt{K_{a1}}=6.7(\text{kPa})$$

$$p_{a2上}=(q+\gamma_1 h_1)K_{a1}-2c_1\sqrt{K_{a1}}=18.7(\text{kPa})$$

$$p_{a2下}=(q+\gamma_1 h_1)K_{a2}-2c_2\sqrt{K_{a2}}=13.4(\text{kPa})$$

$$p_{a3}=(q+\gamma_1 h_1+\gamma_2 h_2)K_{a2}-2c_2\sqrt{K_{a2}}=49.5(\text{kPa})$$

$$E_a=\frac{1}{2}h_1(p_{a1}+p_{a2上})+\frac{1}{2}h_2(p_{a2下}+p_{a3})=151.2(\text{kN/m})。$$

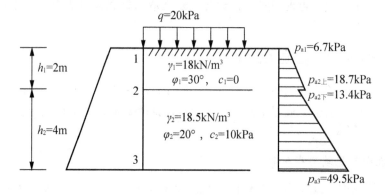

图6.11 例6-2附图

【例6-3】 某挡土墙高 $h=8\text{m}$，墙背垂直、光滑、填土面水平，墙后填土为中砂，重度 $\gamma=18\text{kN/m}^3$，饱和重度 $\gamma_{sat}=20\text{kN/m}^3$，$\varphi=30°$，地下水位为4m，如图6.12所示。求主动土压力和水压力，并绘出压力分布图。

【解】 主动土压力系数：$K_a=\tan^2\left(45°-\frac{\varphi}{2}\right)=\tan^2\left(45°-\frac{30°}{2}\right)=\frac{1}{3}$

墙顶处：$p_{a1}=0\text{kPa}$

地下水位处：$p_{a2}=\gamma h_1 K_a=18\times 4\times\frac{1}{3}=24(\text{kPa})$

墙底处：$p_{a3}=(\gamma h_1+\gamma' h_2)K_a=(18\times 4+10\times 4)\times\frac{1}{3}=37.3(\text{kPa})$

总土压力：$E_a=\frac{1}{2}\times 24\times 4+\frac{1}{2}\times(24+37.3)\times 4=170.6(\text{kN/m})$

墙底处的水压力：$p_w=\gamma_w h_2=40\text{kPa}$

总水压力：$E_w=\frac{1}{2}\gamma_w h_2^2=\frac{1}{2}\times 10\times 4^2=80(\text{kN/m})$

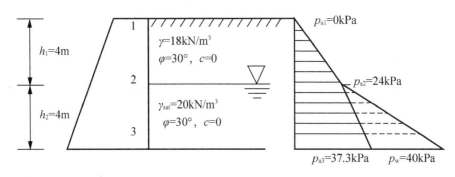

图 6.12　例 6-3 附图

6.3　挡土墙设计

挡土墙是防止土体坍塌的构筑物，广泛应用于房屋建筑、水利、铁路，以及公路和桥梁工程。建造挡土墙的目的在于支挡墙后土体，防止土体产生坍塌和滑移。

6.3.1　挡土墙的类型

1. 重力式挡土墙

重力式挡土墙其特点是体积大，靠墙自重保持稳定性。墙背可做成俯斜，直立和仰斜三种，如图 6.13 所示。重力式挡土墙一般由块石或素混凝土材料砌筑，适用于高度小于 6m、地层稳定、开挖土石方时不会危及相邻建筑物安全的地段。重力式挡土墙具有结构简单，施工方便，易于就地取材等优点，在工程中得到广泛的应用。

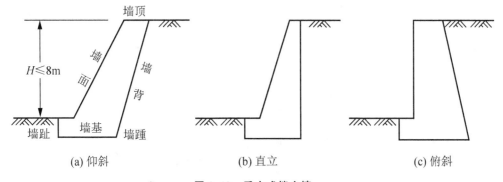

图 6.13　重力式挡土墙

2. 悬臂式挡土墙

悬臂式挡土墙一般由钢筋混凝土砌筑，它由三个悬臂板组成，即立臂、墙趾悬臂和墙踵悬臂，如图 6.14 所示。墙的稳定主要靠墙踵悬臂上方的土重维持，墙体内的拉应力由钢筋承受。这类挡土墙的优点是能充分利用钢筋混凝土的受力特点，墙体截面尺寸较小，在市政工程以及厂矿贮库中较常用。

3. 扶壁式挡土墙

当墙较高时,悬臂式挡土墙的立臂推力作用产生的弯矩与挠度较大,为了增加立臂抗弯性能和减少钢筋用量,常沿长度方向每隔一定距离设一道扶壁,扶壁间距为(0.8~1.0)h(h为墙高),如图6.15所示。扶壁间填土可增强挡土墙的抗滑和抗倾覆能力,一般用于重要的大型土建工程。

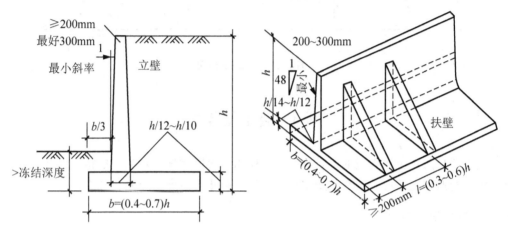

图6.14 悬臂式挡土墙初步设计尺寸　　图6.15 扶壁式挡土墙初步设计尺寸

4. 锚定板及锚杆式挡土墙

锚定板及锚杆式挡土墙一般由预制的钢筋混凝土立柱、墙面、钢拉杆和埋置在填土中的锚定板在现场拼装而成,如图6.16所示,依靠填土与结构的相互作用维持其自身稳定。与重力式挡土墙相比,具有结构轻、柔性大、工程量小、造价低,施工方便等优点,特别适用于地基承载力不大的地区。设计时,为了维持锚定板挡土墙结构的内力平衡,必须保证锚定板挡土墙结构周边的整体稳定和土的摩擦阻力大于由土自重和荷载产生的土压力。锚杆式挡土墙是利用嵌入坚实岩层的灌浆锚杆作为拉杆的一种挡土墙结构。

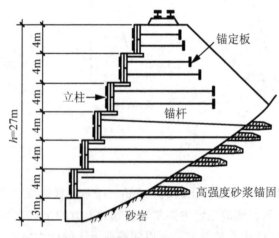

图6.16 锚定板、锚杆式挡土墙

5. 加筋土挡土墙

加筋土挡土墙由墙面板，加筋材料及填土共同组成，如图 6.17 所示，它是依靠拉筋与填土之间的摩擦力来平衡作用在墙背上的土压力以保持稳定。加筋土挡土墙能充分利用材料的性质以及土与筋带的共同作用，因而结构轻巧、圬工体积小，便于现场预制和工地拼装，而且施工速度快，能抗严寒、抗地震。近年来，加筋土挡土墙得到了迅速的发展与应用。

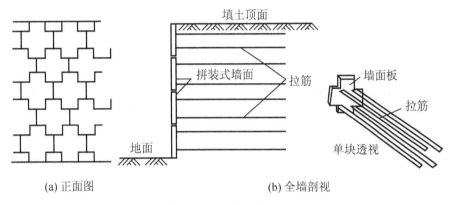

图 6.17 加筋土挡土墙

6.3.2 重力式挡土墙的构造

在设计重力式挡土墙时，为了保证其安全合理、经济，除进行验算外，还需采取必要的构造措施。

1. 重力式挡土墙基础埋置深度

基础埋深应根据地基承载力、冻结深度、水流冲刷、岩石裂隙发育及风化程度等因素决定。在特强冻胀、强冻胀地区应考虑冻胀的影响。在土质地基中，基础埋深不宜小于 0.5m；在软质岩石地基中，基础埋深不宜小于 0.3m。

2. 墙背的倾斜形式

当采用相同的计算指标和计算方法时，挡土墙背以仰斜时主动土压力最小，直立居中，俯斜最大。墙背倾斜形式应根据使用要求、地形和施工条件等因素综合考虑确定。

3. 剖面拟定

块石挡土墙的墙顶宽度不宜小于 0.4m，混凝土挡土墙的墙顶宽度不宜小于 0.2m。重力式挡土墙的基础底宽为墙高的 1/3～1/2。

当墙前地面陡时，墙面可取 1∶0.2～1∶0.05 仰斜坡度，也可采用直立墙面。当墙前地形较为平坦时，对中、高挡土墙，墙面坡度可较缓，但不宜缓于 1∶0.4。为了避免施工困难，仰斜墙背坡度不宜缓于 1∶0.25，墙面坡应尽量与墙背坡平行。

为增加挡土墙的抗滑稳定性，可将基底做成逆坡，但逆坡坡度不宜过大，以免墙身与基底下的三角形土体一起滑动。对于土质地基，基底逆坡坡度不宜大于 1∶10，对于岩石地基，基底逆坡坡度不宜大于 1∶5。

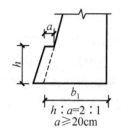

图 6.18 墙趾台阶尺寸

当墙高较大时,为了使基底压力不超过地基承载力,提高挡土墙抗倾覆能力,可加设墙趾台阶,墙趾台阶的高宽比可取 $h:a=2:1$,a 不得小于 20cm,如图 6.18 所示。

重力式挡土墙应每间隔 10～20m 设置一道伸缩缝。当地基有变化时,宜加设沉降缝。在挡土结构的拐角处,应采取加强的构造措施。

4. 墙后排水措施

挡土墙常因雨水下渗而排水不良,地表水渗入墙后填土,使得填土的抗剪强度降低,土压力增大,这对挡土墙的稳定不利。若墙后积水,还会产生水压力。积水自墙面渗出,还要产生渗流压力。水位较高时,静、动水压力对挡土墙的稳定威胁更大。因此,挡土墙应沿横、纵两向设置泄水孔,如图 6.19 所示,其间距宜取 2～3m,外斜 5%。孔眼尺寸不宜小于 100mm。墙后应设置滤水层和必要的排水暗沟,在墙顶背后的地面宜铺设防水层。当墙后有山坡时,还应在坡下设置截水沟。对不能向坡外排水的边坡,应在墙背填土体中设置足够的排水暗沟。

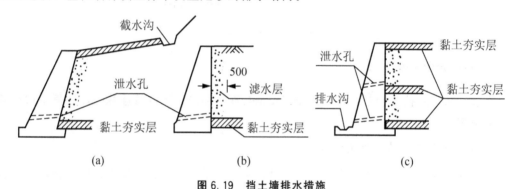

图 6.19 挡土墙排水措施

5. 填土质量要求

挡土墙后填土应尽量选择透水性较强的填料,如砂土、碎石、砾石等,因为这类土的抗剪强度较稳定,易于排水。当采用黏性土作为填料时,宜掺入适量的块石。在季节性冻土地区,墙后填土应选择非冻胀性填料(如炉渣、碎石、粗砂等)。不应采用淤泥,耕植土,膨胀土等作为填料,填土料中还不应掺杂有大的冻结土块、木块或其他杂物。墙后填土应分层夯实。

6.3.3 重力式挡土墙的设计计算

1. 重力式挡土墙截面尺寸设计

挡土墙的截面尺寸一般按试算法确定,即先根据挡土墙所处的工程地质条件、填土性质、荷载情况以及墙身材料、施工条件等,凭经验初步拟定截面尺寸,然后进行验算。如不满足要求,修改截面尺寸,或采取其他措施。挡土墙的截面尺寸一般包括挡土墙的高度、顶宽和底宽。

2. 重力式挡土墙的计算

重力式挡土墙的计算内容包括稳定性验算，墙身强度验算和地基承载力验算。

1) 抗倾覆稳定性验算

如图 6.20(a)所示，为一基底倾斜的挡土墙，在主动土压力作用下可能绕墙趾 O 点向外倾覆，抗倾覆力矩与倾覆力矩之比称为倾覆安全系数 K_t，K_t 应满足下式要求

$$K_t = \frac{Gx_0 + E_{az}x_f}{E_{ax}z_f} \geqslant 1.6 \quad (6-24)$$

$$E_{az} = E_a \sin(\alpha + \delta)$$

$$E_{ax} = E_a \cos(\alpha + \delta)$$

式中：G——挡土墙每延米自重(kN/m)；

x_0——挡土墙重心离墙趾的水平距离(m)；

x_f——土压力作用点离墙趾的水平距离(m)，$x_f = b - z\tan\alpha$；

E_{az}——主动土压力在 z 方向投影(kN/m)；

E_{ax}——主动土压力在 x 方向投影(kN/m)；

z——土压力作用点离墙踵的高差(m)；

z_f——土压力作用点离墙趾的高差(m)，$z_f = z - b\tan\alpha_0$；

b——基底的水平投影宽度(m)；

α——挡土墙墙背与竖直线的夹角(°)；

α_0——挡土墙基底的倾角(°)；

δ——土对挡土墙墙背的摩擦角(°)，可查表 6-3 确定。

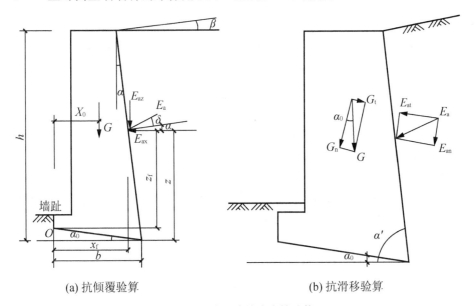

(a) 抗倾覆验算　　　　(b) 抗滑移验算

图 6.20　挡土墙的稳定性验算

2) 抗滑移稳定性验算

在土压力作用下，挡土墙有可能沿基础底面发生滑移，如图 6.20(b)所示。总抗滑力

与总滑动力之比称为抗滑移安全系数 K_s，K_s 应满足式(6-25)要求

$$K_s = \frac{(G_n + E_{an})\mu}{E_{at} - G_t} \geqslant 1.3 \quad (6-25)$$

挡土墙自重 G 和主动土压力 E_a 在垂直和平行于基底平面方向的分力分别为

$$G_n = G\cos\alpha_0$$

$$G_t = G\sin\alpha_0$$

$$E_{an} = E_a\cos(\alpha' - \alpha_0 - \delta)$$

$$E_{at} = E_a\sin(\alpha' - \alpha_0 - \delta)$$

式中：μ——土对挡土墙基底的摩擦系数，由试验确定，当无试验资料时，可按表 6-4 确定；

α'——挡土墙墙背的倾角(°)。

表 6-4 土对挡土墙基底的摩擦系数

土的类别	状态	摩擦系数 μ
黏性土	可塑	0.25～0.30
	硬塑	0.30～0.35
	坚硬	0.35～0.45
粉土		0.30～0.40
中砂、粗砂、砾砂		0.40～0.50
碎石土		0.40～0.60
软质岩石		0.40～0.60
表面粗糙的硬质岩石		0.65～0.75

若抗滑移稳定性验算结果不满足要求，可选用以下措施来解决。

(1) 修改挡土墙的尺寸，增加自重以增大抗滑力。

(2) 在挡土墙基底铺砂或碎石垫层，提高摩擦系数，增大抗滑力。

(3) 增大墙背倾角或做卸荷平台，以减小土对墙背的土压力，减小滑动力。

(4) 加大墙底面逆坡，增加抗滑力。

3) 墙身强度验算

挡土墙墙身强度验算可执行《混凝土结构设计规范》(GB 50010—2010)和《砌体结构设计规范》(GB 50003—2011)等标准的相应规定。

4) 地基承载力验算

挡土墙地基承载力的验算，应同时满足下列公式

$$p \leqslant f_a \quad (6-26)$$

$$p_{\max} \leqslant 1.2 f_a \quad (6-27)$$

式中：p——挡土墙基底压力的平均值(kPa)；

$p_{\max}$——挡土墙基底压力的最大值(kPa)；

f_a——修正后的地基承载力特征值(kPa)。

另外，基底合力的偏心距不应大于 0.25 倍基础的宽度。

【例 6-4】某重力式挡土墙高 5m，墙背竖直光滑，填土面水平，如图 6.21(a)所示。砌体重度 $\gamma_k = 22\text{kN/m}^3$，基底摩擦系数 $\mu = 0.5$，作用在墙背上的主动土压力 $E_a = 51.6\text{kN/m}$。试验算该挡土墙的抗滑移和抗倾覆稳定性。

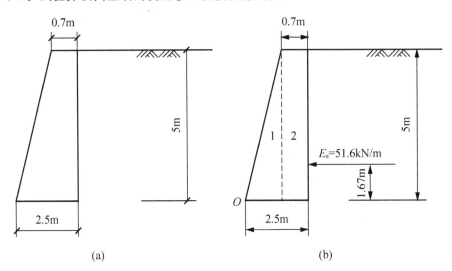

图 6.21　例 6-4 附图

【解】如图 6.21(b)所示，挡土墙自重及重心

$$G_1 = \frac{1}{2}(2.5-0.7) \times 5 \times 22 = 99(\text{kN/m})$$

$$G_2 = 0.7 \times 5 \times 22 = 77(\text{kN/m})$$

G_1、G_2 的作用点离 O 点的距离分别为

$$a_1 = 2/3 \times 1.8 = 1.2(\text{m})$$

$$a_2 = 1/2 \times 0.7 + 1.8 = 2.15(\text{m})$$

倾覆稳定性验算 $K_t = \dfrac{G_1 a_1 + G_2 a_2}{E_a z} = \dfrac{99 \times 1.2 + 77 \times 2.15}{51.6 \times 5/3} = 3.31 > 1.6$

滑移稳定验算 $K_s = \dfrac{(G_1 + G_2)\mu}{E_a} = \dfrac{(99+77) \times 0.5}{51.6} = 1.71 > 1.3$

满足稳定性要求。

6.4　土坡稳定分析

土坡可分为天然土坡和人工土坡。天然土坡是指由地质作用形成的山坡和江河湖海的岸坡；人工土坡是指因人类平整场地、开挖基坑、开挖路堑，或填筑路堤、土坝形成的边坡。

6.4.1　土坡的类型与特征

土坡是指具有倾斜坡面的土体。土坡根据其成因可分为天然土坡和人工土坡。天然土坡是由于地质作用自然形成的土坡,如山坡、江河的岸坡等;人工土坡是经过人工挖、填筑的土工建筑物,如基坑、渠道、土坝、路堤等的边坡。土坡的顶面和底面水平且无限延伸,坡体由均值土组成,称为简单土坡。简单土坡的外形和各部分名称见图6.22。

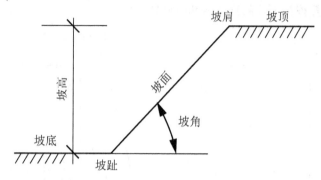

图 6.22 边坡各部分名称

土坡具有一定的坡度,因而其自重的分量会产生一定的下滑力。在外在因素改变时,可能会出现内部剪应力达到抗剪强度的情况,导致土坡失稳破坏。均质的和成层的非均质的无黏性土坡通常会发生滑动面为平面的滑坡;黏性土坡通常会发生滑动面为近似圆弧面的滑坡。

6.4.2 土坡失稳的原因及影响因素

影响土坡稳定性的因素复杂多变,但其根本原因在于土体内部某个面上的剪应力达到了抗剪强度,使稳定平衡遭到破坏。导致土坡滑动失稳的原因可归纳为以下两类。

(1) 外界荷载作用或土坡环境变化等使土体内部剪应力加大。例如路堑或基坑的开挖,堤坝施工中上部填土荷重的增加,降雨使土体饱和导致重度增加,土体内地下水的静压力和渗流力,坡顶荷载过量或由于地震、打桩等引起的动力荷载等。

(2) 外界各种因素影响导致土的抗剪强度降低,促使土坡失稳破坏。例如超静孔隙水压力的产生,气候变化产生的干裂、冻融,黏土夹层因雨水等侵入而软化,以及黏性土蠕变导致的土体强度降低。

6.4.3 简单土质边坡的稳定分析

土坡的稳定程度通常用安全系数来衡量,它表示土坡在预计的最不利条件下具备的安全保障。土坡的安全系数为滑动面上的抗滑力矩 M_r 与滑动力矩 M 的比值,即 $K=M_r/M$(或是抗滑力 T_f 与滑动力 T 的比值,即 $K=T_f/T$);或为土体的抗剪强度 τ_f 与土坡最危险滑动面上产生的剪应力 τ 的比值,即 $K=\tau_f/\tau$,也有用内聚力、内摩擦角、临界高度表示的。对于不同的情况,采用不同的表达方式。

1. 无黏性土土坡的稳定性分析

根据实际观测,由均质砂性土构成的土坡,破坏时的滑动面往往接近于一个平面,因此在分析砂性土的土坡稳定时,为了简化计算,一般均假定滑动面是平面,如图 6.23 所示。

斜坡上的土颗粒 M，其自重为 W，砂土的内摩擦角为 φ。W 垂直于坡面和平行于坡面的分力分别为 N 和 T。

$$N = W\cos\beta$$
$$T = W\sin\beta$$

分力 T 将使土颗粒 M 向下滑动，为滑动力。阻止 M 下滑的抗滑力则是由垂直于坡面上的分力 N 引起的最大静摩擦力 T'。

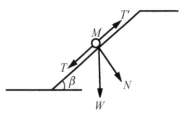

图 6.23　砂土土坡稳定分析

$$T' = N\tan\varphi = W\cos\beta\tan\varphi$$

抗滑力与滑动力的比值称为稳定安全系数 K，即

$$K = \frac{T'}{T} = \frac{W\cos\beta\tan\varphi}{W\sin\beta} = \frac{\tan\varphi}{\tan\beta} \qquad (6-28)$$

由上式可见，无黏性土坡的极限坡角 β 等于其内摩擦角 φ，即当 $\beta=\varphi$ 时，$K=1$，土坡处于极限平衡状态。故砂土的内摩擦角也称为自然休止角。由上述的平衡关系还可看出：无黏性土土坡的稳定性与坡高无关，仅取决于坡角 β 和内摩擦角 φ，只要 $\beta<\varphi(K>1)$，土坡就是稳定的。

● 特　别　提　示

为了保证土坡具有足够的安全储备，《建筑边坡工程技术规范》(GB 50330—2013)规定，按照边坡工程安全等级不同，可取 $K=1.2\sim1.35$。

【例 6-5】某砂土场地需放坡开挖基坑，已知砂土的自然休止角 $\varphi=32°$，试求：
(1) 放坡时的极限坡角 β_{cr}；
(2) 若取安全系数 $K=1.35$，求稳定坡角 β。

【解】(1) $\beta_{cr} = \varphi = 32°$；

(2) 由 $K = \dfrac{\tan\varphi}{\tan\beta}$，得 $\beta = \arctan\left(\dfrac{\tan\varphi}{K}\right) = 24.8°$。

2. 黏性土土坡的稳定性分析

黏性土土坡失稳前一般在坡顶产生张拉裂缝，继而沿着某一曲面产生整体滑动，同时伴随着变形。在垂直于纸面方向，滑坡将延伸至一定范围，也是曲面。为了简化计算，在稳定分析中通常作为平面问题处理，而且假定滑动面为圆弧面，如图 6.24 所示。

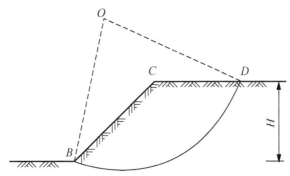

图 6.24　黏性土土坡的圆弧滑动面

黏性土土坡的稳定分析有许多种方法，目前工程上最常用的是瑞典条分法。

瑞典条分法首先由瑞典铁路工程师彼得森(K. E. Petterson，1916 年)提出，后经 W. 费兰纽斯(Fellenius，1922 年)等人不断修改和完善，在工程中得到了广泛应用。

条分法的计算步骤如下。

(1) 按比例绘出土坡剖面，如图 6.25 所示。

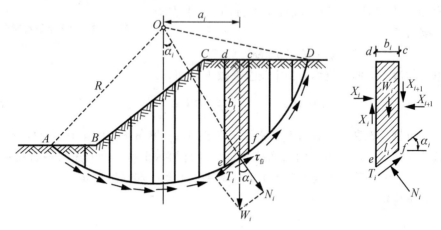

图 6.25　土坡稳定分析的条分法

(2) 任选一圆心 O，以 $\overline{OA}$ 为半径做圆弧，圆弧 $\overset{\frown}{AD}$ 为滑动面，将滑动面以上土体分成几个等宽(不等宽亦可)土条，土条宽度一般可取 $b=0.1R$。

(3) 计算每个土条的力，以第 i 条为例进行分析。

任意土条 i 上的作用力包括(纵向取 1m)：土条自重 W_i，其大小、作用点位置及方向均已知。

滑动面 $\overset{\frown}{ef}$ 上的法向反力 N_i 及剪切力 T_i，假定 N_i 和 T_i 作用在滑动面 $\overset{\frown}{ef}$ 的中点，它们的大小均未知。

作用于土条两侧的法向力 E_i，E_{i+1}，以及竖向剪切力 X_i，X_{i+1}，其中 E_i 和 X_i 可由前一个土条的平衡条件求得，而 E_{i+1} 和 X_{i+1} 的大小未知，E_{i+1} 的作用点位置也未知。

由此看到，土条 i 的作用力中有 5 个未知数，但只能建立 3 个平衡条件方程，故为非静定问题。为了简化计算，不考虑土条两侧的作用力，也即假定 E_i 和 X_i 的合力与 E_{i+1}、X_{i+1} 的合力相平衡。这时土条 i 仅有作用力 W_i、N_i 及 T_i，根据土条静力平衡条件可得

$$N_i = W_i \cos\alpha_i$$
$$T_i = W_i \sin\alpha_i$$

滑动面 $\overset{\frown}{ef}$ 上的应力分别为

$$\sigma_i = \frac{N_i}{l_i} = \frac{1}{l_i} W_i \cos\alpha_i$$
$$\tau_i = \frac{T_i}{l_i} = \frac{1}{l_i} W_i \sin\alpha_i$$

此外，构成抗滑力的还有黏聚力 c_i。

(4) 滑动面 $\overset{\frown}{AD}$ 上的总滑动力矩(对滑动圆心)为

$$TR = R\sum T_i = R\sum W_i \sin\alpha_i$$

(5) 滑动面 $\overset{\frown}{AD}$ 上的总抗滑力矩（对滑动圆心）为

$$T'R = R\sum \tau_{fi} l_i = R\sum(\sigma_i \tan\varphi_i + c_i)l_i = R\sum(W_i \cos\alpha_i \tan\varphi_i + c_i l_i)$$

式中：α_i——土条 i 滑动面的法线与竖直线的夹角(°)；

l_i——土条 i 滑动面 $\overset{\frown}{ef}$ 的弧长(m)；

c_i、φ_i——滑动面上土的黏聚力(kPa)，以及内摩擦角(°)。

(6) 确定安全系数 K。总抗滑力矩与总滑动力矩的比值称为稳定安全系数 K，即

$$K = \frac{T'R}{TR} = \frac{\sum(W_i \cos\alpha_i \tan\varphi_i + c_i l_i)}{\sum W_i \sin\alpha_i} \tag{6-29}$$

式(6-29)是最简单的条分法的计算公式。由于忽略了土条之间的相互作用力，所以瑞典条分法不满足静力平衡条件，只满足滑动土体的整体力矩平衡条件。尽管如此，由于计算结果偏于安全，目前在工程上仍有较广泛的应用。

由于滑动圆弧是任意选定的，所以不一定是最危险滑弧，即上述计算的稳定安全系数 K 不一定是最小的。因此需要试算许多可能的滑动面，相应于最小安全系数的滑动面即为最危险滑动面。所以条分法实际上是一种试算法。由于这种计算的工作量大，目前一般由计算机来完成这种计算。

习 题

一、填空题

1. 根据挡土墙的位移方向，墙后土压力可分为_____、_____和_____。
2. 朗肯土压力理论的基本假设是_____、_____、_____。
3. 库仑土压力理论的适用条件是_____、_____、_____。
4. 重力式挡土墙的计算内容包括_____验算、_____验算、_____验算和_____验算。
5. 当采用相同的计算指标和计算方法时，挡土墙背以_____时主动土压力最小，_____居中，_____最大。
6. 无黏性土坡的稳定性仅取决于土坡_____，其值越小，土坡的稳定性越_____。
7. 无黏性土坡的坡角越大，其稳定安全系数数值越_____，土的内摩擦角越大，其稳定安全系数值越_____。

二、选择题

1. 地下室外墙面上的土压力应按（　　）进行计算。
    A. 静止土压力　　B. 主动土压力　　C. 被动土压力

2. 挡土墙符合朗肯条件,挡土墙后填土发生主动破坏时,滑动面的方向为(　　)。
   A. 与水平面成 $45°+\varphi/2$ 度　　　　B. 与水平面成 $45°-\varphi/2$ 度
   C. 与水平面成 $45°$

3. 若挡土墙的墙背竖直且光滑,墙后填土水平,黏聚力 $c=0$,采用朗肯解和库仑解,得到的主动土压力(　　)。
   A. 朗肯解大　　　B. 库仑解大　　　C. 相同

4. 挡土墙后的(　　)。
   A. 填土应该疏松好,因为松土的重度小,土压力就小
   B. 填土应该密实些好,因为土的 φ 大,主动土压力就小
   C. 填土密度与土压力的大小无关

5. 库仑土压力理论通常适用于(　　)。
   A. 黏性土　　　B. 砂性土　　　C. 各类土

6. 挡土墙的墙背与填土的摩擦角 δ 对库仑主动压力计算的结果(　　)。
   A. δ 越大,土压力越小　　　　B. δ 越大,土压力越大
   C. 与土压力大小无关,仅影响土压力作用方向

7. 如在开挖临时边坡以后砌筑重力式挡土墙,合理的墙背形式是(　　)。
   A. 直立　　　B. 俯斜　　　C. 仰斜　　　D. 背斜

8. 相同条件下,作用在挡土构筑物上的主动土压力、被动土压力、静止土压力的大小之间存在的关系是(　　)。
   A. $E_p > E_a > E_0$　B. $E_a > E_p > E_0$　C. $E_p > E_0 > E_a$　D. $E_0 > E_p > E_a$

9. 设计地下室外墙时,作用在其上的土压力应采用(　　)。
   A. 主动土压力　　B. 被动土压力　　C. 静止土压力　　D. 极限土压力

10. 根据库仑土压力理论,挡土墙墙背的粗糙程度与主动土压力 E_a 的关系为(　　)。
    A. 墙背越粗糙,E_a 越大　　　　B. 墙背越粗糙,E_a 越小
    C. E_a 数值与墙背粗糙程度无关

11. 下列因素中,导致土坡失稳的因素是(　　)。
    A. 坡脚挖方　　　　　　　　B. 动水压力减小
    C. 土的含水量降低　　　　　D. 土体抗剪强度提高

12. 某砂土坡坡角为 $20°$,土的内摩擦角为 $30°$,该土坡的稳定安全系数为(　　)。
    A. 1.59　　　B. 1.50　　　C. 1.20　　　D. 1.48

三、简答题

1. 土压力有哪几种?影响土压力的各种因素中最主要的因素是什么?
2. 试比较朗肯土压力理论和库仑土压力理论的基本假定及适用条件。
3. 墙背的粗糙程度、坡土排水条件的好坏对主动土压力有何影响?
4. 挡土墙有哪几种类型?如何确定重力式挡土墙断面尺寸?
5. 土坡稳定有何实际意义?影响土坡稳定的因素有哪些?如何防止土坡滑动?
6. 什么是无黏性土坡的自然休止角?无黏性土坡的稳定性与哪些因素有关?
7. 土坡稳定分析的条分法原理是什么?如何确定最危险圆弧滑动面?

四、计算题

1. 某挡土墙高 7m，墙背竖直光滑，填土面水平，并作用有连续的均布荷载 $q=15\text{kPa}$，墙后填土分两层，其物理力学性质指标如图 6.26 所示，试计算墙背所受土压力分布、合力及其作用点位置。

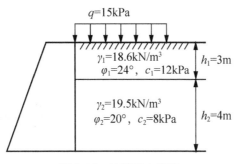

图 6.26 计算题 1 附图

2. 某挡土墙高 5m，墙背竖直光滑，填土面水平，$\gamma=18\text{kN/m}^3$，$\varphi=24°$，$c=14\text{kPa}$。试计算：①该挡土墙主动土压力分布、合力大小及其作用点位置；②若该挡土墙在外力作用下，向填土方向产生较大位移时，作用在墙背的土压力分布、合力大小及其作用点位置又为多少？

3. 某挡土墙墙后填土为中密粗砂，$\gamma=18.5\text{kN/m}^3$，$\varphi=32°$，$\delta=18°$，$\beta=15°$，墙高 4.5m，墙背与竖直线的夹角 $\alpha=-8°$，试计算该挡土墙主动土压力 E_a 值。

4. 用库仑土压力理论计算图 6.27 所示挡土墙的主动土压力。已知填土 $\gamma=20\text{kN/m}^3$，$\varphi=30°$，$c=0$；挡土墙高度 $H=5\text{m}$，墙背倾角 $\varepsilon=10°$，墙背摩擦角 $\delta=\varphi/2$。

5. 某挡土墙高 $h=7\text{m}$，墙背直立、光滑，填土面水平墙后填土为无黏性土，其物理力学性质指标：内摩擦角 $\varphi=30°$，黏聚力 $c=0$，孔隙比 $e=0.8$，相对密度 $d_s=2.7$。地下水位在填土表面下 2m 的深度，水位以上填土的含水量 $w=20\%$。求墙后土体处于主动土压力状态时墙所受到的总侧压力，并绘出侧压力分布图。

6. 如图 6.28 所示的挡土墙，墙身的砌体重度 $\gamma_k=22\text{kN/m}^3$，试验算挡土墙的稳定性。

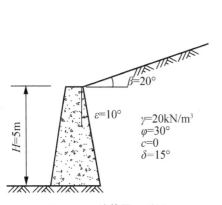

图 6.27 计算题 4 附图

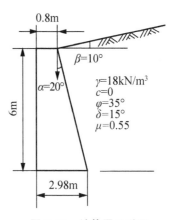

图 6.28 计算题 6 附图

第 7 章

地基勘察

学习目标

本章介绍了岩土工程勘察的阶段、等级、目的与任务，勘察的基本要求与方法，勘察报告的内容与阅读应用，以及验槽的内容与方法。通过本章的学习，要求学生掌握岩土工程勘察阶段与等级，岩土工程勘察方法，勘察报告的阅读应用；熟悉工程地质的基础知识，验槽的内容与方法，基槽的局部处理。

第7章 地基勘察

引 例

未经勘察就盲目设计造成严重沉降和倾斜

天津市某公司生活区,未经勘察,于 1994 年 3 月初破土动工兴建 4 幢 4 层住宅楼,1994 年 10 月份开始住人时,就发现楼房有严重沉降和明显的倾斜。

该楼群的设计是在缺乏地基勘察资料的情况下进行的。后来通过补充勘察得知,基底下的持力层为厚 0.4~0.9m 的黏土,分布很不均匀;下卧层为高压缩性的淤泥和淤泥质土。楼房发生严重沉降和倾斜主要是由于不经勘察就盲目设计造成的。

7.1 工程地质知识概述

7.1.1 地质构造

地质构造是指岩层经地壳运动产生的倾斜、弯曲、错动、断开和破碎等变形变态。地质构造决定场地岩土分布的均一性和岩体的工程地质的性质。地质构造与场地稳定性以及地震评价等的关系尤为密切,是评价建筑场地工程地质条件所应考虑的基本因素。地质构造的主要类型有褶皱构造和断裂构造。

1. 褶皱构造

地壳中层状岩层在水平运动的作用下,使原始的水平产状的岩层弯曲起来,形成褶皱构造。岩层的一个弯曲为褶皱构造的基本单元,称为褶曲。褶皱的基本形态是由背斜和向斜组成的弯曲形态(图 7.1)。

背斜由核部地质年代较老到翼部较新的岩层组成,横剖面呈凸起弯曲的形态。向斜则由核部新岩层和翼部老岩层组成,横剖面呈向下凹曲的形态。

由于年代久远、长期暴露地表,使得部分岩层尤其是软质或裂隙发育的岩石,受到风化和剥蚀作用的严重破坏而丧失了完整的褶曲形态。

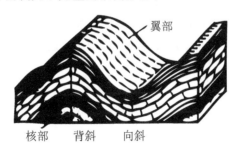

图 7.1 褶皱构造背斜、向斜示意图

2. 断裂构造

受地壳运动影响,岩体连续性遭到破坏而产生的机械破裂,形成断裂构造。岩体破裂面两侧岩层无明显位移的裂缝或裂隙的断裂构造,称为节理;岩体断裂且沿断裂面两侧岩层有明显位移的结构变动痕迹,称为断层。

1) 节理

岩层因地壳运动引起的剪应力形成的断裂称为剪节理,常呈两组平直相交的 X 形。岩层受力弯曲时,外凸部位由拉应力引起的断裂称为张节理,其裂隙明显,节理面粗糙。

在褶皱山区,岩层强烈破碎,顺向坡岩体易沿岩层层面和节理面滑动,而丧失稳定性。节理发育的岩体加速了风化作用,从而使岩体的强度大大降低。

2) 断层

分居于断层面两侧相互错动的两个断块,其中位于断层面之上的称为上盘,位于断层面之下的称为下盘。若按断块之间的相对错动的方向来划分:上盘下降、下盘上升的断层,称正断层;上盘上升、下盘下降的断层称逆断层;如两断块水平互错,则称为平移断层,如图 7.2 所示。

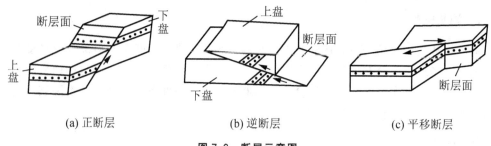

(a) 正断层　　　　　(b) 逆断层　　　　　(c) 平移断层

图 7.2　断层示意图

7.1.2　地形地貌

地表形态的外部特征,如高低起伏、坡度大小和空间分布等称为地形。从地质学和地理学观点考察的地表形态就称为地貌。地貌按成因、形态及发展过程划分为地貌单元,主要有山地、丘陵、平原等地貌单元。

山地是地壳上升运动或岩浆活动等复杂演变过程形成的,它同时又受到流水及其他外力的侵蚀作用,于是呈现现今山区崎岖不平、复杂多变的地貌。

丘陵是山地经过外力地质作用长期剥蚀切割而成的外貌低矮平缓的起伏地形。

平原是高度变化微小,表面平坦或者只有轻微波状起伏的地区。

7.1.3　地下水

地下水是指存在于地面下土和岩石的孔隙、裂隙或溶洞中的水。建筑场地的水文地质条件主要包括地下水的埋藏条件、地下水位及其动态变化、地下水化学成分及其对混凝土的腐蚀性等。

1. 地下水的埋藏条件

地下水按其埋藏条件可分为上层滞水、潜水和承压水三种类型,见表 7-1。

表 7-1　地下水的类型

类型	位　置	补给来源和分布范围	动态变化
上层滞水	埋藏在地表浅处，局部隔水透镜体的上部，且具有自由水面的地下水	主要是由大气降水补给，分布范围有限	其动态变化与气候、隔水透镜体厚度及分布范围等因素有关
潜水	埋藏在地表以下第一个稳定隔水层以上的具有自由水面的地下水	潜水直接受雨水渗透或河流渗入土中而得到补给，也直接由于蒸发或流入河流而排泄，其分布区与补给区是一致的	潜水水位变化直接受气候条件变化的影响
承压水	充满于两个稳定隔水层之间的含水层中的地下水，承受一定的静水压力	在地面打井至承压水层时，水便在井中上升甚至喷出地表，形成自流井。由于承压水的上面存在隔水顶板的作用，其埋藏区与地表补给区不一致	其动态变化受局部气候因素影响不明显

2. 地下水的腐蚀性

地下水中含有各种化学成分，当某些成分（如硫酸盐、镁盐、氯离子等）含量过多时，会腐蚀混凝土、钢筋、石料及金属管道而造成危害。

7.2　岩土工程勘察阶段与等级

7.2.1　岩土工程勘察阶段

岩土工程勘察阶段的划分是与工程设计阶段相适应的，可以分为可行性研究勘察、初步勘察、详细勘察三个阶段。视工程的实际需要，当工程地质条件复杂或有特殊施工要求的重大工程，宜增加施工勘察。

● 知识拓展

场地较小且无特殊要求的工程可合并勘察阶段。当建筑物平面布置已经确定，且场地或其附近已有岩土工程资料时，可根据实际情况，直接进行详细勘察。

1. 可行性研究勘察

为了取得场址方案的主要勘察资料，并对拟选场址的适宜性做出岩土工程评价和方案的比较，从而择优选出工程建设场地，需要进行可行性研究勘察，也称为选址勘察。

2. 初步勘察

初步勘察密切配合工程初步设计的要求，对场地内拟建建筑地段的稳定性做出评价，为确定建筑地基基础设计方案和不良地质条件防治措施提供依据。

3. 详细勘察

详细勘察是在初步勘察的基础上，配合施工图设计的要求对建筑地基所进行的岩土工程勘察。详细勘察应按单体建筑物或建筑群提出详细的岩土工程资料和设计、施工所需的岩土参数;对建筑地基做出岩土工程评价,并对地基类型、基础形式、地基处理、基坑支护、工程降水和不良地质作用的防治等提出建议。

4. 施工勘察

施工勘察指的是直接为施工服务的各项勘察工作,包括施工阶段所进行的勘察工作和施工完成后进行的勘察工作。但并非所有的工程都需要进行施工勘察,仅在以下几种情况下需要进行施工勘察:对重要建筑的复杂地基,需要在开挖基槽后进行验槽;开挖基槽后,地质条件与原勘察报告不符;深基坑施工需进行测试工作;研究地基加固处理方案;地基中溶洞或土洞较发育;施工中出现斜坡失稳,需要进行观测和处理。

7.2.2 岩土工程勘察等级

1. 工程重要性等级

根据建筑工程的规模和特征,以及由于岩土工程问题造成工程破坏或影响正常使用的后果,可分为三个工程重要性等级。

(1) 一级工程。重要工程,后果很严重。
(2) 二级工程。一般工程,后果严重。
(3) 三级工程。次要工程,后果不严重。

2. 场地等级

根据场地的复杂程度,分为一级场地、二级场地和三级场地3个场地等级,划分标准见表7-2。

表7-2 场地等级的划分

场地等级	条件(符合下列条件之一即可)
一级场地(复杂场地)	(1) 对建筑抗震危险的地段 (2) 不良地质作用强烈发育 (3) 地质环境已经或可能受到强烈破坏 (4) 有影响工程的多层地下水,岩溶裂隙水或其他水文地质条件复杂,需专门研究的场地
二级场地(中等复杂场地)	(1) 对建筑抗震不利的地段 (2) 不良地质作用一般发育 (3) 地质环境已经或可能受到一般破坏 (4) 地形地貌较复杂 (5) 基础位于地下水位以下的场地
三级场地(简单场地)	(1) 抗震设防烈度等于或小于6度,或对建筑抗震有利的地段 (2) 不良地质作用不发育 (3) 地质环境基本未受破坏 (4) 地形地貌简单 (5) 地下水对工程无影响

注:从一级开始,向二级、三级推定,以最先满足者为准。

3. 地基等级

根据地基的复杂程度,可按下列规定分为三个地基等级,见表7-3。

表7-3 地基等级的划分

地基等级	条件(符合下列条件之一即可)
一级地基(复杂地基)	(1) 岩土种类多,很不均匀,性质变化大,需特殊处理 (2) 严重湿陷、膨胀、盐渍、污染的特殊性岩土,以及其他情况复杂,需作专门处理的岩土
二级地基(中等复杂地基)	(1) 岩土种类较多,不均匀,性质变化较大 (2) 除本条第1款规定以外的特殊性岩土
三级地基(简单地基)	(1) 岩土种类单一,均匀,性质变化不大 (2) 无特殊性岩土

4. 岩土工程勘察等级

根据工程重要性等级、场地复杂程度等级和地基复杂程度等级,可按下列条件划分岩土工程勘察等级,见表7-4。

表7-4 岩土工程勘察等级的划分

岩土工程勘察等级	区 别 点
甲级	在工程重要性、场地复杂程度和地基复杂程度等级中,有一项或多项为一级
乙级	除勘察等级为甲级和丙级以外的勘察项目
丙级	工程重要性、场地复杂程度和地基复杂程度等级均为三级

建筑在岩质地基上的一级工程,当场地复杂程度等级和地基复杂程度等级均为三级时,岩土工程勘察等级可定为乙级。

7.2.3 岩土工程勘察的目的与任务

岩土工程勘察的目的在于以各种勘察手段和方法,调查研究和分析评价建筑场地和地基工程地质条件,为建筑设计和施工提供所需的工程地质资料。

岩土工程勘察主要有以下工作任务。

(1) 查明建设场地与地基稳定性问题。主要查明场地与断裂构造的位置关系、断裂地质构造的活动性及规模、地震的基本烈度、砂土液化的可能性、场地有无滑坡和泥石流等不良地质现象及其危害程度。

(2) 查明建设场地的地层类别、成分、厚度和坡度变化。

(3) 查明建设场地的水文地质条件。重点查明地下水的类型、补给来源、排泄条件、埋藏深度及污染程度等。

(4) 查明地基土的物理力学性质指标。

(5) 确定地基承载力,预估基础沉降。

(6) 提出地基基础设计方案的建议。

7.3 岩土工程勘察的基本要求

7.3.1 岩土工程勘察的工作内容

岩土工程勘察是工程建设的先行工作，为工程建设的规划、设计、施工提供必备的工程地质和水文地质依据，充分利用有利的自然地质条件，避开、防治不利的地质条件，保证建筑物的安全和正常使用。岩土工程勘察的主要工作内容如下。

1. 查明场地的工程地质和水文地质条件

通过工程地质测绘与现场调查、勘探、室内试验、现场测试、现场观测等方法，查明建设场地的工程地质条件，主要包括如下内容。

(1) 查明场地地形地貌的特征、地貌成因类型及地貌单元的划分。

(2) 查明场地的底层类别、成分、分布规律和埋藏条件。

(3) 查明场地的水文地质条件，主要包括地下水的类型、补给、埋藏、排泄条件，水位变化幅度，岩土渗透性及地下水的腐蚀性等。

(4) 查明场地有无不良地质现象，如滑坡、崩塌、岩溶、土洞、冲沟、泥石流、地震液化等。若场地有不良地质现象，则应查明其成因、分布、形态、规模及发育程度，并判断其对工程可能造成的危害。

(5) 提供设计、施工所需的土层物理力学性质指标。

2. 岩土工程分析评价

根据建设场地的工程地质条件并结合工程的具体特点和要求，进行岩土工程分析评价，并提出地基基础设计方案和施工措施。岩土工程分析评价包括下列内容。

(1) 整理测绘、勘探、测试收集到的各种资料。

(2) 统计和选定岩土工程计算参数。

(3) 进行咨询性的岩土工程设计。

(4) 预测或研究岩土工程施工和运营中可能发生或已经发生的问题，提出预防或处理方案。

(5) 编制岩土工程勘察报告。

3. 现场检验、监测

对于重要工程或复杂的岩土工程问题，在施工阶段或使用期间需进行现场检验、监测。必要时，根据监测资料对设计、施工方案做出适当调整或采取补救措施，以保证工程质量和安全。

7.3.2 各勘察阶段的基本要求

1. 可行性研究勘察

可行性研究勘察阶段应对拟建场地的稳定性和适宜性做出评价，并应符合下列要求。

(1) 搜集区域地质、地形地貌、地震、矿产,当地的工程地质、岩土工程和建筑经验等资料。

(2) 在充分搜集和分析已有资料的基础上,通过踏勘了解场地的地层、构造、岩性、不良地质作用和地下水等工程地质条件。

(3) 当拟建场地工程地质条件复杂,已有资料不能满足要求时,应根据具体情况进行工程地质测绘和必要的勘探工作。

(4) 当有两个或两个以上拟选场地时应进行比选分析。

2. 初步勘察

初步勘察的勘探工作应符合下列要求。

(1) 勘探线应垂直地貌单元、地质构造和地层界线布置。

(2) 每个地貌单元均应布置勘探点,在地貌单元交接部位和地层变化较大的地段,勘探点应予加密。

(3) 在地形平坦地区,可按网格布置勘探点。

(4) 对岩质地基、勘探线和勘探点的布置、勘探孔的深度,应根据地质构造、岩体特性风化情况等按地方标准或当地经验确定。

3. 详细勘察

详细勘察阶段的主要工作是搜集附有坐标和地形的建筑总平面图,场区的地面整平标高,建筑物的性质、规模、荷载、结构特点、基础形式、埋置深度、地基允许变形等资料;查明不良地质作用的类型、成因、分布范围、发展趋势和危害程度,提出整治方案的建议;查明建筑范围内岩土层的类型、深度、分布、工程特性,分析和评价地基的稳定性、均匀性和承载力;对需进行沉降计算的建筑物,提供地基变形计算参数,预测建筑物的变形特征;查明埋藏的河道、沟浜、墓穴、防空洞、孤石等对工程不利的埋藏物;查明地下水的埋藏条件,提供地下水位及其变化幅度;在季节性冻土地区,提供场地土的标准冻结深度;判定水和土对建筑材料的腐蚀性。

7.3.3 勘探线、勘探点的布置

1. 初步勘察勘探线、勘探点的布置

1) 勘探线、勘探点的布置原则

初步勘察勘探线、勘探点的布置原则是:勘探线应垂直地貌单元、地质构造和地层界线布置;勘探点沿勘探线布置,每个地貌单元均应布置勘探点,在地貌单元交接部位和地层变化较大的地段,勘探点应予以加密;在地形平坦地区,可按网格布置勘探点。

2) 勘探线、勘探点间距

初步勘察勘探线、勘探点间距见表 7-5,局部异常地段应予以加密。

3) 勘探孔

勘探孔可分为一般性勘探孔和控制性勘探孔两类,控制性勘探孔宜占勘探孔总数的 1/5~1/3,且每个地貌单元均应有控制性勘探孔。初步勘察勘探孔的深度见表 7-6,孔深应根据地质条件适当增减,如遇岩层及坚实土层可适当减小,遇软弱地层可适当增大。

表 7-5　初步勘察勘探线、勘探点间距

地基复杂程度等级	勘探线间距/m	勘探点间距/m
一级（复杂）	50～100	30～50
二级（中等复杂）	75～150	40～100
三级（简单）	150～300	75～200

注：表中间距不适用于地球物理勘探。

表 7-6　初步勘察勘探孔深度

工程重要性等级	一般性勘探孔/m	控制性勘探孔/m
一级（重要工程）	≥15	≥30
二级（一般工程）	10～15	15～30
三级（次要工程）	6～10	10～20

注：1. 勘探孔包括钻孔、探井和原位测试孔等。
2. 特殊用途的钻孔除外。

采取土试样和进行原位测试的勘探点应结合地貌单元、地层结构和土的工程性质布置，其数量可占勘探点总数的 1/4～1/2；采取土试样的数量和孔内原位测试的竖向间距，应按地层特点和土的均匀程度确定，每层土均应采取试样或进行原位测试，其数量不宜少于 6 个。

2. 详细勘察勘探线、勘探点的布置

1）勘探线、勘探点的布置原则

详细勘察勘探点的布置原则是：勘探点宜按建筑物周边线和角点布置，对无特殊要求的其他建筑物可按建筑物或建筑群的范围布置；同一建筑范围内的主要受力层或有影响的下卧层起伏较大时，应加密勘探点；重大设备基础应单独布置勘探点；重大的动力机器基础和高耸构筑物，勘探点不宜少于 3 个；在复杂地质条件或特殊岩土地区宜布置适量的探井。

2）勘探线、勘探点间距

详细勘察勘探点的间距见表 7-7。

表 7-7　详细勘察勘探点的间距

地基复杂程度等级	勘探点间距/m
一级（复杂）	10～15
二级（中等复杂）	15～30
三级（简单）	30～50

3）勘探孔

详细勘察的勘探孔深度自基础底面算起，并应符合下列规定。

（1）勘探孔深度应能控制地基主要受力层，当基础底面宽度不大于 5m 时，勘探孔的深度对条形基础不应小于基础底面宽度的 3 倍,对单独柱基不应小于 1.5 倍,且不应小于 5m。

(2) 对高层建筑和需作变形计算的地基,控制性勘探孔的深度应超过地基变形计算深度;高层建筑的一般性勘探孔应达到基底下 0.5~1.0 倍的基础宽度,并深入稳定分布的土层。其中地基变形计算深度,对中、低压缩性土可取附加应力等于上覆土层有效自重应力 20%的深度;对于高压缩性土层可取附加应力等于上覆土层有效自重应力 10%的深度。

(3) 建筑总平面内的裙房或仅有地下室部分(或当基底附加压力 $p_0 \leqslant 0$ 时)的控制性勘探孔深度可适当减小,但应深入稳定分布地层,且根据荷载和土质条件不宜少于基底下 0.5~1.0 倍的基础宽度;对仅有地下室的建筑或高层建筑的裙房,当不能满足抗浮设计要求,需设置抗浮桩或锚杆时,勘探孔深度应满足抗拔承载力评价的要求。

(4) 当有大面积地面堆载或软弱下卧层时,应适当加深控制性勘探孔的深度;当在预定深度内遇基岩或厚层碎石土等稳定地层时,勘探孔的深度应根据情况进行调整。

(5) 大型设备基础勘探孔深度不宜小于基础底面宽度的 2 倍。

(6) 当需要进行地基整体稳定性验算时,控制性勘探孔深度应满足验算要求;当需要进行地基处理时,勘探孔的深度应满足地基处理设计与施工要求。

(7) 当采用桩基础时,勘探孔的深度应满足桩基础方面的要求。

采取土试样和进行原位测试的勘探点数量,应根据地层结构、地基土的均匀性和设计要求确定,对地基基础设计等级为甲级的建筑物每栋不应少于 3 个;每个场地每种主要土层的原状土试样或原位测试数据不应少于 6 组;在地基主要受力层内,对厚度大于 0.5m 的夹层或透镜体,应采取土试样或进行原位测试;当土层性质不均匀时,应增加土样数量或原位测试工作量。

7.4 岩土工程勘察方法

勘探是岩土工程勘察勘察的常用手段,勘探包括钻探、井探、槽探、洞探和地球物理勘探等。勘察中具体勘探方法的选择应符合勘察目的、要求和岩土的特性,力求以合理的工作量达到应有的技术效果。下面介绍工业与民用建筑中常用的几种勘察方法。

7.4.1 钻探

在工程地质勘探中,钻探是目前应用最广泛、最有效的一种勘探方法。钻探是采用钻探机具向下钻孔,钻孔直径小、深度大,从钻孔中取出岩土试样,以测定岩土物理力学性质指标,鉴别和划分地层。在钻探过程中,不仅可以取岩芯和地下水试样,进行室内土、水分析试验,必要时还可在孔内直接进行原位测试或长期观测。

钻孔的记录和编录应符合下列要求:野外记录应由经过专业训练的人员承担;记录应真实及时,按钻进回次逐段填写,严禁事后追记;钻探现场可采用肉眼鉴别和手触方法,有条件或勘察工作有明确要求时,可采用微型贯入仪等定量化、标准化的方法;钻探成果可用钻孔野外柱状图或分层记录表示;岩土芯样可根据工程要求保存一定期限或长期保存,也可拍摄岩芯、土芯彩照纳入勘察成果资料。

7.4.2 井探、槽探和洞探

井探、槽探、洞探是在建筑场地上用人工或机械开挖探井，探槽或平洞，直接观察了解地基土层情况与性质，是查明地下地质情况的最直观有效的勘探方法，但也存在一定的局限性，地下水位以下难以应用，且存在侧壁稳定性问题。

当钻探方法难以准确查明地下情况时，可采用探井、探槽进行勘探。在坝址、地下工程、大型边坡等勘察中，当需要详细查明深部岩层性质、构造特征时，可采用竖井或平洞。

探井、探槽开挖过程中，应根据地层情况、开挖深度、地下水位情况，采取井壁支护、排水、通风等措施。在多雨季节施工时，井、槽口应设防雨篷，开排水沟，防止雨水流入或浸润井壁。土石方不能随意弃置于井口边缘，一般堆土区应布置在下坡方向离井口边缘不少于2m的安全距离。另外，勘探结束后，探井、探槽必须妥善回填。

对探井、探槽和探洞除文字描述记录外，应以剖面图与展示图等反应井、槽、洞壁和底部的岩性，地层分界，构造特征，取样和原位试验位置，并辅以代表性部位的彩色照片。

7.4.3 地球物理勘探

地球物理勘探是一种兼有勘探和测试双重功能的技术。地球物理勘探是根据各种岩土具有的不同物理性能，对岩土层进行研究，以解决某些地质问题的一种勘探方法。

不同的岩石、土层和地质构造往往具有不同的物理性质，利用其导电性、磁性、弹性、湿度、密度、天然放射性等差别，通过专门的物探仪器测量，可以区别和推断有关地质问题。地球物理勘探，应根据探测对象的埋深、规模及其与周围介质的物性差异，选择有效的方法。用地球物理勘探的方法可以解决以下工程地质问题：作为钻探的先行手段，了解隐蔽的地质界线、界面或异常点、异常带，为经济合理地确定钻探方案提供依据；作为钻探的辅助手段，在钻孔之前增加地球物理勘探点，为钻探成果的内插、外推提供依据；作为原位测试手段，测定岩土某些特殊参数，如波速、动弹性模量、土对金属的腐蚀性等。

常用的地球物理勘探方法主要由电法、电磁法、地震波法、电视测井法等。

7.4.4 原位测试

原位测试是在岩土原来所处的位置上，基本保持其天然结构、天然含水量及天然应力状态下进行测试的技术。它与室内试验取长补短、相辅相成。原位测试主要包括载荷试验、静力触探试验、动力触探试验(圆锥动力触探试验、标准贯入试验)、十字板剪切试验、旁压试验、现场直接剪切试验等。原位测试方法应根据建筑类型、岩土条件、工程设计对参数的要求，以及地区经验和各测试方法的适用性等因素选择。本节主要介绍其中的载荷试验、静力触探试验、动力触探试验(圆锥动力触探试验、标准贯入试验)。

1. 载荷试验

载荷试验是在天然地基上模拟建筑物的基础荷载条件，通过承压板向地基施加竖向荷载，从而来确定承压板下应力主要影响范围内岩土的承载力和变形特性。载荷试验包括平板载荷试验和螺旋板载荷试验。平板载荷试验又分为浅层平板载荷试验和深层平板载荷试验。浅层平板载荷试验适用于浅层地基土；深层平板载荷试验适用于埋深等于或大于3m和地下水位以上的地基土。螺旋板载荷试验适用于深层地基土或地下水位以下的地基土，见第5.4节。

2. 静力触探试验

静力触探试验是将圆锥形的金属探头以静力方式按一定的速率均匀压入土中，探头中贴有电阻应变片，用电阻应变仪量测微应变的数值，计算其贯入阻力值，通过贯入阻力值的变化来了解土的工程性质。

1) 静力触探试验的适用范围

静力触探试验适用于软土、一般黏性土、粉土、砂土和含少量碎石的土。尤其是对不易取得原状土样的饱和砂土、高灵敏的软土层，以及土层竖向变化复杂而不能密集取样时，静力触探显示出其独特的优点。

2) 静力触探试验的仪器设备组成

静力触探试验的仪器设备由三部分组成：贯入系统、量测系统、探头。贯入系统包括触探主机、触探杆及反力装置。量测系统包括各种量测记录仪表与电缆线等。探头是静力触探试验仪器设备中直接影响试验成果准确性的关键部件，有严格的规格与质量要求。目前工程实践中主要使用的探头有：单桥探头（图 7.3，可测定比贯入阻力 p_s）和双桥探头（图 7.4，可同时测定锥尖阻力 q_c 和侧壁摩阻力 f_s）。

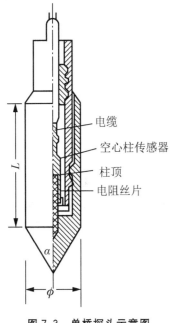

图 7.3 单桥探头示意图

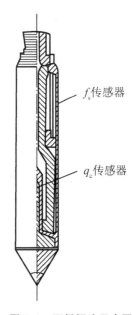

图 7.4 双桥探头示意图

3) 比贯入阻力 p_s、锥尖阻力 q_c 和侧壁摩阻力 f_s

(1) 比贯入阻力 p_s。比贯入阻力 p_s 是采用单桥探头测得的包括锥尖阻力和侧壁摩阻力

在内的单位探头锥底面积上的贯入阻力,即

$$p_s = \frac{P}{A} \tag{7-1}$$

式中：p_s——比贯入阻力(kPa)；

P——单桥探头测得的包括锥尖阻力和侧壁摩阻力在内的总贯入阻力(kN)；

A——探头锥底面积(m^2)。

（2）锥尖阻力 q_c 和侧壁摩阻力 f_s。锥尖阻力 q_c 和侧壁摩阻力 f_s 是采用双桥探头分别测得的锥尖阻力和侧壁摩阻力,即

$$q_c = \frac{Q_c}{A} \tag{7-2}$$

$$f_s = \frac{P_f}{F_s} \tag{7-3}$$

式中：q_c——锥尖阻力(kPa)；

f_s——侧壁摩阻力(kPa)；

Q_c——双桥探头测得的锥尖总阻力(kN)；

P_f——双桥探头测得的侧壁总摩阻力(kN)；

F_s——外套筒的总侧面积(m^2)。

4）静力触探试验结果的应用

静力触探资料主要用于以下几个方面。

（1）根据贯入曲线的线型特征,结合相邻钻孔资料和地区经验,划分土层和判定土类。

（2）根据静力触探资料,利用地区经验,进行力学分层,估算土的塑性状态或密实度、强度、压缩性、地基承载力、单桩承载力、沉桩阻力,进行液化判别等。

3. 动力触探试验

动力触探根据探头形式分为标准贯入试验和圆锥动力触探试验,前者采用下端呈刃形的管状探头,后者采用圆锥形探头。

1）标准贯入试验

标准贯入试验是用 63.5kg 的穿心锤,以 76cm 的落距自由下落,将标准规格的贯入器垂直打入土中 15cm,此时不计锤击数,以后开始记录每打入土层 10cm 的锤击数,累计打入 30cm 的锤击数为标准贯入试验锤击数 N。当锤击数已达 50 击,而贯入深度未达 30cm 时,可记录 50 击的实际贯入深度,按式（7-4）换算成相当于 30cm 的标准贯入试验锤击数 N,并终止试验。

$$N = 30 \times \frac{50}{\Delta S} \tag{7-4}$$

式中：ΔS——50 击时的贯入度(cm)。

实际应用 N 值时,应按具体岩土工程问题,参照有关规范考虑是否作杆长修正或其他修正。勘察报告应提供不作杆长修正的 N 值,应用时再根据情况考虑修正或不修正。

标准贯入试验主要适用于一般黏性土、砂土和粉土。

标准贯入试验的设备主要由标准贯入器、触探杆和穿心锤三部分组成(图 7.5)。

知识拓展

标准贯入试验应用较广,由标准贯入试验锤击数 N 值,可以确定砂土、粉土、黏性土的地基承载力;判别砂土的密实度;评定黏性土的稠度状态;确定土的强度参数、变形参数;判定地震时饱和砂土和粉土的液化势。

2) 圆锥动力触探试验

圆锥动力触探是用标准质量的穿心锤提升至标准高度后自由下落,将特制的圆锥探头贯入土中一定深度,根据所需的锤击数来判断土的工程性质。

圆锥动力触探根据锤击能量的大小可分为轻型、重型和超重型三种,其规格和适用土类见表 7-8。

轻型圆锥动力触探应用较多,其设备主要由探头、触探杆、穿心锤三部分组成(图 7.6)。轻型圆锥动力触探试验时,先用轻便钻具钻至试验土层标高,然后对土层连续触探,试验时穿心锤以 50cm 的落距自由下落,将触探头垂直打入土层中,记录每打入土层 30cm 的锤击数 N_{10}。该试验一般用于贯入深度小于 6m 的土层。重型和超重型圆锥动力触探的设备布置和试验过程与轻型圆锥动力触探相似,本节不再详细介绍。

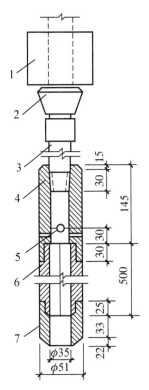

图 7.5 标准贯入试验设备(单位:mm)
1—穿心锤;2—锤垫;3—触探杆;4—贯入

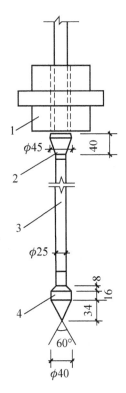

图 7.6 轻型动力触探试验设备(单位:mm)
1—穿心锤;2—锤垫;3—触探杆;4—圆锥头

表 7-8 圆锥动力触探类型

类型		轻 型	重 型	超重型
落锤	锤的质量/kg	10	63.5	120
	落距/cm	50	76	100
探头	直径/mm	40	74	74
	锥角/(°)	60	60	60
探杆直径/mm		25	42	50~60
指标		贯入30cm的读数 N_{10}	贯入10cm的读数 $N_{63.5}$	贯入10cm的读数 N_{120}
主要适用岩土		浅部的填土、砂土、粉土、黏性土	砂土、中密以下的碎石土、极软岩	密实和很密的碎石土、软岩、极软岩

利用轻型圆锥动力触探锤击数 N_{10}，可以确定黏性土与素填土的承载力以及判定砂土的密实度；采用重型圆锥动力触探锤击数 $N_{63.5}$ 可以确定砂土、碎石土的孔隙比，以及碎石土的密实度，还可以确定地基承载力、单桩承载力以及变形参数；采用超重型圆锥动力触探锤击数 N_{120} 可以确定密实砂土和碎石土的承载力和变形参数。

7.4.5 室内土工试验

室内土工试验是地基勘察中的重要内容，具体操作和试验仪器应符合现行国家标准《土工试验方法标准》（GB/T 50123—1999）（2007年版）和《工程岩体试验方法标准》（GB/T 50266—2013）的规定。岩土工程评价时所选用的参数值，宜与相应的原位测试成果或原型观测反分析成果比较，经修正后确定。

试验项目和试验方法，应根据工程要求和岩土性质的特点确定。当需要时应考虑岩土的原位应力场和应力历史，工程活动引起的新应力场和新边界条件，使试验条件尽可能接近实际；并应注意岩土的非均质性、非等向性和不连续性，以及由此产生的岩土体与岩土试样在工程性状上的差别。

常见的室内土工试验主要有以下几种。

1. 物理性质指标试验

各类工程均应测定下列土的分类指标和物理性质指标。
(1) 砂土。颗粒级配、比重、天然含水量、天然密度、最大和最小密度。
(2) 粉土。颗粒级配、液限、塑限、比重、天然含水量、天然密度和有机质含量。
(3) 黏性土。液限、塑限、比重、天然含水量、天然密度和有机质含量。

2. 击实试验

当需对土方回填或填筑工程进行质量控制时，应进行击实试验，测定土的干密度与含水量关系，确定最大干密度和最优含水量。

3. 压缩试验

当采用压缩模量进行沉降计算时，固结试验最大压力应大于土的有效自重压力与附加压力之和，试验成果可用 e-p 曲线整理，压缩系数和压缩模量的计算应取自土的有效自重压力至土的有效自重压力与附加压力之和的压力段。当考虑基坑开挖卸荷和再加荷影响时，应进行回弹试验，其压力的施加应模拟实际的加、卸荷状态。当考虑土的应力历史进行沉降计算时，试验成果应按 e-$\lg p$ 曲线整理，确定先期固结压力并计算压缩指数和回弹指数。施加的最大压力应满足绘制完整的 e-$\lg p$ 曲线。为计算回弹指数，应在估计的先期固结压力之后，进行一次卸荷回弹，再继续加荷，直至完成预定的最后一级压力。

4. 土的抗剪强度试验

(1) 三轴剪切试验的试验方法应按下列条件确定：对饱和黏性土，当加荷速率较快时宜采用不固结不排水（UU）试验；饱和软土应对试样在有效自重压力下预固结后再进行试验；对经预压处理的地基、排水条件好的地基、加荷速率不高的工程或加荷速率较快但土的超固结程度较高的工程，以及需验算水位迅速下降时的土坡稳定性时，可采用固结不排水（CU）试验；当需提供有效应力抗剪强度指标时，应采用固结不排水测孔隙水压力 CU 试验。

(2) 直接剪切试验的试验方法，应根据荷载类型、加荷速率和地基土的排水条件确定。

7.5 岩土工程勘察报告及应用

岩土工程勘察报告是整个岩土工程勘察工作情况的总结，根据勘察设计阶段任务书的要求，结合实际工程中建筑的特点和勘察区域的工程地质情况编写的。岩土工程勘察报告所依据的资料必须真实可靠，报告内容要求简明扼要，论证确切，能够作为设计、施工的依据。

7.5.1 岩土工程勘察报告的内容

岩土工程勘察工作结束后，把取得的野外工作和室内试验记录与数据，以及勘察过程中收集到的各种直接、间接资料分析整理、检查校对、归纳总结后做出的建筑场地的工程地质评价，最后要以简明的文字和图表编写成报告书。根据勘察任务的要求、勘察阶段、工程特点、地质条件等工程具体情况编写岩土工程勘察报告。要求资料完整、真实准确、数据无误、图表清晰、结论有据、重点突出、建议合理、便于使用和长期保存。

1. 岩土工程勘察报告的文字内容

(1) 勘察的目的、任务要求和编写报告所依据的技术标准。
(2) 拟建工程概况。
(3) 勘察方法和勘察工作布置。
(4) 场地地形、地貌、地层、地质构造、岩土性质及其均匀性。
(5) 各项岩土性质指标，岩土的强度参数、变形参数、地基承载力的建议值。
(6) 地下水埋藏情况、类型、水位及其变化。
(7) 土和水对建筑材料的腐蚀性。

(8) 可能影响工程稳定的不良地质作用的描述和对工程危害程度的评价。

(9) 场地的稳定性和适宜性的评价。

岩土工程勘察报告应对岩土利用、整治、改造的方案进行分析论证，提出建议；对工程施工和使用期间可能发生的岩土工程问题进行预测，提出监控和预防措施的建议。

2. 岩土工程勘察报告的图表内容

岩土工程勘察报告还应另附下列图表。

(1) 勘察点平面布置图。勘察点平面布置图是在建筑场地地形图上，把建筑物的位置、各类勘探、测试点的编号和位置用不同的图例表示出来，并注明各勘探、测试点的标高和深度、剖面线及其编号等。

(2) 工程地质柱状图。钻孔柱状图是根据钻孔的现场记录整理出来的。记录中除注明钻进的工具、方法和具体事项外，其主要内容是关于地层的分布和地层名称与特征的描述。绘制柱状图前，应根据土工试验成果及保存于钻孔岩芯箱中的土样对分层情况和野外鉴别记录进行认真校核，并做好分层和并层工作。当测试成果与野外鉴别不一致时，一般应以测试成果为主，当试样太少且缺乏实际代表性时才以野外鉴别为准。

(3) 工程地质剖面图。柱状图只反映场地某一勘探点处地层的竖向分布情况，剖面图则反映某一勘探线上地层沿竖向和水平向的分布情况。由于勘探线的布置常与主要地貌单元或地质构造轴线相垂直，或与建筑物的轴线相一致，故工程地质剖面图是勘察报告的最基本的图件。

(4) 原位测试成果图表。为了简明扼要地表示出所勘察的地层的层次及其主要特征和性质次序，自上而下以 $1:50 \sim 1:200$ 的比例绘呈柱状图。图上注明层厚或土的特征，对性质进行概括地描述，这种图件称为工程地质柱状图。

(5) 室内试验成果图表。岩土的物理力学性质指标是地基基础设计的重要依据，应将土的室内试验和原位试验所得的成果汇总列表表示。

编制岩土工程勘察报告时，除上述内容以外，必要时还可附上综合工程地质图、综合地质柱状图、地下水位线图，以及岩土利用整治和改造方案有关图表、岩土工程计算简图及计算成果图表等。

以上各项内容可视工程具体要求和实际情况有所侧重，对丙级岩土工程勘察的成果报告内容可适当简化，以图表为主，辅以必要的文字说明；对甲级岩土工程勘察的成果报告除应符合上述规范规定以外，尚可对专门性的岩土工程问题提交专门的试验报告、研究报告或监测报告。

7.5.2 岩土工程勘察报告的阅读和应用

岩土工程勘察报告是建筑基础设计、施工的依据，正确阅读、理解和使用岩土工程勘察报告对设计和施工人员是非常重要的。应当全面熟悉勘察报告的文字和图表内容，了解勘察的结论建议和岩土参数的可靠程度，把拟建场地的工程地质条件与拟建建筑的具体情况和要求联合起来进行综合分析。在确定基础设计方案时，要结合场地具体的工程地质条件，充分挖掘场地有利的条件，通过对若干方案的对比、分析、论证，选择安全可靠、经济合理、技术可行的较佳方案。

1. 场地稳定性评价

场地稳定性评价涉及区域稳定性和场地稳定性两个方面的问题。前者是指一个地区或区域的整体稳定，如有无新的、活动的构造断裂带通过；后者是指一个具体的工程建筑场地有无不良地质现象及其对场地稳定性的直接与潜在的危害。

场地稳定性评价原则上采取区域稳定性和地基稳定性相结合的方法。当地区的区域稳定性条件不利时，寻找一个地基好的场地会改善区域稳定性条件。对勘察中指明宜避开的危险场地，则不宜布置建筑物，如不得不在其中较为稳定的地段进行建设，须事先采取有效的防范措施，以免中途更改场地或花费较高的处理费用。

对建筑场地可能发生的不良地质现象，如泥石流、滑坡、崩塌、岩溶、坍塌等，应查明其成因、类型、分布范围、发展趋势及危害程度，采取适当的整治措施。

勘察报告的综合分析首先是评价场地的稳定性和适宜性，然后才是地基土的承载力和变形问题。

2. 持力层的选择

如果建筑场地是稳定的，或在一个不太利于稳定的区域选择了相对稳定的建筑地段，地基基础的设计必须满足地基承载力和基础沉降要求；如果建筑物受到的水平荷载较大或建在倾斜场地上，尚应考虑地基的稳定性问题。基础的形式有深、浅之分，前者主要把所承受荷载相对集中地传递到地基深部，后者则通过基础底面把荷载扩散分布于浅部地层，因而基础形式不同，持力层选择时侧重点不一样。

对天然地基上的浅基础而言，在满足地基稳定和变形要求的前提下，基础应尽量浅埋。

对深基础而言，主要的问题是合理选择桩端持力层。桩端持力层宜选择层位稳定的低压缩性土层。持力层下部不应有软弱地层和可液化地层。当持力层下的软弱地层不可避免时，应从持力层的整体强度及变形要求考虑，保持持力层有足够的厚度。此外，还应结合地层的分布情况和岩土层特征，考虑成桩时穿过持力层以上各地层的可能性。地层的承载力和变形特征是选择持力层的关键。

由于工程勘察程度有限，加之地基土特殊的工程性质和勘察手段本身的局限性，勘察报告不可能做到完全准确地反映场地的全部特征，因而在阅读和使用勘察报告时应注意分析和发现问题，对存有疑问的关键性问题应设法进一步查明，安排补充勘察，确保工程万无一失。

7.6 验　　槽

7.6.1 验槽的目的与内容

验槽就是在基坑开挖至设计标高后，由甲方邀请勘察、设计、监理与施工单位技术负责人，共同到工地对基槽进行检验。

1. 验槽的目的

(1) 检验勘察成果是否符合实际。通常勘探孔的数量有限，布设在建筑物外围轮廓线四角与长边的中点。基槽全面开挖后，地基持力层土层完全暴露出来，首先检验勘察成果与实际情况是否一致；勘察成果报告的结论与建议是否正确和切实可行；地基土层是否到达设计时由地质部门给的数据的土层，是否有差别，如有不相符的情况，应协商解决，修改设计方案，或对地基进行处理等措施。

(2) 基础深度是否达到设计深度。持力层是否到位或超挖，基坑尺寸是否正确，轴线位置及偏差、基础尺寸是否符合设计要求，基坑是否积水，基底土层是否被扰动。

(3) 解决遗留和新发现的问题。有时勘察成果报告遗留有当时无法解决的问题，例如，某地质勘查单位对一幢学生宿舍楼的岩土工程勘察工作时，场地上有一个"钉子户"蛮不讲理，不让进院内钻孔，成为一个遗留问题，后来在验槽中解决。

2. 验槽的内容

(1) 校核基槽开挖的平面位置与槽底标高是否符合勘察、设计要求。
(2) 检验槽底持力层土质与勘察报告是否相同。
(3) 当发现基槽平面土质显著不均匀，或局部存在古井、菜窖、坟穴、河沟等不良地基，可用钎探查明其平面范围与深度。
(4) 检查基槽钎探结果。

7.6.2 验槽的方法与注意事项

验槽方法通常主要采用观察法为主，而对于基底以下的土层不可见部位，要先辅以钎探法配合共同完成。

1. 观察法

主要观察槽壁、槽底的土质情况，基槽开挖深度，基槽边坡是否稳定，基槽内有无旧的房基、洞穴、古井、掩埋的管道和人防设施等。

2. 钎探法

钎探法是用直径为 22~25mm 的钢筋作钢钎，钎尖为 60°锥状，长度为 1.8~2.1m，每 300mm 做一刻度，用质量为 4~5kg 的穿心锤将钢钎打入土中，落锤高 500~700mm，记录每打入土中 300mm 所需的锤击数，根据锤击数判断地基好坏和是否均匀一致。

3. 轻型动力触探

遇到下列情况之一时，应在基坑底普遍进行轻型动力触探（现场也可用轻型动力触探替代钎探）：①持力层明显不均匀；②浅部有软弱下卧层；③有浅埋的坑穴、古墓、古井等，直接观察难以发现时；④勘察报告或设计文件规定应进行轻型动力触探时。

4. 注意事项

验槽时应注意以下事项。
(1) 基槽开挖后应立即钎探并组织验槽，避免基槽被雨水浸泡，或受冬季冰冻等不良影响。

(2) 槽底设计标高若位于地下水位以下较深时，必须做好基槽排水，保证槽底不泡水。当槽底标高在地下水位以下不深时，可先挖至地下水位面验槽，验完槽后再挖至基底设计标高。

(3) 验槽后应查看新鲜土面，清楚超挖回填的虚土。冬季冻结的表土和夏季日晒后干土看似很坚硬，但都是虚假状态，应用铁铲铲去表层再检验。

(4) 当持力层下埋藏有下卧砂层而承压水头高于基底时，不宜进行钎探，以免造成地基液化。

7.6.3 基槽的局部处理

1. 松土坑、墓坑的处理

当坑在基槽中的范围较小时，将坑中松土杂物挖除，使坑底及四壁均见天然土为止，回填与天然土压缩性相近的材料。当天然土为砂土时，用砂或级配砂石回填；当天然土为较密实的黏性土时，用3:7灰土分层回填夯实；当天然土为中密可塑的黏性土或新近沉积黏性土时，可用1:9或2:8灰土分层回填夯实，每层厚度不大于200mm。

当坑在基槽中的范围较大且超过基槽边沿时，因条件限制，槽壁挖不到天然土层时，则应将该范围内的基槽适当加宽。

当坑范围较大，且长度超过5m时，如坑底土质与一般槽底土质相同，可将此部分基础加深，做成1:2踏步与两端相接，每步高不大于50cm，长度不小于100cm。

当坑较深，且大于槽宽或1.5m时，按以上要求处理后，还应当适当考虑加强上部结构强度，以防产生过大的局部不均匀沉降。

当松土坑地下水位较高，坑内无法夯实时，可将坑中软弱的松土挖去后，再用砂土、砂石或混凝土代替灰土回填。

2. 砂井、土井的处理

当砂井、土井在室内基础附近时，将水位降低到最低可能限度，用中粗砂及块石、卵石或碎砖等回填到地下水位以上50cm。砂井应将四周砖圈拆至坑(槽)底以下1m或更多些，然后用素土分层回填并夯实。

当砂井、土井在基础下3倍条形基础宽度或2倍柱基宽度范围内时，先用素土分层回填夯实，至基础底下2m处，将井壁四周松软部分挖去，有砂井圈时，将井圈拆至槽底以下1~1.5m。当井内有水时，应用中粗砂及块石、卵石或碎砖回填至水位以上50cm。然后按上述方法处理；当井内已填有土，但不密实，且挖除困难时，可在部分拆除后的砖石井圈上加钢筋混凝土盖封口，上面用素土或2:8灰土封层回填夯实至槽底。

当砂井、土井在房屋转角处，且基础部分或全部压在井上时，除用以上办法回填处理外，还应对基础加固处理。当基础压在井上部分较少时，可采用从基础中挑钢筋混凝土梁的办法处理；当基础压在井上部分较多时，用挑梁的方法较困难或不经济时，则可将基础沿墙长方向向外延长出去，使延长部分落在天然土上，落在天然土上的基础总面积应等于或稍大于井圈范围内原有基础的面积，并在墙内配筋或用钢筋混凝土梁来加强。

3. 基础下局部硬土或硬物的处理

当基底下有旧墙基、老灰土、化粪池、树根、路基、基岩、孤石等，应尽可能挖除或拆掉，然后分层回填与基底天然土压缩性相近的材料或3∶7灰土，并分层夯实。如硬物挖除困难，可在其上设置钢筋混凝土过梁跨越，并与硬物间保持一定的空隙，或在硬物上部设置一层软性褥垫（砂或土砂混合物）以调整沉降。

4. 橡皮土的处理

含水量很大，趋于饱和的黏性土地基回填压实时，由于原状土被扰动，颗粒之间的毛细孔遭到破坏，水分不易渗透和散发，当气温较高时夯击或碾压，表面会形成硬壳，更阻止了水分的渗透和散发，埋藏深的土水分散发慢，往往长时间不易消失，形成软塑状的橡皮土，踩上去会有颤动感觉。若地基中存在橡皮土，将会对地基处理造成很大困难。橡皮土很难进行夯实，常会出现夯实 A 地块的时候，达到夯实量，但去临近的 B 地块夯实时，A 地块受挤压再次鼓起，恢复原样，使之前夯实失效。

对趋于饱和的黏性土应避免直接夯打，而应暂停一段施工，同时改变原土结构，使之成为灰土，而具有一定的强度和水稳性。如地基已成橡皮土，则可在上面铺一层碎石或碎砖再进行夯击，将表层土挤紧，或挖去橡皮土，重新填好土或级配砂石夯实。

习 题

简答题

1. 简述岩土工程勘察的目的和任务。
2. 岩土工程勘察分为哪几个阶段？分别包括哪些工作内容？
3. 岩土工程勘察划分为哪几个等级？划分的依据是什么？
4. 地基勘察中常用的勘探方法有哪些？
5. 阅读和应用岩土工程勘察报告的重点是什么？
6. 岩土工程勘察报告主要包括哪些内容？
7. 为什么要进行验槽？验槽主要包括哪些内容？

第 8 章

天然地基上的浅基础

学习目标

本章介绍了地基基础设计的基本规定，浅基础的类型及材料，基础埋置深度，基础底面尺寸的确定，无筋扩展基础和钢筋混凝土扩展基础设计，柱下钢筋混凝土条形基础，筏形基础，减少建筑物不均匀沉降的措施，天然地基浅基础施工。通过本章的学习，要求学生掌握浅基础的类型及材料，选择基础埋置深度需考虑的因素，基础底面尺寸的确定；熟悉地基基础设计的基本规定，减少建筑物不均匀沉降的措施。

引 例

2014年4月4日，宁波奉化锦屏街道居敬小区第29幢居民楼倒塌（图8.1），倒塌楼房一共4个单元，其中两个单元倒塌，每单元10户，塌楼导致1死6伤。

该楼曾邀请浙江建院建设检测有限公司于2013年12月26日、2014年1月14日两次对居敬小区第29幢进行评估，并在2014年1月17日出具了一份《奉化市居敬路29幢房屋工程质量检测评估报告》。

报告显示，倒塌的第29幢房屋存在以下问题：钢筋锈蚀受力弯曲、多处墙体裂缝且部分裂缝已属贯穿缝、房屋部分墙体的砖受压已出现断裂、楼面预制板缝隙增大、局部粉刷层脱落。同时报告指出，房屋所属墙体砌筑砂浆强度、梁柱混凝土强度达不到设计要求。

从以上工程案例可以看出，基础工程实属百年大计，必须慎重对待，严格按设计规范精心设计，按设计图样和工程质量标准精心施工，确保工程质量，确保人民生命财产的安全。

图8.1 宁波奉化居民楼倒塌

8.1 地基基础设计的基本规定

8.1.1 地基基础设计等级

基础是将结构所承受的各种作用传递到地基上的结构组成部分。地基是指支承基础的土体或岩体。地基基础设计必须根据建筑物的用途和安全等级、建筑布置、上部结构类型等和工程地质条件（建筑场地、地基岩土和气候条件等），综合考虑其他方面的要求（工期、施工条件、造价和环境保护等），合理地选择地基基础方案，因地制宜，精心设计，以确保建筑物的安全和正常使用。

地基可分为天然地基和人工地基两类。天然土层较好，可以直接作为建筑物地基的称为天然地基；需经过人工加固处理后才能作为建筑物地基的称为人工地基。

基础按照埋置深度和施工方法的不同可分为浅基础和深基础两类。一般埋深较浅、施工方法比较简单的基础都属于浅基础；而采用桩基础、沉井基础和地下连续墙等特殊方法修建的基础称为深基础。一般情况下，天然地基上修筑浅基础施工简单，不需要复杂的施工设备，可以缩短工期，降低造价，而人工地基及深基础施工较复杂，造价也较高。因此，在保证建筑物的安全和正常使用的前提下，应首先考虑选用天然地基上浅基础的设计方案。

《建筑地基基础设计规范》(GB 50007—2011)根据地基复杂程度、建筑物规模和功能特征以及由于地基问题可能造成建筑物破坏或影响正常使用的程度将地基基础设计分为三个设计等级，如表 8-1 所示。

表 8-1　地基基础设计等级(GB 50007—2011)

设计等级	建筑和地基类型
甲级	重要的工业与民用建筑物 30 层以上的高层建筑 体型复杂，层数相差超过 10 层的高低层连成一体建筑物 大面积的多层地下建筑物(如地下车库、商场、运动场等) 对地基变形有特殊要求的建筑物 复杂地质条件下的坡上建筑物(包括高边坡) 对原有工程影响较大的新建建筑物 场地和地基条件复杂的一般建筑物 位于复杂地质条件及软土地区的二层及二层以上地下室的基坑工程 开挖深度大于 15m 的基坑工程 周边环境条件复杂、环境保护要求高的基坑工程
乙级	除甲级、丙级以外的工业与民用建筑物 除甲级、丙级以外的基坑工程
丙级	场地和地基条件简单、荷载分布均匀的 7 层及 7 层以下民用建筑及一般工业建筑；次要的轻型建筑物 非软土地区且场地地质条件简单、基坑周边环境条件简单、环境保护要求不高且开挖深度小于 5.0m 的基坑工程

8.1.2 地基基础设计的基本规定

根据建筑物地基基础设计等级及长期荷载作用下地基变形对上部结构的影响程度，地基基础设计应符合下列规定。

(1) 所有建筑物的地基计算均应满足承载力计算的有关规定。

(2) 设计等级为甲级、乙级的建筑物，均应按地基变形设计。

(3) 对设计等级为丙级的建筑物分两种情况。

① 表 8-2 所列范围内的建筑物可不作变形验算。

② 有下列情况之一时的建筑物仍需作变形验算。

a. 地基承载力特征值小于 130kPa，且体型复杂的建筑。

b. 在基础上及其附近有地面堆载或相邻基础荷载差异较大，可能引起地基产生过大的不均匀沉降时。

c. 软弱地基上的建筑物存在偏心荷载时。

d. 相邻建筑距离近，可能发生倾斜时。

e. 地基内有厚度较大或厚薄不均的填土，其自重固结未完成时。

(4) 对经常受水平荷载作用的高层建筑、高耸结构和挡土墙等，以及建造在斜坡上或边坡附近的建筑物和构筑物,尚应验算其稳定性。

（5）基坑工程应进行稳定性验算。

（6）建筑地下室或地下构筑物存在上浮问题时,尚应进行抗浮验算。

表 8-2　可不作地基变形验算的设计等级为丙级的建筑物范围(GB 50007—2011)

地基主要受力层情况	地基承载力特征值 f_{ak}/kPa		$80 \leqslant f_{ak} <100$	$100 \leqslant f_{ak} <130$	$130 \leqslant f_{ak} <160$	$160 \leqslant f_{ak} <200$	$200 \leqslant f_{ak} <300$
	各土层坡度/(%)		$\leqslant 5$	$\leqslant 10$	$\leqslant 10$	$\leqslant 10$	$\leqslant 10$
建筑类型	砌体承重结构、框架结构（层数）		$\leqslant 5$	$\leqslant 5$	$\leqslant 6$	$\leqslant 6$	$\leqslant 7$
	单层排架结构（6m柱距）	单跨 吊车额定起重量/t	10~15	15~20	20~30	30~50	50~100
		单跨 厂房跨度/m	$\leqslant 18$	$\leqslant 24$	$\leqslant 30$	$\leqslant 30$	$\leqslant 30$
		多跨 吊车额定起重量/t	5~10	10~15	15~20	20~30	30~75
		多跨 厂房跨度/m	$\leqslant 18$	$\leqslant 24$	$\leqslant 30$	$\leqslant 30$	$\leqslant 30$
	烟囱	高度/m	$\leqslant 40$	$\leqslant 50$	$\leqslant 75$		$\leqslant 100$
	水塔	高度/m	$\leqslant 20$	$\leqslant 30$	$\leqslant 30$		$\leqslant 30$
		容积/m³	50~100	100~200	200~300	300~500	500~1000

注：1. 地基主要受力层系指条形基础底面下深度为 $3b$（b 为基础底面宽度），独立基础下为 $1.5b$,且厚度均不小于 5m 的范围(二层以下一般的民用建筑除外)。

2. 地基主要受力层中如有承载力特征值小于 130kPa 的土层时,表中砌体承重结构的设计,应符合《建筑地基基础设计规范》第 7 章的有关要求。

3. 表中砌体承重结构和框架结构均指民用建筑,对于工业建筑可按厂房高度、荷载情况折合成与其相当的民用建筑层数。

4. 表中吊车额定起重量、烟囱高度和水塔容积的数值系指最大值。

8.1.3　地基基础设计的资料和步骤

1. 设计资料

进行建筑地基基础设计的资料包括以下内容。

（1）建筑场地的地形图。

（2）建筑场地的工程地质勘查资料。

（3）建筑物的平面、立面、剖面图,作用在基础上的荷载、设备基础及各种设备管道的布置和标高。

（4）建筑物材料的供应情况。

2. 地基基础设计步骤

进行建筑物地基基础的设计步骤如下。

(1) 选择基础的材料和构造形式。
(2) 确定基础的埋置深度。
(3) 确定底基土的承载力特征值。
(4) 确定基础底面尺寸,存在软弱下卧层时要进行软弱下卧层强度验算。
(5) 设计等级为甲级、乙级的建筑物及不适合表8-2的丙级建筑物进行地基变形验算。
(6) 对经常受水平荷载作用的高层建筑、高耸结构和挡土墙等,以及建造在斜坡上或边坡附近的建筑物和构筑物,尚应验算其稳定性。
(7) 确定基础的剖面尺寸,根据基础的类型进行基础结构设计。
(8) 绘制基础施工图。

8.2 浅基础的类型及材料

8.2.1 无筋扩展基础

无筋扩展基础是由砖、混凝土或毛石混凝土、灰土等材料组成的,且不需配置钢筋的墙下条形基础或柱下独立基础。

无筋扩展基础广泛应用于基底压力较小或地基承载力较高的6层和6层以下(三合土基础不宜超过4层)的多层民用建筑和墙承重的轻型厂房。无筋扩展基础需具有较大的抗弯刚度,受荷后基础不允许挠曲变形和开裂。所以,设计时必须规定基础材料强度及质量、限制台阶高宽比、控制建筑物层高,而无须进行繁杂的内力分析和截面强度计算。

1. 砖基础

砖基础是采用普通黏土砖作为主要基础材料,经常用于低层建筑的柱下或墙下的无筋扩展基础。由于砖基础具有就地取材,砌筑方便,施工方法简单的优点,曾一度应用广泛。但砖基础强度较低且抗冻性差,因此,在寒冷潮湿的地区不宜采用。为保证耐久性和强度,砖基础使用砖的强度等级不低于MU10,砂浆的强度等级不低于M5。砖基础的剖面一般砌成阶梯形,通常称为大放脚。砖基础大放脚从垫层上方开始砌筑,为保证大放脚的刚度满足要求,通常采用"两皮一收"或"二一间隔"收的砌筑方法(图8.2)。两皮一收,即每层为两皮砖,挑出1/4砖长,即60mm;二一间隔收,即大放脚的每层台阶面宽均为60mm,自垫层起砌两皮砖,高120mm,其上再砌一皮砖高60mm,以上各层以此类推。

2. 灰土基础和三合土基础

灰土基础是采用符合标准的石灰和土料配置,夯实形成的基础形式。施工时应保证灰土的夯实干密度(粉质黏土为$1.5t/m^3$,黏土为$1.45t/m^3$)。灰土的早期强度主要靠密实度,并将随龄期加长,其强度有明显的增长。灰土的抗冻性同冻结时的灰土强度、龄期以及周围土的湿度有关。灰土在不饱和的情况下,冻结时强度影响不大,解冻后灰土的强度继续增长。因此,在施工时要注意防止灰土基础早期受冻。为了保证灰土基础的强度和耐久性,灰土基础中的石灰宜选用块状生石灰,经熟化1~2d后,通过孔径为5~10mm的

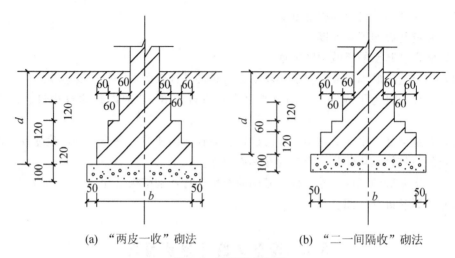

(a) "两皮一收"砌法　　　(b) "二一间隔收"砌法

图 8.2　砖基础剖面图

筛,即可使用。土料应以有机质含量低的粉土和黏性土为宜,石灰和土料的体积比为 3∶7 或 2∶8,加适量的水拌匀,然后铺入基槽内。施工时,基槽内应保持干燥,防止灰土早期浸水,灰土拌合要均匀,湿度要适当,含水量过大或过小时均不宜夯实,夯实应分层进行。灰土基础适宜在比较干燥的土层中使用,其本身有一定的抗冻性。在我国的华北和西北地区,广泛用于五层及五层以下的民用建筑。

三合土基础是由石灰、砂和骨料(碎石、碎砖或矿渣等),按照体积比为 1∶2∶4 或 1∶3∶6 配制而成,加适量水拌和后,均匀分层铺入基槽,每层虚铺 220mm,夯至 150mm。三合土基础在我国南方地区常用,一般用于地下水位较低的四层及四层以下的民用建筑。

3. 毛石基础

毛石基础是选用未经风化的,强度等级不低于 MU20 的硬质岩石,用不低于 M5 的砂浆砌筑而成的基础。由于毛石之间间隙较大,如果砂浆黏结的性能较差,则不能用于层数较多的建筑物,且不宜用于地下水位以下。毛石应错缝搭砌,缝内砂浆应饱满,且为了保证锁结作用,每一台阶梯宜砌成 3 排或 3 排以上的毛石。阶梯形毛石基础的每一阶伸出宽度不宜大于 200mm。

4. 混凝土和毛石混凝土基础

混凝土基础的强度、耐久性、抗冻性都较好。其混凝土基础的混凝土强度等级一般选用 C15。当荷载较大或位于地下水位以下时,常采用混凝土基础。混凝土基础水泥用量较大,造价较砖、石基础高。在严寒地区,应采用不低于 C20 的混凝土。

当浇筑较大体积的基础时,为了节约混凝土用量,可采用毛石混凝土基础(图 8.3)。毛石混凝土

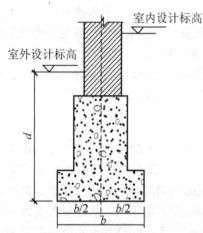

图 8.3　毛石混凝土基础

基础一般用强度等级不低于 C15 的混凝土,掺入少于基础体积 15%~30% 的毛石。掺入毛石的强度等级不应低于 MU20,其长度不宜大于 300mm,使用前需将毛石表面的泥沙冲洗干净。

8.2.2 钢筋混凝土扩展基础

当基础荷载较大,基础底面尺寸也将扩大,为了满足高宽比的要求,相应的基础埋深较大,往往给施工带来不便。此外,无筋扩展基础还存在着用料多,自重大等特点。此时可采用钢筋混凝土扩展基础,这种基础的抗弯和抗剪性能好,可在竖向荷载较大,地基承载力不高以及承受水平力和力矩荷载等情况下使用。钢筋混凝土扩展基础系指柱下钢筋混凝土独立基础和墙下钢筋混凝土条形基础,是最常用的一种基础形式。

由于这类基础的高度不受台阶宽高比的限制,故适宜于需要"宽基浅埋"的情况。

8.2.3 条形基础

条形基础是指基础长度远远大于其宽度的一种基础类型。按上部结构类型,可分为墙下条形基础和柱下条形基础。

1. 墙下条形基础

条形基础是承重墙下基础的主要形式。墙下条形基础有墙下刚性条形基础和墙下钢筋混凝土条形基础两种。墙下刚性条形基础在砌体结构基础中得到广泛应用。当上部结构荷载较大而地基土质又较软弱时,可采用墙下钢筋混凝土条形基础。墙下钢筋混凝土条形基础一般做成板式(或称为"无肋式")。如果地基土质分布不均匀,在水平方向压缩性差异较大,为了增强基础的整体性和纵向抗弯能力,减小不均匀沉降,可采用带肋式墙下钢筋混凝土条形基础(图 8.4)。

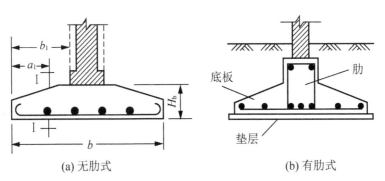

图 8.4 墙下钢筋混凝土条形基础

2. 柱下钢筋混凝土条形基础

在框架结构中,当地基软弱而荷载较大时,若采用柱下独立基础,可能因基础底面积很大而使基础边缘互相接近甚至重叠;为增加基础的整体性和抗弯刚度,且方便施工,可将同一柱列的柱下基础连通成为柱下钢筋混凝土条形基础(图 8.5)。

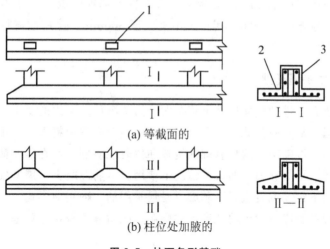

(a) 等截面的

(b) 柱位处加腋的

图 8.5 柱下条形基础

1—柱；2—翼板；3—肋梁

8.2.4 十字交叉基础

当荷载较大，采用柱下钢筋混凝土条形基础不能满足地基基础设计要求时，可采用十字交叉基础(也称为"十字交梁基础"或"交叉条形基础")(图 8.6)。这种基础在纵横两个方向均具有一定的刚度，当地基软弱且在两个方向的荷载和土质不均匀时，十字交叉条形基础具有良好的调整不均匀沉降的能力。

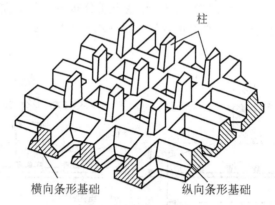

图 8.6 十字交叉基础

8.2.5 筏形基础

当地基承载力较低，或上部结构荷载较大时，采用一般基础不能满足承载力要求，可将基础扩大成支承整个结构的大钢筋混凝土板，即成为筏形基础，在工程中也称为"满堂红"基础。这种基础形式不仅能减少地基土的单位面积压力，提高地基承载力，还能增强基础的整体刚度，调整不均匀沉降，故在多层和高层建筑中被广泛采用。

筏形基础又可分为平板式筏形基础和梁板式筏形基础两种(图 8.7)。当柱荷载不大，柱距较小且柱距相等时，筏形基础常做成一块等厚的钢筋混凝土板，称为平板式筏形基础。当荷载较大且不均匀，柱距又较大时，将产生较大的弯曲应力，可沿柱轴线纵横向设肋梁，就成为梁板式筏形基础。

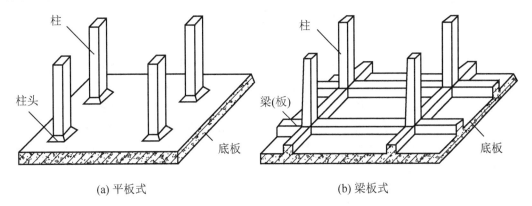

图 8.7　筏形基础

8.2.6　箱形基础

高层建筑由于建筑功能和结构受力的要求，可以考虑采用箱形基础(图 8.8)。箱形基础是由钢筋混凝土的底板、顶板、侧墙及一定数量的内隔墙构成封闭的箱体。箱形基础整体性好、抗弯刚度大，且是良好的补偿基础，降低建筑物荷载对地基承载力的影响，可以减少地基变形。可以相应增加建筑物的层数，进而增加建筑物的功能和使用面积。基础中部可在内隔墙开门洞作地下室。这种基础整体性和刚度都好，调整不均匀沉降的能力较强，可消除因地基变形使建筑物开裂的可能性，减少基底处原有地基自重应力，降低总沉降量。

箱形基础适用于软弱地基上面积较小，平面形状简单，荷载较大或上部结构分布不均的高层重型建筑物的基础及对沉降有严格要求的设备基础或特殊构筑物。

由于箱形基础混凝土及钢材用量较多，造价高，施工技术复杂；进行深基坑开挖时，要考虑坑壁支护和人工降水，以及对相邻建筑物的影响等问题。

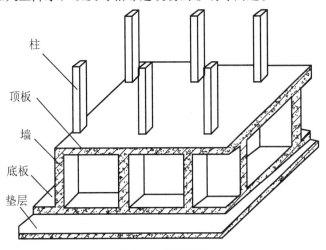

图 8.8　箱形基础

在进行基础设计时，首先是进行基础选型，方案比较，选出最适合工程实际的基础类型，确定出满足地基承载力要求、满足建筑物变形要求、满足建筑使用要求的基础形式。

8.3 基础埋置深度

基础埋置深度是指基础底面至室外设计地面的距离。基础埋置深度的大小对于建筑物的安全和正常使用、基础施工技术措施、施工工期和工程造价等影响很大。因此合理确定基础埋置深度是基础设计工作中的重要环节。设计时必须综合考虑建筑物的自身条件，如使用条件、结构形式、荷载大小和性质等，以及所处的环境如水文地质条件、气候条件、相邻建筑物的影响等，选择技术上可靠、经济上合理的基础埋置深度。确定建筑物基础埋置深度时通常考虑以下几个影响因素。

8.3.1 建筑物的用途和地下设施

在保证建筑物基础安全稳定、耐久使用的前提下，应尽量浅埋，以便节约投资，方便施工。某些建筑物需要具备一定的使用功能或宜采用某种基础形式，这些要求常成为其基础埋深选择的先决条件。

在满足地基稳定和变形要求的前提下，当上层地基的承载力大于下层土时，宜利用上层土作持力层。高层建筑基础的埋置深度应满足地基承载力、变形和稳定性要求。位于岩石地基上的高层建筑，其基础埋深应满足抗滑稳定性要求。在抗震设防区，除岩石地基外，天然地基上的箱形和筏形基础其埋置深度不宜小于建筑物高度的 1/15；桩箱或桩筏基础的埋置深度（不计桩长）不宜小于建筑物高度的 1/18。

如果在基础范围内有管线或坑沟等地下设施通过时，基础的顶板原则上应低于这些设施的底面，否则应采取有效措施，消除基础对地下设施的不利影响。

为了保护基础不受人类和生物活动的影响，基础宜埋置在地表以下，其最小埋深为 0.5m（岩石地基除外），且基础顶面宜低于室外设计地面 0.1m 以上，以便于建筑物周围排水沟的布置。

8.3.2 作用在地基上的荷载大小和性质

上部结构荷载的大小和性质不同，对地基的要求也不同，从而影响基础埋置深度的选择。浅层某一深度的土层，对荷载小的基础可能是很好的持力层，而对荷载较大的基础就可能不宜做持力层。荷载的性质对基础埋置深度的影响也很明显。对于承受水平荷载的基础，必须有足够的埋置深度来获得土的侧向抗力，以保证基础的稳定性，减少建筑物的整体倾斜，防止倾覆和滑移。

对于承受上拔力的基础，如输电塔基础，也要求有较大的基础埋深以提供足够的抗拔阻力。对于承受动荷载的基础，则不宜选择饱和疏松的粉细砂作为持力层，以免这些土层由于振动液化而丧失承载力，造成基础失稳。

8.3.3 工程地质和水文地质条件

1. 工程地质条件

直接支承基础的土层称为持力层,其下的各土层称为下卧层。为了保证建筑物的安全和正常使用,必须根据荷载的大小和性质给基础选择可靠的持力层。

一般当上层土的承载力能满足要求时,就应选择浅埋,以减少造价;若其下有软弱土层时,则应验算软弱下卧层的承载力是否满足要求,并尽可能增大基底至软弱下卧层的距离。对于在基础延伸方向上土性不均匀的地基,有时可以根据持力层的变化,将基础分成若干段,各段采用不同的基础埋深,以减少基础的不均匀沉降。

2. 水文地质条件

选择基础埋深时应注意地下水的埋藏条件和动态。对于天然地基上浅基础的设计,首先应考虑尽量将基础置于地下水位以上,以避免施工降水的麻烦。如必须放在地下水位以下,则应在施工时采取措施,以保证地基土不受扰动。同时,必须考虑基坑排水、坑壁围护等措施;出现涌土、流砂的可能性;地下水对基础材料的化学腐蚀作用;地下室防渗;轻型结构物由于地下水顶托的上浮托力;地下水浮托力引起基础底板的内力;等等。当地下水具有侵蚀性时,应根据地下水侵蚀程度不同,采取对基础材料选用相应等级的措施,以保证基础构件不受或少受地下水侵蚀。

8.3.4 相邻建筑物基础埋深的影响

当建筑物场地环境条件中存在相邻建筑物时,应保证相邻原有建筑物的安全和正常使用,一般新建建筑物的基础埋深不宜大于原有建筑基础。当新建建筑埋深必须大于原有建筑基础时,两基础间应保持一定净距,其数值应根据建筑荷载大小、基础形式和土质情况确定,一般可取相邻两基础底面高差的1~2倍(图8.9)。

如上述要求不能满足时,应采取分段施工,设临时加固支撑,打板桩、地下连续墙等施工措施,或加固原有建筑物地基。

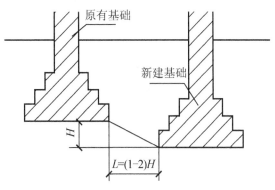

图 8.9 相邻基础埋置深度

8.3.5 地基土冻胀和融陷的影响

地表下一定深度的地层温度,随大气温度而变化。当地层温度降至零摄氏度以下时,土中部分孔隙水将冻结而形成冻土。

冻土可以分为多年冻土和季节性冻土两类。多年冻土是连续保持冻结状态三年以上的土层。季节性冻土是指一年内冬季冻结、天暖解冻交替出现的冻土。土冻结后体积增大的现象称为冻胀。若冻胀产生的上抬力大于作用在基底的竖向力，会引起建筑物开裂甚至破坏。土层解冻时，土中的冰晶体融化，使土体软化、含水量增大、强度降低，将产生很大的附加沉降，称为融陷。

1. 地基的冻胀性类别

在季节性冻土地区，决定基础的埋置深度时尚应考虑地基土的冻胀性。季节性冻土的冻胀性和融陷性是相互关联的，常以冻胀性加以概括。《建筑地基基础设计规范》(GB 50007—2011)根据土的类别、天然含水量大小和地下水位相对深度，将地基土划分为不冻胀、弱冻胀、冻胀、强冻胀、特强冻胀五类。

2. 季节性冻土地基的场地冻结深度

季节性冻土地基的场地冻结深度应按式(8-1)进行计算

$$z_d = z_0 \cdot \psi_{zs} \cdot \psi_{zw} \cdot \psi_{ze} \tag{8-1}$$

式中：z_d——场地冻结深度(m)，当有实测资料时按 $z_d = h' - \Delta z$ 计算；

h'——最大冻深出现时场地最大冻土层厚度(m)；

Δz——最大冻深出现时场地地表冻胀量(m)；

z_0——标准冻结深度(m)，当无实测资料时，按《建筑地基基础设计规范》(GB 50007—2011)附录 F 采用；

ψ_{zs}——土的类别对冻深的影响系数，按表 8-3；

ψ_{zw}——土的冻胀性对冻深的影响系数，按表 8-4；

ψ_{ze}——环境对冻深的影响系数，按表 8-5。

表 8-3 土的类别对冻深的影响系数(GB 50007—2011)

土的类别	影响系数 ψ_{zs}
黏性土	1.00
细砂、粉砂、粉土	1.20
中、粗、砾砂	1.30
大块碎石土	1.40

表 8-4 土的冻胀性对冻深的影响系数(GB 50007—2011)

冻胀性	影响系数 ψ_{zw}
不冻胀	1.00
弱冻胀	0.95
冻胀	0.90
强冻胀	0.85
特强冻胀	0.80

表 8-5　环境对冻深的影响系数(GB 50007—2011)

周围环境	影响系数 ψ_{ze}
村、镇、旷野	1.00
城市近郊	0.95
城市市区	0.90

注：环境影响系数一项，当城市市区人口为20万～50万人时，按城市近郊取值；当城市市区人口大于50万人、小于或等于100万人时，只计入市区影响；当城市市区人口超过100万人时，除计入市区影响外，尚应考虑5km以内的郊区近郊影响系数。

季节性冻土地区基础埋置深度宜大于场地冻结深度。对于深厚季节冻土地区，当建筑基础底面土层为不冻胀、弱冻胀、冻胀土时，基础埋置深度可以小于场地冻结深度，基底允许冻土层最大厚度应根据当地经验确定。此时，基础最小埋深 d_{min} 可按式(8-2)计算

$$d_{min} = z_d - h_{max} \tag{8-2}$$

式中：h_{max}——基础底面下允许冻土层的最大厚度(m)。

3．防冻害措施

在冻胀、强冻胀和特强冻胀地基上应采用防冻害措施，具体见《建筑地基基础设计规范》(GB 50007—2011)12.3.2 季节性冻土地区的地基基础。

8.4　基础底面尺寸的确定

在初步选择基础类型和埋置深度后，可根据地基承载力特征值计算基础底面的尺寸。如果持力层较薄，且其下存在承载力显著低于持力层的下卧层时，尚需对软弱下卧层进行承载力验算。根据承载力确定基础底面尺寸后，必要时尚应对地基变形或稳定性进行验算。

8.4.1　中心荷载作用下基础底面尺寸的确定

在荷载效应标准组合的中心荷载 F_k、G_k 作用下(图 8.10)，按均匀分布的简化计算方法，基底压力 p_k 可按式(8-3)计算

$$p_k = \frac{F_k + G_k}{A} \tag{8-3}$$

$$G_k = \gamma_G A \bar{d}$$

式中：p_k——相应于作用的标准组合时，基础底面处的平均压力值(kPa)；

F_k——相应于作用的标准组合时，上部结构传至基础顶面的竖向力值(kN)；

G_k——基础自重和基础上的土重(kN)；

γ_G——基础及其上方回填土的平均重度，一般取 $\gamma_G = 20 kN/m^3$；

$\bar{d}$——基础平均埋深(m)；

A——基础底面积(m^2)。

要求作用在基础底面上的压力小于修正后的地基承载力特征值,即

$$p_k \leqslant f_a \tag{8-4}$$

将式(8-3)及 $G_k = \gamma_G A \bar{d}$ 代入上式后即可得到中心荷载作用下的基础底面积 A 的计算公式

$$A = \frac{F_k}{f_a - \gamma_G \bar{d}} \tag{8-5}$$

对于方形基础

$$b = \sqrt{A} \geqslant \sqrt{\frac{F_k}{f_a - \gamma_G \bar{d}}} \tag{8-6}$$

式中:b——方形基础的边长(m)。

对于矩形基础

$$bl = A \geqslant \frac{F_k}{f_a - \gamma_G \bar{d}} \tag{8-7}$$

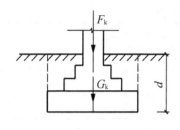

图 8.10 中心荷载作用下的基础

按式(8-7)计算出基底面积 A 后,先选定 b 或 l,再计算出另一边长。一般取 $l/b \leqslant 1.2 \sim 2$。

对于条形基础,沿基础长度方向,取 1m 作为计算单元,故基底宽度为

$$b \geqslant \frac{F_k}{f_a - \gamma_G \bar{d}} \tag{8-8}$$

式中:b——条形基础宽度(m);

F_k——相应于荷载效应标准组合时,沿长度方向 1m 范围内上部结构传至地面标高处的竖向力值(kN/m)。

在上面的计算中,需要先确定地基承载力特征值 f_a。但 f_a 与基础底面宽度 b 有关,即式(8-8)中 b 与 f_a 都是未知数,因此必须通过试算确定。计算时可先对地基承载力特征值按基础埋深进行修正,然后计算出所需要基础底面积和宽度,再考虑是否需要进行宽度修正。

8.4.2 偏心荷载作用下基础底面尺寸的确定

单层工业厂房的柱基础是典型的偏心受压基础。如图 8.11 所示,在荷载 F_k、G_k 和单向弯矩 M_k 的共同作用下,根据基底压力呈直线分布的假定,在满足 $p_{k\min} > 0$ 的条件下,p_k 为梯形分布,基底边缘最大、最小压力为

$$\begin{matrix} p_{k\max} \\ p_{k\min} \end{matrix} = \frac{F_k + G_k}{A} \pm \frac{M_k}{W} \tag{8-9}$$

对于矩形基础

$$\begin{matrix} p_{k\max} \\ p_{k\min} \end{matrix} = \frac{F_k + G_k}{A}\left(1 \pm \frac{6e}{l}\right) \tag{8-10}$$

式中：e——偏心距，$e=\dfrac{M}{F_k+G_k}$（$e\leqslant l/6$）；

l——基础底面偏心方向的边长。

偏心荷载作用时，除需要满足 $p_k \leqslant f_a$ 外，尚应符合式（8-11）的要求

$$p_{kmax}\leqslant 1.2f_a \qquad (8-11)$$

根据上述承载力计算的要求，在计算偏心荷载作用下的基础底面尺寸时，通常通过试算确定，其具体步骤如下。

(1) 先按中心荷载作用的公式求基础底面积 A_0。

(2) 考虑到偏心荷载作用下应力分布不均匀，按照偏心程度将基础底面积 A_0 酌情增大 10%～40%，即

$$A=(1.1 \sim 1.4)A_0$$

(3) 然后按式（8-9）计算基底压力以验算地基承载力。如果不满足要求，则调整基础底面积 A，直至满足要求为止。

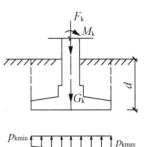

图 8.11 单向偏心荷载作用下的基础

知识拓展

在确定基础底面边长时，应注意荷载对基础的偏心距不宜过大，以保证基础不致发生过大的倾斜。一般情况下，对中、高压缩性土上的基础（包括设吊车的工业厂房柱基础），偏心距 e 不宜大于 $l/6$；对低压缩性土，可适当放宽，但偏心距不得大于 $l/4$。

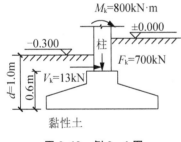

图 8.12 例 8-1 图

【例 8-1】如图 8.12 所示，某柱截面为 300mm×400mm，相应于荷载效应标准组合时，作用在柱底的荷载设计值：$F_k=700$kN，$M_k=800$kN·m，水平荷载 $V_k=13$kN。该柱地基为均质黏性土层，重度 $\gamma=17.5$kN/m³，孔隙比 $e=0.7$，液性指数 $I_l=0.78$，地基承载力特征值 $f_{ak}=226$kPa。试根据持力层地基承载力确定柱下独立基础的底面尺寸。

【解】(1) 求修正后的地基承载力特征值 f_a（先不考虑对基础宽度进行修正）。

根据已知条件：黏性土 $e=0.7$，$I_l=0.78$，查表可得 $\eta_d=1.6$，则持力层承载力 f_a 为

$$f_a=f_{ak}+\eta_d\gamma_m(d-0.5)=226+1.6\times 17.5\times(1.0-0.5)=240(\text{kPa})$$

(2) 初步选择基础底面尺寸。

计算平均埋深 $\bar{d}$

$$\bar{d}=\dfrac{1.0+1.3}{2}=1.15(\text{m})$$

$$A_0 \geqslant \frac{F_k}{f_a - \gamma_G \bar{d}} = \frac{700}{240 - 20 \times 1.15} = 3.23 (m^2)$$

由于偏心力矩中等，基础底面积酌情按20%增大，即

$$A = 1.2 A_0 = 1.2 \times 3.23 = 3.88 (m^2)$$

所以，初步选择基础底面积

$$A = lb = 2.4 \times 1.6 = 3.84 (m^2) \approx 3.88 (m^2)$$

即：$l = 2.4m$，$b = 1.6m$。

（3）验算持力层的承载力。

基础及其回填土的自重 G_k 为

$$G_k = \gamma_G A \bar{d} = 20 \times 3.84 \times 1.15 = 88.3 (kN)$$

偏心距

$$e = \frac{M}{F_k + G_k} = \frac{800 + 13 \times 0.6}{700 + 88.3} = 0.11(m) < \frac{l}{6} = 0.4m$$

所以，基底压力最大、最小值为

$$\frac{p_{kmax}}{p_{kmin}} = \frac{F_k + G_k}{A}(1 \pm \frac{6e}{l}) = \frac{700 + 88.3}{2.4 \times 1.6} \times (1 \pm \frac{6 \times 0.11}{2.4}) = \frac{262}{149}(kPa)$$

验算

$$\bar{p}_k = \frac{p_{kmax} + p_{kmin}}{2} = 205.5(kPa) < f_a = 240 kPa$$

$$p_{kmax} = 262 kPa < 1.2 f_a = 1.2 \times 240 = 288(kPa)$$

可得出结论，地基承载力满足要求。

8.4.3 软弱下卧层强度验算

在成层地基中，如果在地基受力层范围内存在承载力显著低于持力层的软弱下卧层时，按持力层土的地基承载力计算得出基础底面所需的尺寸后，还必须对软弱下卧层进行验算，要求作用在软弱下卧层顶面处的附加应力与自重应力之和不超过其承载力特征值，即

$$p_z + p_{cz} \leqslant f_a \tag{8-12}$$

式中：p_z——相应于作用的标准组合时，软弱下卧层顶面处的附加压力值(kPa)；

p_{cz}——软弱下卧层顶面处土的自重压力值(kPa)；

f_a——软弱下卧层顶面处经深度修正后的地基承载力特征值(kPa)。

关于附加应力 p_z 的计算，《建筑地基基础设计规范》(GB 50007—2011)提出了按扩散角原理的简化计算方法(图 8.13)。当持力层与软弱下卧层的压缩模量比值 $E_{s1}/E_{s2} \geqslant 3$ 时，对矩形和条形基础，假设基底处的附加应力向下传递时按某一角度 θ 向外扩散分布于较大的面积上，根据基底与软弱下卧层顶面处扩散面积上的总附加应力相等的条件，可得

矩形基础

$$p_z = \frac{lb(p_k - p_{c0})}{(b + 2z\tan\theta)(l + 2z\tan\theta)} \tag{8-13}$$

条形基础

$$p_z = \frac{b(p_k - p_{c0})}{b + 2z\tan\theta} \quad (8-14)$$

式中：b——矩形基础或条形基础底边的宽度(m)；
l——矩形基础底边的长度(m)；
p_k——相应于荷载效应标准组合时，基底压力平均值(kPa)；
p_{c0}——基础底面处土的自重压力值(kPa)；
z——基础底面至软弱下卧层顶面的距离(m)；
θ——地基压力扩散线与垂直线的夹角(°)，可按表 8-6 采用。

试验研究表明：基底压力增加到一定数值后，传至软弱下卧层顶面的压力将随之迅速增大，即 θ 角迅速减小，直到持力层冲切破坏时的 θ 值为最小，试验结果 θ 一般不超过 30°，因此表 8-6 中 θ 值取 30°为上限。由此可见，如果满足软弱下卧层验算要求，实际上也就保证了上覆持力层将不发生冲切破坏。如果软弱下卧层承载力验算不满足要求，基础的沉降可能较大，或地基土可能产生剪切破坏，应考虑增大基础底面积，或改变埋深。如果这样处理仍未能符合要求，则应考虑另拟地基基础方案。

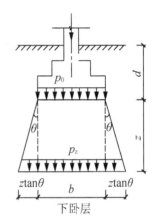

图 8.13 验算软弱下卧层计算简图

表 8-6 地基压力扩散角 θ

$\dfrac{E_{s1}}{E_{s2}}$	z/b	
	0.25	0.5
3	6°	23°
5	10°	25°
10	20°	30°

注：1. E_{s1} 为上层土压缩模量；E_{s2} 为下层土压缩模量。
2. $z/b < 0.25$ 时取 $\theta = 0°$，必要时，宜由试验确定；$z/b > 0.50$ 时 θ 值不变。
3. z/b 为 0.25~0.50 时可插值使用。

【例 8-2】某场地土层分布为：上层为黏性土，厚度为 2.5m，重度 $\gamma = 18\text{kN/m}^3$，压缩模量 $E_{s1} = 9\text{MPa}$，承载力特征值为 $f_{ak} = 190\text{kPa}$。下层为淤泥质土，压缩模量 $E_{s2} = 1.8\text{MPa}$，$f_{ak} = 90\text{kPa}$。作用在条形基础顶面的中心荷载值 $F_k = 300\text{kN/m}$。取基础埋深 0.5m，基础底面宽 2.0m，见图 8.14。试验算基础底面宽度是否合适。

【解】（1）验算持力层承载力。
沿长度方向取 1m 作为计算单元。
修正后的持力层承载力特征值为

$$f_a = f_{ak} + \eta_b(b-3) + \eta_d \gamma_m(d-0.5) = 190(\text{kPa})$$

基础及其回填土的自重 G_k 为

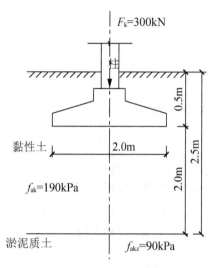

图 8.14 例 8-2 图

$$G_k = \gamma_G db = 20 \times 0.5 \times 2.0 = 20 (\text{kN/m})$$

基底平均压力 p_k 为

$$p_k = \frac{F_k + G_k}{b} = \frac{300 + 20}{2.0} = 160 (\text{kPa}) < f_a = 190 \text{kPa}$$

故持力层承载力满足要求。

（2）软弱下卧层验算。

由 $E_{s1}/E_{s2} = 9/1.8 = 5$，$z = 2.5 - 0.5 = 2 (\text{m}) > 0.50b = 1\text{m}$

查表 8-7 可得地基压力扩散角 $\theta = 25°$

软弱下卧层顶面处的附加应力值

$$p_z = \frac{b(p_k - p_{c0})}{b + 2z\tan\theta} = \frac{2.0 \times (160 - 18 \times 0.5)}{2.0 + 2 \times 2.0 \times \tan 25°} = 78.1 (\text{kPa})$$

软弱下卧层顶面处土的自重应力

$$p_{cz} = \sum_{i=1}^{n} \gamma_0 h_i = 18 \times 2.5 = 45 (\text{kPa})$$

由淤泥质土 $f_{ak} = 90 \text{kPa}$，查表可得 $\eta_d = 1.0$

$$\gamma_0 = \frac{p_{cz}}{d+z} = \frac{45}{0.5 + 2.0} = 18 (\text{kN/m}^3)$$

$$f_a = f_{ak} + \eta_d \gamma_0 (d + z - 0.5) = 90 + 1.0 \times 18 \times (2.5 - 0.5) = 126 (\text{kPa})$$

$$p_z + p_{cz} = 78 + 45 = 123 (\text{kPa}) < f_{az} = 126 \text{kPa}$$

故软弱下卧层承载力满足要求。

8.5 无筋扩展基础设计

无筋扩展基础是由砖、毛石、混凝土或毛石混凝土、灰土和三合土等材料组成的，且不需配置钢筋的墙下条形基础或柱下独立基础。

无筋扩展基础的构造如图 8.15 所示。由于无筋扩展基础的材料都具有较好的抗压性能，但抗拉、抗剪强度不高，设计时必须保证在基础内产生的拉应力和剪应力不超过材料强度设计值，这个设计原则可以通过限制刚性角 α 小于刚性角限值 $[\alpha]_{\max}$，并且限制基础每个台阶的宽度与高度之比不超过《建筑地基基础设计规范》（GB 50007—2011）规定的台阶宽高比，如表 8-7 所示。

无筋扩展基础高度应满足下式的要求

$$H_0 \geq \frac{b - b_0}{2\tan\alpha} \tag{8-15}$$

式中：b——基础底面宽度（m）；

b_0——基础顶面的墙体宽度或柱脚宽度（m）；

H_0——基础高度（m）；

$\tan\alpha$——基础台阶宽高比 $b_2 : H_0$，其允许值可按表 8-7 选用；

b_2——基础台阶宽度（m）。

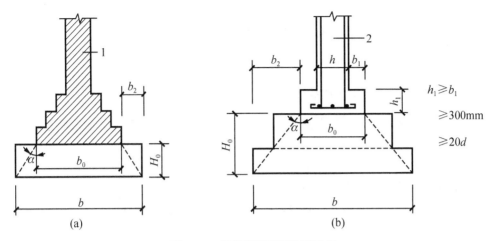

图 8.15 无筋扩展基础构造示意

d—柱中纵向钢筋直径；1—承重墙；2—钢筋混凝土柱

表 8-7 无筋扩展基础台阶宽高比的允许值(GB 50007—2011)

基础材料	质量要求	台阶宽高比的允许值		
		$p_k \leqslant 100$	$100 < p_k \leqslant 200$	$200 < p_k \leqslant 300$
混凝土基础	C15 混凝土	1:1.00	1:1.00	1:1.25
毛石混凝土基础	C15 混凝土	1:1.00	1:1.25	1:1.50
砖基础	砖不低于 MU10、砂浆不低于 M5	1:1.50	1:1.50	1:1.50
毛石基础	砂浆不低于 M5	1:1.25	1:1.50	—
灰土基础	体积比为 3:7 或 2:8 的灰土，其最小干密度：粉土 1550kg/m³ 粉质黏土 1500kg/m³ 黏土 1450kg/m³	1:1.25	1:1.50	—
三合土基础	体积比 1:2:4～1:3:6(石灰：砂:骨料)，每层约虚铺 220mm，夯至 150mm	1:1.50	1:2.00	—

注：1. p_k 为作用标准组合时的基础底面处的平均压力值(kPa)。

2. 阶梯形毛石基础的每阶伸出宽度，不宜大于 200mm。

3. 当基础由不同材料叠合组成时，应对接触部分作抗压验算。

4. 混凝土基础单侧扩展范围内基础底面处的平均压力值超过 300kPa 时，尚应进行抗剪验算；对基底反力集中于立柱附近的岩石地基，应进行局部受压承载力验算。

采用无筋扩展基础的钢筋混凝土柱，其柱脚高度 h_1 不得小于 b_1，并不应小于 300mm 且不小于 $20d$。当柱纵向钢筋在柱脚内的竖向锚固长度不满足锚固要求时，可沿水平方向弯折，弯折后的水平锚固长度不应小于 $10d$ 也不应大于 $20d$。d 为柱中的纵向受力钢筋的最大直径。

8.6 钢筋混凝土扩展基础设计

8.6.1 钢筋混凝土扩展基础设计步骤

钢筋混凝土扩展基础系指柱下钢筋混凝土独立基础和墙下钢筋混凝土条形基础。钢筋混凝土扩展基础是最常用的一种基础形式。

钢筋混凝土基础的设计步骤如下。

(1) 根据地基承载力确定基础底面尺寸。
(2) 进行抗剪切(冲切)验算,确定基础高度(包括各变阶处截面)。
(3) 进行地基强度和变形验算。
(4) 进行内力计算,确定基础配筋。
(5) 进行基础构造设计。

8.6.2 钢筋混凝土扩展基础的构造要求

1. 一般构造要求

(1) 基础外形尺寸。锥形基础的边缘高度不宜小于200mm,且两个方向的坡度不宜大于1:3;阶梯形基础的每阶高度,宜为300~500mm。

(2) 垫层。垫层的厚度不宜小于70mm,垫层混凝土强度等级不宜低于C10。

(3) 钢筋。扩展基础受力钢筋最小配筋率不应小于0.15%,底板受力钢筋的最小直径不宜小于10mm,间距不宜大于200mm,也不宜小于100mm。墙下钢筋混凝土条形基础纵向分布钢筋的直径不宜小于8mm;间距不宜大于300mm;每延米分布钢筋的面积应不小于受力钢筋面积的15%。当有垫层时钢筋保护层的厚度不应小于40mm;无垫层时不应小于70mm。

(4) 混凝土。混凝土强度等级不应低于C20。

(5) 当柱下钢筋混凝土独立基础的边长和墙下钢筋混凝土条形基础的宽度大于或等于2.5m时,底板受力钢筋的长度可取边长或宽度的0.9倍,并宜交错布置(图8.16)。

(6) 钢筋混凝土条形基础底板在T形及十字形交接处,底板横向受力钢筋仅沿一个主要受力方向通长布置,另一方向的横向受力钢筋可布置到主要受力方向底板宽度1/4处。在拐角处底板横向受力钢筋应沿两个方向布置(图8.17)。

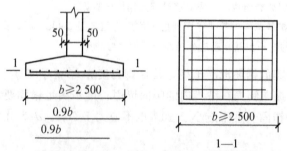

图8.16 柱下独立基础底板受力钢筋布置

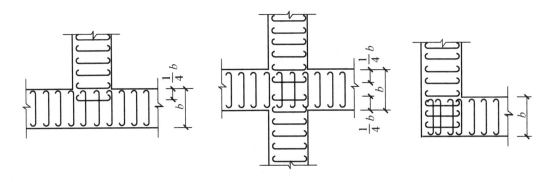

图 8.17 墙下条形基础纵横交叉处底板受力钢筋布置

2. 钢筋混凝土柱和剪力墙纵向受力钢筋在基础内的锚固长度

(1) 钢筋混凝土柱和剪力墙纵向受力钢筋在基础内的锚固长度 l_a 应根据现行国家标准《混凝土结构设计规范》(GB 50010—2010)有关规定确定。

(2) 抗震设防烈度为 6 度、7 度、8 度和 9 度地区的建筑工程,纵向受力钢筋的抗震锚固长度(l_{aE})应按式(8-16)～式(8-18)计算。

一、二级抗震等级

$$l_{aE}=1.15\, l_a \qquad (8-16)$$

三级抗震等级

$$l_{aE}=1.05\, l_a \qquad (8-17)$$

四级抗震等级

$$l_{aE}=l_a \qquad (8-18)$$

式中:l_a——纵向受拉钢筋的锚固长度(m)。

(3) 当基础高度小于 $l_a(l_{aE})$ 时,纵向受力钢筋的锚固总长度除符合上述要求外,其最小直锚段的长度不应小于 $20d$,弯折段的长度不应小于 150mm。

3. 现浇柱基础的构造要求

现浇柱的基础,其插筋的数量、直径以及钢筋种类应与柱内纵向受力钢筋相同。插筋的下端宜做成直钩放在基础底板钢筋网上。当柱为轴心受压或小偏心受压,基础高度大于等于 1200mm;或柱为大偏心受压,基础高度大于等于 1400mm 时,可仅将四角的插筋伸至底板钢筋网上,其余插筋锚固在基础顶面下 l_a 或 l_{aE} 处(图 8.18)。

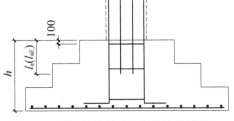

图 8.18 现浇柱的基础中插筋构造示意

4. 预制钢筋混凝土柱与杯口基础的连接(图 8.19)

预制钢筋混凝土柱与杯口基础的连接应符合下列要求。

(1) 柱的插入深度,可按表 8-8 选用,并应满足钢筋锚固长度的要求及吊装时柱的稳定性。

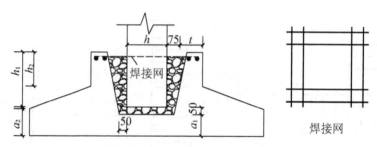

图 8.19 预制钢筋混凝土柱与杯口基础的连接示意（注：$a_2 \geqslant a_1$）

表 8-8 柱的插入深度 h_1 单位：mm

矩形或工字形柱				双肢柱
$h<500$	$500 \leqslant h<800$	$800 \leqslant h \leqslant 1000$	$h>1000$	
$h \sim 1.2h$	h	$0.9h$ 且 $\geqslant 800$	$0.8h$ $\geqslant 1000$	$(1/3 \sim 2/3)h_a$ $(1.5 \sim 1.8)h_b$

注：1. h 为柱截面长边尺寸；h_a 为双肢柱全截面长边尺寸；h_b 为双肢柱全截面短边尺寸。

2. 柱轴心受压或小偏心受压时，h_1 可适当减小，偏心距大于 $2h$ 时，h_1 应适当加大。

（2）基础的杯底厚度和杯壁厚度，可按表 8-9 选用。

表 8-9 基础的杯底厚度和杯壁厚度

柱截面长边尺寸 h/mm	杯底厚度 a_1/mm	杯壁厚度 t/mm
$h<500$	$\geqslant 150$	$150 \sim 200$
$500 \leqslant h<800$	$\geqslant 200$	$\geqslant 200$
$800 \leqslant h<1000$	$\geqslant 200$	$\geqslant 300$
$1000 \leqslant h<1500$	$\geqslant 250$	$\geqslant 350$
$1500 \leqslant h<2000$	$\geqslant 300$	$\geqslant 400$

注：1. 双肢柱的杯底厚度值，可适当加大。

2. 当有基础梁时，基础梁下的杯壁厚度，应满足其支承宽度的要求。

3. 柱子插入杯口部分的表面应凿毛，柱子与杯口之间的空隙，应用比基础混凝土强度等级高一级的细石混凝土充填密实，当达到材料设计强度的 70% 以上时，方能进行上部吊装。

（3）当柱为轴心受压或小偏心受压且 $t/h_2 \geqslant 0.65$ 时，或大偏心受压且 $t/h_2 \geqslant 0.75$ 时，杯壁可不配筋；当柱为轴心受压或小偏心受压且 $0.5 \leqslant t/h_2 < 0.65$ 时，杯壁可按表 8-10 构造配筋；其他情况下，应按计算配筋。

表 8-10 杯壁构造配筋

柱截面长边尺寸/mm	$h<1000$	$1000 \leqslant h<1500$	$1500 \leqslant h \leqslant 2000$
钢筋直径/mm	$8 \sim 10$	$10 \sim 12$	$12 \sim 16$

注：表中钢筋置于杯口顶部，每边两根（图 8.19）。

8.6.3 墙下钢筋混凝土条形基础的设计计算

1. 中心荷载作用

墙下钢筋混凝土条形基础在均布线荷载 F(kN/m)作用下的受力分析可简化为如图 8.19 所示。其受力情况如同一受 p_n 作用的倒置悬臂板。p_n 是指由上部结构设计荷载 F 在基底产生的净反力(不包括基础自重和基础上方回填土重所引起的反力)。若沿墙长度方向取 $l=1$m 分析,则基底处地基净反力为

$$p_n = \frac{F}{b} \tag{8-19}$$

式中:p_n——相应于荷载效应基本组合时,地基净反力设计值(kPa);

F——相应于荷载效应基本组合时,上部结构传至地面标高处的荷载设计值(kN/m);

b——墙下钢筋混凝土条形基础宽度(m)。

在 p_n 作用下,在基础底板内将产生弯矩 M 和剪力 V,其值在图 8.20 中 Ⅰ—Ⅰ 截面(悬臂板的根部)处最大

$$V = \frac{1}{2} p_n (b-a) \tag{8-20}$$

$$M = \frac{1}{8} p_n (b-a)^2 \tag{8-21}$$

式中:V——基础底板根部的剪力值设计值(kN/m);

M——基础底板支座的弯矩值设计值(kN·m/m);

a——砖墙厚(m)。

为了防止因 V、M 作用而使基础底板发生强度破坏,基础底板应具有足够的厚度并按计算配筋。

(1) 确定基础底板厚度。基础内不配箍筋和弯筋,故基础底板厚度应满足以下要求

$$V \leqslant 0.7 f_t h_0 \tag{8-22}$$

即

$$h_0 \geqslant \frac{V}{0.7 f_t} \tag{8-23}$$

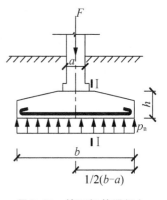

图 8.20 墙下钢筋混凝土条形基础受力分析

式中:f_t——混凝土轴心抗拉强度设计值(kPa);

h_0——基础底板有效高度(m)。

当设垫层时

$$h_0 = h - 40 - \frac{1}{2}\phi$$

当无垫层时

$$h_0 = h - 70 - \frac{1}{2}\phi$$

式中:ϕ——主筋直径(mm)。

(2) 确定基础底板钢筋。基础底板钢筋按式(8-24)计算

$$A_s = \frac{M}{0.9h_0 f_y} \qquad (8-24)$$

式中：A_s——条形基础底板每米长度受力钢筋截面积(mm^2/m)；

　　　f_y——钢筋抗拉强度设计值(N/mm^2)。

注意：实际计算时，将各数值代入上式的单位应统一，弯矩 M 的单位为 $N \cdot mm/m$，h_0 的单位为 mm。

2. 偏心荷载作用

墙下钢筋混凝土条形基础受偏心荷载作用如图 8.21 所示。

先计算基底净反力的偏心距 e_{n0}

$$e_{n0} = \frac{M}{F}(\leqslant \frac{b}{6}) \qquad (8-25)$$

基础边缘处最大和最小净反力为

$$\begin{matrix} p_{\max} \\ p_{\min} \end{matrix} = \frac{F}{b}(1 \pm \frac{6e_{n0}}{b}) \qquad (8-26)$$

则悬臂支座处，即截面Ⅰ—Ⅰ的地基净反力为

$$p_{n\text{I}} = p_{\min} + \frac{b+a}{2b}(p_{\max} - p_{\min}) \qquad (8-27)$$

基础高度和配筋计算仍按式(8-23)和式(8-24)进行，但在计算剪力 V 和弯矩 M 时应将式(8-20)和式(8-21)中的 p_n 改为 $\frac{1}{2}(p_{n\max} + p_{n\text{I}})$。这样计算，当 $p_{n\max}/p_{n\min}$ 很大时，计算的 M 值略偏小。

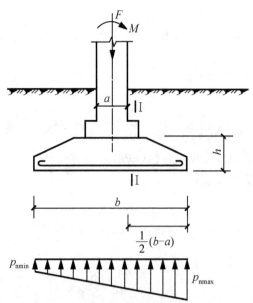

图 8.21　墙下条形基础受偏心荷载作用

【例 8-3】 某建筑外墙厚为 370mm，相应于荷载效应的基本组合时，传至地表荷载 $F=400 \text{kN/m}$，室内外高差 1.0m，基础埋深按 1.50m 计算（从室外地面算起），修正后的地基承载力设计值 $f_a=180 \text{kPa}$。试设计该墙下钢筋混凝土条形基础。

【解】（1）求基础宽度。

$$b \geq \frac{F}{f_a - 20d} = \frac{400}{180 - 20 \times 1.50} = 2.67 (\text{m})$$

取基础宽度为 $b=2.80\text{m}=2800\text{mm}$。

（2）确定基础底板厚度。初选钢筋混凝土条形基础的混凝土强度等级为 C30，其下采用 C10 素混凝土垫层，垫层厚度为 100mm，则钢筋保护层厚度为 $a_s=40\text{mm}$，混凝土的 $f_c=14.3 \text{N/mm}^2$，$f_t=1.43 \text{N/mm}^2$。

按 $\frac{b}{8}=\frac{2800}{8}=350\text{mm}$，初选基础高度为 $h=350\text{mm}$。根据墙下条形基础的构造要求，初步绘制基础剖面尺寸如图 8.22 所示。

基础抗剪切强度验算如下。

计算地基净反力设计值

$$p_n = \frac{F}{b} = \frac{400}{2.8} = 143 (\text{kPa})$$

计算 I—I 截面的剪力设计值

$$V_I = \frac{1}{2} p_n (b-a) = \frac{1}{2} \times 143 \times (2.8 - 0.37) = 174 (\text{kN/m})$$

计算基础所需有效高度

$$h_0 \geq \frac{V_I}{0.7 f_t} = \frac{174 \times 10^3}{0.7 \times 1.43 \times 10^3} = 174 (\text{mm})$$

预估钢筋直径为 16mm，则实际基础有效高度

$$h_0 = h - a_s - \frac{\phi}{2} = 350 - 40 - \frac{16}{2} = 302 (\text{mm}) > 174 \text{mm}$$

满足抗剪要求。

（3）底板配筋计算。计算 I—I 截面处的弯矩

$$M_I = \frac{1}{8} p_n (b-a)^2 = \frac{1}{8} \times 143 \times (2.8 - 0.37)^2 = 106 (\text{kN} \cdot \text{m/m})$$

计算每米长度条形基础底板受力钢筋面积，选用 HPB300 钢筋，$f_y=270 (\text{N/mm}^2)$，所以

$$A_{sI} = \frac{M_I}{0.9 h_0 f_y} = \frac{106 \times 10^6}{0.9 \times 302 \times 270} = 1444 (\text{mm}^2)$$

实际选用 $\phi 16@130$（实配 $1547\text{mm}^2 > 1444\text{mm}^2$）。分布钢筋选用 $\phi 8@250$。基础剖面图见图 8.22。

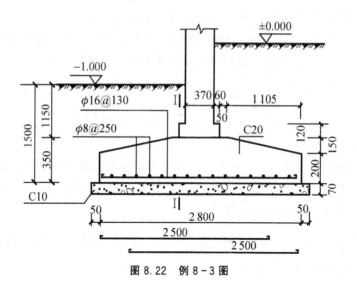

图 8.22 例 8-3 图

8.6.4 柱下钢筋混凝土单独基础的设计计算

1. 基础底板厚度

柱下钢筋混凝土单独基础的底板厚度(即基础高度)主要由柱的抗冲切承载力确定。在柱中心荷载 $F(kN)$ 作用下,如果基础高度(或阶梯高度)不足,则将沿着柱周边(或阶梯高度变化处)产生冲切破坏,形成 45° 斜裂面的角锥体。因此,由冲切破坏锥体以外的地基净反力所产生的冲切力应小于冲切面处混凝土的抗冲切能力。对于矩形基础,往往柱短边一侧冲切破坏较柱长边一侧危险,这时只需要根据短边一侧冲切破坏条件来确定底板厚度,即要求

$$p_n A_l \leqslant 0.7 \beta_{hp} f_t A_m \qquad (8-28)$$

式中:β_{hp}——截面高度影响系数(当 $h \leqslant 800\,mm$ 时,β_{hp} 取 1.0;当 $h \geqslant 2000\,mm$ 时,β_{hp} 取 0.9,其间按线性内插取值);

p_n——相应于荷载效应取基本组合时的地基净反力值(kPa),对偏心受压基础可取基础边缘的最大净反力值;

A_l——冲切力的作用面积(m^2);

f_t——混凝土抗拉强度设计值(kPa);

A_m——冲切破坏面在基础底面上的水平投影面积(m^2)。

A_l、A_m 的计算,按冲切破坏锥体的底边是否落在基础底面积之内,即:$b \geqslant b_c + 2h_0$ 或 $b < b_c + 2h_0$,计算方法分述如下。

(1) 当 $b \geqslant b_c + 2h_0$ 时,即冲切破坏锥体的底边落在基础底面积之内(图 8.23)。

$$A_l = \left(\frac{l}{2} - \frac{a_c}{2} - h_0\right)b - \left(\frac{b}{2} - \frac{b_c}{2} - h_0\right)^2$$

$$A_m = (b_c + h_0)h_0$$

将 A_l、A_m 代入式(8-28),即为柱下单独基础抗冲切验算公式

$$p_n\left[\left(\frac{l}{2}-\frac{a_c}{2}-h_0\right)b-\left(\frac{b}{2}-\frac{b_c}{2}-h_0\right)^2\right]\leqslant 0.7\beta_{hp}f_t(b_c+h_0)h_0 \qquad (8-29)$$

式中：a_c、b_c——分别为柱长边、短边长度(m)；

h_0——基础有效高度(m)；

其余符号同前。

(2) 当 $b<b_c+2h_0$ 时，即冲切破坏锥体的底边落在基础底面积之外(图 8.24)。

$$A_l=\left(\frac{l}{2}-\frac{a_c}{2}-h_0\right)b$$

$$A_m=(b_c+h_0)h_0-\left(\frac{b_c}{2}+h_0-\frac{b}{2}\right)^2$$

于是

$$p_n\left(\frac{l}{2}-\frac{a_c}{2}-h_0\right)b\leqslant 0.7\beta_{hp}f_t\left[(b_c+h_0)h_0-\left(\frac{b_c}{2}+h_0-\frac{b}{2}\right)^2\right] \qquad (8-30)$$

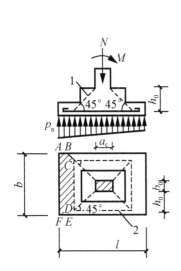

图 8.23 柱底对基础冲切 ($b\geqslant b_c+2h_0$)
1—冲切破坏锥体最不利一侧的斜截面；
2—冲切破坏锥体的底面线

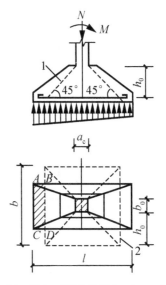

图 8.24 柱底对基础冲切 ($b<b_c+2h_0$)
1—冲切破坏锥体最不利一侧的斜截面；
2—冲切破坏锥体的底面线

当基础剖面为阶梯形时，除可能在柱子周边开始沿 45°斜面拉裂形成冲切锥体外，还可能从变阶处开始沿 45°斜面拉裂。因此，还应验算变阶处的有效高度，此时把柱截面尺寸 a_c、b_c 换成变阶处长度与宽度即可。

2. 基础底板配筋

由于单独基础底板在 p_n 作用下，在两个方向均发生弯曲，所以两个方向都要配置受力钢筋，钢筋面积按两个方向的最大弯矩分别计算(图 8.25)。

Ⅰ—Ⅰ 截面

$$M_I=\frac{p_n}{24}(l-a_c)^2(2b+b_c) \qquad (8-31)$$

$$A_{sI} = \frac{M_I}{0.9h_0 f_y} \tag{8-32}$$

Ⅱ—Ⅱ截面

$$M_{II} = \frac{p_n}{24}(b-b_c)^2(2l+a_c) \tag{8-33}$$

$$A_{sII} = \frac{M_{II}}{0.9h_0 f_y} \tag{8-34}$$

阶梯形基础还应按截面Ⅲ—Ⅲ和Ⅳ—Ⅳ计算 A_{sIII} 和 A_{sIV}，如图 8.25(b)所示。

Ⅲ—Ⅲ截面

$$M_{III} = \frac{p_n}{24}(l-a_1)^2(2b+b_1) \tag{8-35}$$

$$A_{sIII} = \frac{M_{III}}{0.9h_{01} f_y} \tag{8-36}$$

Ⅳ—Ⅳ截面

$$M_{IV} = \frac{p_n}{24}(b-b_1)^2(2l+a_1) \tag{8-37}$$

$$A_{sIV} = \frac{M_{IV}}{0.9h_{01} f_y} \tag{8-38}$$

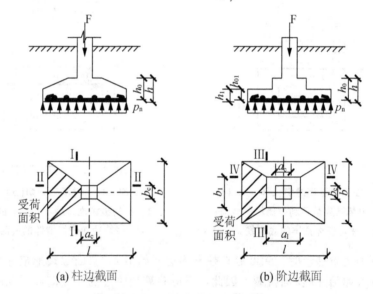

(a) 柱边截面 (b) 阶边截面

图 8.25 中心受压柱基础底板配筋计算

8.7 柱下钢筋混凝土条形基础

1. 柱下钢筋混凝土条形基础的概念

当地基较为软弱、柱荷载或地基压缩性分布不均匀，以至于采用扩展基础可能产生较大的不均匀沉降时,常将同一轴线上若干柱子的基础连成一体而形成柱下条形基础。这种基础的抗弯刚度较大,因而具有调整不均匀沉降的能力,并能将所承受的集中柱荷载较均匀地分布到整个基底面积上。柱下条形基础是常用于软弱地基上框架或排架结构的一种基础形式。

柱下钢筋混凝土条形基础由单根梁或交叉梁及其伸出的底板组成。

考虑上部结构、基础与地基共同作用时的工程处理方法可参照以下规定。

(1) 按照具体条件可不考虑或计算整体弯曲时,必须采取措施同时满足整体弯曲的受力要求。

(2) 从结构布置上,限制梁板基础在边柱或边墙以外的挑出尺寸,以减轻整体弯曲反应。

(3) 柱下钢筋混凝土条形基础和筏形基础纵向边跨跨中及第 1 内支座的弯矩值宜乘以 1.20 的系数。

(4) 基础梁板的受拉钢筋至少应部分通长配置。

2. 柱下钢筋混凝土条形基础的构造要求

1) 外形尺寸

(1) 柱下条形基础梁的高度宜为柱距的 1/8~1/4。翼板厚度不应小于 200mm。当翼板厚度大于 250mm 时,宜采用变厚度翼板,其顶面坡度宜小于或等于 1∶3。

(2) 条形基础的端部宜向外伸出,其长度宜为第一跨距的 0.25 倍。

(3) 现浇柱与条形基础梁的交接处,基础梁的平面尺寸应大于柱的平面尺寸,且柱的边缘至基础梁边缘的距离不得小于 50mm(图 8.26)。

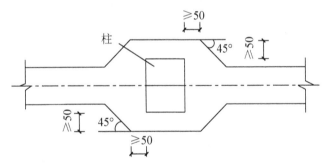

图 8.26 现浇柱与条形基础梁交接处平面尺寸

(4) 条形基础梁顶部和底部的纵向受力钢筋除应满足计算要求外,顶部钢筋应按计算配筋全部贯通,底部通长钢筋不应少于底部受力钢筋截面总面积的 1/3。

2) 钢筋

(1) 肋梁内纵向受力钢筋。条形基础梁顶部和底部的纵向受力钢筋除满足设计要求外,顶部钢筋按计算配筋全部贯通,底部通长钢筋不应少于底部受力钢筋总面积的 1/3。

(2) 箍筋。肋梁内的箍筋应做成封闭式,直径不小于 8mm;当肋梁宽 $b \leqslant 350$mm 时用双肢箍,当 300mm$< b \leqslant 800$mm 时用四肢箍,当 $b > 800$mm 时用六肢箍。

(3) 底板受力钢筋的最小直径不宜小于 10mm,间距不宜大于 200mm,也不宜小于

100mm。纵向分布钢筋的直径不小于8mm，间距不大于300mm，每延米分布钢筋的面积应不小于受力钢筋面积的15%。

3）混凝土

柱下钢筋混凝土条形基础的混凝土强度等级不应低于C20。基础垫层、钢筋保护层厚度可参考扩展基础构造要求的一般规定。

8.8 筏形基础

1. 筏形基础的类型和特点

1）筏形基础的特点与选用

筏形基础亦称片筏基础、筏板基础。当建筑物上部荷载较大而地基承载能力又比较弱时，用简单的独立基础或条形基础已不能适应地基变形的需要，这时常将墙或柱下基础连成一片，使整个建筑物的荷载承受在一块整板上，这种满堂式的板式基础称筏形基础。筏形基础由于其底面积大，故可减小基底压力，同时也可提高地基土的承载力，并能更有效地增强基础的整体性，调整不均匀沉降。

在工程中，当遇到下列几种情况时可考虑采用筏形基础。

（1）在软土地基上，用柱下条形基础或柱下十字交梁条形基础不能满足上部结构对变形的要求和地基承载力的要求时。

（2）当建筑物的柱距较小而柱的荷载又很大，或柱的荷载相差较大将会产生较大的沉降差需要增加基础的整体刚度以调整不均匀沉降时。

（3）大型储液结构（如水池、油库等），结合使用要求时。

（4）风荷载及地震荷载起主要作用的多高层建筑物，要求基础有足够的刚度和稳定性时。

2）筏形基础的类型

筏形基础分为梁板式和平板式两种类型，其选型应根据地基土质、上部结构体系、柱距、荷载大小、使用要求以及施工条件等因素确定，见表8-11。

表8-11 筏形基础的类型

类型	适用性	底板
平板式筏形基础	适用于柱荷载不大、柱距较小且等柱距的情况。框架-核心筒结构和筒中筒结构宜采用平板式筏形基础	底板是一块厚度相等的钢筋混凝土平板。板厚一般为0.5～1.5m。底板的厚度可以按每增加一层50mm初步确定，然后校核板的抗冲切强度。底板厚度不得小于200mm。通常6层民用建筑的板厚不小于300mm
梁板式筏形基础	当柱网间距大时，一般采用梁板式筏形基础	根据肋梁的设置分为单向肋和双向肋两种形式。单向肋梁板式筏形基础是将两根或两根以上的柱下条形基础中间用底板连接成一个整体，以扩大基础的底面积并加强基础的整体刚度。双向肋梁板式筏形基础是在纵、横两个方向上的柱下都布置肋梁，有时也可在柱网之间再布置次肋梁以减少底的厚度

2. 筏形基础的构造要求

1) 筏板厚度

梁板式筏基底板除计算正截面受弯承载力外,其厚度尚应满足受冲切承载力、受剪切承载力的要求。对 12 层以上建筑的梁板式筏基,其底板厚度与最大双向板格的短边净跨之比不应小于 1/14,且板厚不应小于 400mm。平板式筏基的板厚应满足受冲切承载力的要求。

2) 筏板配筋

筏板配筋由计算确定,按双向配筋,并应考虑下列原则。

(1) 按基底反力直线分布计算的梁板式筏基,其基础梁的内力可按连续梁分析,边跨跨中弯矩以及第一内支座的弯矩值宜乘以 1.2 的系数。梁板式筏基的底板和基础梁的配筋除满足计算要求外,纵横方向的底部钢筋尚应有 1/3～1/2 贯通全跨,且其配筋率不应小于 0.15%,顶部钢筋按计算配筋全部贯通。

(2) 按基底反力直线分布计算的平板式筏基可按柱下板带和跨中板带分别进行内力分析。平板式筏基柱下板带和跨中板带的底部钢筋应有 1/3～1/2 贯通全垮,且配筋率不应小于 0.15%;顶部钢筋应按计算配筋全部贯通。

3) 混凝土强度等级

筏形基础的混凝土强度等级不应低于 C30。当有地下室时应采用防水混凝土,防水混凝土的抗渗等级应根据地下水的最大水头与防渗混凝土厚度的比值,按现行《地下工程防水技术规范》(GB 50108—2008)选用(表 8-12),但不应小于 0.6MPa。对重要建筑,宜采用自防水并设置架空排水层。

表 8-12 防水混凝土抗渗等级

埋置深度 d/m	设计抗渗等级	埋置深度 d/m	设计抗渗等级
$d<10$	P6	$20 \leqslant d < 30$	P10
$10 \leqslant d < 20$	P8	$30 \leqslant d$	P12

4) 墙体

采用筏形基础的地下室,应沿地下室四周布置钢筋混凝土外墙,外墙厚度不应小于 250mm,内墙厚度不应小于 200mm。墙的截面设计除满足承载力要求外,尚应考虑变形、抗裂及防渗等要求。墙体内应设置双面钢筋,竖向和水平钢筋的直径均不应小于 12mm,间距不应大于 300mm。

8.9 减少建筑物不均匀沉降的措施

一般来说,地基发生变形即建筑物出现沉降是难以避免的,但是过量的地基变形将使建筑物损坏或影响其使用功能。在软弱地基上建造建筑物时,在采用合理的地基方案和地基处理措施的同时,也不能忽视在建筑、结构和施工中采取相应的措施,以减轻地基不均匀沉降对建筑物的损害。在地基条件较差时,如果在建筑、结构设计及施工中处理得当,可节省基础造价或减少地基处理的费用。因此,可以考虑从地基、基础、上部结构相互作用的观点出发,综合选择合理的建筑、结构、施工措施,降低对地基基础处理的要求和难度,以达到减轻房屋不均匀沉降的目的。

8.9.1 建筑措施

1. 建筑物的体型力求简单

建筑物的体型是指建筑物的平面形状与立面轮廓。在一些民用建筑中,因建筑功能或美观要求,往往采用多单元的组合形式,平面形状复杂,立面高差悬殊,因此使地基受力状态很不一致,不均匀沉降也随之增大,很容易导致建筑物产生裂缝与破坏。

平面形状复杂的建筑物,例如:"H""T""L""E"等形状的建筑物在其纵横单元相交处,基础密集,地基应力重叠,该处的沉降大于其他部位。因此,在其附近的墙体常因地基产生不均匀沉降而产生裂缝。在建筑平面的突出部分也是容易开裂的,且当建筑物平面复杂时,建筑物本身还会因扭曲而产生附加应力。

立面形状有高差或荷载差的建筑物,由于作用在地基上的荷载有突变,使建筑物高低相接处出现过大的差异沉降,常造成建筑物的倾斜或开裂损坏。

因此,要减轻地基不均匀沉降,建筑物的体型力求简单。

2. 设置沉降缝

当地基条件不均匀且建筑物平面形状复杂或长度太长,以及高差悬殊等情况不可避免时,可在建筑物的特定部位设置沉降缝,以有效减小不均匀沉降的危害。沉降缝是从屋面到基础把建筑物断开,将建筑物划分成若干个长高比较小、体型简单、整体刚度较好、结构类型相同、自成沉降体系的独立单元。沉降缝通常设置在如下部位。

(1) 平面形状复杂的建筑物的转折部位。
(2) 建筑物的高度或荷载突变处。
(3) 长高比较大的建筑适当部位。
(4) 地基土压缩性显著变化处。
(5) 建筑结构类型不同处。
(6) 分期建造房屋的交界处。

沉降缝应留有足够的宽度,缝内一般不填充材料,以保证沉降缝上端不致因相邻单元互倾而顶住。沉降缝的宽度与建筑的层数有关,可按表8-13采用。

表8-13 房屋沉降缝的宽度

建筑物层数	沉降缝的宽度/mm
2~3	50~80
4~5	80~120
5层以上	≥120

3. 控制相邻建筑物的间距

建筑物的荷载不仅使建筑物下面的土层受到压缩,而且在其以外的一定范围内的土层,由于受到基底压力扩散的影响,也将产生压缩变形。这种影响随着距离的增加而减小。由于软弱地基的压缩性大,两相邻建筑间距太近,会相互影响,引起相邻建筑物产生附加沉降。

相邻建筑物的影响主要表现为建筑物发生裂缝或倾斜。当被影响的建筑物刚度较差时,其影响主要表现为建筑物的裂缝;当刚度较好时,主要表现为倾斜。产生相邻建筑影响的大致有下列几种情况。

(1) 同期建造的两相邻建筑物之间的影响,特别是当两建筑物轻重、高低相差太大时,轻者受重者影响更甚。

(2) 原有建筑物受临近新建重型或高层建筑物的影响。

为了避免相邻建筑物影响造成的损害,建造在软弱地基上的建筑物基础之间需要保持一定的净距。其值视地基的压缩性、产生影响建筑物的规模和重量以及被影响建筑物的刚度等因素而定,见表 8-14。

表 8-14 相邻建筑物基础间的净距 (m)

影响建筑的预估 平均沉降量 s/mm	受影响建筑的长高比	
	$2.0 \leqslant \dfrac{L}{H_\mathrm{f}} < 3.0$	$3.0 \leqslant \dfrac{L}{H_\mathrm{f}} < 5.0$
70~150	2~3	3~6
160~250	3~6	6~9
260~400	6~9	9~12
>400	9~12	≥12

注:1. 表中 L 为房屋长度或沉降缝分隔的单元长度(m);H_f 为自基础底面算起的房屋高度(m)。

2. 当受影响建筑长高比为 $1.5 \leqslant \dfrac{L}{H_\mathrm{f}} < 2.0$ 时,其间隔距离可适当减小。

4. 建筑物标高的控制

由于基础沉降引起建筑物各组成部分标高发生变化,影响建筑物的正常使用。为了减少或防止地基不均匀沉降对建筑使用功能的不利影响,设计时就应根据基础的预估沉降量适当调整建筑物或其各部分的标高。

根据具体情况,可采取如下相应的措施。

(1) 室内地坪和地下设施的标高,应根据预估的沉降量予以提高。

(2) 建筑各部分(或各设备)之间有联系时,可将沉降较大者的标高适当提高。

(3) 建筑物设备之间应留有足够的净空。

(4) 建筑物有管道通过时,应预留足够尺寸的孔洞,或管道采用柔性接头。

8.9.2 结构措施

在软弱地基上,减小建筑物的基底压力及调整基底的附加应力分布是减小基础不均匀沉降的根本措施；加强结构的刚度和强度是调整不均匀沉降的重要措施；将上部结构做成静定体系是减轻地基不均匀沉降危害的有效措施。

1. 减轻结构自重

基底压力中，建筑物的自重（包括基础及回填土重）所占的比例很大，据调查，一般工业建筑中建筑物自重占40%～50%，一般民用建筑中建筑物自重占60%～80%。因而，减小沉降量常可以从减轻建筑物自重做起，主要措施如下。

（1）减轻墙体重量。许多建筑物（特别是民用建筑）的自重，大部分以墙体的重量为主。例如：砌体承重结构房屋，墙体的重量占结构总重量的一半以上。为了减少这部分重量，宜选用轻质墙体材料，如：轻质混凝土墙板、空心砌块、多孔砖及其他轻质墙等。

（2）采用轻型结构。采用预应力钢筋混凝土结构、轻钢结构及各种轻型空间结构。

（3）减少基础和回填土的重量。首先尽可能考虑采用浅埋基础，采用钢筋混凝土独立基础、条形基础、壳体基础等。如果要求抬高室内地坪时，底层可考虑采用架空地板以代替室内填土。

2. 设置圈梁

在砌体内的适当部位设置现浇钢筋混凝土圈梁，增强建筑物的整体性，提高砌体结构的抗剪、抗拉能力，在一定程度上能防止或减少由地基不均匀沉降产生的裂缝。圈梁一般沿外墙设置，应根据建筑物可能弯曲的方向而确定配置于建筑物的底部或顶部。当难以判断建筑物的弯曲方向时，对于四层及四层以下的建筑物，应在檐口处和基础顶部各设置一道圈梁。对于重要的、高大的建筑物或地基特别软弱时，可以隔层设置或层层设置。圈梁一般设在楼板下面或窗顶上，设在窗顶上的圈梁可兼作过梁使用。在主要的内墙上也要设置圈梁，并与外墙的圈梁连成整体。

3. 减小或调整基底附加压力

（1）设置地下室或半地下室是减少建筑物沉降的有效措施，通过挖除的土重能抵消一部分作用在地基上的附加压力，从而减少建筑物的沉降，同时也可以用以调整建筑物各部分的沉降差异，如在建筑物的较重、较高的部分设置地下室或半地下室。

（2）增大基底尺寸，调整基础沉降。按照沉降控制的要求，选择和调整基础底面尺寸，针对具体工程的不同情况考虑，尽量做到有效又经济合理。

8.9.3 施工措施

合理安排施工顺序、注意施工方法，也能收到减小或调整地基不均匀沉降的效果。当拟建的相邻建筑物之间轻重、高低相差悬殊时，一般应按先重后轻、先高后低的顺序进行施工；有时还需在重建筑物竣工后间歇一段时间后再建造轻的邻近的建筑物或建筑物单元。当高层建筑的主、裙楼下有地下室时，可在主、裙楼相交的裙楼一侧设置施工后浇带，同样以先主楼后裙楼的施工顺序，以减小不均匀沉降的影响。

在基坑开挖时，不要扰动地基土的原有结构。通常在坑底保留约200mm厚的土层，待垫层施工时再挖除。如发现坑底已被扰动，应将已扰动的土挖去，并用砂或碎石回填夯实至所需标高。

8.10 天然地基浅基础施工

8.10.1 无筋扩展基础的施工要点

1. 素混凝土基础

1) 施工工艺

浇筑前的准备工作→混凝土浇筑→混凝土振捣→混凝土养护→混凝土拆模。

2) 施工要点

(1) 浇筑前的准备工作。浇筑前应将基底表面的杂物清除干净。对设置有混凝土垫层的，垫层表面应用清水清扫干净，并排除积水。

(2) 混凝土浇筑。按照由远及近、由边角向中间的顺序进行。浇筑前根据构件特点确定好浇筑方案，根据基础深度分段、分层连续浇筑混凝土，一般不留施工缝。当不能连续浇筑时，施工缝位置及处理方法要符合设计和规范要求。

(3) 混凝土振捣。条形基础的振捣采用插入式振动器，插点以交错式为好，操作时应快插慢拔。当新浇筑混凝土表面翻浆无气泡时，振捣结束。

(4) 混凝土养护。混凝土终凝后，应用湿润的草帘、草袋等覆盖，并洒水养护，时间不少于7d。

2. 灰土基础

1) 施工工艺

基槽清理→底夯→灰土拌合→控制虚铺厚度→机械夯实→质量检查→逐皮交替完成。

2) 施工要点

(1) 配合比。灰土的配合比除设计有特殊要求外，一般为2∶8或3∶7(体积比)。基础垫层灰土必须标准过筛，严格执行配合比。必须拌合均匀，至少翻拌两次，拌好的灰土颜色一致。

(2) 含水量控制。灰土施工时应控制含水量。工地检验方法，是用手将灰土紧握成团，两指轻捏即碎为宜。如土料水分过多或不足时，应晒干或洒水湿润。

(3) 灰土厚度。灰土铺摊厚度为200~250mm。

(4) 接缝。灰土分段施工时，不得在墙角、柱基及承重墙下接缝。上下两层灰土的接缝距离不得大于500mm，当灰土基础标高不同时，应做成阶梯形。

8.10.2 柱下条形基础的施工要点

1. 施工工艺

混凝土垫层→钢筋绑扎→模板安装→混凝土浇筑→混凝土振捣→混凝土养护。

2. 施工要点

(1) 混凝土垫层。地基验槽完成后，清除表面浮土及扰动土，立即进行垫层施工，混凝土垫层必须振捣密实，表面平整，严禁晾晒地基土。

（2）钢筋绑扎。垫层达到一定强度后，在其上弹线、支模，铺放钢筋网片。上下部垂直钢筋绑扎牢固，将钢筋弯钩朝上。基础上有插筋时，应采取有效措施加以固定，保证钢筋位置正确，防止浇捣混凝土时发生位移。铺放钢筋网片时底部采用与混凝土保护层同厚度的水泥砂浆垫塞，以保证位置正确。

（3）模板安装。钢筋绑扎及相关专业完成后立即进行模板安装，浇筑混凝土前，应清除模板上的垃圾、泥土和钢筋上的油污等杂物，模板应浇水润湿。

（4）混凝土浇筑。基础混凝土宜分层连续浇筑。

（5）基础上的插筋要加以固定保证插筋位置的准确。防止浇捣混凝土发生位移，混凝土浇筑完毕外漏表面应覆盖浇水养护。

8.10.3 筏形基础的施工要点

筏形基础在施工前，如地下水位较高，可采用人工降低地下水位至基坑底不少于500mm，以保证在无水情况下进行基坑开挖和基础施工。

在施工时，可采用先在垫层上绑扎底板、梁的钢筋和柱子锚固插筋，浇筑底板混凝土，待达到25%设计强度后，再在底板上支梁模板，继续浇筑完梁部分的混凝土；也可采用底板和梁模板一次同时支好。混凝土一次连续浇筑完成，梁侧模板采用支架支撑，并固定牢固。混凝土浇筑时一般不留施工缝，必须留设时，应按施工缝要求处理，并应设置止水带。

基础浇筑完毕，表面应覆盖和洒水养护，并防止地基被水浸泡。

习 题

一、填空题

1. 现浇柱基础，其插筋数量、直径以及钢筋种类应与_____相同。插筋的下端宜放在基础底板钢筋网上。

2. 无筋扩展基础要求基础的_____不超过相应材料要求的允许值。

3. 扩展基础的混凝土强度等级不应低于_____，底板受力钢筋最小直径不宜小于_____，间距不宜大于_____，也不宜小于_____。墙下钢筋混凝土条形基础纵向分布钢筋的直径不宜小于_____；间距不宜大于_____；每延米分布钢筋的面积应不小于受力钢筋面积的_____。当有垫层时钢筋保护层的厚度不应小于_____；无垫层时不应小于_____。

4. 除岩石地基外，基础的最小埋深为_____，且基础顶面宜低于室外设计地面_____以上，以便于建筑物周围排水沟的布置。

5. 对底板的冲切和抗剪验算，可以确定底板的_____，对底板的抗弯验算，则可以确定底板的_____。

6. 无筋扩展基础台阶允许宽高比的大小除了与基础材料及其强度等级有关外，还与_____有关。

7. 墙下钢筋混凝土条形基础配筋时受力筋布置在_____方向，分部筋布置在_____方向。

8. 沉降缝是从_____到_____把建筑物断开。

二、选择题（不定项）

1. 能减少基底附加压力的基础是（　　）基础。
   A. 柱下条形基础　　　　　　　　B. 柱下十字交叉基础
   C. 箱形基础　　　　　　　　　　D. 筏形基础

2. 在抗震设防区，除岩石地基外，天然地基上的箱形和筏形基础，其埋置深度不宜小于建筑物高度的（　　）。
   A. 1/10　　　　B. 1/12　　　　C. 1/15　　　　D. 1/18

3. 无筋扩展基础材料的（　　）性能好。
   A. 抗拉　　　　B. 抗弯　　　　C. 抗剪　　　　D. 抗压

4. 轴心受压现浇柱基础高度大于等于（　　）mm时，可仅将柱四角的基础插筋伸至底板钢筋网上，其余插筋可锚固在基础顶面下满足锚固长度要求。
   A. 900　　　　B. 1000　　　　C. 1100　　　　D. 1200

5. 柱下钢筋混凝土独立基础底板高度由（　　）确定。
   A. 受弯承载力　　　　　　　　　B. 受剪承载力
   C. 经验估算　　　　　　　　　　D. 受冲切承载力

6. 柱下钢筋混凝土独立基础的边长大于或等于（　　）时，底板受力筋的长度可取边长的0.9倍，并宜交错布置。
   A. 2m　　　　B. 2.5m　　　　C. 3m　　　　D. 3.5m

7. 墙下条形基础底板配筋正确的是（　　）。
   A. 受力筋布置在板宽度方向下部，分布筋的下面
   B. 受力筋布置在板宽度方向下部，分布筋的上面
   C. 分布筋布置在板下部，受力筋的下面
   D. 受力筋布置在板上部的最上面

8. 房屋基础中必须满足基础台阶宽高比要求的是（　　）。
   A. 钢筋混凝土条形基础　　　　　B. 钢筋混凝土独立基础
   C. 柱下条形基础　　　　　　　　D. 无筋扩展基础

9. 墙下钢筋混凝土条形基础的底板高度由（　　）确定。
   A. 抗弯　　　　B. 抗剪　　　　C. 抗压　　　　D. 构造

10. 墙下钢筋混凝土条形基础结构设计的内容有（　　）。
    A. 基础底板宽度　　B. 基础底板厚度　　C. 基础底板局部受压
    D. 基础底板配筋　　E. 基础底板冲切

三、简答题

1. 简述地基基础设计的基本规定。

2. 天然地基上的浅基础有哪些类型？其各自的特点是什么？

3. 选择基础埋置深度应考虑哪些因素？

4. 如何按地基承载力确定基础底面尺寸？

5. 减轻地基不均匀沉降的危害应采取哪些有效措施？

6. 简述无筋扩展基础的施工要点。

四、计算题

1. 某建筑物柱截面尺寸为 350mm×450mm，已知该柱传至基础的荷载标准值 F_k=900kN，M_k=120kN·m，地基土为粉土 γ=18kN/m³，f_{ak}=170kPa；若基础埋深为 1.5m，试确定基础的底面尺寸。

2. 某建筑采用柱下独立基础，基底尺寸为 2.5m×3.5m，选择基础埋深为 1.5m，传至基础顶面的荷载标准值为 F_k=1300kN。地基土分为三层，各土层分布情况如下。

第一层：素填土，γ=17.2kN/m³，厚度为 0.8m。

第二层：黏土，γ=18kN/m³，f_{ak}=180kPa，e=0.85，I_l=0.75，E_s=15MPa，厚度为 3m。

第二层以下为大于 8m 的厚砂土层。试验算此基础的底面尺寸是否满足要求。

第 9 章

桩基础与其他深基础简介

学习目标

本章介绍了桩基础的类型和适用范围、桩的分类、桩基础的设计和施工。通过本章的学习，要求学生掌握桩的分类，单桩竖向抗压承载力的确定方法；熟悉桩基础的适用范围、桩基础设计的原则、方法及步骤，预制桩、灌注桩的各种成桩工艺及其施工特点。

引 例

山西国际贸易中心是一座集办公、证券交易、酒店、商场、商住餐饮、娱乐为一体的5A级大型综合性智能型高层建筑,总建筑面积16.4万 m², A、B两栋塔楼39层,总高154.3 m,为框筒结构,属超高建筑。基础类型采用钻孔灌注端承摩擦桩基,包括塔楼、商住楼和商场,竖向抗压桩788根,地下室抗拔桩278根,总桩数为1066根。众多的桩确保了超高建筑基础具有超强的承载能力,以便支撑上部建筑物。

9.1 概　　述

9.1.1 桩基础的定义、作用和特点

当天然地基上的浅基础不能满足设计要求的承载力和变形值时,可采用地基处理或深基础将荷载传至深处土层,其中以深基础中的桩基础应用最为广泛。本章主要依据《建筑地基基础设计规范》(GB 50007—2011)和《建筑桩基技术规范》(JGJ 94—2008)的有关内容介绍桩基础。

桩基础简称桩基,它是由设置在土中的基桩和连接于基桩桩顶的承台共同构成的一种深基础,如图9.1所示。桩身全部埋入土中,承台底面与土体接触的桩基,称为低承台桩基,如图9.1(a)所示;桩身露出地面而承台底面位于地面以上的桩基,称为高承台桩基,如图9.1(b)所示。建筑桩基通常为低承台桩基础,广泛应用于高层建筑。

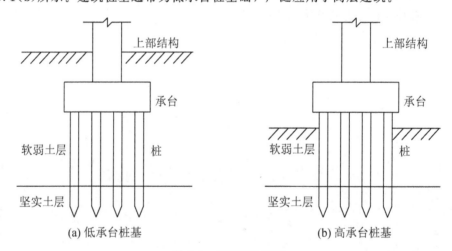

图 9.1　桩基础示意图

桩基础的作用是利用其自身远大于土的刚度将上部结构荷载传递到桩周及桩端较坚硬、压缩性小的土或岩石中,从而获得较大的承载能力来支承上部建筑物。

桩基础的特点如下。

(1) 桩支承于坚硬或较硬的持力层,具有很高的竖向单桩承载力或群桩承载力,足以承担高层建筑的全部竖向荷载(包括偏心荷载)。

(2) 桩基具有很大的竖向单桩刚度（端承桩）或群刚度（摩擦桩），在自重或相邻荷载影响下，不产生过大的不均匀沉降，并确保建筑物的倾斜不超过允许范围。

(3) 凭借巨大的单桩侧向刚度（大直径桩）或群桩基础的侧向刚度及其整体抗倾覆能力，抵御由于风和地震引起的水平荷载与力矩荷载，保证高层建筑的抗倾覆稳定性。

(4) 桩身穿过可液化土层而支承于坚硬的持力层，在地震造成浅部土层液化与震陷时，桩基凭靠深部稳固土层仍具有足够的抗压与抗拔承载力，确保高层建筑的稳定。

> **特别提示**
>
> 桩基础也存在造价高、施工技术复杂、工期长、工作机理复杂等缺点。

9.1.2 桩基础的类型和适用范围

桩基础的结构形式主要取决于上部结构的形式与布置，地质条件与桩型。

由于高层建筑结构体系、地质条件和桩型的多样性，高层建筑桩基础的结构形式也灵活多样。归纳起来，桩基础主要有以下几种：桩柱基础、桩梁基础、桩墙基础、桩筏基础和桩箱基础。下面分别说明它们的特点和适用范围。

1. 桩柱基础

桩柱基础即柱下独立桩基础，采用一柱一桩或一柱数桩基础。

桩柱基础是框架结构或框剪、框筒等结构的高层建筑的一种造价较低的基础形式，为了提高基础结构整体抵御水平荷载的能力，通常在各个桩柱基础之间设置连梁。

基于桩柱基础的特点，其应用也有相应的适用范围。

单桩柱基一般只适用于端承桩。因为各个基础之间只有连梁相连，几乎没有调整差异沉降的能力，而框架结构又对差异沉降很敏感。

群桩桩基主要用于摩擦型桩的情况，且须谨慎。一般仅当持力层比较坚硬且无软弱下卧层的地质条件下采用，以免产生过大的沉降与差异沉降。

2. 桩梁基础

桩梁基础指框架柱荷载通过基础梁传递给桩这种形式的桩基础。沿柱网轴线布置一排或多排桩，桩顶用刚度大的基础梁相连，以便将柱网荷载较均匀地分配给每根桩。它比桩柱基础具有较高的整体刚度和稳定性，在一定程度上具有调整不均匀沉降的能力。

一般来说，桩梁基础主要适用于端承型桩的情况。这是因为端承型桩承载力高，桩数可以较少，承台梁不必过宽，否则就失去了经济性；另一方面若用摩擦型桩，为调整不均匀沉降而加大基础梁断面也是不经济的。

3. 桩墙基础

桩墙基础指剪力墙或实腹筒壁下的单排或多排桩基础。

剪力墙可视为深梁，其刚度足以均匀传递荷载给各支承桩，无须设置基础梁；只是鉴于剪力墙厚度（200～800mm）和筒壁厚度较小（500～1000mm），而桩径一般大于1000mm，为了保证桩与墙体或筒体很好地共同工作，需要在桩顶做一条形承台，其尺寸按构造要求。

桩墙基础也常用于筒体结构。一般做法是沿筒壁轴线布桩，桩顶不设承台梁，而是通过整块筏板与筒壁相连；或在桩顶之间设连梁，并与地下室底板及筒壁浇成整体。

4. 桩筏基础

当受地质条件限制，单桩承载力不很高，而不得不满堂布桩或局部满堂布桩才足以支承建筑荷载时，常通过整块钢筋混凝土板把柱、墙(筒)集中荷载分配给桩。习惯上将这块板称为筏，故称这类基础为桩筏基础。筏可做成梁板式或平板式。

桩筏基础主要适用于软土地基上的筒体结构、框剪结构和剪力墙结构，以便借助于高层建筑的巨大刚度来弥补基础刚度的不足。不过，若为端承桩基，则可用于框架结构。

5. 桩箱基础

桩箱基础指由底板、顶板、外墙和若干纵横内隔墙构成的箱形结构把上部荷载传递给桩的基础形式。由于其刚度很大，具有调整各桩受力和沉降的良好性能。

因此，软弱地基上建造高层建筑时较多采用桩箱基础。它适用于包括框架在内的任何结构类型。采用桩箱基础的框剪结构高层建筑的高度可达100m以上。

9.2 桩的分类

9.2.1 按使用功能分类

按使用功能分类，桩可以分为竖向抗压桩、竖向抗拔桩、水平受荷桩和复合受荷桩四类。

(1) 竖向抗压桩。主要承受竖向压力荷载，大多数建筑桩基础即为此类桩。

(2) 竖向抗拔桩。主要承受竖向抗拔荷载，应进行桩身强度、抗裂和抗拔承载力验算。

(3) 水平受荷桩。主要承受水平荷载，应进行桩身强度、裂缝计算和抗拔承载力验算。

(4) 复合受荷桩。承受竖向、水平荷载均较大，按照竖向、水平受荷桩要求综合验算。

9.2.2 按承载性状分类

在承载力极限状态下，单桩竖向极限承载力 Q_u 为单桩总极限侧阻力 Q_{su} 和单桩总极限端阻力 Q_{pu} 之和。

按承载性状分类，桩可以分为摩擦型桩和端承型桩两类，如图9.2所示。

1. 摩擦型桩

摩擦型桩，指在极限承载力状态下，桩顶荷载全部或主要由桩侧摩阻力来承受的桩。摩擦型桩又可细分为摩擦桩和端承摩擦桩两类。

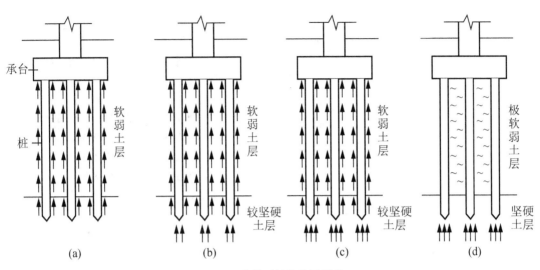

图 9.2 摩擦型桩和端承型桩

（1）摩擦桩。在承载能力极限状态下，桩顶竖向荷载由桩侧阻力承受，桩端阻力小到可忽略不计，即 $Q_u \approx Q_{su}$，$Q_{pu} \approx 0$（$Q_{su}/Q_u = 100\% : 95\%$，$Q_{pu}/Q_u = 0 : 5\%$）。

（2）端承摩擦桩。在承载能力极限状态下，桩顶竖向荷载主要由桩侧阻力承受，$Q_{su} > Q_{pu}$（$Q_{su}/Q_u = 95\% : 50\%$，$Q_{pu}/Q_u = 5\% : 50\%$）。

2. 端承型桩

端承型桩，指在极限承载力状态下，桩顶荷载全部或主要由桩端阻力来承受的桩。端承型桩又可分为端承桩和摩擦端承桩两类。

（1）端承桩。在承载能力极限状态下，桩顶竖向荷载由桩端阻力承受，桩侧阻力小到可忽略不计，即 $Q_u \approx Q_{pu}$，$Q_{su} \approx 0$（$Q_{su}/Q_u = 5\% : 0$，$Q_{pu}/Q_u = 95\% : 100\%$）。

（2）摩擦端承桩。在承载能力极限状态下，桩顶竖向荷载主要由桩端阻力承受，$Q_{su} < Q_{pu}$（$Q_{su}/Q_u = 50\% : 5\%$，$Q_{pu}/Q_u = 50\% : 95\%$）。

9.2.3 桩的其他分类方法

桩的其他分类方法见表 9-1。

表 9-1 桩的其他分类方法

标准	类别	特 征	适用范围、作用和分类
按桩的直径大小分类	小直径桩	指桩径小于 250mm 的桩。由于桩径小，施工机械、施工场地及施工方法一般较简单	小直径桩多用于基础加固（树根桩或静压锚杆托换桩）和复合桩基础
	中等直径桩	指桩径为 250～800mm 的桩	长期以来在工业与民用建筑物中大量使用，成桩方法和工艺繁杂
	大直径桩	指桩径大于 800mm 的桩。近年来发展较快，范围逐渐增加，由于桩径大且桩端还可扩大，单桩承载力一般较高	大直径桩通常用于高重型建（构）筑物基础

续表

标准	类别	特征	适用范围、作用和分类
按桩体材料分类	混凝土桩	目前应用最为广泛，特点是制作简便，桩身强度高，耐腐蚀好，造价较低，可制成多种截面和长度	分为预制混凝土桩和现场灌注混凝土桩两类。预制混凝土桩多为钢筋混凝土桩，可在工厂生产，也可在现场预制。现在为减少钢筋混凝土桩的钢筋用量和桩身裂缝，又发展了预应力钢筋混凝土桩。现场灌注混凝土桩可根据设计要求，灵活调整桩长、桩径，是目前主要使用的桩型
	钢桩	用各种型钢制作，特点是桩身材料强度大，搬运、堆放、起吊方便，不易受损，桩身截面积小，沉桩贯透力强，对桩周土挤压效应小，但造价较高，耐腐蚀性差	分为型钢和钢管两类，主要有钢管桩、钢板桩和H形钢桩等桩型
	组合桩	桩身由两种或两种以上材料组成的桩，如钢管混凝土桩或上部为钢管下部为混凝土的桩	一般结合材料强度和地质条件，起降低造价、发挥材料特性的作用
按成桩方法分类	挤土桩	指在成桩过程中，桩周土体被挤密或挤开，土的原始结构遭到破坏，工程性质发生很大变化	挤土桩主要包括挤土灌注桩和挤土预制桩两类
	部分挤土桩	指在成桩过程中，桩周土体仅受到轻微扰动，土的工程性质变化不大	这类桩主要有打入小截面的I形和H形钢桩、钢板桩、开口钢管桩和螺旋桩等
	非挤土桩	指在成桩过程中，将与桩身同体积的土挖出，桩周土较少受到扰动，但有应力松弛现象	这类桩主要是各种形式的钻孔桩、挖孔桩以及预钻孔埋桩等
按桩的施工方法分类	打入桩	通过锤击、振动等方式将预制桩沉入设计标高地层形成的桩	
	灌注桩	通过钻、冲、挖或沉入套管至设计标高地层后，灌注混凝土形成的桩	
	静压桩	通过无噪声的机械将预制桩压入设计标高地层形成的桩	

9.3 单桩竖向承载力

单桩竖向抗压承载力取决于两个方面的因素：一是土对桩的支承力，二是桩身结构承载力。在确定单桩竖向抗压承载力时，取两者中的较小值作为设计时采用的数值。

9.3.1 按桩身材料强度确定单桩竖向抗压承载力

确定桩身结构承载力应考虑以下三点。

(1) 混凝土预制桩施工起吊和运输的强度验算。
(2) 打入式预制桩在沉桩中瞬间动荷载与垂直动应力下的强度问题。
(3) 长期荷载下桩身强度的确定。

施工起吊和运输对桩身结构强度的要求是混凝土预制桩特有的问题。预制桩的标准设计已经满足了此项要求。混凝土预制桩在沉桩施工中的动应力作用下的桩身裂缝问题对房屋建筑工程的低承台桩未曾造成过严重后果，但对港口工程采用的高承台桩则应予重视。

对长期荷载下的桩身结构承载力，对于混凝土桩，应按桩的类型和成桩工艺的不同将混凝土的轴心抗压强度设计值乘以工作条件系数 φ_c，桩轴心受压时桩身强度应符合式(9-1)的规定。当桩顶以下 5 倍桩身直径范围内螺旋式箍筋间距不大于 100mm 且钢筋耐久性得到保证的灌注桩，可适当计入桩身纵向钢筋的抗压作用。

$$Q \leqslant A_p f_c \varphi_c \tag{9-1}$$

式中：Q——相应于作用的基本组合时的单桩竖向力设计值(kN)；

A_p——桩身横截面积(m^2)；

f_c——混凝土轴心抗压强度设计值(kPa)，按现行国家标准《混凝土结构设计规范》(GB 50010—2010)取值；

φ_c——工作条件系数，非预应力预制桩取 0.75，预应力桩取 0.55～0.65，灌注桩取 0.6～0.8(水下灌注桩、长桩或混凝土强度等级高于 C35 时用低值)。

9.3.2 按土对桩的支承力确定单桩竖向抗压承载力

1. 按静载荷试验确定

单桩竖向静载荷试验是按照设计要求在建筑场地先打试桩，然后在桩顶上分级施加静荷载，并观测各级荷载作用下的沉降量，直到桩周围地基破坏或桩身破坏，从而求得桩的极限承载力。

在同一条件下的试桩数量，不宜少于总桩数的 1‰ 且不应少于 3 根。

考虑打桩对土体的扰动，试桩须间隔一定天数方可进行加载试验，其规定为：预制桩，打入黏性土中不得少于 15d，砂土中不宜少于 7d，饱和软黏土中不得少于 25d。

灌注桩应待桩身混凝土达到设计强度后才能进行试验。

(1) 试验装置。试验装置由加荷系统和量测系统组成，如图 9.3 所示。

加载系统采用油压千斤顶，其加载反力装置可根据现场条件选定，常用的有：锚桩横梁反力装置，压重平台反力装置，锚桩压重联合反力装置。

图 9.3(a)为锚桩横梁反力装置图，如采用工程桩作锚桩时，锚桩数量为 4～6 根，并应检测静载试验过程中锚桩的上拔量。锚桩深度不宜小于试桩深度，且与试桩有一定距离，一般应大于 3d 且不小于 1.5m，以减少锚桩对试桩承载力的影响。

图 9.3(b)为压重平台反力装置图，压重量不得少于预计试桩破坏荷载的 1.2 倍，一般为钢锭或砂包。

量测系统由千斤顶上的应力环、应变式压力传感器及百分表或电子位移计等组成。荷载大小也可采用压力表测定油压，依据率定曲线换算荷载。

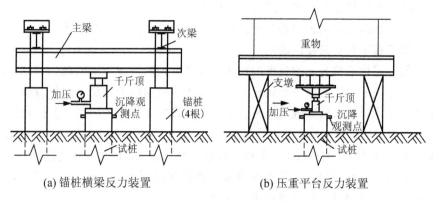

(a) 锚桩横梁反力装置　　(b) 压重平台反力装置

图 9.3　单桩竖向抗压静荷载试验

(2) 试验方法。试验方法通常有慢速维持荷载法、快速维持荷载法等。

工程中最常用的是慢速维持荷载法，即逐级加载，每级荷载约为预估极限荷载的 1/15～1/10，第一级荷载可双倍施加。每级加荷后的一小时内间隔 5min、10min、15min 各测读一次，以后每隔 15 min 测读一次，累计 1h 后每隔 30min 测读一次。

每级荷载作用下，每 1h 的沉降不超过 0.1mm，并连续出现两次（由 1.5h 内连续 3 次观测值计算），即认为已趋稳定，可施加下一级荷载。

当试验过程中，出现下列情况之一时，即可终止加载。

① 当荷载-沉降（Q-s）曲线上有可判定极限承载力的陡降段，且桩顶总沉降量超过 40mm。

② 某级荷载下桩的沉降量大于前一级沉降量的 2 倍，且经 24h 尚未达到稳定。

③ 25m 以上的非嵌岩桩，Q-s 曲线呈缓变型时，桩顶总沉降量大于 60～80mm。

④ 在特殊情况下，可根据具体要求加载至桩顶总沉降量大于 100mm。

终止加载后进行卸载，每级卸载值为加载值的 2 倍，每级卸载后隔 15min、15min、30min 各测读一次后，即可卸下一级荷载，全部卸载后，隔 3～4h 再测读一次。

(3) 结果整理。单桩竖向抗压极限承载力的大小，可通过作荷载-沉降（Q-s）曲线确定。

① 当 Q-s 曲线呈陡降型时，取相应于陡降段起点的荷载值，如图 9.4(a)所示。

② 当出现终止加载情况时，取前一级荷载值为单桩受压极限承载力值。

③ 当 Q-s 曲线呈缓变型时，取桩顶总沉降量 $s=40$mm 所对应的荷载值，如图 9.4(b)所示。当桩长大于 40m 时，宜考虑桩身的弹性压缩。

④ 参加统计的试桩，当满足其极差不超过平均值的 30% 时，可取其平均值为单桩竖向极限承载力；极差超过平均值的 30% 时，宜增加试桩数量并分析极差过大的原因，结合工程具体情况确定极限承载力。对桩数为 3 根及 3 根以下的柱下桩台，取最小值。

单桩竖向极限承载力确定后，除以安全系数 2，即可得到单桩竖向承载力特征值 R_a。

2. 《建筑地基基础设计规范》(GB 50007—2011)提供的经验公式

《建筑地基基础设计规范》(GB 50007—2011)规定，初步设计时，单桩竖向承载力特征值 R_a 可按式(9-2)估算

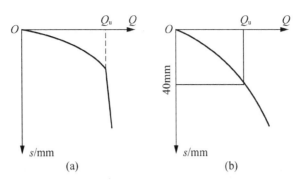

图 9.4 由 Q-s 曲线确定单桩极限承载力

$$R_a = q_{pa}A_p + u_p \sum q_{sia} l_i \tag{9-2}$$

式中：R_a——单桩竖向承载力特征值(kN)；

A_p——桩底端横截面面积(m^2)；

q_{pa}，q_{sia}——桩端端阻力特征值、桩侧阻力特征值(kPa)，由当地静载荷试验结果统计分析得出；

u_p——桩身周边长度(m)；

l_i——第 i 层岩土的厚度(m)。

当桩端嵌入完整及较完整的硬质岩中，桩长较短且入岩较浅时，可按式(9-3)估算单桩竖向承载力特征值

$$R_a = q_{pa}A_p \tag{9-3}$$

式中：q_{pa}——桩端岩石承载力特征值(kPa)。

3.《建筑桩基技术规范》(JGJ 94—2008)提供的经验公式

《建筑桩基技术规范》(JGJ 94—2008)规定，单桩竖向承载力特征值 R_a 按式(9-4)确定

$$R_a = (1/K)Q_{uk} \tag{9-4}$$

式中：Q_{uk}——单桩竖向极限承载力标准值；

K——安全系数，取 $K=2$。

(1) 当根据土的物理指标与承载力参数之间的经验关系确定单桩竖向极限承载力标准值时，宜按式(9-5)估算

$$Q_{uk} = Q_{sk} + Q_{pk} = u\sum q_{sik}l_i + q_{pk}A_p \tag{9-5}$$

式中：Q_{uk}——单桩竖向总极限承载力标准值(kN)；

Q_{sk}——单桩总极限侧摩擦力标准值(kN)；

Q_{pk}——单桩总极限端阻力标准值(kN)；

u——桩身周边长度(m)；

q_{sik}——桩侧第 i 层土的极限侧摩擦力标准值，如无当地经验时，可按表9-2取值；

l_i——按土层划分的各段桩长(m)；

q_{pk}——极限端阻力标准值，如无当地经验时，可按表9-3取值；

A_p——桩底端横截面面积(m^2)。

表 9-2　桩的极限侧阻力标准值 q_{sik}　　　　单位：kPa

土的名称	土的状态		混凝土预制桩	泥浆护壁钻(冲)孔桩	干作业钻孔桩
填土			22～30	20～28	20～28
淤泥			14～20	12～18	12～18
淤泥质土			22～30	20～28	20～28
黏性土	流塑	$I_L>1$	24～40	21～38	21～38
	软塑	$0.75<I_L\leqslant1$	40～55	38～53	38～53
	可塑	$0.50<I_L\leqslant0.75$	55～70	53～68	53～66
	硬可塑	$0.25<I_L\leqslant0.50$	70～86	68～84	66～82
	硬塑	$0<I_L\leqslant0.25$	86～98	84～96	82～94
	坚硬	$I_L\leqslant0$	98～105	96～102	94～104
红黏土		$0.7<a_w\leqslant1$	13～32	12～30	12～30
		$0.5<a_w\leqslant0.7$	32～74	30～70	30～70
粉土	稍密	$e>0.9$	26～46	24～42	24～42
	中密	$0.75\leqslant e\leqslant0.9$	46～66	42～62	42～62
	密实	$e<0.75$	66～88	62～82	62～82
粉细砂	稍密	$10<N\leqslant15$	24～48	22～46	22～46
	中密	$15<N\leqslant30$	48～66	46～64	46～64
	密实	$N>30$	66～88	64～86	64～86
中砂	中密	$15<N\leqslant30$	54～74	53～72	53～72
	密实	$N>30$	74～95	72～94	72～94
粗砂	中密	$15<N\leqslant30$	74～95	74～95	76～98
	密实	$N>30$	95～116	95～116	98～120
砾砂	稍密	$5<N_{63.5}\leqslant15$	70～110	50～90	60～100
	中密（密实）	$N_{63.5}>15$	116～138	116～130	112～130
圆砾、角砾	中密、密实	$N_{63.5}>10$	160～200	135～150	135～150
碎石、卵石	中密、密实	$N_{63.5}>10$	200～300	140～170	150～170
全风化软质岩		$30<N\leqslant50$	100～120	80～100	80～100
全风化硬质岩		$30<N\leqslant50$	140～160	120～140	120～150
强风化软质岩		$N_{63.5}>10$	160～240	140～200	140～220
强风化硬质岩		$N_{63.5}>10$	220～300	160～240	160～260

注：1. a_w 为含水比，$a_w=w/w_L$，w 为土的天然含水量，w_L 为土的液限。
　　2. N 为标准贯入击数；$N_{63.5}$ 为重型圆锥动力触探击数。

第9章 桩基础与其他深基础简介

表 9-3 桩的极限端阻力标准值 q_{pk}

单位：kPa

土名称		土的状态	混凝土预制桩桩长 l/m				泥浆护壁钻(冲)孔桩桩长 l/m				干作业钻孔桩桩长 l/m			
			$l \leq 9$	$9 < l \leq 16$	$16 < l \leq 30$	$l > 30$	$5 \leq l < 10$	$10 \leq l < 15$	$15 \leq l < 30$	$30 \leq l$	$5 \leq l < 10$	$10 \leq l < 15$	$15 \leq l$
黏性土	软塑	$0.75 < I_L \leq 1$	210~850	650~1400	1200~1800	1300~1900	150~250	250~300	300~450	300~450	200~400	400~700	700~950
	可塑	$0.50 < I_L \leq 0.75$	850~1700	1400~2200	1900~2800	2300~3600	350~450	450~600	600~750	750~800	500~700	800~1100	1000~1600
	硬可塑	$0.25 < I_L \leq 0.50$	1500~2300	2300~3300	2700~3600	3600~4400	800~900	900~1000	1000~1200	1200~1400	850~1100	1500~1700	1700~1900
	硬塑	$0 < I_L \leq 0.25$	2500~3800	3800~5500	5500~6000	6000~6800	1100~1200	1200~1400	1400~1600	1600~1800	1600~1800	2200~2400	2600~2800
粉土	中密	$0.75 \leq e \leq 0.9$	950~1700	1400~2100	1900~2700	2500~3400	300~500	500~650	650~750	750~850	800~1200	1200~1400	1400~1600
	密实	$e < 0.75$	1500~2600	2100~3000	2700~3600	3600~4400	650~900	750~950	900~1100	1100~1200	1200~1700	1400~1900	1600~2100
粉砂	稍密	$10 \leq N < 15$	1000~1600	1500~2300	1900~2700	2100~3000	350~500	450~600	600~700	650~750	500~950	1300~1600	1500~1700
	中密、密实	$N > 15$	1400~2200	2100~3000	3000~4500	3800~5500	600~750	750~900	900~1100	1100~1200	900~1000	1700~1900	1700~1900
细砂			2500~4000	3600~5000	4400~6000	5300~7000	650~850	900~1200	1200~1500	1500~1800	1200~1600	2000~2400	2400~2700
中砂	中密、密实	$N > 15$	4000~6000	5500~7000	6500~8000	7500~9000	850~1050	1100~1500	1500~1900	1900~2100	1800~2400	2800~3800	3600~4400
粗砂			5700~7500	7500~8500	8500~10000	9500~11000	1500~1800	2100~2400	2400~2600	2600~2800	2900~3600	4000~4600	4600~5200
砾砂		$N > 15$	6000~9500		9000~10500	10500~11500	1400~2000		2000~3200		3500~5000		
角砾、圆砾	中密、密实	$N_{63.5} > 10$	7000~10000		9500~11500		1800~2200		2200~3600		4000~5500		
碎石、卵石		$N_{63.5} > 10$	8000~11000		10500~13000		2000~3000		3000~4000		4500~6500		
全风化软质岩		$30 < N \leq 50$	4000~6000				1000~1600				1200~2000		
全风化硬质岩		$30 < N \leq 50$	5000~8000				1200~2000				1400~2400		
强风化软质岩		$N_{63.5} > 10$	6000~9000				1400~2200				1600~2600		
强风化硬质岩		$N_{63.5} > 10$	7000~11000				1800~2800				2000~3000		

注：1. 砂土和碎石类土中桩的极限端阻力取值，宜综合考虑土的密实度，桩端进入持力层的深径比 h_b/d，土愈密实，h_b/d 愈大，取值愈高。

2. 预制桩的岩石极限端阻力指桩端支承于中、微风化基岩表面或进入强风化岩、软质岩一定深度条件下极限端阻力。

(2) 大直径灌注桩的竖向承载力。当根据土的物理指标与承载力参数之间的经验关系确定大直径灌注桩的单桩极限承载力标准值时，可按式(9-6)计算

$$Q_{uk} = Q_{sk} + Q_{pk} = u\sum \psi_{si} q_{sik} l_i + \psi_p q_{pk} A_p \tag{9-6}$$

式中：q_{sik}——桩侧第 i 层土极限侧阻力标准值，如无当地经验值时，可按表9-2取值，对于扩底桩变截面以上 $2d$ 长度范围不计侧阻力；

q_{pk}——桩径为800mm的极限端阻力标准值[对于干作业挖孔(清底干净)可采用深层载荷板试验确定；当不能进行深层载荷板试验时，可按表9-4取值]；

ψ_{si}、ψ_p——大直径桩侧阻、端阻尺寸效应系数，按表9-5取值；

u——桩身周长，当人工挖孔桩桩周护壁为振捣密实的混凝土时，桩身周长可按护壁外直径计算。

表9-4 干作业挖孔桩(清底干净，$D=800$mm)极限端阻力标准值 q_{pk} 单位：kPa

土的名称		状　态		
黏性土		$0.25<I_L\leqslant0.75$	$0<I_L\leqslant0.25$	$I_L\leqslant0$
		800~1800	1800~2400	2400~3000
粉土		—	$0.75\leqslant e\leqslant0.9$	$e<0.75$
		—	1000~1500	1500~2000
砂土碎石类土		稍密	中密	密实
	粉砂	500~700	800~1100	1200~2000
	细砂	700~1100	1200~1800	2000~2500
	中砂	1000~2000	2200~3200	3500~5000
	粗砂	1200~2200	2500~3500	4000~5500
	砾砂	1400~2400	2600~4000	5000~7000
	圆砾、角砾	1600~3000	3200~5000	6000~9000
	卵石、碎石	2000~3000	3300~5000	7000~11000

注：1. 当桩进入持力层深度 h_b 为：$h_b\leqslant D$，$D\leqslant h_b\leqslant 4D$，$h_b>4D$ 时，q_{pk} 相应取低、中、高值。

2. 砂土密实度根据标贯击数判定：$N\leqslant 10$ 为松散，$10<N\leqslant 15$ 为稍密，$15<N\leqslant 30$ 为中密，$N>30$ 为密实。

3. 当桩的长径比 $l/d\leqslant 8$ 时，q_{pk} 宜取较低值。

4. 当对沉降要求不严时，q_{pk} 可取高值。

表9-5 大直径灌注桩侧阻尺寸效应系数 ψ_{si}、端阻尺寸效应系数 ψ_p

土类型	黏性土、粉土	砂土、碎石类土
ψ_{si}	$(0.8/d)^{1/5}$	$(0.8/d)^{1/3}$
ψ_p	$(0.8/D)^{1/4}$	$(0.8/D)^{1/3}$

注：1. 当为等直径桩时，表中 $D=d$。

2. 对于嵌入基岩的大直径嵌岩灌注桩，无须考虑端阻与侧阻尺寸效应。

(3) 后注浆灌注桩的竖向承载力。灌注桩后注浆是一项土体加固技术与桩工技术相结合的桩基辅助工法，可用于各类钻、挖、冲孔灌注桩及地下连续墙，分为桩侧后注浆与桩端后注浆两种。

该技术通过桩底、桩侧后注浆固化沉渣(虚土)和泥皮，并加固桩底和桩周一定范围的土体，以大幅提高桩的承载力，增强桩的质量稳定性，减小桩基沉降。

后注浆灌注桩的单桩极限承载力，应通过静载试验确定。在符合注浆技术实施规定的条件下，其后注浆单桩极限承载力标准值可按式(9-7)估算

$$Q_{uk} = Q_{sk} + Q_{gsk} + Q_{gpk} \\ = u\sum q_{sjk}l_j + u\sum \beta_{si}q_{sik}l_{gi} + \beta_p q_{pk} A_p \tag{9-7}$$

式中：Q_{sk}——后注浆非竖向增强段的总极限侧阻力标准值；

Q_{gsk}——后注浆竖向增强段的总极限侧阻力标准值；

Q_{gpk}——后注浆总极限端阻力标准值；

u——桩身周长；

l_j——后注浆非竖向增强段第 j 层土厚度；

l_{gi}——后注浆竖向增强段内第 i 层土厚度(对于泥浆护壁成孔灌注桩，当为单一桩端后注浆时，竖向增强段为桩端以上 12m；当为桩端、桩侧复式注浆时，竖向增强段为桩端以上 12m 及各桩侧注浆断面以上 12m，重叠部分应扣除；对于干作业灌注桩，竖向增强段为桩端以上、桩侧注浆断面上下各 6m)；

q_{sik}、q_{sjk}、q_{pk}——分别为后注浆竖向增强段第 i 土层初始极限侧阻力标准值；非竖向增强段第 j 土层初始极限侧阻力标准值；初始极限端阻力标准值(可按表 9-3 取值确定)；

β_{si}、β_p——分别为后注浆侧阻力、端阻力增强系数，无当地经验时，可按表 9-6 取值。桩径大于 800mm 的桩，按表 9-5 进行侧阻和端阻尺寸效应修正。

表 9-6 后注浆侧阻力增强系数 β_{si}、端阻力增强系数 β_p

土层名称	淤泥淤泥质土	黏性土粉土	粉砂细砂	中砂	粗砂砾砂	砾石卵石	全风化岩强风化岩
β_{si}	1.2~1.3	1.4~1.8	1.6~2.0	1.7~2.1	2.0~2.5	2.4~3.0	1.4~1.8
β_p	—	2.2~2.5	2.4~2.8	2.6~3.0	3.0~3.5	3.2~4.0	2.0~2.4

● 特 别 提 示

后注浆技术可以极大提高桩端和桩侧阻力，在提高单桩承载力方面(尤其是淤泥和淤泥质土)应用广泛。

9.4 桩基础设计

桩基础的设计应力求选型恰当、经济合理、安全适用，桩和承台有足够的强度、刚度和耐久性，地基有足够的承载力和不产生过大的变形。

一般桩基础的设计可按下述步骤进行。
(1) 调查研究,收集相关设计资料。
(2) 选择桩型及其几何尺寸。
(3) 确定单桩竖向承载力设计值。
(4) 确定桩数及其平面布置。
(5) 验算桩基竖向承载力和沉降量。
(6) 桩身结构设计。
(7) 承台设计。
(8) 绘制桩基施工图。

9.4.1 设计资料的收集

进行桩基础设计之前,应调查研究,充分掌握相关设计资料,主要有以下内容。
(1) 建筑物的上部结构形式、平面布置、荷载大小等。
(2) 岩土工程地质勘察资料。
(3) 当地的施工条件及建筑材料供应情况。
(4) 施工现场及周围环境的情况,特别是临近的敏感建筑物。
(5) 当地及现场周围建筑基础设计及施工的经验等。

9.4.2 桩型与几何尺寸的选择

桩型的选择,应根据建筑结构类型、荷载性质、桩的使用功能、穿越土层、桩端持力层、地下水位、施工设备、施工环境、制桩材料等因素来进行,确保经济合理、安全适用。在《建筑桩基技术规范》(JGJ 94—2008)的附录 A 中给出了详细参考。

桩的几何尺寸包括桩长和桩的截面尺寸。

1. 桩长的确定

桩长的确定关键在于持力层的选取,一般选取较坚硬土层或岩层作为桩端持力层,当坚硬土层埋藏较深时,桩端应尽量落在低压缩性、中等强度的土层上。

为提高桩的承载力和减小沉降,桩端进入坚实土层的深度应满足下列要求。
(1) 对于黏性土和粉土,宜为 2~3 倍桩径;对于砂土,不宜小于 1.5 倍桩径;对于碎石土,不宜小于 1 倍桩径;对于嵌岩桩,嵌入中等风化或微风化岩体的最小深度,不宜小于 0.5m。
(2) 桩端以下坚实土层的厚度,一般不宜小于 5 倍桩径,嵌岩桩在桩底以下 3 倍桩径范围内应无软弱夹层、断裂带、洞穴和空隙分布。

2. 桩的截面尺寸选择

桩的截面尺寸选择应根据成桩工艺、结构的荷载情况以及建筑经验来进行。

从建筑层数和荷载大小来看,10 层以下的建筑桩基,可采用直径 500mm 左右的灌注桩和边长 400mm 的预制桩;10~20 层的建筑桩基,可采用直径 800~1000mm 的灌注桩和边长为 450~500mm 的预制桩;20~30 层的建筑桩基,可采用直径 1000~1200mm 的

第9章 桩基础与其他深基础简介

钻(冲、挖)孔灌注桩和直径≥500mm 的预制桩；30～40 层的建筑桩基，可采用直径＞1200mm 钻(冲、挖)孔灌注桩和直径为 500～550mm 的预应力混凝土管桩和大直径钢管桩。

桩型和几何尺寸确定以后，应初步确定承台底面标高。一般情况下，主要从结构要求和方便施工的角度来考虑，季节性冻土上的承台埋深应根据地基土的冻胀性来考虑，并应考虑是否需要采取相应的防冻害措施；膨胀土上的承台，其埋深选择与此类似。

9.4.3 确定单桩竖向承载力设计值

按第 9.3 节的方法确定，初步设计可利用物理指标法估算单桩承载力。对于重要工程或用桩量很大的工程，应按静载荷试验确定单桩承载力，以此作为最终设计的依据。

【例 9-1】 某工程拟采用直径为 30cm 的钢筋混凝土预制桩基础，地基剖面如图 9.5 所示，承台底面位于杂填土的下层面，其下黏土层厚 6m，$q_{s1a}=26.8\text{kPa}$，$q_{p1a}=800\text{kPa}$；再下面为 9m 厚的中密粉细砂层，$q_{s2a}=25\text{kPa}$，$q_{p2a}=1500\text{kPa}$。试求单桩的竖向承载力特征值。

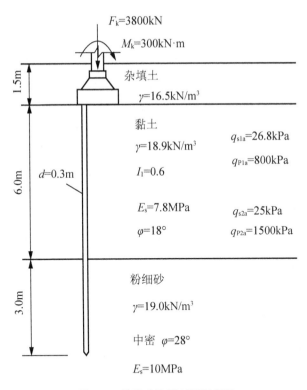

图 9.5 桩基础地基剖面示意图

【解】 因桩径 $d=0.3\text{m}$，故桩身截面面积 $A_p=\pi d^2/4=\pi\times 0.3^2/4=0.07\text{m}^2$，桩周截面周长 $u_p=\pi d=\pi\times 0.3=0.94\text{m}$，将以上数据代入式(9-2)，得

$$R_a=q_{pa}A_p+u_p\sum q_{sia}l_i=1500\times 0.07+0.94\times(26.8\times 6+25\times 3)=326.65(\text{kN})$$

故本工程的单桩竖向承载力特征值为 326.65kN。

9.4.4 确定桩数及其平面布置

1. 确定桩数

根据单桩承载力设计值和上部结构的荷载情况，就可以确定桩数。

当桩基础为中心受压时，桩数 n 为

$$n \geqslant (F+G)/R \tag{9-8}$$

当桩基础为偏心受压时，桩数 n 为

$$n \geqslant \mu(F+G)/R \tag{9-9}$$

式中：F——作用在桩基上的竖向荷载设计值(kN)；

G——承台及其上的土受到的重力(kN)；

R——单桩竖向承载力设计值(kN)；

μ——考虑偏心荷载的增大系数，一般取 $1.1 \sim 1.2$。

2. 桩的平面布置

桩的布置一般宜满足下列要求。

(1) 桩群承载力合力点与上部结构荷载重心重合。

(2) 桩顶荷载较大时，尽量增大桩群截面抵抗矩，如适当加大桩间距或加密外围桩。

(3) 桩的中心距应合理选择，不宜过大也不宜过小。过小，会使土中应力重叠，增大沉降，降低承载力，且施工困难，影响成桩质量；过大，会导致承台过大，浪费材料。

一般桩的中心距宜取 $(3 \sim 6)d$，扩底灌注桩宜取 $(1.5 \sim 2)D$，桩的最小中心距应符合表 9-7 的规定，当施工中采取减小挤土效应的可靠措施时，可根据当地经验适当减小。

表 9-7 桩的最小中心距

土类与成桩工艺		排数不少于 3 排且桩数不少于 9 根的摩擦型桩桩基	其他情况
非挤土灌注桩		3.0d	3.0d
部分挤土桩		3.5d	3.0d
挤土桩	非饱和土	4.0d	3.5d
	饱和黏性土	4.5d	4.0d
钻、挖孔扩底桩		2D 或 $D+2.0$m（当 $D>2$m 时）	1.5D 或 $D+1.5$m（当 $D>2$m 时）
沉管夯扩、钻孔挤扩桩	非饱和土	2.2D 且 4.0d	2.0D 且 3.5d
	饱和黏性土	2.5D 且 4.5d	2.2D 且 4.0d

注：1. d——圆桩直径或方桩边长，D——扩大端设计直径。

2. 当纵横向桩距不相等时，其最小中心距应满足"其他情况"一栏的规定。

3. 当为端承型桩时，非挤土灌注桩的"其他情况"一栏可减小至 2.5d。

确定桩数、桩的中心距后，即可进行桩的平面布置，布桩时宜使桩基承载力合力点与竖向永久荷载合力作用点重合,并使桩基受水平力和力矩较大方向有较大的截面系数,同一结构单元尽量避免采用不同类型的桩基。箱形基础,宜将桩布置在墙下;带梁或肋的筏板基础,宜将桩布置在梁和肋的下面;大直径桩,宜将桩布置在柱下,一柱一桩,如图 9.6 所示。

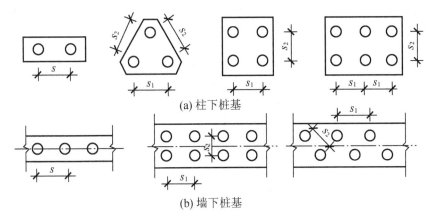

图 9.6 桩的平面布置示意图

9.4.5 验算桩基承载力及其沉降

1. 桩基承载力验算(图 9.7)

当桩基轴心受压时

$$N = \gamma_0 \frac{F+G}{n} \leqslant R \tag{9-10}$$

当桩基偏心受压时

$$N_{\max(\min)} = \gamma_0 \left(\frac{F+G}{n} \pm \frac{M_x y_{\max}}{\sum y_i^2} \pm \frac{M_y x_{\max}}{\sum x_i^2} \right) \leqslant 1.2R \tag{9-11}$$

式中:N——桩基中单桩所受的外力设计值(kN);

$N_{\max(\min)}$——桩基中单桩所受的最大(小)外力设计值(kN);

γ_0——建筑桩基重要性系数,桩基安全等级一、二、三级分别取 1.1,1.0,0.9;

F——作用在桩基上的竖向荷载设计值(kN);

G——承台自重设计值及承台上的土自重标准值(kN);

n——桩数;

R——单桩竖向承载力设计值(kN);

M_x、M_y——作用于群桩上的外力对通过群桩重心的 x、y 轴的力矩设计值(kN·m);

x_i、y_i——第 i 根桩中心至通过群桩重心的 x、y 轴的距离(m);

$x_{\max}$、$y_{\max}$——自桩基轴线到最远桩的距离(m)。

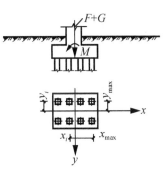

图 9.7 桩顶荷载计算简图

【例9-2】 已知某工程拟采用钢筋混凝土预制方桩,截面尺寸的350mm×350mm。建筑场地表层为松散杂填土,厚2.0m;其下为灰色黏土,厚8.3m,再下为粉土,未揭穿。地质剖面如图9.8所示。桩端以粉土层为持力层,桩端进入持力层1.05m。

单桩静载荷试验测得其极限承载力标准值为800kN。其中某柱传至基顶的竖向荷载设计值$F=2200$kN,弯矩设计值$M=320$kN·m,剪力设计值$V=40$kN。基础顶面距离设计地面0.5m,承台底面埋深$d=2.0$m。试设计此工程的桩基础。

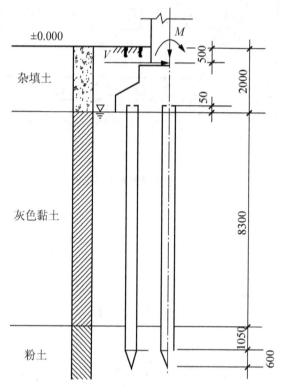

图9.8 地质剖面图

【解】 (1) 确定单桩承载力设计值。
$$R_a = 800 \div 2 = 400 \text{(kN)}$$
$$R = 1.2R_a = 1.2 \times 400 = 480 \text{(kN)}$$

(2) 桩数和桩的平面布置。估算桩数,确定承台尺寸
$$n = \mu F/R = 1.2 \times 2200/480 = 5.5 \text{(根)},\text{取} n = 6 \text{根}$$

桩距 $s = (3\sim4)d = (3\sim4) \times 0.35 = 1.05\sim1.4 \text{(m)}$

故承台尺寸取2m×3m,高1.5m,埋深2m。
$$F = 2200 \text{kN}, G = \gamma_G \times d \times 2 \times 3 = 20 \times 2 \times 2 \times 3 = 240 \text{(kN)}$$

桩数 $n = \mu \dfrac{F+G}{R} = 1.2 \times \dfrac{2200+240}{480} = 6.1 \text{(根)} \approx 6 \text{ 根}$

布置方式如图9.9所示。

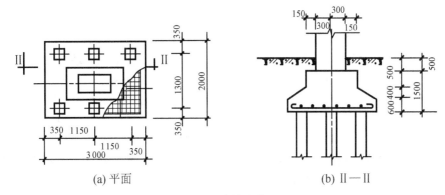

图 9.9 桩基础详图

(3) 桩基中各桩受力验算。此基础为单向偏心受力,则

$$N_{\max(\min)} = \gamma_0 \left(\frac{F+G}{n} \pm \frac{M_y x_{\max}}{\sum x_i^2} \right)$$

$$= 1.0 \times \left[\frac{2200+240}{6} \pm \frac{(320+40\times1.5)\times1.15}{4\times1.15^2} \right]$$

$$= \frac{489.3\text{kN} < 1.2R = 1.2\times480 = 576\text{kN}}{324.1\text{kN} > 0}$$

2. 桩基沉降验算

对以下建筑物的桩基应进行沉降验算。

(1) 地基基础设计等级为甲级的建筑物桩基。
(2) 体型复杂、荷载不均匀或桩端以下存在软弱土层的设计等级为乙级的建筑物桩基。
(3) 摩擦型桩基。

嵌岩桩、设计等级为丙级的建筑物桩基,对沉降无特殊要求的条形基础下不超过两排桩的桩基,吊车工作级别 A5 及 A5 以下的单层工业厂房且桩端下为密实土层的桩基,可不进行沉降验算。当有可靠地区经验时,对地质条件不复杂、荷载均匀、对沉降无特殊要求的端承型桩基也可不进行沉降验算。

桩基沉降不得超过建筑物的沉降允许值。桩基沉降计算的具体方法另参见相关文献。

9.4.6 桩身构造要求

1. 钢筋混凝土预制桩

预制桩桩身混凝土强度等级不宜低于 C30,预应力混凝土桩的混凝土强度等级不宜低于 C40。混凝土预制桩的截面边长不宜小于 200mm,预应力混凝土预制桩的截面边长不宜小于 250mm。预制桩的最小配筋率不宜小于 0.8%,采用静压法沉桩不宜小于 0.6%,预应力桩不宜小于 0.5%。

预制桩的桩身配筋应按吊运、打桩及桩在建筑物中受力等条件计算确定。箍筋应在桩顶和桩端(3~5)d 长度范围内加密,对打入桩应在桩顶设置钢筋网片。

主筋混凝土保护层厚度不应小于 45mm,预应力管桩不应小于 35mm。

2. 钢筋混凝土灌注桩

灌注桩桩身混凝土强度等级不应低于C25,腐蚀环境中不应低于C30。

灌注桩最小配筋率宜为0.2‰~0.65‰(小桩径取大值)。腐蚀环境中主筋直径不宜小于16mm,非腐蚀环境中主筋直径不宜小于12mm。主筋混凝土保护层厚度不应小于50mm,腐蚀环境中不应小于55mm。箍筋宜采用螺旋式箍筋,在桩顶($3\sim5$)d范围内箍筋应适当加密。

桩顶嵌入承台内的长度,不宜小于50mm。主筋伸入承台的锚固长度不宜小于钢筋直径(HPB235)的30倍和钢筋直径(HRB335、HRB400)的35倍。对于大直径灌注桩,当采用一柱一桩时,可设置承台或将桩和柱直接连接。

9.4.7 承台设计

1. 承台的构造要求

桩基承台的构造,除满足抗冲切、抗剪切、抗弯承载力和上部结构的要求外,尚应符合下列要求。

(1) 承台的宽度不应小于500mm。边桩中心至承台边缘的距离不宜小于桩的直径或边长,且桩的外边缘至承台边缘的距离不小于150mm。对于条形承台梁,桩的外边缘至承台梁边缘的距离不小于75mm。

(2) 承台的最小厚度不应小于300mm。

(3) 承台配筋应按计算确定,对于矩形承台应按双向均匀通长布置,钢筋直径不宜小于10mm,间距不宜大于200mm,如图9.10(a)所示;对于三桩承台,钢筋应按三向板带均匀布置,且最里面的三根钢筋围成的三角形应在柱截面范围内,如图9.10(b)所示。

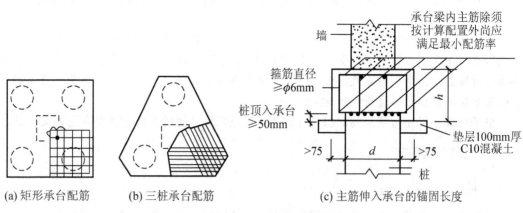

(a) 矩形承台配筋　　(b) 三桩承台配筋　　(c) 主筋伸入承台的锚固长度

图9.10　承台配筋示意图

承台梁的主筋除满足计算要求外,尚应符合现行《混凝土结构设计规范》(GB 50010—2010)关于最小配筋率的规定,主筋直径不宜小于12mm,架立筋不宜小于10mm,箍筋直径不宜小于6mm,如图9.10(c)所示。柱下独立桩基承台的最小配筋率不应小于0.15%。钢筋锚固长度自边桩内侧(当为圆桩时,应将其直径乘以0.886等效为方桩)算起,锚固长度不应小于35倍钢筋直径,当不满足时应将钢筋向上弯折,此时钢筋水平段的长度不应小于 25 倍钢筋直径，弯折段的长度不应小于 10 倍钢筋直径。

(4) 承台混凝土强度等级不应低于 C20；纵向钢筋的混凝土保护层厚度不应小于 70mm，当有混凝土垫层时，不应小于 40mm。

2. 承台的结构计算

承台的结构计算包括：①承台厚度的冲切验算和剪切验算；②承台板的配筋计算。详见现行《地基基础设计规范》的相关内容。

> **特别提示**
>
> 此处省略绘制桩基施工图的教学，相关知识板块可从制图中学习。

9.5 桩基础施工

9.5.1 预制桩施工

预制桩制作方便，承载力较大、施工速度快，桩身质量易于控制，不受地下水位的影响，不存在泥浆排放的问题，是最常用的一种桩型。

预制桩的沉桩施工方法有锤击沉桩法、静力压桩法、振动法、射水法和植桩法等。下面仅介绍锤击沉桩法、静力压桩法，其他方法可参考相关文献。

1. 锤击沉桩法

锤击沉桩法，是指利用桩锤自由下落时的瞬时冲击力锤击桩头所产生的冲击机械能，克服土体对桩的阻力，其静力平衡状态遭到破坏，导致桩体下沉的方法。

锤击法沉桩的特点：施工速度快，机械化程度高，适用范围广，但施工时会产生噪声、振动等公害，不适宜于在医院、居民区、行政机关办公区等附近施工，夜间施工也有所限制。

桩的施工程序为：测量、定位→打桩机就位→吊桩、插桩→桩身对中、调直→锤击法沉桩→接桩→再锤击沉桩→打至持力层、送桩→收锤→截桩。

> **特别提示**
>
> 锤击法沉桩施工可参考用锤子钉钉子的过程，先扶正，轻击，钉子垂直进入木板一定深度，检查垂直度无误后，即可按正常力度将剩余钉子部分击入木板。

锤击法沉桩施工时，由于桩对土体有挤密作用，先打入的桩受水平推挤而造成偏移和变位，或被垂直挤拔造成吊脚桩；而后打入的桩由于土体隆起或挤压很难达到设计标高或入土深度，造成截桩过多，所以应根据桩的密度、规格等实际情况来正确选择打桩顺序。

根据桩的密集程度，打桩顺序分为：从两侧向中间打设、逐排打设、从中间向四周打设、从中间向两侧打设、分段打设等，如图 9.11 所示。

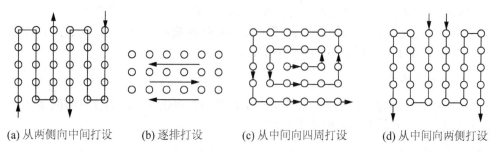

图 9.11 打桩顺序

(a) 从两侧向中间打设　(b) 逐排打设　(c) 从中间向四周打设　(d) 从中间向两侧打设

当桩较密集时(桩中心距小于等于4倍桩径),打桩应由中间向四周打设或由中间向两侧打设;当桩较稀疏时(桩中心距大于4倍桩径),打桩除采用上述两种顺序外,也可采用逐排打设或由两侧同时向中间打设。而逐排打设,桩架单方向移动,打桩效率高,土体朝一个方向挤压,若桩区附近存在建筑物或管线时,需背离打设。

2. 静力压桩法

静力压桩法是借助专用桩架自重及桩架上的压重,通过液压系统施加压力在桩身上,桩在自重和静压力作用下被逐节压入土中的一种沉桩法。

静压法沉桩的特点:无噪声、无振动、无冲击力、施工应力小,对地基和相邻建筑物的影响小,桩顶不易损坏,沉桩精度高,可节省材料,降低成本,特别适合软土地基和城市施工。

静力压桩机有机械式和液压式两种类型,其中机械式压桩机目前已基本上被淘汰。

液压式压桩机由夹持机构、底盘平台、行走回转机构、液压系统和电气系统等部分组成,其压桩能力有80t、120t、150t、200t、240t、320t等,其构造如图9.12所示。

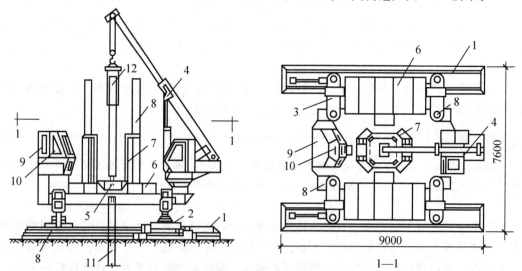

图 9.12 液压式静力压桩机

1—长船行走机构;2—短船行走及回转机构;3—支腿式底盘结构;4—液压起重机;
5—夹持与压板装置;6—配重铁块;7—导向架;8—液压系统;9—电控系统;
10—操纵室;11—已压入下节桩;12—吊入上节桩

静压预制桩的施工，一般都采取分段压入、逐段接长的方法。

静力压桩的施工程序为：测量、定位→压桩机就位→吊桩、插桩→桩身对中、调直→静压沉桩→接桩→再静压沉桩→送桩→终止压桩→截桩，如图9.13所示。

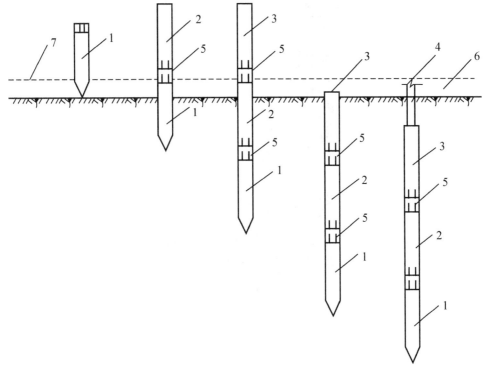

(a) 准备压第一段桩　(b) 接第二段桩　(c) 接第三段桩 (d) 整根桩压平至地面 (e) 压桩架操作平台线

图9.13　静力压桩的施工程序

1—第一段桩；2—第二段桩；3—第三段桩；4—送桩；5—桩接头处；6—地面线；7—压桩架操作平台线

静压法沉桩施工时，应注意先将桩压入土中1m左右后停止，调正桩在两个方向的垂直度后，压桩油缸继续伸程把桩压入土中，伸长完后，夹持油缸回程松夹，压桩油缸回程，重复上述动作可实现连续压桩操作，直至把桩压入预定深度土层中。

9.5.2　灌注桩施工

灌注桩是指在施工现场设计桩位处就地成孔，然后在孔中吊放钢筋笼、灌注混凝土形成的桩，常见的有钻孔灌注桩、沉管灌注桩和人工挖孔灌注桩等。

灌注桩的特点：与预制桩相比，灌注桩能适应各种地层，无须接桩，桩长、桩径可根据设计要求变化，选择范围大，但成孔工艺复杂，施工质量直接影响成桩质量及其承载能力。

1. 钻孔灌注桩

钻孔灌注桩是指用钻机(如回转钻、潜水钻、冲抓钻等)成孔，再吊放钢筋笼、灌注混凝土成桩，常见的有干作业成孔和泥浆护壁成孔两种施工方式。

1) 干作业成孔灌注桩

干作业成孔灌注桩是指用钻机在桩位处钻孔，成孔后放入钢筋笼，灌注混凝土而成桩，常用钻孔机械有螺旋钻机(图9.14)、钻扩机等，适用于地下水位以上的桩基础施工。

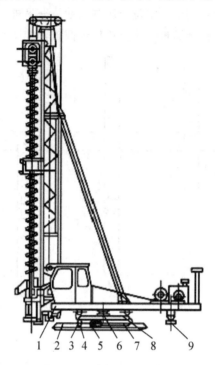

图9.14 步履式螺旋钻机

1—上底盘；2—下底盘；3—回转滚轮；4—行车滚轮；5—钢丝滑轮；
6—回转中心轴；7—行车油缸；8—中底盘；9—支盘

干作业成孔灌注桩的施工程序为：场地整理→测量放线、定桩位→桩机就位→钻孔取土成孔→清除孔底沉渣→成孔质量检查验收→吊放钢筋笼→灌注孔内混凝土，如图9.15所示。

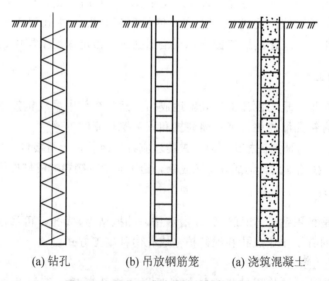

(a) 钻孔　　(b) 吊放钢筋笼　　(a) 浇筑混凝土

图9.15 干作业成孔灌注桩的施工程序

干作业成孔施工中,应注意钻到预定深度后,及时检查桩孔直径、深度、垂直度和孔底情况,将孔底虚土清除干净。混凝土浇筑前,应再次检查孔内虚土厚度(端承桩≤50mm,摩擦桩≤150mm),坍落度控制在8~10cm,浇筑中做到随浇随振。

2) 泥浆护壁成孔灌注桩

泥浆护壁成孔灌注桩是指利用泥浆护壁,通过循环泥浆将钻头切削下的土渣排出孔外,成孔后吊放钢筋笼,灌注混凝土而成桩,适用于地下水位以下的桩基础施工。

泥浆护壁常见的钻孔机械有回转钻、潜水钻、冲击钻和冲抓锥等,工程中较常采用回转钻成孔。按排渣方式,回转钻成孔可分为正循环和反循环两种方式。

回转钻机成孔的正循环施工工艺,如图9.16(a)所示。泥浆由钻杆内部注入,并从钻杆底部喷出,携带钻下的土渣沿孔壁向下流动,由孔口将土渣带出流入沉淀池,经沉淀的泥浆流入泥浆池再注入钻杆,由此进行循环,沉淀的土渣用泥浆车运出排放。

回转钻机成孔的反循环施工工艺,如图9.16(b)所示。泥浆由钻杆与孔壁间的环状间隙流入桩孔,然后,由砂石泵在钻杆内形成真空,使钻下的土渣由钻杆内腔吸出至地面而流向沉淀池,沉淀后再流入泥浆池。反循环工艺的泥浆返流速度较快,排吸的土渣能力大。

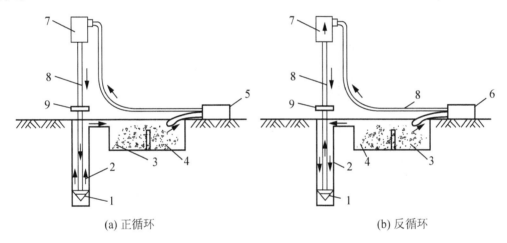

图 9.16 泥浆循环成孔工艺

1—钻头;2—泥浆循环方向;3—沉淀池;4—泥浆池;5—砂石泵;
6—水龙头;8—钻杆;9—钻机回转装置

泥浆护壁成孔灌注桩的施工程序为:场地整理→测量放线、定桩位→埋设护筒→泥浆制备→桩机就位→钻进成孔(泥浆循环排渣)→成孔质量检查验收→清孔→吊放钢筋笼→下导管→再次清孔→灌注孔内混凝土,如图9.17所示。

3) 旋挖钻成孔灌注桩

旋挖钻成孔灌注桩是指利用短螺旋钻头或钻斗,进行旋转干钻、无循环泥浆钻进或全套管钻进,使土屑进入钻斗,土屑装满钻斗后,提升钻斗出土,如此反复多次成孔,成孔后吊放钢筋笼,灌注混凝土而成桩,适用于硬填土层、黏性土层、砂土层等的桩基础施工。

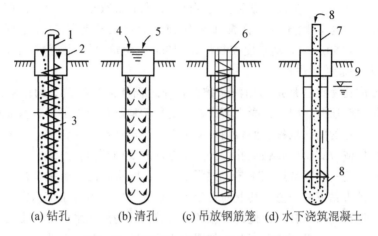

(a) 钻孔　　(b) 清孔　　(c) 吊放钢筋笼　(d) 水下浇筑混凝土

图 9.17　泥浆护壁成孔灌注桩的施工程序
1—钻机；2—护筒；3—泥浆护壁；4—压缩空气；
5—清水；6—钢筋笼；7—导管；8—混凝土；9—地下水位

旋挖钻机主要由主机、钻杆和钻斗三部分组成，其结构示意见图 9.18 所示。

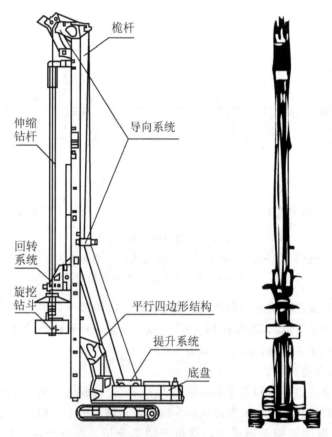

图 9.18　旋挖钻机结构示意图

主机底盘可分为专用底盘、履带液压挖掘机底盘、履带起重机底盘、步履式底盘、汽车底盘。履带专用底盘结构紧凑，运输方便，外形美观，但造价高；履带起重机底盘工作装置采用附着形式，主臂分为可伸缩箱形结构和框架结构，可兼作履带起重机，节约设备投资；步履式底盘一般为三支点液压步履式行走支架，稳定性好，造价低，但移动运输不够方便，国内少数厂家采用。目前国内外生产的旋挖钻机大多数使用专用底盘。

旋挖钻机的钻杆分为内摩阻式外加压缩钻杆和自动内锁互扣式外加压缩钻杆。内摩阻式钻杆在软土层中钻进效率高，锁扣式钻杆提高了动力头施于钻杆并传到钻具的下压力，适用于钻进硬岩层，对操作的要求也较高，为提高作业效率，一台钻机大多配两套钻杆。

旋挖钻头的选择应根据土质的不同而定，如图9.19所示为几种旋挖钻头的形式。

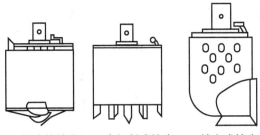

(a) 锅底式钻头　(b) 多切削式钻头　(c) 销定式钻头

图 9.19　旋挖钻头示意图

旋挖钻机成孔的特点：能适应各种复杂地层、各种施工工况，施工钻机全液压驱动，计算机控制，精确定位钻孔、自动校正钻孔垂直度、测定钻孔深度，最大限度地保证钻孔质量，且施工低噪声、低振动、成孔速度快、质量好、工作效率高；采用旋挖钻进的干孔或泥浆不循环静态护壁的新型成孔工艺，减少了泥浆污染，能实现文明施工等。

旋挖钻成孔灌注桩的施工程序为：场地整理→测量放线、定桩位→埋设护筒→泥浆制备→桩机就位→钻进成孔、注入稳定液→提钻、卸土→钻孔至设计标高→清孔、检查成孔质量→吊放钢筋笼→下导管→再次清孔→灌注孔内混凝土→成桩、拔出护筒，如图9.20所示。

4）后压力注浆灌注桩

后压力注浆灌注桩是指钻（冲、挖）孔灌注桩成桩后，通过预埋在桩身的注浆管，高压向桩侧、桩端地层注入固化浆液，对桩侧、桩端土层进行渗透、填充、置换、劈裂、固结等作用，改变其物理力学性能，提高桩侧、桩端阻力，从而提高桩基承载力的方法。

后压力注浆灌注桩的特点：可显著提高桩基承载力，在上部荷载一定的情况下，可减小桩长或桩径，进而调整桩端持力层。当上部有一定厚度的适于注浆的较好土层时，可选择上部较好土层作为持力层，提高桩基施工效率，降低桩基造价，适用于各种土层的桩基础施工。

灌注桩后注浆装置由搅浆器、注浆泵、注浆导管和连接件组成。按注浆部位，灌注桩后压力注浆技术分为桩端后注浆、桩侧后注浆和桩端桩侧联合后注浆三大类，如图9.21所示。

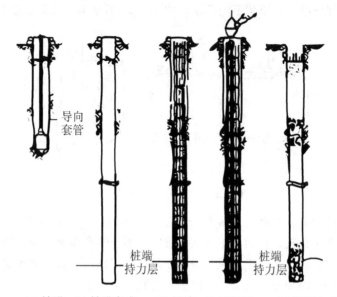

图 9.20 旋挖钻成孔灌注桩的施工程序

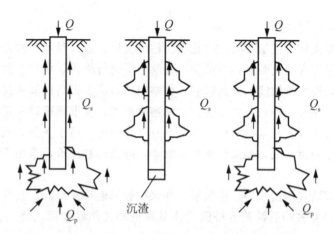

(a) 桩端后注浆　(b) 桩侧后注浆　(c) 桩端桩侧联合后注浆

图 9.21 灌注桩后注浆部位形式

桩端后注浆是指通过注浆管仅对桩端土层进行后注浆。一般桩端注浆后其水泥浆液固化不仅会提高桩端土的性状，而且浆液沿着桩侧向上爬升固化泥皮也会提高桩侧土的性状。

桩端后注浆的注浆装置见图 9.22 所示。图 9.22(a)为单向注浆装置，即浆液由注浆泵单方向压入到桩端或桩侧的土层中，不能控制注浆次数和间隔时间；图 9.22(b)为 U 形注浆装置，即注浆时将出浆口封闭，浆液通过桩端注浆器注入土层中。一个循环注完规定的浆量后，打开出浆口，通过进浆口以清水对管路冲洗，便于下一个循环继续使用，可实现压浆的可控性。

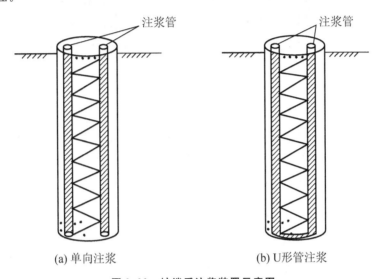

图 9.22 桩端后注浆装置示意图

桩侧后注浆是指通过注浆管仅对桩侧土层进行后注浆。一般桩侧注浆后其水泥浆液固化泥皮会提高桩侧土的性状。桩侧后注浆的注浆装置如图 9.23 所示。

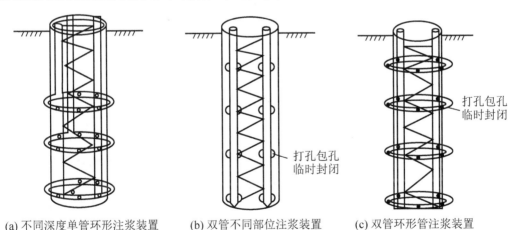

图 9.23 桩侧后注浆装置

桩端桩侧联合后注浆是指在桩端和桩侧沿桩身的某些部位均进行注浆，如图 9.24 所示。

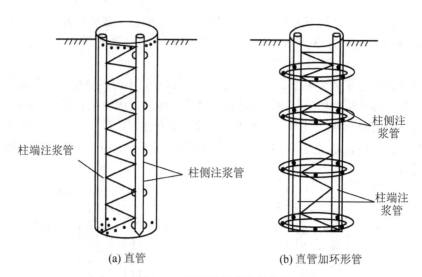

(a) 直管　　　　　　　(b) 直管加环形管

图9.24　桩端桩侧后注浆装置

后压力注浆灌注桩的施工程序为：成孔施工→注浆管阀制作安装→钢筋笼制作→注浆设备安装→清孔→吊放钢筋笼、注浆管→再次清孔→灌注孔内混凝土→养护2～3d→后注浆施工→20d养护→检测验收，如图9.25所示。

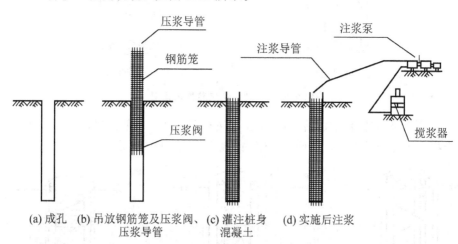

(a) 成孔　(b) 吊放钢筋笼及压浆阀、　(c) 灌注桩身　(d) 实施后注浆
　　　　　　压浆导管　　　　　　混凝土

图9.25　后压力注浆灌注桩的施工程序

2. 沉管灌注桩

沉管灌注桩是指用锤击或振动方法，将带有预制桩尖或活瓣桩尖的钢管沉入土中，当桩管打到设计深度后，吊放钢筋笼，然后边浇筑混凝土，边锤击或振动成桩。

沉管灌注桩利用沉管保护孔壁，能沉能拔，施工速度快，适用于黏性土、粉土、淤泥质土、砂土等。按沉管方法不同，沉管灌注桩可分为锤击沉管灌注桩、振动沉管灌注桩和夯扩灌注桩等施工工艺，在施工中要考虑挤土、噪声、振动等影响。

1) 锤击沉管灌注桩

锤击沉管灌注桩是指用锤击打桩机，将设置钢筋混凝土预制桩尖[图9.26(a)]或带钢制活瓣桩尖[图 9.26(b)]的钢管锤击沉入土中,然后边浇筑混凝土边用卷扬机拔桩管成桩。

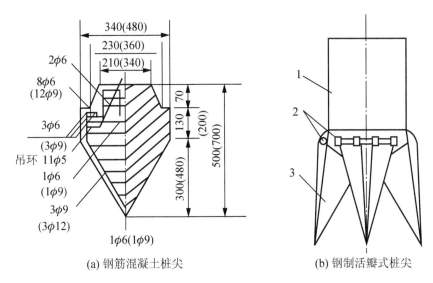

图 9.26 沉管灌注桩桩尖构造
1—桩管；2—锁轴；3—活瓣

锤击法沉管的特点：可用小桩管打较大截面桩，承载力大；可避免坍孔、瓶颈、断桩、移位、脱空等缺陷，桩质量可靠；可采用普通锤击打桩机施工，机具设备和操作简便，沉桩速度快，但桩机笨重，劳动强度大，适合在黏性土、淤泥、淤泥质土及稍密的砂土层中使用。

锤击法沉管的成桩程序为：桩机就位→吊起桩管→套入混凝土桩尖→扣上桩帽→起锤沉桩→边浇筑混凝土、边拔桩管，如图 9.27 所示。

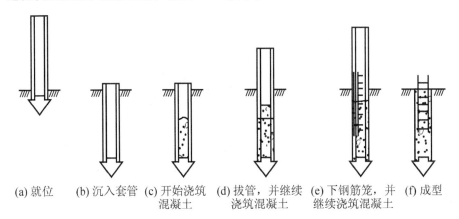

图 9.27 锤击沉管灌注桩的施工程序

2) 振动沉管灌注桩

振动沉管灌注桩是指用振动沉桩机，将带有活瓣式桩尖或钢筋混凝土桩预制桩尖的桩管沉入土中，然后边向桩管内浇筑混凝土，边振动边拔出桩管成桩。

振动法沉管的特点：可用小桩管打出大截面桩，承载力大；可避免坍孔、瓶颈、断桩、移位、脱空等缺陷，桩质量可靠；振动、噪声等环境影响小；能沉能拔，操作简便，施工速度快，但振动会扰动土体，降低其地基强度，软黏土或淤泥及淤泥质土中施工时，土体需养护30d；砂土或硬土中施工时，土体需养护15d，才能恢复地基强度，适合在一般黏性土、淤泥、淤泥质土、粉土、湿陷性黄土、稍密及松散的砂土中使用。

振动沉管灌注桩的成桩程序同锤击法沉管灌注桩。

3) 夯扩灌注桩

夯扩灌注桩，是指在普通锤击沉管灌筑桩的基础上加以改进发展起来的一种新型桩，由于其扩底作用，增大了桩端支撑面积，能够充分发挥桩端持力层的承载潜力，具有较好的技术经济指标，在国内许多地区得到广泛的应用。

夯扩灌注桩的特点：在桩管内增加了一根与外桩管长度基本相同的内夯管，以代替钢筋混凝土预制桩靴，与外管同步打入设计深度，并作为传力杆将桩锤击力传至桩端夯扩成大头形，并且增大了地基的密实度，同时利用内管和桩锤的自重将外管内的现浇桩身混凝土压密成型，使水泥浆压入桩侧土体并挤密桩侧的土，使桩的承载力大幅度提高，适用于一般黏性土、淤泥、淤泥质土、黄土及硬黏性土，也可用于有地下水的情况。

夯扩灌注桩的施工程序为：桩机就位→吊起外桩管、内夯管，同步打入土中→提出内夯管，在外桩管内浇筑部分混凝土→吊入内夯管，紧压管内的混凝土，提起外桩管→锤击内夯管→内外管同时打至设计深度，完成一次夯扩→提出内夯管，在外桩管内浇筑剩余混凝土→再插入内夯管紧压管内的混凝土，边压边徐徐拔起外桩管，直至拔出地面，如图9.28所示。

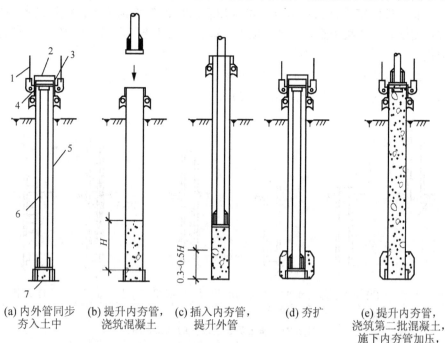

图9.28 夯扩灌注桩的施工程序

1—钢丝绳；2—原有桩帽；3—特制桩帽；4—防淤套管；5—外管；6—内夯管；7—干混凝土

前面介绍的沉管灌注桩的施工方法，称为"单打法"，若为提高单桩承载力，减少缩径、吊脚、夹泥等成桩缺陷的出现，可以采取"反插法"和"复打法"来打桩。

反插法是在拔管过程中边振边拔，每次拔管 0.5~1.0m，再向下反插 0.3~0.5m，如此反复并保持振动，直至桩管全部拔出。在桩尖处 1.5m 范围内，宜多次反插以扩大桩的局部断面。穿过淤泥夹层时，应放慢拔管速度，并减少拔管高度和反插深度。

复打法是在第一次单打将混凝土浇筑到桩顶设计标高后，清除桩管外壁上污泥和孔周围地面上的浮土，立即在原桩位上再次安放桩尖，进行第二次沉管，使第一次未凝固的混凝土向四周挤压密实，将桩径扩大，然后第二次浇筑混凝土和拔管成桩。

3. 人工挖孔灌注桩

人工挖孔灌注桩是指用人工挖掘的方法进行成孔，然后吊放钢筋笼，浇筑混凝土而成桩。

人工挖孔灌注桩的特点：单桩承载力高，沉降量小，可一柱一桩，不需截桩和设承台；可直接检查桩径、垂直度和持力层情况，桩质量可靠；但桩成孔工艺存在劳动强度较大，单桩施工速度较慢，安全性较差等问题，适用于黏土、亚黏土及含少量砂卵石的黏土层等地质。

人工挖孔灌注桩的施工机具有挖土工具（铁镐、铁锹、钢钎等）、运土工具（电动葫芦、手摇辘轳、提土桶）、降水工具（潜水泵）、通风工具（鼓风机、送风管）、护壁模板等。

人工挖孔桩护壁不同，其施工程序也不同。人工挖孔灌注桩一般采用现浇混凝土护壁，但对于流砂地层、地下水丰富的强透水地带或承压水地层，须采用钢套筒护壁。

现浇混凝土护壁人工挖孔桩的施工程序为：场地平整→放线定位→开挖第一节桩孔土方→测量控制→构筑第一节护壁→安装垂直运输架、起重手动辘轳或卷扬机、提土桶、排水、通风、照明设施→循环挖土，构筑护壁至设计标高→清理虚土，排除积水，检查尺寸和持力层、基底验收→安放钢筋笼→浇筑桩身混凝土，如图 9.29 所示。

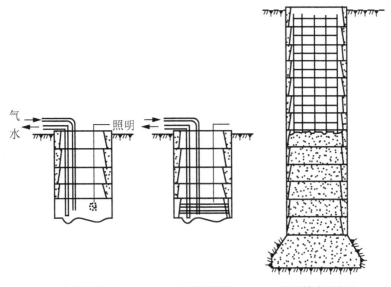

(a) 在护壁保护下开挖土方　(b) 支模板浇筑混凝土护壁　(c) 浇筑桩身混凝土

图 9.29　人工挖孔灌注桩的施工程序

9.6 其他深基础简介

深基础的种类很多，除桩基外，墩基础、沉井基础、沉箱基础和地下连续墙等都属于深基础。深基础的主要特点是需采用特殊的施工方法，解决基坑开挖、排水等问题，减小对邻近建筑物的影响。本节仅对沉井基础和地下连续墙作简要介绍。

9.6.1 沉井基础

沉井基础是在场地条件和技术条件受限制时常常采用的一种深基础形式，由混凝土或钢筋混凝土浇筑成的井筒状结构物，通过井内挖土，依靠井筒自重克服井壁摩阻力下沉至设计标高，然后经过混凝土封底成为建（构）筑物的基础。沉井基础具有埋置深度可以很大、整体性强、稳定性好、承载面积大、能承受较大的垂直荷载和水平荷载的特点。沉井既是基础，又是施工时的挡土和挡水围堰结构物。在河中有较大卵石不便桩基施工时以及需要承受巨大的水平力和上拔力时，沉井基础优势非常明显，因此在桥梁工程中应用较广。同时，沉井施工对周边环境影响较小，且内部空间可以利用，因此常作为工业建筑物的基础。

沉井基础是一种井筒结构，常在施工地点预制，通过在井内不断除土，使井体借助自重克服外壁与土的摩阻力而不断下沉至设计标高，并经过封底、填芯以后，成为结构的基础。

沉井基础的特点：可在狭窄场地施工较深的地下工程，对周围环境影响小；施工不需复杂的机具设备；与大开挖相比，可减少挖、运和回填的土方量，但施工工序多，技术要求高，质量控制难度大，适用于工业建筑的深坑、水泵房、桥墩、深地下室等工程的施工。

沉井由刃脚、井壁、封底、内隔墙、纵横梁、框架和顶盖板等组成，如图9.30所示。

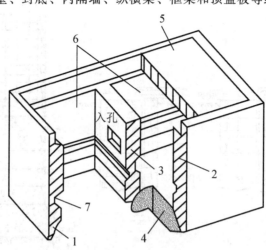

图9.30 沉井构造

1—刃脚；2—井壁；3—内墙；4—封底；5—顶板；6—井孔；7—凹槽

沉井基础的施工程序：平整场地→测量放线→制作沉井→拆除垫架，沉井初沉→边挖土下沉，边接高沉井→下沉至设计标高，进行基底检验→沉井封底→施工沉井内部结构及辅助设施，如图9.31所示。

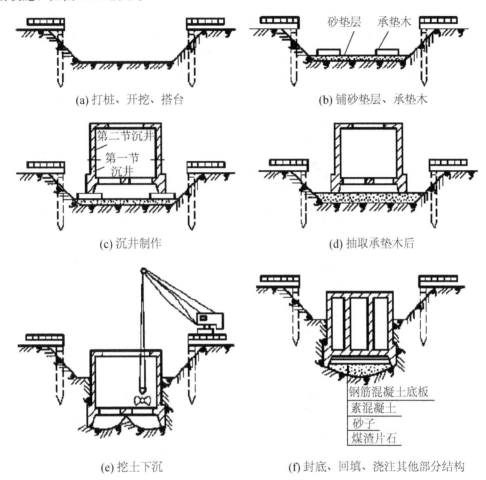

图 9.31　沉井基础的施工程序

9.6.2　地下连续墙

地下连续墙是20世纪50年代出现的一种新型支护结构，最早应用于土坝的防渗墙施工，后来逐渐演变为一种新的地下墙体和基础类型。近年来，地下连续墙施工已经推广到工业与民用建筑、市政城建、矿山等工程中，目前已经成为深基础施工的一项重要手段。

地下连续墙是在泥浆护壁的情况下，用特制的挖槽机械每次开挖一定长度（一个单元槽段）的沟槽，待开挖至设计深度并清除沉淀下来的泥渣后，把加工好的钢筋笼吊入充满泥浆的沟槽内，用导管向沟槽内浇筑混凝土，待混凝土浇至设计标高后，一个单元槽段即施工完毕。各个单元槽段之间由特制的接头连接，形成连续的地下钢筋混凝土墙。

地下连续墙的特点：适用于各种土质；施工振动小、噪声低，对环境影响少；防渗性能好，能抵挡较高的水头压力；可用于"逆筑法"施工，加快工程进度；但施工时会产生较多泥浆,如果管理不善,会造成现场泥泞,且需对废泥浆进行处理,适用于建筑物的地下室、地下停车场、地下街道、地下道路等工程的竖井,挡土墙,防渗墙等各种基础结构。

地下连续墙具有其他深基础所不具备的优点,并且可以兼作地下主体结构的一部分,或单独作为地下结构的外墙,成为一种多功能、新型的地下结构形式和施工技术,开始取代某些传统的深基础结构和深基础施工方法,日益得到广泛的应用。

地下连续墙的施工程序为:平整场地,测量放线→修筑导墙→制备泥浆→挖槽,清槽→槽段连接→吊放钢筋笼,浇筑混凝土→拔出接头管,继续下一槽段的施工,如图9.32所示。

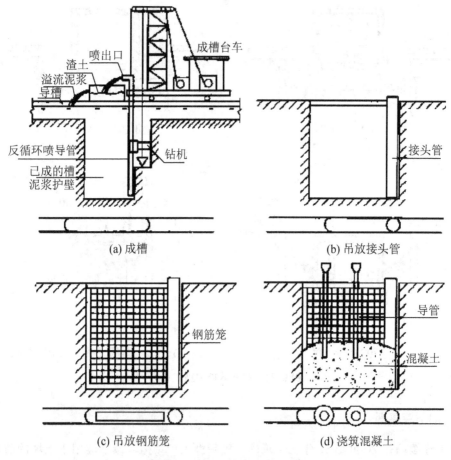

图 9.32 地下连续墙的施工程序

习 题

一、简答题

1. 桩按承载性状分为哪几类?其特点各是什么?

2. 简述桩的其他分类方法。
3. 单桩竖向极限承载力可按哪几种方法确定？
4. 如何根据静载荷试验结果确定单桩竖向极限承载力？
5. 桩基础设计包括哪些内容？何时需进行桩基的沉降计算？
6. 列举几种常见的灌注桩，分析各自的施工特点。
7. 简述沉井与地下连续墙的施工程序。

二、计算题

1. 某场地从天然地面起往下的土层分布为：粉质黏土，层厚 $l_1=3m$，$q_{s1a}=24kPa$；粉土，层厚 $l_2=6m$，$q_{s2a}=20kPa$；中密的中砂，$q_{s3a}=30kPa$，$q_{pa}=2600kPa$。现采用截面边长为 350mm×350mm 的预制桩，承台底面在天然底面以下 1.0m，桩端进入中密中砂层的深度为 1.0m，试确定单桩承载力特征值。

2. 某 4 桩承台埋深 1m，桩中心距 1.6m，承台边长 2.5m，作用在承台顶面的荷载标准值为 $F_k=2000kN$，$M_k=200kN·m$。若单桩竖向承载力特征值 $R_a=550kN$，试验算单桩承载力是否满足要求。

第 10 章

基 坑 工 程

🎯 学习目标

  本章介绍了基坑工程的特点、基坑支护结构形式及其选用、重力式水泥土墙支护、土钉墙支护、复合土钉墙支护、排桩支护、基坑降水和开挖以及基坑工程监测。通过本章的学习,要求学生掌握基坑支护结构形式及其选用,排桩支护的施工与检测,土钉墙支护的施工与检测;熟悉常见的降水方法、适用条件及环境影响,基坑工程监测的内容、手段及其报警。

第10章 基坑工程

引 例

可装11层楼的成都最深基坑

成都国际金融中心项目的深基坑工程是成都市目前面积最大、深度最深的基坑工程，占地10.5万 m^2，最深处离地面有11层楼高，是成都在建最高楼的"底座"，如图10.1所示。

整个基坑需开挖土石140万 m^3，运渣车要运输7万次。为保证土方开挖的正常进行，防止施工造成周边土体崩塌，深基坑都要设置专门的支护体系，在地下工程施工完成后拆除。本工程采取的是钢筋混凝土支护桩和锚索相结合的基坑支撑措施，支护桩沿着基坑垂直打入地下43m深的位置，共设415根桩，锚索用了3000多根，仅支护体系一项就投入了6000多万元。

图 10.1 可装11层楼的成都最深基坑

10.1 概 述

自20世纪90年代以来，由于社会经济发展的各种要求，高层建筑设置地下室已经是一种普遍的做法。基坑维护工程作为岩土工程学科的一个分支就应运而生了。同时，由于课题的多样性和复杂性，基坑维护工程成了近年来岩土工程界经久不衰的热点和难点课题。目前有关基坑工程学的专著、手册等大部头文献已经相当多，论文更是不计其数。本节结合最新发布的国家标准《复合土钉墙基坑支护技术规范》（GB 50739—2011）、《建筑基坑工程监测技术规范》（GB 50497—2009）和行业标准《建筑基坑支护技术规程》（JGJ 120—2012），介绍有关基坑工程的最简单、最基本、最成熟的知识。

建筑基坑是指为进行建筑物（包括构筑物）基础与地下室的施工所开挖的地面以下空间。基坑开挖后，会产生多个临空面，这构成基坑围体，围体的某一侧面称为基坑侧壁。基坑的开挖必然对周边环境造成一定的影响，影响范围内的既有建（构）筑物、道路、地下设施、地下管线、岩土体、地下水体等统称为基坑周边环境。为保证基坑施工，主体地下结构的安全和周边环境不受损害，需对基坑进行包括土体，降水和开挖在内的一系列勘察、设计、施工和检测等工作。这项综合性的工程就称为基坑工程。

10.1.1 基坑工程的特点及目的

1. 基坑工程的特点

(1) 属于临时性结构,安全储备较小,风险性较大。
(2) 有很强的区域性,不同的工程水文地质条件,其基坑工程的性质也差异很大。
(3) 有很强的综合性,涉及土的稳定、变形和渗流等内容,需根据情况分别考虑。
(4) 有较强的时空效应,需注意开挖深度、范围及开挖土体暴露时间等的影响。
(5) 对环境影响较大,基坑开挖、降水会引起周边场地土的应力变化,使土体产生变形,对相邻建(构)筑物、道路和地下管线等产生影响,严重者将危及其安全和正常使用。

2. 基坑工程的目的

基坑工程的目的是构建安全可靠的支护体系,其具体要求如下。
(1) 保证基坑四周边坡土体的稳定性,同时保证主体地下结构的施工空间。
(2) 保证不影响基坑周边建(构)筑物、地下管线、道路的安全和正常使用。
(3) 通过截水、降水、排水等措施,保证基坑工程施工作业面在地下水位以上。
(4) 做到因地制宜、就地取材、保护环境、节约资源,保证工程的经济合理。

10.1.2 基坑工程的勘察要求与环境调查

基坑工程的岩土勘察,应同时考虑主体结构设计和基坑工程的需要,宜与建筑地基岩土勘察同步进行,也可在建筑地基岩土勘察后,进行基坑工程的补充岩土勘察。

基坑周边环境的勘查的内容包括如下几方面。
(1) 基坑周边既有建筑物的结构类型、层数、位置、基础形式和尺寸、埋置深度、使用年限、用途等。
(2) 基坑周边各种既有地下管线、地下构筑物的类型、位置、尺寸、埋置深度、使用年限、用途等;对既有供水、污水、雨水等地下输水管线,尚应包括其使用状况及渗漏状况。
(3) 基坑周边道路的类型、位置、宽度、道路行驶情况、最大车辆荷载等。
(4) 确定基坑开挖与支护结构使用期内施工材料、施工设备的荷载。
(5) 雨季时的场地周围地表水汇流和排泄条件,地表水的渗入对地层土性影响的状况。

10.2 基坑支护结构形式及其选用

10.2.1 常用的基坑支护结构形式

常用的基坑支护结构形式有:放坡、悬臂桩墙结构体系、桩墙-锚杆结构体系、桩墙-内支撑结构体系、单一土钉墙结构体系、复合土钉墙结构体系、重力式水泥土墙等。

1. 放坡

放坡是指将基坑开挖成一定坡度的人工边坡,当基坑较深时可分级放坡,并保证边坡自身能够稳定,主要验算的是边坡的圆弧滑动稳定性。当坡体存在地下水时,应在坡面设泄水孔以减少水压力的不利影响。放坡的基坑开挖范围加大,只有在周边场地许可时才能采用。

2. 悬臂桩墙结构体系(图 10.2)

悬臂桩墙结构体系是指没有内支撑和拉锚,仅靠结构的入土深度和抗弯能力,来维持基坑坑壁稳定和结构安全的板桩墙,排桩墙和地下连续墙支护结构。因水平位移限制,仅适用于土质较好、开挖深度较浅的基坑工程。

3. 桩墙-锚杆结构体系

桩墙-锚杆结构体系是指利用桩墙的入土深度、抗弯能力,以及锚杆的抗拉能力来维持基坑坑壁稳定和结构安全的板桩墙、排桩墙和地下连续墙-锚杆支护结构,如图 10.3 所示,适用于深部有较好土层的地层,不宜用于软黏土地层中。

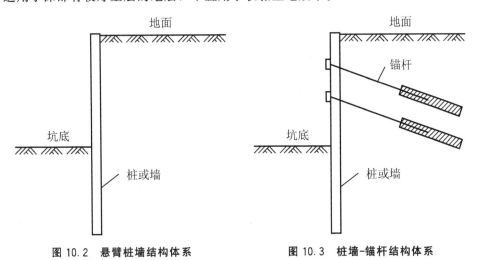

图 10.2 悬臂桩墙结构体系　　图 10.3 桩墙-锚杆结构体系

4. 桩墙-内支撑结构体系

桩墙-内支撑结构体系是指利用桩墙的入土深度、抗弯能力,以及钢(混凝土)内支撑的抗压能力来维持基坑坑壁稳定和结构安全的板桩墙、排桩墙与地下连续墙-内支撑支护结构,如图 10.4 所示,适用于各种土层和各种开挖深度的基坑工程。

5. 土钉墙结构体系

土钉墙结构体系是指在土体中设置密集土钉来加固原位土体的支护体系,如图 10.5 所示,适用于地下水位以上的黏性土、砂土和碎石土等地层,不宜用于淤泥或淤泥质土层。

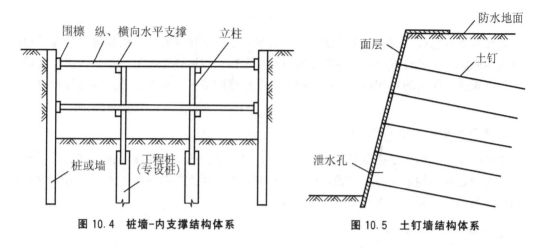

图 10.4 桩墙-内支撑结构体系　　　　图 10.5 土钉墙结构体系

6. 复合土钉墙结构体系

复合土钉墙结构体系是指将土钉墙与深层搅拌桩、微型桩以及预应力锚杆等有机组合成的复合支护体系，它是一种改进或加强型土钉墙，如图 10.6 所示，它弥补了一般土钉墙的许多缺陷和使用限制，极大地扩展了土钉墙技术的应用范围，具有安全可靠、造价低、工期短、使用范围广等特点，获得了越来越广泛的工程应用。

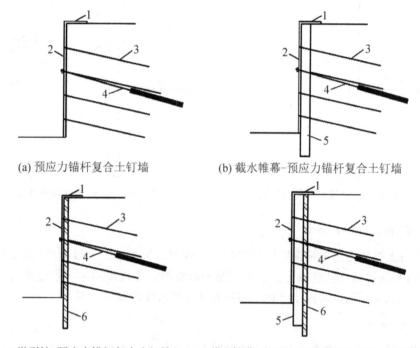

(a) 预应力锚杆复合土钉墙　　　(b) 截水帷幕-预应力锚杆复合土钉墙

(c) 微型桩-预应力锚杆复合土钉墙　　(d) 截水帷幕-微型桩-预应力锚杆复合土钉墙

图 10.6　复合土钉墙结构体系

1—护顶；2—面层；3—土钉；4—预应力锚杆；5—截水帷幕(深层搅拌桩)；6—微型桩

7. 重力式水泥土墙

重力式水泥土墙是指利用深层搅拌机械将地基土和水泥强制搅拌，固化形成的具有一定强度和水稳定性的水泥土墙体，如图10.7所示，适用于软土地区的基坑支护。

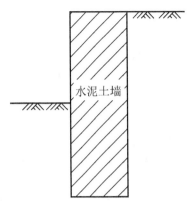

图 10.7 重力式水泥土墙

10.2.2 基坑支护结构形式的选用

1. 基坑工程的安全等级

基坑支护设计时，应综合考虑基坑周边环境和地质条件的复杂程度、基坑深度等因素，按表10-1采用支护结构的安全等级。对同一基坑的不同部位，可采用不同的安全等级。

表 10-1 支护结构的安全等级（JGJ 120—2012）

安全等级	破坏后果
一级	支护结构失效、土体过大变形对基坑周边环境或主体结构施工安全的影响很严重
二级	支护结构失效、土体过大变形对基坑周边环境或主体结构施工安全的影响严重
三级	支护结构失效、土体过大变形对基坑周边环境或主体结构施工安全的影响不严重

2. 基坑支护结构形式的选用

支护结构选型时，可按表10-2选择其形式。

表 10-2 各类支护结构的适用条件（JGJ 120—2012）

结构类型		适用条件		
		安全等级	基坑深度、环境条件、土类和地下水条件	
支挡式结构	锚拉式结构	一级、二级、三级	适用于较深的基坑	1. 排桩适用于可采用降水或截水帷幕的基坑 2. 地下连续墙宜同时用作主体地下结构外墙，可同时用于截水 3. 锚杆不宜用在软土层和高水位的碎石土、砂土层中 4. 当邻近基坑有建筑物地下室、地下构筑物等，锚杆的有效锚固长度不足时，不应采用锚杆 5. 当锚杆施工会造成基坑周边建（构）筑物的损害或违反城市地下空间规划等规定时，不应采用锚杆
	支撑式结构		适用于较深的基坑	
	悬臂式结构		适用于较浅的基坑	
	双排桩		当锚拉式、支撑式和悬臂式结构不适用时，可考虑采用双排桩	
	支护结构与主体结构结合的逆作法		适用于基坑周边环境条件很复杂的深基坑	

续表

结构类型		适用条件	
	安全等级	基坑深度、环境条件、土类和地下水条件	
土钉墙	单一土钉墙	二级、三级	适用于地下水位以上或经降水的非软土基坑，且基坑深度不宜大于12m	当基坑潜在滑动面内有建筑物、重要地下管线时，不宜采用土钉墙
	预应力锚杆复合土钉墙		适用于地下水位以上或经降水的非软土基坑，且基坑深度不宜大于15m	
	水泥土桩垂直复合土钉墙		用于非软土基坑时，基坑深度不宜大于12m；用于淤泥质土基坑时，基坑深度不宜大于6m；不宜用在高水位的碎石土、砂土、粉土层中	
	微型桩垂直复合土钉墙		适用于地下水位以上或经降水的基坑，用于非软土基坑时，基坑深度不宜大于12m；用于淤泥质土基坑时，基坑深度不宜大于6m	
重力式水泥土墙		二级、三级	适用于淤泥质土、淤泥基坑，且基坑深度不宜大于7m	
放坡		三级	1. 施工场地应满足放坡条件 2. 可与上述支护结构形式结合	

● 特 别 提 示

当基坑不同部位的周边环境条件、土层性状、基坑深度等不同时，不同部位可分别采用不同的支护形式；支护结构也可采用上、下部以不同结构类型组合的形式。

10.3 排桩支护

排桩支护是指在开挖基坑周围，以挖孔灌注桩、钻孔灌注桩、锤击沉管灌注桩、预制桩等按行列式布置而形成的基坑支护体系。

10.3.1 排桩支护的分类

1. 按桩的排列方式分类

按桩的排列方式，排桩支护结构可分为以下几种（图10.8）。

（1）间隔式。是指每隔一定距离设置一桩，成排设置，在桩顶设连系梁连成整体共同作用，桩间土起土拱作用将土压力传到桩上，抵抗土的侧压力。

（2）双排式。是指将前后两排桩布置成行列式或梅花形，在桩顶设连系梁形成门式刚架，以提高桩的抗弯刚度，增强抵抗土压力的能力，减小位移。

（3）连续式。是指一桩连着一桩，形成一道排桩地下连续墙，在桩顶设连系梁连成整体共同作用，以抵抗侧向土压力作用。

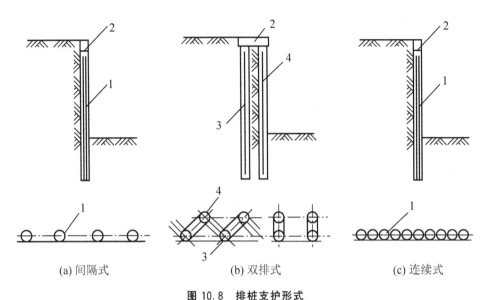

图 10.8 排桩支护形式
1—挡土灌注桩；2—连系梁；3—前排桩；4—后排桩

2. 按基坑开挖深度及支挡结构受力情况分类

按基坑开挖深度及支挡结构受力情况，排桩支护可分为以下几种。
(1) 悬臂式排桩支护。基坑开挖深度不大，可利用悬臂作用挡住墙后土体。
(2) 单支点排桩支护。基坑开挖深度较大，可在排桩顶部附近设置一单支撑(拉锚)。
(3) 多支点排桩支护。基坑开挖深度较深，可在桩身设置多道支撑(拉锚)。

支点指的是内支撑、锚杆或两者的组合。内支撑按材料的不同有钢筋混凝土支撑、钢管支撑和型钢(如工字钢、槽钢等)支撑及组合支撑，按支撑方式的不同又有角撑、对撑等。

当地基土质较好、基坑开挖深度较浅时，往往使用施工方便、受力简单的悬臂式支护结构；但对于地基土质较差、基坑开挖深度较深的基坑支护，一般采用单层或多层支点支护结构更合理。

10.3.2 排桩支护的设计计算

对于排桩支护方式，其设计内容有：①嵌固深度计算；②桩(墙)内力与截面承载力计算；③支撑体系设计计算；④锚杆设计计算；⑤构造要求及施工和检测要求；⑥绘制施工图。

1. 排桩的桩型与成桩工艺

排桩的桩型与成桩工艺应根据桩所穿过土层的性质，地下水条件及基坑周边环境要求等选择混凝土灌注桩、型钢桩、钢管桩、钢板桩、型钢水泥土搅拌桩等桩型。

当支护桩的施工影响范围内存在对地基变形敏感、结构性能差的建筑物或地下管线时，不应采用挤土效应严重、易塌孔、易缩径或有较大震动的桩型和施工工艺。

采用挖孔桩且其成孔需要降水或孔内抽水时，应进行周边建筑物、地下管线的沉降分析；当挖孔桩的降水引起的地层沉降不能满足周边建筑物和地下管线的沉降要求时，应采取相应的截水措施。

2. 排桩的类型、桩长、桩径及桩距的选择

能作为基础桩的所有类型几乎都能作为支护桩，其适用条件与基础桩相同。在具体工程中，可根据基坑开挖深度、工程地质与水文地质条件以及周边环境条件选用。

桩长主要取决于基坑开挖深度和嵌固深度，同时应考虑桩顶嵌入冠梁内的长度，一般嵌入冠梁内的长度不应小于50mm。

排桩桩径的确定取决于支护结构的截面承载力计算要求。当采用混凝土灌注桩时，对悬臂式排桩，支护桩的桩径宜大于或等于600mm；对锚拉式排桩或支撑式排桩，支护桩的桩径宜大于或等于400mm；排桩的中心距不宜大于桩直径的2.0倍。

3. 排桩支护构造要求

（1）支护桩顶部应设置混凝土冠梁。冠梁的宽度不宜小于桩径，高度不宜小于桩径的0.6倍。冠梁钢筋应符合现行国家标准《混凝土结构设计规范》对梁的构造配筋要求。冠梁用作支撑或锚杆的传力构件或按空间结构设计时，尚应按受力构件进行截面设计。

（2）在有主体建筑地下管线的部位，排桩冠梁宜低于地下管线。

（3）当采用混凝土灌注桩时，支护桩的桩身混凝土强度等级、钢筋配置和混凝土保护层厚度应符合下列规定。

① 桩身混凝土强度等级不宜低于C25。

② 支护桩的纵向受力钢筋宜选用HRB400、HRB500级钢筋，单桩的纵向受力钢筋不宜少于8根，净间距不应小于60mm；支护桩顶部设置钢筋混凝土构造冠梁时，纵向钢筋锚入冠梁的长度宜取冠梁厚度；冠梁按结构受力构件设置时，桩身纵向受力钢筋伸入冠梁的锚固长度应符合现行国家标准《混凝土结构设计规范》对钢筋锚固的有关规定；当不能满足锚固长度的要求时，其钢筋末端可采取机械锚固措施。

③ 箍筋可采用螺旋式箍筋，箍筋直径不应小于纵向受力钢筋最大直径的1/4，且不应小于6mm；箍筋间距宜取100～200mm，且不应大于400mm及桩的直径。

④ 沿桩身配置的加强箍筋应满足钢筋笼起吊安装要求，宜选用HPB300、HRB400级钢筋，其间距宜取1000～2000mm。

⑤ 纵向受力钢筋的保护层厚度不应小于35mm；采用水下灌注混凝土工艺时，不应小于50mm。

⑥ 当采用沿截面周边非均匀配置纵向钢筋时，受压区的纵向钢筋根数不应少于5根；当施工方法不能保证钢筋的方向时，不应采用沿截面周边非均匀配置纵向钢筋的形式。

⑦ 当沿桩身分段配置纵向受力主筋时，纵向受力钢筋的搭接应符合现行国家标准《混凝土结构设计规范》的相关规定。

（4）排桩的桩间土应采取防护措施。桩间土防护措施宜采用内置钢筋网或钢丝网的喷射混凝土面层。喷射混凝土面层的厚度不宜小于50mm，混凝土强度等级不宜低于C20，混凝土面层内配置的钢筋网的纵横向间距不宜大于200mm。钢筋网或钢丝网宜采用横向

拉筋与两侧桩体连接，拉筋直径不宜小于12mm，拉筋锚固在桩内的长度不宜小于100mm。钢筋网宜采用桩间土内打入直径不小于12mm的钢筋钉固定，钢筋钉打入桩间土中的长度不宜小于排桩净间距的1.5倍且不应小于500mm。

（5）采用降水的基坑，在有可能出现渗水的部位应设置泄水管，泄水管应采取防止土颗粒流失的反滤措施。

（6）排桩采用素混凝土桩与钢筋混凝土桩间隔布置的钻孔咬合桩形式时，支护桩的桩径可取800～1500mm，相邻桩咬合不宜小于200mm。素混凝土桩应采用强度等级不小于C15的超缓凝混凝土，其初凝时间宜控制为40～70h，坍落度宜取12～14mm。

> **特 别 提 示**
> 为了提高排桩支护的支护效果，多与锚杆结合形成多支点排桩支护体系。

10.3.3 排桩支护的施工

1. 排桩成孔要求

当排桩桩位邻近的既有建筑物、地下管线、地下构筑物对地基变形敏感时，应根据其位置、类型、材料特性、使用状况等相应采取下列控制地基变形的防护措施。

（1）宜采取间隔成桩的施工顺序；对混凝土灌注桩，应在混凝土终凝后，再进行相邻桩的成孔施工。

（2）对松散或稍密的砂土、稍密的粉土、软土等易坍塌或流动的软弱土层，对钻孔灌注桩宜采取改善泥浆性能等措施，对人工挖孔桩宜采取减小每节挖孔和护壁的长度、加固孔壁等措施。

（3）支护桩成孔过程出现流砂、涌泥、塌孔、缩径等异常情况时，应暂停成孔并及时采取有针对性的措施进行处理，防止继续塌孔。

（4）当成孔过程中遇到不明障碍物时，应查明其性质，且在不会危害既有建筑物、地下管线、地下构筑物的情况下方可继续施工。

2. 混凝土灌注桩钢筋接头要求、钢筋和钢筋笼的安放、预埋件的安放

（1）对混凝土灌注桩，其纵向受力钢筋的接头不宜设置在内力较大处。同一连接区段内，纵向受力钢筋的连接方式和连接接头面积百分率应符合现行国家标准《混凝土结构设计规范》对梁类构件的规定。

（2）混凝土灌注桩采用沿纵向分段配置不同钢筋数量时，钢筋笼制作和安放时应采取控制非通长钢筋竖向定位的措施。

（3）混凝土灌注桩采用沿桩截面周边非均匀配置纵向受力钢筋时，应按设计的钢筋配置方向进行安放，其偏转角度不得大于10°。

（4）混凝土灌注桩设有预埋件时，应根据预埋件的用途和受力特点的要求，控制其安装位置及方向。

3. 钻孔咬合桩施工

钻孔咬合桩施工可采用液压钢套管全长护壁、机械冲抓成孔工艺，其施工应符合下列要求。

(1) 桩顶应设置导墙,导墙宽度宜取 3~4m,导墙厚度宜取 0.3~0.5m。

(2) 咬合桩应按先施工素混凝土桩、后施工钢筋混凝土桩的顺序进行;钢筋混凝土桩应在素混凝土桩初凝前通过在成孔时切割部分素混凝土桩身形成与素混凝土桩的互相咬合搭接;钢筋混凝土桩的施工尚应避免素混凝土桩刚浇筑后被切割。

(3) 钻机就位及吊设第一节套管时,应采用两个测斜仪贴附在套管外壁并用经纬仪复核套管垂直度,其垂直度允许偏差应为 0.3%。液压套管应正反扭动加压下切。管内抓斗取土时,套管底部应始终位于抓土面下方,抓土面与套管底的距离应大于 1.0m。

(4) 孔内虚土和沉渣应清除干净,并用抓斗夯实孔底;灌注混凝土时,套管应随混凝土浇筑逐段提拔;套管应垂直提拔,阻力过大时应转动套管同时缓慢提拔。

4. 排桩的施工偏差

除特殊要求外,排桩的施工偏差应符合下列规定。

(1) 桩位的允许偏差应为 50mm。

(2) 桩垂直度的允许偏差应为 0.5%。

(3) 预埋件位置的允许偏差应为 20mm。

(4) 桩的其他施工允许偏差应符合现行行业标准《建筑桩基技术规范》的规定。

5. 冠梁施工

冠梁施工时,应将桩顶部浮浆、低强度混凝土及破碎部分清除。冠梁混凝土浇筑采用土模时,土面应修理整平。

10.3.4 排桩支护的质量检测

采用混凝土灌注桩时,其质量检测应符合下列规定。

(1) 应采用低应变动测法检测桩身完整性,检测桩数不宜少于总桩数的 20%,且不得少于 5 根。

(2) 当根据低应变动测法判定的桩身完整性为Ⅲ类或Ⅳ类时,应采用钻芯法进行验证,并应扩大低应变动测法检测的数量。

10.4 土钉墙支护

土钉墙支护是指在基坑逐层开挖后,逐层在边坡原位以较密排列钻孔、放置土钉并注浆,再在表面布设钢筋网、喷射混凝土形成面层的基坑支护体系,适用于地下水位以上或经降水后的人工填土、黏性土、粉土及弱胶结砂土等土质,支护深度不宜超过 12m。

10.4.1 土钉墙的结构设计

1. 土钉墙的构造

土钉墙主要由土钉、面层和防水系统等组成,如图 10.9 所示。

1)土钉

土钉是土钉墙的主要受力构件,承受土体传递的摩擦力等,并将力传给稳定区域的土体。密排土钉和周围土体组成复合土体,约束土体的变形,提高基坑边坡的整体稳定性。

土钉一般采用 HRB400 级钢筋,钢筋直径为 16~32mm,孔径根据成孔机具确定,一般为 70~120mm,注浆材料为水泥浆(水泥砂浆),强度等级不低于 M20,土钉长度取基坑深度的 0.5~1.2 倍,与水平面夹角为 5°~20°,土钉的水平和垂直间距取 1~2m。

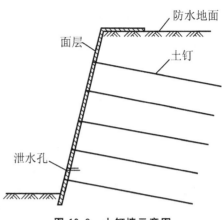

图 10.9 土钉墙示意图

2)面层

面层是土钉墙的组成部分,可以约束坡面的变形,并将土钉连成整体,土钉墙的墙面坡度视场地环境条件而定,一般不宜大于 1∶0.2(坡度=墙面垂直高度/水平宽度)。

面层采用强度等级不低于 C20 的喷射混凝土,厚度不小于 80mm,且在其中配置钢筋网和通长的加强钢筋,钢筋网采用 HPB300 级钢筋,钢筋直径为 6~10mm,间距为 150~250mm;钢筋网间的搭接长度大于 300mm;加强钢筋的直径为 14~20mm。

土钉和面层应有效连接,以便面层能够发挥约束坡面变形的作用,其连接一般采用螺栓连接和钢筋焊接连接,设置承压钢板或井字形加强钢筋等构造措施,如图 10.10 所示。

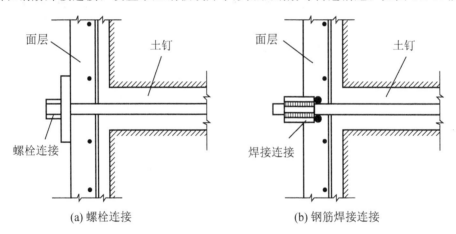

图 10.10 土钉与面层的连接

3)防水系统

当地下水位高于基坑底面时,为避免造成土钉墙边坡失稳,应采取降水或截水措施。

2. 土钉墙的设计

土钉墙的设计包括土钉的抗拔承载力验算、土钉墙的整体稳定性验算和土钉墙的抗隆起稳定性验算,具体内容见相关文献。

> **特别提示**
>
> 土钉不同于锚杆,土钉墙对基坑边壁的加固属于加筋效果。

10.4.2 土钉墙的施工

土钉墙的施工机械包括钻孔机具(洛阳铲、螺旋钻、冲击钻、地质钻等)、空气压缩机、混凝土喷射机、注浆泵和混凝土搅拌机等。

土钉墙的施工程序:开挖工作面并修整坡面→埋设混凝土厚度控制标志→设置钢筋网,喷射第一层混凝土→钻孔、安设土钉、注浆→设置钢筋网、连接件、泄水管→喷射第二层混凝土→养护→继续开挖下一层工作面→重复以上工作,直到完成,如图 10.11 所示。

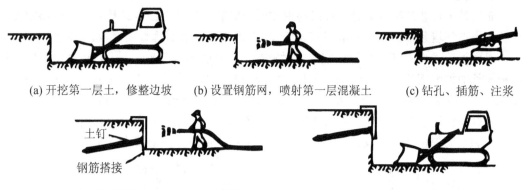

(a) 开挖第一层土,修整边坡　(b) 设置钢筋网,喷射第一层混凝土　(c) 钻孔、插筋、注浆

(d) 设置钢筋网,喷射第二层混凝土　(e) 开挖第二层土,重复以上工作

图 10.11 土钉墙的施工程序

土钉墙施工中,应根据土层的性状选择成孔方法,优先选用洛阳铲,对易塌孔的松散土层宜采用机械成孔工艺;成孔困难时,可采用注入水泥浆等方法进行护壁;注浆时,注浆管口应始终埋入注浆液面内,在孔口溢浆后方可停浆;喷射混凝土作业应分段进行,自下而上均匀喷射,喷头垂直于土钉墙墙面,间距 0.6~1.0m,一次喷射厚度控制为 30~80mm。

10.4.3 土钉墙的质量检测

土钉墙的质量检测应符合下列规定。

(1) 应对土钉的抗拔承载力进行检测,抗拔试验可采用逐级加荷法;土钉的检测数量不宜少于土钉总数的 1%,且同一土层中的土钉检测数量不应少于 3 根;试验最大荷载不应小于土钉轴向拉力标准值的 1.1 倍;检测土钉应按随机抽样的原则选取,并应在土钉固结体强度达到设计强度的 70% 后进行试验。

(2) 土钉墙面层喷射混凝土应进行现场试块强度试验,每 500m² 喷射混凝土面积试验数量不应少于一组,每组试块不应少于 3 个。

(3) 应对土钉墙的喷射混凝土面层厚度进行检测,每 500m² 喷射混凝土面积检测数量不应少于一组，每组的检测点不应少于 3 个；全部检测点的面层厚度平均值不应小于厚度设计值，最小厚度不应小于厚度设计值的 80%。

(4) 复合土钉墙中的预应力锚杆，应按规定进行抗拔承载力检测。

(5) 复合土钉墙中的水泥土搅拌桩或旋喷桩用作帷幕时，应按规定进行质量检测。

10.5 复合土钉墙支护

复合土钉墙是指将土钉墙与深层搅拌桩、微型桩以及预应力锚杆等有机组合成的复合支护体系，它是一种改进或加强型土钉墙，弥补了一般土钉墙的许多缺陷和使用限制，极大地扩展了土钉墙技术的应用范围，可用于回填土、淤泥质土、黏性土、砂土、粉土等常见土层，在开挖深度 16m 以内的基坑工程均可根据具体条件，灵活、合理地应用。

10.5.1 复合土钉墙的结构设计

1. 复合土钉墙的类型

复合土钉墙主要由土钉、面层、预应力锚杆、截水帷幕和微型桩等组合而成，常见的类型有预应力锚杆复合土钉墙、截水帷幕-预应力锚杆复合土钉墙、微型桩-预应力锚杆复合土钉墙、截水帷幕-微型桩-预应力锚杆复合土钉墙等四类，如图 10.6 所示。

(1) 预应力锚杆复合土钉墙。当场地为黏性土层和周边环境允许降水时，可不设置截水帷幕，但基坑较深及无放坡条件时，采用预应力锚杆复合土钉墙这种支护形式，预应力锚杆加强土钉墙，限制土钉墙位移。

(2) 截水帷幕-预应力锚杆复合土钉墙。为避免降水引起的基坑周围建筑、道路沉降等影响，基坑支护设置深层搅拌桩形成的截水帷幕，止水效果好且造价便宜，但止水后土钉墙的变形较大，当基坑较深且变形要求严格时，常采用预应力锚杆来限制土钉墙的位移，这就形成了最为常用的复合土钉墙形式。

(3) 微型桩-预应力锚杆复合土钉墙。当基坑开挖面离建筑红线和周边建筑物很近，且土质的自稳性较差时，开挖前需加固土体，即使用各类微型桩进行超前支护，开挖后再用土钉和预应力锚杆来保证土体的稳定，限制土钉墙的位移(微型桩采用直径 100~300mm 的钻孔灌注桩、型钢桩、钢管桩等桩型)。

(4) 截水帷幕-微型桩-预应力锚杆复合土钉墙。当基坑深度较深，变形要求高，且地质和环境条件复杂时，可采用截水帷幕-微型桩-预应力锚杆复合土钉墙形式。在这种支护形式中，预应力锚杆一般为 2~3 排，截水帷幕一般为深层搅拌桩或旋喷桩，微型桩的直径较大或采用型钢桩。

2. 复合土钉墙的构造要求

对于复合土钉墙，其构造要求基本与土钉墙、水泥土墙、锚杆、微型桩的单项支护构造要求相同，但在复合土钉墙中，还要注意以下几个方面。

(1) 复合土钉墙的土钉除使用传统的钻孔注浆型土钉外，还常常使用新型预加应力土钉(图 10.12)、二次注浆土钉(图 10.13)和打入注浆型钢花管加强土钉(图 10.14)，以解决变形控制和在不良土层中需要有较高抗拔力的问题。

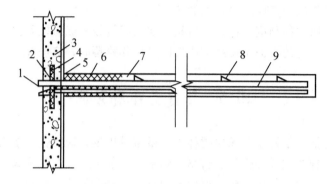

图 10.12 预加应力土钉
1—土钉钢筋；2—螺母；3—喷射混凝土；4—垫板；
5—钢筋网；6—止浆塞；7—砂浆；8—对中支架；9—排气管

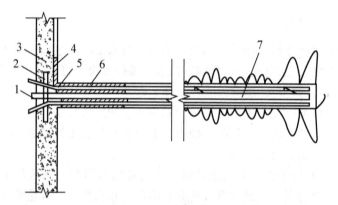

图 10.13 二次注浆土钉
1—土钉钢筋；2—井字钢筋；3—喷射混凝土；
4—钢筋网；5—止浆塞；6—排气管；7—二次注浆管

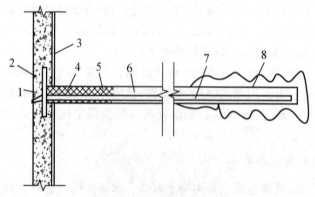

图 10.14 钢花管加强土钉
1—土钉钢筋；2—井字钢筋；3—喷射混凝土；
4—钢筋网；5—止浆塞；6—砂浆；7—注浆管；8—钻孔花管

(2) 复合土钉墙的锚杆不同于桩锚结构中的锚杆,设计抗拉荷载不宜太大,一般应小于300kN,按土层锚杆的锚固体结构形式,预应力锚杆可分为圆柱型(图10.15)、端部扩大头型(图10.16)和连续球体型(图10.17)三类锚杆。

(3) 复合土钉墙的截水帷幕宜选用早强水泥或在水泥浆中渗入早强剂,水泥土搅拌桩的单位水泥用量不宜小于原状土重量的13%;水泥土28d龄期的无侧限抗压强度不应小于0.6MPa;坑底以下插入深度不应小于1.5~2m,且宜穿过透水层进入弱透水层1~2m。

(4) 复合土钉墙的微型桩常使用直径100~300mm的钻孔灌注桩、型钢桩和钢管桩,为加强钢管桩的刚度,常在钢管桩内灌入M10砂浆或C20细石混凝土;为保证超前支护效果,微型桩应插入基坑底面以下2~3m;为提高支护结构的整体性,桩顶常设置冠梁和腰梁,将桩连接到一起,并在腰梁位置设置预应力锚杆和土钉。

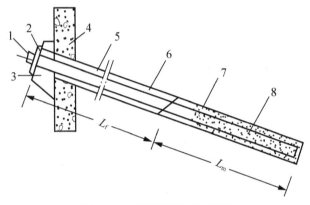

图10.15 圆柱型锚固体锚杆

1—锚具;2—承压板;3—台座;4—支挡结构;5—钻孔;
6—二次注浆防腐处理;7—预应力筋;8—圆柱型锚固体;
L_f—自由段长度;L_m—锚固段长度

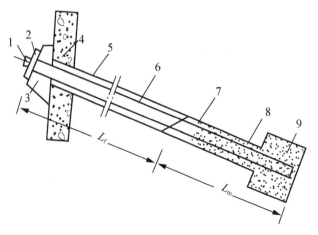

图10.16 端部扩大头型锚杆

1—锚具;2—承压板;3—台座;4—支挡结构;5—钻孔;
6—二次注浆防腐处理;7—预应力筋;8—圆柱型锚固体;9—端部扩头体
L_f—自由段长度;L_m—锚固段长度

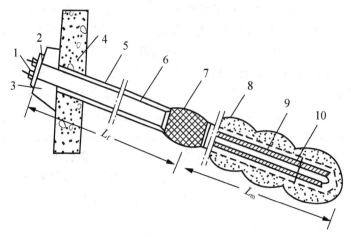

图 10.17 连续球体型锚杆

1—锚具；2—承压板；3—台座；4—支挡结构；5—钻孔；6—塑料套管；
7—止浆密封装置；8—预应力筋；9—注浆套管；10—连续球体型锚固体
L_f—自由段长度；L_m—锚固段长度

3. 复合土钉墙的设计

复合土钉墙的设计内容与土钉墙类似，包括土钉的抗拔力验算、复合土钉墙的整体稳定性验算和抗隆起稳定性验算等，土钉的抗拔力验算与土钉墙相同，整体稳定性验算和抗隆起稳定性验算，还需要考虑止水帷幕、微型桩及预应力锚杆对其的有利作用，具体内容见相关文献。

10.5.2 复合土钉墙的施工

复合土钉墙的施工机械包括钻孔机具(洛阳铲、螺旋钻、冲击钻、地质钻等)、空气压缩机、混凝土喷射机、注浆泵、混凝土搅拌机、搅拌桩机、旋喷桩机等。

复合土钉墙的施工程序为：放线定位→施工截水帷幕或微型桩并养护→开挖工作面并修整坡面→喷射第一层混凝土→施工土钉、预应力锚杆并养护→挂网、喷射第二层混凝土→(无预应力锚杆部位)养护 48h 后继续分层下挖→(布置预应力锚杆部位)浆体强度达到设计要求后施工围檩、张拉、锁定预应力锚杆→继续分层开挖→重复以上工作，直到完成。

复合土钉墙施工中，土钉采用注浆法和击入法施工，注浆法宜用压力注浆，水泥浆液的水灰比为 0.45～0.55，击入法宜用气动冲击机械，易液化土层宜用静力压入法或自钻式土钉施工工艺；预应力锚杆采用二次高压注浆法施工，注浆压力宜为 2.5～5.0MPa，当锚固段注浆体及混凝土围檩强度达到设计强度的 75%，且大于 15MPa 后，再进行锚杆张拉；截水帷幕采用喷浆法施工，水泥浆液的水灰比按照试桩结果确定，相邻搅拌桩的施工间隔时间不应超过 24h；微型桩采用钻孔压浆法施工，混凝土浆液的水灰比常取 0.4～0.5 等。

特别提示

复合土钉墙的质量检测同土钉墙。

10.6 基坑排水和降水

10.6.1 基坑排水

对基底表面汇水、基坑周边地表汇水及降水井抽出的地下水，可采用明沟排水；对坑底以下的渗出的地下水，可采用盲沟排水；当地下室底板与支护结构间不能设置明沟时，基坑坡脚处也可采用盲沟排水；对降水井抽出的地下水，也可采用管道排水。各种集水明排应符合下列要求。

(1) 明沟和盲沟坡度不宜小于 0.3%。采用明沟排水时，沟底应采取防渗措施。采用盲沟排出坑底渗出的地下水时，其构造、填充料及其密实度应满足主体结构的要求。

(2) 沿排水沟宜每隔 30~50m 设置一口集水井；集水井的净截面尺寸应根据排水流量确定。集水井应采取防渗措施。采用盲沟时，集水井宜采用钢筋笼外填碎石滤料的构造形式。

(3) 基坑坡面渗水宜采用渗水部位插入导水管排出。导水管的间距、直径及长度应根据渗水量及渗水土层的特性确定。

(4) 采用管道排水时，排水管道的直径应根据排水量确定。排水管的坡度不宜小于 0.5%。排水管道材料可选用钢管、PVC 管。排水管道上宜设置清淤孔，清淤孔的间距不宜大于 10m。

(5) 基坑排水与市政管网连接前应设置沉淀池。明沟、集水井、沉淀池使用时应排水畅通并应随时清理淤积物。

10.6.2 基坑降水

基坑降水也指地下水控制，即在基坑工程施工过程中，地下水要满足支护结构和挖土施工的要求，并且不因地下水位的变化，对基坑周围的环境和设施带来危害。

1. 降水方法及其适用条件

基坑降水可采用管井、真空井点、喷射井点等方法，并宜按表 10-3 的适用条件选用。

表 10-3 各种降水方法的适用条件 (JGJ 120—2012)

方法	土类	渗透系数/(m/d)	降水深度/m
管井	粉土、砂土、碎石土	0.1~200.0	不限
真空井点	黏性土、粉土、砂土	0.005~20.0	单级井点<6 多级井点<20
喷射井点	黏性土、粉土、砂土	0.005~20.0	<20

2. 降水要求

(1) 基坑内的设计降水水位应低于基坑底面 0.5m。当主体结构的电梯井、集水井等部位使基坑局部加深时，应按其深度考虑设计降水水位或对其另行采取局部地下水控制措施。基坑采用截水结合坑外减压降水的地下水控制方法时，尚应规定降水井水位的最大降深值。

（2）各降水井井位应沿基坑周边以一定间距形成闭合状。当地下水流速较小时，降水井宜等间距布置；当地下水流速较大时，在地下水补给方向宜适当减小降水井间距。对宽度较小的狭长形基坑，降水井也可在基坑一侧布置。

（3）真空井点降水的井间距宜取 0.8~2.0m；喷射井点降水的井间距宜取 1.5~3.0m；当真空井点、喷射井点的井口至设计降水水位的深度大于 6m 时，可采用多级井点降水，多级井点上下级的高差宜取 4~5m。

10.6.3 减小基坑降水对周围环境影响的措施

人工降低地下水位对周围环境的最大影响就是在抽水半径范围内水位线下降，浮力消失，土的自重应力增加，导致不均匀沉降，进而影响到临近建（构）筑物的安全。

为减少基坑降水对周围环境的影响，避免产生过大的地面沉降，可采取以下措施。

1. 采用回灌井点回灌

在降水井点和要保护的建（构）筑物之间打设一排井点，如图 10.18 所示，在降水的同时，通过回灌井点向土层内灌入一定数量的水（即降水井点抽出的水），形成一道止水帷幕，从而减少回灌井点外侧被保护的建（构）筑物地下的地下水流失，使地下水位基本保持不变，这样就不会因降水使地基自重应力增加而引起地面沉降。

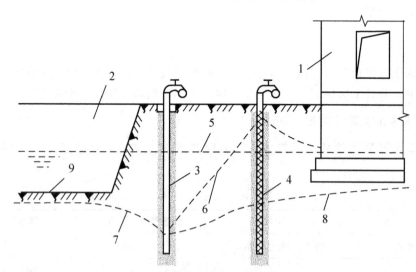

图 10.18 回灌井点示意图

1—原有建筑物；2—开挖基坑；3—降水井点；4—回灌井点；5—原有地下水位线；
6—降灌井点间水位线；7—降低后地下水位线；8—仅降水时水位线；9—基坑底

回灌井点采用一般真空井点降水的设备和技术，井口用黏土封闭，井底进入渗透性好的土层，深于稳定水位下 1m，且仅增加回灌水箱、闸阀和水表等少量设备，易于施工[回灌井点与降水井点的距离不宜小于6m,其间距根据降水井点的间距和被保护建(构)筑物的平面位置确定,回灌水量可通过水位观测孔中水位变化进行控制和调节]。

2. 采用砂沟、砂井回灌

在降水井点与要保护的建(构)筑物之间设置砂井作为回灌井,沿砂井布置一道砂沟,将降水井点抽出的水,适时、适量排入砂沟,再经砂井回灌到地下,实践证明也能收到良好效果(回灌砂井的灌砂量,取井孔体积的95%,填料采用含泥量不大于3%,不均匀系数为3~5的纯净中粗砂)。

3. 采用减缓降水的速度

在砂质粉土中降水影响范围可达80m以上,降水曲线较平缓,为此可将井点管加长,减缓降水速度,防止产生过大的沉降,也可在井点系统降水过程中,调小离心泵阀,减缓抽水速度,还可在邻近被保护建(构)筑物一侧,将井点管间距加大,需要时甚至暂停抽水。为防止抽水过程中将细微土粒带出,可根据土的粒径选择滤网。另外确保井点管周围砂滤层的厚度和施工质量,也能有效防止降水引起的地面沉降。

4. 设置截水帷幕

在基坑开挖前沿基坑四周设置截水帷幕,帷幕的底部宜深入基坑底一定深度或到达不透水层,如图10.19所示,截水后可采用基坑内井点降水,既降低水位,改善了施工作业条件,又有效地保护了周边环境。

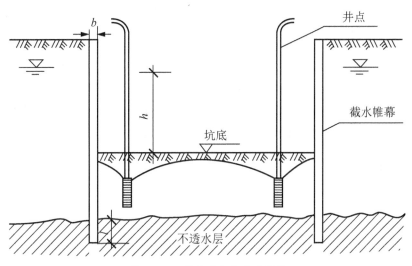

图10.19 落底式竖向截水帷幕

特别提示

降水引起地下水位下降,离降水井点不同的距离,水位的下降程度也有不同,从而引起不同的地基土沉降,即不均匀沉降,应严格控制其对邻近建筑物的影响。

10.7 基坑开挖与监测

基坑开挖是基坑工程设计与施工的最重要阶段，开挖前，应根据工程结构形式、基坑深度、地质条件、气候条件、周围环境、施工方法、施工工期等资料，确定基坑开挖方案。

基坑开挖方案通常包括土方施工机械、开挖形式、开挖工艺及土方施工设施等。

10.7.1 基坑开挖的基本规定

(1) 当支护结构构件强度达到开挖阶段的设计强度时，方可向下开挖；对采用预应力锚杆的支护结构，应在施加预加力后，方可开挖下层土方；对土钉墙，应在土钉、喷射混凝土面层的养护时间大于2d后，方可开挖下层土方。

(2) 应按支护结构设计规定的施工顺序和开挖深度分层开挖。

(3) 当基坑开挖面上方的锚杆、土钉、支撑未达到设计要求时，严禁向下超挖土方。当达到设计要求允许开挖时，开挖面与锚杆、土钉的高差不宜大于500mm。

(4) 开挖时，挖土机械不得碰撞或损害锚杆、腰梁、土钉墙墙面、内支撑及其连接件等构件，不得损害已施工的基础桩。

(5) 当基坑采用降水时，地下水位以下的土方应在降水后开挖。

(6) 当开挖揭露的实际土层性状或地下水情况与设计依据的勘察资料明显不符，或出现异常现象、不明物体时，应停止挖土，在采取相应处理措施后方可继续挖土。

(7) 挖至坑底时，应避免扰动基底持力土层的原状结构。

(8) 支护结构或基坑周边环境出现报警情况或其他险情时，应立即停止开挖，并应根据危险产生的原因和可能进一步发展的破坏形式，采取控制或加固措施。危险消除后，方可继续开挖。必要时，应对危险部位采取基坑回填、地面卸土、临时支撑等应急措施。当危险由地下水管道渗漏、坑体渗水造成时，尚应及时采取截断渗漏水水源、疏排渗水等措施。

10.7.2 基坑监测

基坑工程监测是指由于土层具有多变性和离散性，基坑工程支护设计常常很难全面、准确地反映工程进行过程中的实际变化情况，为了改善这一情况，而对支护结构和周围环境进行监测，利用反馈的信息和数据来进行信息化施工或优化设计理论等的活动。

1. 基坑监测项目

基坑支护设计应根据支护结构类型和地下水控制方法，按表10-4选择基坑监测项目，并应根据支护结构构件、基坑周边环境的重要性及地质条件的复杂性确定监测点部位及数量。选用的监测项目及其监测部位应能够反映支护结构的安全状态和基坑周边环境受影响的程度。安全等级为一级、二级的支护结构，在基坑开挖过程与支护结构使用期内，必须进行支护结构的水平位移监测和基坑开挖影响范围内建(构)筑物、地面的沉降监测。

表 10-4　基坑监测项目选择(JGJ 120—2012)

监测项目	支护结构的安全等级		
	一级	二级	三级
支护结构顶部水平位移	应测	应测	应测
基坑周边建(构)筑物、地下管线、道路沉降	应测	应测	应测
坑边地面沉降	应测	应测	宜测
支护结构深部水平位移	应测	应测	选测
锚杆拉力	应测	应测	选测
支撑轴力	应测	宜测	选测
挡土构件内力	应测	宜测	选测
支撑立柱沉降	应测	宜测	选测
支护结构沉降	应测	宜测	选测
地下水位	应测	应测	选测
土压力	宜测	选测	选测
孔隙水压力	宜测	选测	选测

注：表内各监测项目中，仅选择实际基坑支护形式所含有的内容。

2. 基坑监测要求

(1) 各类水平位移观测、沉降观测的基准点应设置在变形影响范围外，且基准点数量不应少于两个。

(2) 基坑各监测项目采用的监测仪器的精度、分辨率及测量精度应能反映监测对象的实际状况，并应满足基坑监控的要求。各监测项目应在基坑开挖前或测点安装后测得稳定的初始值，且次数不应少于两次。

(3) 支护结构顶部水平位移的监测频次应符合下列要求。

① 基坑向下开挖期间，监测不应少于每天一次，直至开挖停止后连续三天的监测数值稳定。

② 当地面、支护结构或周边建筑物出现裂缝、沉降，遇到降雨、降雪、气温骤变，基坑出现异常的渗水或漏水，坑外地面荷载增加等各种环境条件变化或异常情况时，应立即进行连续监测，直至连续三天的监测数值稳定。

③ 当位移速率大于或等于前次监测的位移速率时，则应进行连续监测。

④ 在监测数值稳定期间，尚应根据水平位移稳定值的大小及工程实际情况定期进行监测。

3. 支护结构的监测

支护结构的监测包括：①支护结构桩(墙)顶位移监测；②支护结构桩(墙)倾斜监测；③支护及支撑结构应力监测；④土压力及孔隙水压力监测。

4. 周围环境的监测

周围环境的监测包括：①裂缝监测；②邻近道路和地下管线沉降观测；③边坡土体的位移和沉降观测。

5. 地下水位监测

地下水位采用水位观测孔进行监测。水位观测孔钻孔深度必须达到隔水层，钻孔中应安装带滤网的硬塑料管。一般情况下，每隔3～5d观测一次。当发现基坑侧壁明显渗漏或沿基坑底产生管涌时，每天观测1～2次。地下水位的变化对基坑支护结构的稳定性影响很大，地下水位快速上升，对支护结构产生的土压力将增大，严重时导致支护结构破坏；地下水位明显下降，则可能在开挖面以上发生渗漏，也可能在坑底发生渗流。

6. 邻近建筑物的沉降观测

邻近建筑物的沉降采用在开挖影响范围外的建筑物柱上埋设基准点，基准点个数为2～3个，在被观测建筑物的首层柱上设置测点，测点布置间距以15～20m为宜。在基坑开挖期间，一般每隔5～7d观测一次；当沉降速率较大，相邻柱基之间的差异沉降超过地基规范规定的稳定标准时，应每天观测一次；当基坑有坍塌危险时，应连续24h观测。

7. 基坑监测报警

1) 基坑监测报警情况

《建筑基坑支护技术规程》（JGJ 120—2012）规定：基坑监测数据、现场巡查结果应及时整理和反馈。当出现下列危险征兆时应立即报警。

（1）支护结构位移达到设计规定的位移限值，且有继续增长的趋势。

（2）支护结构位移速率增长且不收敛。

（3）支护结构构件的内力超过其设计值。

（4）基坑周边建筑物、道路、地面的沉降达到设计规定的沉降限值，且有继续增长的趋势；基坑周边建筑物、道路、地面出现裂缝，或其沉降、倾斜达到相关规范的变形允许值。

（5）支护结构构件出现影响整体结构安全性的损坏。

（6）基坑出现局部坍塌。

（7）开挖面出现隆起现象。

（8）基坑出现流土、管涌现象。

2) 监测项目的监控报警值

在基坑工程的监测中，每一项监测的项目都应该根据工程的实际情况、周边环境和设计计算书，事先确定相应的监控报警值，用以判断支护结构的受力情况、位移是否超过允许的范围，进而判断基坑的安全性，决定是否对设计方案和施工方法进行调整，并采取有效及时的处理措施。因此，监测项目的监控报警值的确定是至关重要的。

基坑监测报警值由监测项目累计变化量和变化速率共同控制，由基坑工程设计方根据土质特征、设计结果及当地经验确定。基坑监测报警值分为基坑及支护结构监测报警值和建筑基坑工程周边环境监测报警值，具体可参阅《建筑基坑工程监测技术规范》（GB 50497—2009）。

习题

简答题

1. 基坑工程有哪些特点？
2. 常用的基坑支护形式有哪些？
3. 基坑工程的安全等级分为哪几个级别？如何根据基坑工程的安全等级正确选用基坑支护结构类型？
4. 简述排桩支护的分类、排桩支护的施工程序和质量检测内容。
5. 土钉墙在构造上有哪些要求？
6. 简述土钉墙的施工程序和质量检测内容。
7. 常见的复合土钉墙类型有哪几种？
8. 复合土钉墙在构造上有哪些要求？
9. 简述复合土钉墙的施工程序。
10. 减小基坑降水对周围环境影响的措施有哪些？
11. 简述基坑开挖的基本规定。
12. 什么是基坑工程监测？具体包括哪些监测内容？

第 11 章

地 基 处 理

> **学习目标**
>
> 　　本章介绍了地基处理方法分类及适用范围，复合地基的基本原理，换填垫层法，排水固结法，强夯法，水泥粉煤灰碎石桩法，灰土挤密桩和土挤密桩法，水泥土搅拌桩法。通过本章的学习，要求学生掌握换填垫层法等常用地基处理方法的适用范围、设计要点、施工要点及施工质量检验内容；熟悉复合地基的分类与形成条件，复合地基的承载力，复合地基的沉降计算。

第11章 地基处理

引 例

苏州虎丘塔倾斜

虎丘塔位于苏州市西北虎丘公园山顶,原名云岩寺塔。该塔建于五代周显德六年至北宋建隆二年(公元959—961年),距今已有1000多年的历史。全塔七层,高47.5m。塔的平面呈八角形,由外壁、回廊与塔心三部分组成。虎丘塔全部砖砌,外形完全模仿楼阁式木塔,每层都有八个壶门,拐角处的砖特制成圆弧形,十分美观,在建筑艺术上是一个创造,中外游人不绝。1961年3月4日,国务院将此塔列为全国重点文物保护单位。

虎丘塔地基为人工地基,由大块石组成,块石最大直径达1m。由于地基土压缩层厚度不均及砖砌体偏心受压等原因,造成该塔向东北方向倾斜。1956—1957年间对上部结构进行修缮,但使塔重增加了2000kN,加速了塔体的不均匀沉降。1957年,塔顶位移为1.7m,到1980年发展到2.31m,倾角2°47′,高于规范允许值8倍多,被称为"中国的比萨斜塔"(图11.1)。

 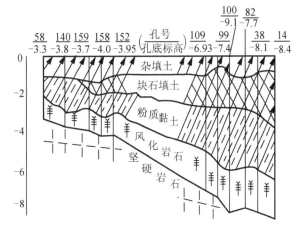

(a) 虎丘塔全景　　　　　　(b) 虎丘塔地质剖面图

图 11.1 苏州虎丘塔

1980年6月经有关部门现场调查,由于全塔向东北方向严重倾斜,不仅塔顶离中心线已达2.31m,而且底层塔身发生不少裂缝,使之成为危险建筑而封闭、停止开放。仔细观察塔身的裂缝,发现一个规律:塔身的东北方向为垂直裂缝,塔身的西南面却是水平裂缝。

经勘察,虎丘山是由火山喷发和造山运动形成,为坚硬的凝灰岩和晶屑流纹岩。山顶岩面倾斜,西南高,东北低。虎丘塔地基为人工地基,由大块石组成,块石最大粒径达1m。人工块石填土层厚1~2m,西南薄,东北厚。下为粉质黏土,呈可塑至软塑状态,也是西南薄,东北厚。底部即为风化岩石和基岩。塔底层直径13.66m范围内,覆盖层厚度西南为2.8m,东北为5.8m,厚度相差3m,这是虎丘塔发生倾斜的根本原因。此外,南方多暴雨,源源雨水渗入地基块石填土层,冲走块石之间的细粒土,形成很多空洞,这是虎丘塔发生倾斜的重要原因。在"文革"期间,无人管理,树叶堵塞虎丘塔周围排水沟,大量雨水下渗,加剧了地基不均匀沉降,危及塔身安全。

从虎丘塔结构设计上看有很大缺点,没有做扩大的基础,砖砌塔身垂直向下砌八皮砖,即埋深0.5m,直接置于上述块石填土人工地基上。估算塔重63000kN,则地基压力高达435kPa,超过了地基承载力。塔倾斜后,使东北部位应力集中,超过砖体抗压强度而压裂。

事故处理方法：首先采取加固地基的办法。第一期加固工程是在塔四周建造一圈桩排式地下连续墙，其目的为减少塔基土流失和地基土的侧向变形。在离塔外墙约 3m 处，用人工挖直径 1.4m 的桩孔，深入基岩 50cm，浇筑钢筋混凝土。人工挖孔灌注桩可以避免机械钻孔的振动。地基加固先从不利的塔东北方向开始，逆时针排列，一共 44 根灌注桩。施工中，每挖深 80cm 即浇 15cm 厚井圈护壁。当完成 6～7 根桩后，在桩顶浇筑高 450mm 圈梁，连成整体。第二期加固工程进行钻孔注浆和树根桩加固塔基。钻孔注水泥浆位于第一期工程桩排式圆环形地下连续墙与塔基之间，孔径 90mm，由外及里分三排圆环形注浆共 113 孔，注入浆液达 26637m³。树根桩位于塔身内顺回廊中心和八个壶门内，共做 32 根垂直向树根桩。此外，在壶门之间 8 个塔身，各做 2 根斜向树根桩。总计 48 根树根桩，桩直径 90mm，安设 $3\phi16$ 受力筋，采用压力注浆成桩。

随着土木工程建设规模的扩大和要求的提高，需要对天然地基进行地基处理的工程日益增多，用于地基处理的费用在工程建设投资中所占比重也不断增大。在土木工程建设领域中，与上部结构比较，地基领域中不确定因素多、问题复杂、难度大。地基问题处理不好，后果严重。据调查统计，在世界各国发生的土木工程建设中的工程事故，源自地基问题的占多数。因此，处理好地基问题，不仅关系到所建工程是否安全可靠，而且关系到所建工程投资的大小。处理好地基问题具有明显的经济效益。

需求促进发展，实践发展理论。在工程建设的推动下，近些年来我国地基处理技术发展很快，地基处理水平不断提高，地基处理已成为活跃的土木工程领域中的一个热点。学习、总结国内外地基处理方面的经验教训，掌握各种地基处理技术，对于土木工程师，特别是对从事岩土工程的土木工程师特别重要。提高地基处理水平对保证工程质量、加快工程建设速度、节省工程建设投资具有特别重要的意义。

11.1　概　　述

11.1.1　地基处理的概念与目的

改革开放促进了我国国民经济的飞速发展，自 20 世纪 90 年代以来，我国土木工程建设发展很快。土木工程功能化、城市建设立体化、交通运输高速化，以及改善综合居住条件已成为现代土木工程建设的特征。为了保证工程质量，现代土木工程建设对地基提出了更高的要求。

在公路建设方面，随着我国高等级公路的不断修建，湿软地基和不良地基的处理加固已显得愈来愈重要。土是一种松散介质，作为路基本身或其支承体，明显的缺点就是强度太低。对于软土路基更是如此。特别是高填土路堤，由于其自身荷载较大，在修筑高等级公路时，若对软土地基和不良地基不加处理，或处理不当，往往会导致路基失稳或过量沉降。因此，要保持地基稳定，保证地基具有足够的承载能力，不致产生过大沉降变形，就必须对湿软地基和不良地基进行加固处理。

当天然地基不能满足建（构）筑物和路基的设计要求时，就需要对天然地基进行地基处理。其目的是为了改善地基土的剪切特性，提高软弱地基和不良地基的强度，保证地基的稳定；改善地基的压缩特性，减少基础的沉降和不均匀沉降；改善地基的动力特性，防止地震时液化，并改善其振动特性以提高地基的抗震性能；消除特殊性土的湿陷性、胀缩性、冻胀性等不良工程特性；改善土的透水特性，使地基土变成不透水或减少其水压力，防止地基渗漏或在市政及路桥开挖工程中产生的流砂和管涌。

天然地基通过地基处理，形成人工地基，从而满足建(构)筑物和路基对地基的各种要求。欧美国家称为地基处理(Ground Treatment)或地基加固(Ground Improvement)。

11.1.2 地基处理的对象及其特性

地基处理对象通常指承载力低、压缩性高，以及具有不良工程特性的各种软弱地基及特殊土地基。但是随着建设规模越来越大，荷载不断增加，对地基要求也越来越高，很多天然地基不经过人工加固处理将很难满足建(构)筑物(特别是高层建筑)对承载力及变形的要求，因此可以说软弱地基的含义更广泛了，天然地基是否属于软弱地基是相对的。

1. 软弱地基

《建筑地基基础设计规范》(GB 50007—2011)中规定："当地基压缩层主要由淤泥、淤泥质土、冲填土、杂填土或其他高压缩性土层构成时，应按软弱地基进行设计。在建筑地基的局部范围内有高压缩性土层时，应按局部软弱土层处理。"

1) 软土

软土是软弱黏性土的简称，包括淤泥、淤泥质土、泥炭、泥炭质土等。它是第四纪后期形成的海相、泻湖相、三角洲相、溺谷相和湖泊相的黏性土沉积物或河流冲积物。例如，上海、广州等地为三角洲相沉积；温州、宁波地区为滨海相沉积；闽江口平原为溺谷相沉积等，也有的软黏土属于新近淤积物。软土大部分处于饱和状态，其天然含水量大于液限，孔隙比大于1.0。当天然孔隙比大于1.5时，称为淤泥；当天然孔隙比大于1.0而小于1.5时，称为淤泥质土。泥炭和泥炭质土中含有大量未分解的腐殖质，有机质含量大于60%的为泥炭；有机质含量为10%~60%的为泥炭质土。

软土的特性是天然含水量高、天然孔隙比大、抗剪强度低、压缩系数高、渗透系数小。在外荷载作用下地基承载力低、地基变形大，不均匀变形也大，且变形稳定历时较长，在比较深厚的软土层上，建筑物基础的沉降往往持续数年乃至数十年之久。

软土地基是在工程建设中遇到最多需要进行地基处理的软弱地基，它广泛地分布在我国沿海以及内地河流两岸和湖泊地区，如天津、连云港、上海、杭州、宁波、台州、温州、福州、厦门、湛江、广州、珠海等沿海地区，以及昆明、武汉、南京、马鞍山等内陆地区。

2) 人工填土

人工填土按照物质组成和堆填方式可以分为素填土、杂填土和冲填土三类。

表 11-1 人工填土的分类

类型	成因	特征	工程特征
素填土	是由碎石、砂或粉土、黏性土等一种或几种组成的填土，其中不含杂质或含杂质较少	若经分层压实后则称为压实填土。近年开山填沟筑地、围海筑地工程较多，填土常用开山石料，大小不一，有的直径达数米，填筑厚度有的达数十米，极不均匀	人工填土地基性质取决于填土性质、压实程度以及堆填时间

续表

类型	成因	特征	工程特征
杂填土	指由人类活动而任意堆填的建筑垃圾、工业废料和生活垃圾而形成的土	组成的物质杂乱，分布极不均匀，结构松散。因而强度低、压缩性高和均匀性差，一般还具有浸水湿陷性	即使在同一建筑场地的不同位置，其地基承载力和压缩性也有较大差异。对有机质含量较多的生活垃圾和对基础有侵蚀性的工业废料，未经处理不应作为持力层
冲填土	指整治和疏浚江河航道时，用挖泥船通过泥浆泵将泥沙夹大量水分吹到江河两岸而形成的沉积土，南方地区称吹填土	含黏土颗粒较多的冲填土往往是欠固结的，其强度和压缩性指标都比同类天然沉积土差。以粉细砂为主的冲填土，其性质基本上和粉细砂相类似而不属于软弱土范畴	冲填土的性质与所冲填泥沙的来源及冲填时的水力条件有密切关系。冲填土是否需要处理和采用何种处理方法，取决于冲填土的工程性质中颗粒组成、土层厚度、均匀性和排水固结条件

3）高压缩性土

饱和松散粉细砂包括部分粉土，在动力荷载（机械振动、地震等）重复作用下将产生液化；在基坑开挖时也会产生管涌。

2. 特殊土地基

特殊土地基带有地区性特点，它包括湿陷性土、膨胀土、红黏土、冻土和盐渍土等地基。其工程特性详见第12章。

11.1.3 地基处理方法分类及适用范围

对地基处理方法进行严格的统一分类是很困难的。工程上通常根据加固机理分类，将地基处理分为置换、排水固结、化学加固、振密挤密、加筋五类。地基处理方法的分类及其适用范围见表 11-2。

表 11-2 地基处理方法的分类及其适用范围

类别	方法	加固原理	适用范围
置换	换土垫层法	将软弱土或不良土开挖至一定深度，回填抗剪强度较高、压缩性较小的岩土材料，如砂、砾、石渣等，分层夯实，形成双层地基。垫层能有效扩散基底压力，可提高地基承载力、减少沉降	各种软弱土地基
	挤淤置换法	通过抛石或夯击回填碎石置换淤泥达到加固地基的目的，也可采用爆破挤淤置换	淤泥或淤泥质黏土地基
	砂石桩置换法	利用振冲法、沉管法或其他方法在饱和黏性土地基中成孔，在孔内填入砂石料，形成砂石桩。砂石桩置换部分地基土体，形成复合地基	黏性土地基，但承载力提高幅度小，工后沉降大
	强夯置换法	采用边填碎石边强夯的方法在地基中形成碎石墩体，由碎石墩、墩间土以及碎石垫层形成复合地基	粉砂土和软黏土地基等
	石灰桩法	通过机械或人工成孔，在软弱地基中填入生石灰或生石灰块加其他掺合料，通过石灰的吸水膨胀、放热以及离子交换作用改善桩间土的物理力学性质，并形成石灰桩复合地基	杂填土、软黏土地基

续表

类别	方　法	加固原理	适用范围
预压	堆载预压法	在地基中设置排水通道——砂垫层和竖向排水系统，以缩小土体固结排水距离，地基在预压荷载作用下排水固结，地基产生变形，地基土强度提高	软黏土、杂填土、泥炭土地基等
	真空预压法	在软黏土地基中设置排水体系，然后在上面形成一不透气层（覆盖不透气密封膜），通过对排水体系进行长时间不断抽气抽水，在地基中形成负压区，而使软黏土地基产生排水固结	软黏土地基
	真空预压与堆载预压联合作用	当真空预压法达不到设计要求时，可与堆载预压联合使用，两者的加固效果可叠加	软黏土地基
	电渗法	在地基中形成直流电场，在电场作用下，地基土体产生排水固结，达到提高地基承载力，减小工后沉降的目的	软黏土地基
	降低地下水位法	通过降低地下水位，改变地基土受力状态，其效果如堆载预压，使地基土产生排水固结，达到加固的目的	软黏土地基
灌入固化物	水泥土搅拌法	利用深层搅拌机将水泥浆或水泥粉和地基土原位搅拌形成圆柱状、格栅状或连续墙水泥土增强体，形成复合地基以提高地基承载力，减小沉降，也常用它形成水泥土防渗帷幕	淤泥、淤泥质土、黏性土和粉土等软土地基
	高压喷射注浆法	利用高压喷射专用机械，在地基中通过高压喷射流冲切土体，用浆液置换部分土体，形成水泥土增强体。按喷射流组成型式，高压喷射注浆法有单管法、二重管法、三重管法。按施工工艺可形成定喷、摆喷和旋喷。高压喷射注浆法可形成复合地基以提高承载力，减少沉降，也常用它形成水泥土防渗帷幕	淤泥、淤泥质土、黏性土、粉土、黄土、砂土、人工填土和碎石土等地基
振密挤密	表层原位压实法	采用人工或机械夯实、碾压或振动，使土体密实。密实范围较浅，常用于分层填筑	杂填土、非饱和黏性土、湿陷性黄土等浅层处理
	强夯法	采用重量为 10~60t 的夯锤从高处自由落下，地基土体在强夯的冲击力和振动力作用下密实，可提高地基承载力，减少沉降	碎石土、砂土、低饱和度的粉土与黏性土，湿陷性黄土、杂填土和素填土等地基
	振冲密实法	一方面依靠振冲器的振动使饱和砂层发生液化，砂颗粒重新排列孔隙减小，另一方面依靠振冲器的水平振动力，加回填料使砂层挤密，从而达到提高地基承载力，并提高地基土体抗液化能力	黏粒含量小于10%的疏松砂性土地基
	挤密砂石桩法	采用振动沉管法等在地基中设置砂石桩，在制桩过程中对周围土层产生挤密作用	砂土地基，非饱和黏性土地基
	夯实水泥土桩法	在地基中人工挖孔，然后填入水泥与土的混合物，分层夯实，形成水泥土桩复合地基，提高地基承载力和减小沉降	地下水位以上的湿陷性黄土、杂填土、素填土等

续表

类别	方法	加固原理	适用范围
振密挤密	土桩灰土桩法	采用沉管法、爆扩法和冲击法在地基中设置土桩或灰土桩,在成桩过程中挤密桩间土,由挤密的桩间土和密实的土桩或灰土桩形成土桩复合地基或灰土桩复合地基	地下水位以上的湿陷性黄土、杂填土、素填土
加筋	加筋土垫层法	在地基中铺设加筋材料(如土工织物、土工格栅等、金属板条等)形成加筋土垫层,以增大压力扩散角,提高地基稳定性	各种软弱地基
加筋	加筋土挡墙法	利用在填土中分层铺设加筋材料以提高填土的稳定性,形成加筋土挡墙。挡墙外侧可采用侧面板形式或加筋材料包裹形式	应用于填土挡土结构
加筋	树根桩法	在地基中设置如树根状的微型灌注桩(直径70～250mm),提高地基承载力或土坡的稳定性	各类地基
加筋	低强度混凝土桩复合地基法	在地基中设置低强度混凝土桩,与桩间土形成复合地基,提高地基承载力,减小沉降	各类深厚软弱地基
加筋	钢筋混凝土桩复合地基法	在地基中设置钢筋混凝土桩,与桩间土形成复合地基,提高地基承载力,减小沉降	各类深厚软弱地基
加筋	长短桩复合地基	由长桩和短桩与桩间土形成复合地基,提高地基承载力减小沉降。长桩和短桩可采用同一桩型,也可采用两种桩型。通常长桩采用刚度较大的桩型,短桩采用柔性桩或散体材料桩	深厚软弱地基

11.1.4 处理后地基的验算和承载力修正

1. 处理后地基的验算

处理后的地基应满足建筑物地基承载力、变形和稳定性要求,根据《建筑地基处理技术规范》(JGJ 79—2012),地基处理的设计应符合下列规定。

(1) 经处理后的地基,当在受力层范围内仍存在软弱下卧层时,应进行软弱下卧层地基承载力验算。

(2) 按地基变形设计或应作变形验算且需进行地基处理的建筑物或构筑物,应对处理后的地基进行变形验算。

(3) 对建造在处理后的地基上受较大水平荷载或位于斜坡上的建筑物及构筑物,应进行地基稳定性验算。

2. 处理后地基承载力特征值的确定和修正

1) 处理后地基承载力特征值的确定

对于换填垫层、预压地基、压实地基、夯实地基和注浆加固等处理后的地基承载力特征值,可以采用平板静载荷试验确定。具体试验方法参看《建筑地基处理技术规范》(JGJ 79—2012)附录A。

2) 处理后地基承载力特征值的修正

经处理后的地基,当按地基承载力确定基础底面积及埋深需要对地基承载力特征值进行修正时,按下列规定修正。

(1) 大面积压实填土地基。

① 大面积压实填土地基基础宽度的地基承载力修正系数应取零。

② 基础埋深的地基承载力修正系数,对于压实系数大于 0.95、黏粒含量 $\rho_c \geqslant 10\%$ 的粉土,可取 1.5,对于干密度大于 $2.1 t/m^3$ 的级配砂石可取 2.0。

(2) 其他处理地基。

① 基础宽度的地基承载力修正系数应取零。

② 基础埋深的地基承载力修正系数,应取 1.0。

11.2 复合地基概论

在介绍具体的地基处理技术以前,先介绍复合地基的基本理论。复合地基是一个新概念,而且还处在不断发展之中。复合地基一词国外最早见于 1960 年左右,国内要晚一些。随着复合地基技术在土木工程建设中的推广应用,复合地基理论也得到较大的发展。

随着地基处理技术和复合地基理论的发展,近些年来,复合地基技术在我国各地得到广泛应用。目前在我国应用的复合地基类型主要有:由多种施工方法形成的各类砂石桩复合地基,土桩、灰土桩复合地基,水泥搅拌桩复合地基,夯实水泥土桩复合地基,水泥粉煤灰碎石桩复合地基(即 CFG 桩复合地基),钢筋混凝土桩复合地基,薄壁筒桩复合地基,加筋土复合地基等。目前,复合地基技术在房屋建筑、高等级公路、铁路、堆场、机场、堤坝等土木工程建设中得到广泛应用。复合地基技术的推广应用产生了良好的社会效益和经济效益。

11.2.1 复合地基的定义、分类与形成条件

1. 复合地基的定义

天然地基采用各种地基处理方法处理形成的人工地基大致上可以分为两大类:均质地基和复合地基。人工地基中的均质地基是指天然地基土体在地基处理过程中得到全面的土质改良,地基中土体的物理力学性质是比较均匀的。人工地基中的复合地基是指天然地基在地基处理过程中部分土体被置换,或在天然地基中设置加筋材料,从而形成加固后的地基,该地基中的增强体与原地基协同工作共同承担外荷载,这样一种人工地基称为复合地基(图 11.2)。复合地基中地基土体性质是不均匀的。很多地基处理方法是通过形成复合地基来达到提高人工地基承载力和减小沉降的目的的。

2. 复合地基的分类

根据地基中增强体的方向,复合地基可分为竖向增强体复合地基和水平向增强体复合地基两大类。竖向增强体复合地基习惯上称为桩体复合地基。根据桩体材料性质,桩体复合地基又可分为散体材料桩复合地基和黏结材料桩复合地基两类,黏结材料桩复合地基根据桩体刚度大小又可分为柔性桩复合地基和刚性桩复合地基两类。

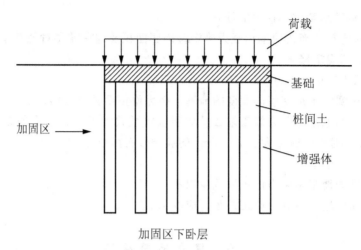

图 11.2 复合地基示意图

复合地基分类如图 11.3 所示。

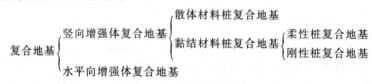

图 11.3 复合地基分类

3. 复合地基的形成条件

在地基中设置增强体是形成复合地基的必要条件,而桩和桩间土协调变形,桩间土始终处于受力状态,桩和桩间土共同承担荷载是形成复合地基的充分条件。当然没有必要条件也就谈不上充分条件。

散体材料桩由于受荷后产生鼓胀变形,可保证桩和桩间土共同受力;对于刚性桩及半刚性桩,应设置褥垫层,以保证桩、土共同作用。

1) 刚性基础下复合地基褥垫层的作用

(1) 具有应力扩散作用,减少基础底面的应力集中。

(2) 调整桩、土垂直荷载和水平荷载的分担。如 CFG 桩,褥垫层越厚,桩所承担的垂直和水平荷载占总荷载的百分比越小。

(3) 排水固结作用。砂石垫层具有较好的透水性,可以起到水平排水的作用,有利于施工后土层加快固结,土的抗剪强度增长。

(4) 保证桩间土受力。对于刚性桩和半刚性桩,桩体变形模量远大于土的变形模量,设置褥垫层可以通过流动补偿和桩的向上刺入来调整基底压力分布,使荷载通过垫层传到桩和桩间土上,保证桩间土承载力的发挥。

(5) 整平增密。对于散体材料桩,桩顶往往密实度较差,设置褥垫层可起到整平增密、改善桩顶受力状况及施工条件。

2) 褥垫层的设置要求

为了充分发挥褥垫层的上述作用,工程中要保证合理的褥垫层厚度,厚度太小,桩间土承载力不能充分发挥，桩对基础将产生显著的应力集中，导致基础加厚，造成经济上的浪费；厚度太大，会导致桩土应力比减小，桩承担荷载减小，增强体的作用不明显，复合地基承载力提高不明显，建筑物变形也大，所以要确定合理的、最佳的褥垫层厚度，根据工程经验，常用褥垫层厚度为 200～300mm，垫层材料以砂石料为主，应夯压密实。

11.2.2 复合地基面积置换率、桩土荷载分担比和复合模量的概念

1. 面积置换率

复合地基中桩体的横断面积与其所分担的地基处理面积之比，称为面积置换率，用 m 表示，即

$$m = \frac{A_p}{A_e} = \frac{d^2}{d_e^2} \tag{11-1}$$

式中：A_p——桩的横断面积（m^2）；

A_e——1 根桩所分担的地基处理面积（m^2）；

d——桩的直径（m）；

d_e——1 根桩所分担的地基处理面积的等效圆的直径（m）[等边三角形布桩 $d_e = 1.05l$，正方形布桩 $d_e = 1.13l$，矩形布桩 $d_e = 1.13\sqrt{l_1 l_2}$，l、l_1、l_2 分别为桩间距、纵向桩间距和横向桩间距（图 11.4）]。

对网格状布置，若增强体宽度为 d，增强体间距分别为 a 和 b，则复合地基置换率为

$$m = \frac{(a+b-d)d}{ab} \tag{11-2}$$

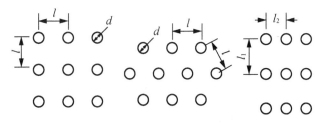
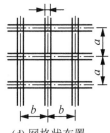

(a) 正方形布置　　(b) 等边三角形布置　　(c) 长方形布置　　(d) 网格状布置

图 11.4　桩体平面布置形式

2. 桩土荷载分担比

在荷载作用下，复合地基中桩体承担的荷载与桩间土承担的荷载之比称为桩土荷载分担比，有时也用复合地基加固区上表面上桩体的竖向应力和桩间土的竖向应力之比来衡量，称为桩土应力比，桩土荷载分担比和桩土应力比是可以相互换算的。在荷载作用下，复合地基加固区的上表面上桩体的竖向应力记为 σ_p，桩间土中的竖向应力记为 σ_s，则桩土应力比 n 为

$$n = \frac{\sigma_p}{\sigma_s} \tag{11-3}$$

式中：σ_p——桩体竖向应力；

σ_s——桩间土竖向应力。

桩土应力比是反映复合地基中桩体与桩间土协同工作的重要指标，关系到复合地基承载力和变形的计算，桩土应力比对某些桩型（例如碎石桩）也是复合地基的设计参数。

在荷载作用下桩体承担的荷载记为 P_p，桩间土承担的荷载记为 P_s，则桩土荷载分担比 N 为

$$N = P_p / P_s \tag{11-4}$$

桩土荷载分担比 N 与桩土应力比 n 可通过式（11-5）换算

$$N = \frac{mn}{1-m} \tag{11-5}$$

● 特 别 提 示 ●

桩间土和桩体中的竖向应力不是均匀分布的，式（11-3）中的 σ_s 和 σ_p 分别表示桩间土和桩体中平均竖向应力。影响桩土应力比值 n 和桩土荷载分担比 N 的因素很多，如荷载水平、荷载作用时间、桩间土性质、桩长、桩体刚度、复合地基置换率等。

3. 复合模量

复合地基加固区是由增强体和基体两部分组成的，是非均质的。在复合地基计算中，有时为了简化计算，将加固区视为均质的复合土体，用假想的等效的均质复合土体代替真实的非均质复合土体。与真实的非均质复合土体等效的均质复合土体的模量称为复合地基土体的复合模量。复合模量在数值上等于某一应力水平时复合土体在完全侧限条件下竖向附加应力与相应应变的比值。

《建筑地基处理技术规范》（JGJ 79—2012）对复合土层处压缩模量采用简化计算方法，即

$$E_{spi} = \xi \cdot E_{si} \tag{11-6}$$

$$\xi = \frac{f_{spk}}{f_{ak}} \tag{11-7}$$

式中：E_{spi}——基础底面加固区第 i 层复合土层的压缩模量（MPa）；

ξ——复合土层压缩模量的提高系数；

f_{spk}——复合地基承载力特征值（kPa）；

f_{ak}——基础底面下天然地基承载力特征值（kPa）。

11.2.3 复合地基的承载力

复合地基承载力特征值应通过现场复合地基静载荷试验确定，或采用增强体静载荷试验结果和其周边土的承载力特征值结合经验确定。初步设计时也可采用单桩和处理后桩间土承载力特征值用简化公式估算。

复合地基承载力由两部分组成——桩的承载力和桩间土的承载力，合理估计二者对复合地基承载力的贡献是桩体复合地基承载力计算的关键。

> **特别提示**
>
> 桩体复合地基中，散体材料桩、柔性桩、刚性桩荷载传递机理是不同的。同时，基础刚度大小、是否铺设垫层、垫层厚度等因素对复合地基受力性状也有较大影响。

1. 现场复合地基载荷试验确定复合地基承载力特征值

基于复合地基是由增强体和地基土通过变形协调承载的机理，复合地基的承载力目前只能通过现场载荷试验确定。

1) 试验要求

复合地基载荷试验的具体要求见《建筑地基处理技术规范》(JGJ 79—2012)附录 B。

2) 复合地基承载力特征值的确定

(1) 当压力-沉降曲线上极限荷载能确定，而其值大于或等于直线段比例界限的 2 倍时，可取比例界限；当其值小于比例界限的 2 倍时，可取极限荷载的一半。

(2) 当压力-沉降曲线是平缓的光滑曲线时，按相对变形值确定：①对沉管砂石桩、振冲碎石桩和柱锤冲扩复合地基，可取 s/b 或 $s/d=0.01$ 所对应的压力(s 为载荷试验承压板的沉降量，b 和 d 分别为承压板宽度和直径，当其值大于 2m 时，按 2m 计算)；②对灰土挤密桩、土挤密桩复合地基，可取 s/b 或 $s/d=0.008$ 所对应的压力；③对水泥粉煤灰碎石桩或夯实水泥土桩复合地基，当以卵石、圆砾、密实粗中砂为主的地基，可取 s/b 或 $s/d=0.008$ 所对应的压力；当以黏性土、粉土为主的地基，可取 s/b 或 $s/d=0.01$ 所对应的压力；④对水泥土搅拌桩或旋喷桩复合地基，可取 s/b 或 $s/d=0.006\sim0.008$ 所对应的压力，桩身强度大于 1.0MPa 且桩身质量均匀时可取高值；⑤对有经验的地区，可按当地经验确定相对变形值，但原地基土为高压缩性土层时，相对变形值的最大值不应大于 0.015；⑥按相对变形值确定的承载力特征值不应大于最大加载压力的一半。

(3) 试验点的数量不应少于 3 点，当满足其极差不超过平均值的 30% 时，可取其平均值为复合地基承载力特征值。当极差超过平均值的 30% 时，应分析离差过大的原因，需要时应增加试验数量，并结合工程具体情况确定复合地基承载力特征值。工程验收时应视建筑物结构、基础形式综合评价，对于桩数少于 5 根的独立基础或桩数少于 3 排的条形基础，复合地基承载力特征值应取最低值。

2. 简化计算公式

(1) 对散体材料增强体复合地基，其承载力特征值应按式(11-8)估算。

$$f_{spk}=[1+m(n-1)]f_{sk} \tag{11-8}$$

式中：f_{spk}——复合地基承载力特征值(kPa)；

m——面积置换率；

n——复合地基桩土应力比；

f_{sk}——处理后桩间土承载力特征值(kPa)，宜按当地经验取值，无经验时可取天然地基承载力特征值。

(2) 对有黏结强度增强体复合地基，其承载力特征值应按式(11-9)进行估算。

$$f_{spk} = \lambda m \frac{R_a}{A_p} + \beta(1-m)f_{sk} \qquad (11-9)$$

式中：λ，β——分别为单桩承载力发挥系数和桩间土承载力发挥系数，可按地区经验取值。当没有充分的地区经验时，应通过试验确定设计参数。初步设计时，λ 和 β 的取值范围为 $0.8\sim1.0$，λ 取高值时 β 应取低值；反之，λ 取低值时 β 应取高值。

R_a——单桩竖向承载力特征值(kN)。

A_p——桩的截面积。

(3) 增强体单桩竖向承载力特征值 R_a 可按式(11-10)估算。

$$R_a = U_p \sum_{i=1}^{n} q_{si} l_{pi} + \alpha_p q_p A_p \qquad (11-10)$$

式中：U_p——桩周长；

q_{si}——桩周第 i 层土的侧阻力特征值(kPa)，可按地区经验确定；

l_{pi}——桩周范围内第 i 层土的厚度；

α_p——桩端端阻力发挥系数，应按地区经验确定；

q_p——桩端土的承载力特征值，可按地区经验确定(对于水泥搅拌桩、旋喷桩应取未经修正的桩端地基土承载力特征值)。

(4) 有黏结强度增强体复合地基，增强体桩身强度应满足式(11-11)的要求。当复合地基承载力进行基础埋深的深度修正时，增强体桩身强度应满足式(11-12)的要求。

$$f_{cu} \geqslant 4 \frac{\lambda R_a}{A_p} \qquad (11-11)$$

$$f_{cu} \geqslant 4 \frac{\lambda R_a}{A_p} \left[1 + \frac{\gamma_m(d-0.5)}{f_{spa}}\right] \qquad (11-12)$$

式中：f_{cu}——桩体试块(边长 150mm 立方体)标准养护 28d 的立方体抗压强度平均值(对水泥土搅拌桩应符合第 11.8 节 水泥土搅拌法的相关规定)；

γ_m——基底以上土的加权平均重度，地下水位以下取有效重度；

d——基础埋置深度(m)；

f_{spa}——深度修正后的复合地基承载力特征值(kPa)。

11.2.4 复合地基的沉降计算

1. 复合地基沉降计算的概念

复合地基的变形计算主要指的是最终沉降量计算。复合地基的最终沉降量一般分为两部分，一部分是复合地基加固区的压缩量，另一部分是加固区下卧层的压缩量。若复合地基设置有褥垫层，通常认为褥垫层压缩量很小，可以忽略不计。

根据《建筑地基基础设计规范》(GB 50007—2011)的规定，复合地基变形计算深度应大于加固土层的厚度，并应符合式(4-17)的要求。复合地基沉降计算采用单向压缩分层总和法计算，加固区复合土层的分层与天然地基相同。

2. 复合地基沉降计算公式

复合地基的最终沉降量可按下式计算

$$s = \psi_{sp} s' \tag{11-13}$$

$$s' = \sum_{i=1}^{n} \frac{p_0}{E_{spi}}(z_i \bar{\alpha}_i - z_{i-1} \bar{\alpha}_{i-1}) + \sum_{i=n+1}^{n+m} \frac{p_0}{E_{si}}(z_i \bar{\alpha}_i - z_{i-1} \bar{\alpha}_{i-1}) \tag{11-14}$$

式中：s——复合地基最终沉降量(mm)；

ψ_{sp}——复合地基沉降经验系数，根据地区沉降观测资料及经验确定，无地区经验时可按表 11-3 取值；

s'——复合地基按分层总和法计算的沉降量(mm)；

n——加固区范围内划分的土层数；

m——计算深度内加固土体下划分的土层数；

p_0——基底附加应力(kPa)；

E_{spi}——基础底面下加固区第 i 层复合土层的压缩模量(MPa)，按式(11-6)、式(11-7)确定；

E_{si}——基础底面下第 i 层天然土层的压缩模量(MPa)；

z_i、z_{i-1}——基础底面计算点至第 i 层土、第 $i-1$ 层土底面的距离(mm)；

$\bar{\alpha}_i$、$\bar{\alpha}_{i-1}$——基础底面计算点至第 i 层复合土、第 $i-1$ 层复合土底面范围内平均附加应力系数，按本书第 4 章表 4-2 取值。

表 11-3 复合地基沉降计算经验系数 ψ_{sp} (GB 50007—2011)

$\bar{E}_s$/MPa	4.0	7.0	15.0	20.0	35.0
ψ_{sp}	1.0	0.7	0.4	0.25	0.20

注：$\bar{E}_s$ 为沉降计算深度范围内压缩模量的当量值，按式(11-15)计算

$$\bar{E}_s = \frac{\sum_{i=1}^{n} A_i + \sum_{j=1}^{m} A_j}{\sum_{i=1}^{n} \frac{A_i}{E_{spi}} + \sum_{j=1}^{m} \frac{A_j}{E_{sj}}} \tag{11-15}$$

E_{sj}——加固土层以下第 j 层土的压缩模量(MPa)。

11.3 换填垫层法

11.3.1 换填垫层法的加固机理

换填垫层就是将基础底面以下不太深的一定范围内的软弱土层挖去，然后回填以强度较大的砂、石或灰土等，并分层压(夯)实至设计要求的密实程度，作为地基的持力层。

1. 土的压实原理

对细粒土，包括黏性土和可被压实的粉土，在一定的压实能量下，只有在适当的含水

量范围内才能被压实到最密实状态。这种适当的含水量称为最优含水量，可以通过室内击实试验测定。

室内击实试验的方法是：将被测试的土分别制成含水量不同的几个试样，用同样的击实功逐一进行击实，然后根据击实后土样的密度和实测含水量，求出相应的干密度，并绘制成 $\rho_d - w$ 关系曲线，如图 11.5 所示。曲线的极值为最大干密度 ρ_{dmax}，相应的含水量即为最优含水量 w_{op}。

由图 11.5 可见，击实曲线具有如下特征。

（1）曲线具有峰值。峰值点所对应的纵坐标值为最大干密度 ρ_{dmax}，对应的横坐标值为最优含水量 w_{op}。最优含水量 w_{op} 是在一定击实（压实）功下，使土最容易压实，并能达到最大干密度的含水量。w_{op} 与土的塑限 w_p 接近，工程中常按 $w_{op} = w_p + 2$ 选择制备土样含水量。

（2）当含水量低于最优含水量时，干密度受含水量变化的影响较大，即含水量变化对干密度的影响在偏干时比偏湿时更加明显。因此，击实曲线的左段（低于最优含水量）比右段的坡度陡。

（3）击实曲线必然位于饱和曲线的左下方，而不可能与饱和曲线有交点。这是因为当土的含水量接近或大于最优含水量时，孔隙中的气体越来越处于与大气不连通的状态，击实作用已不能将其排出土体之外，即击实土不可能被击实到完全饱和状态。

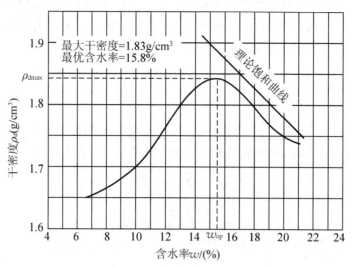

图 11.5 $\rho_d - w$ 关系曲线（击实曲线）

无黏性土被压实时表现出几乎相反的性质。干砂在压力与振动作用下易趋密实，而饱和砂土因容易排水，也容易被压实。唯有稍湿的砂土，因颗粒间的表面张力作用使砂土颗粒互相约束而阻止其相互移动，压实效果反而不好。

2. 压实系数

工程实践中常用压实系数 λ_c（公路系统称为压实度 K_c）表示压实效果的好坏，压实系数是指填土压实后的干密度 ρ_d 与该土料的最大干密度 ρ_{dmax} 之比，用百分数表示

$$\lambda_c = \frac{\rho_d}{\rho_{dmax}} \times 100\% \tag{11-16}$$

压实系数是检测压实效果的重要指标,《建筑地基基础设计规范》(GB 50007—2011)对不同结构类型压实系数的要求如表 11-4 所示。

表 11-4 压实填土的质量控制(GB 50007—2011)

结构类型	填土部位	压实系数 λ_c	控制含水量/(%)
砌体承重结构和框架结构	在地基主要受力层范围内	≥0.97	$w_{op} \pm 2$
	在地基主要受力层范围以下	≥0.95	
排架结构	在地基主要受力层范围内	≥0.96	
	在地基主要受力层范围以下	≥0.94	

注:1. 压实系数 λ_c 为压实填土的控制干密度 ρ_d 与最大干密度 ρ_{dmax} 的比值,w_{op} 为最优含水量。
2. 地坪垫层以下及基础底面标高以上的压实填土,压实系数不应小于 0.94。

11.3.2 换填垫层的作用

(1) 提高持力层的承载力,并将建筑物基底压力扩散到垫层以下的软弱土层,使软弱地基土中所受压力减小到该软弱地基土的承载力容许范围内,从而满足承载力要求。

(2) 垫层置换了软弱土层,从而可以减少地基的变形量。

(3) 当采用砂石垫层时,可以加速软土层的排水固结。

(4) 调整不均匀地基的刚度,减少地基的不均匀变形。

(5) 改善浅层土不良工程特性,如消除或部分消除地基土的湿陷性、胀缩性或冻胀性以及粉细砂振动液化等。

在各类工程中,垫层所起的主要作用有时也是不同的,如房屋建筑物基础下的砂垫层主要起换土的作用;而在路堤及土坝等工程中,主要是利用砂垫层起排水固结作用。至于一般在钢筋混凝土基础下采用 10~30cm 厚的混凝土垫层,主要是用作基础的找平和隔离层,并为基础绑扎钢筋和建立木模等工序施工操作提供方便,是施工措施,不属于地基处理范畴。

11.3.3 换填垫层法的适用范围及注意事项

换填垫层可依换填材料不同,分为碎石垫层、砂垫层、灰土垫层、粉煤灰垫层等。由于换填垫层施工简便,因此广泛应用于中小型工程浅层地基处理中。

(1) 换填垫层法适用于处理各类浅层软弱地基(如淤泥、淤泥质土、素填土、杂填土等)及不均匀地基(局部沟、坑,古井,古墓,局部过软、过硬土层)。

当在建筑范围内上层软弱土较薄,则可采用全部置换处理。

(2) 对于建筑范围内局部存在松填土、暗沟、暗塘、大古墓或拆除旧基础后的坑穴,均可采用换填法进行地基处理。在这种局部的换填处理中,保持建筑地基整体变形均匀是换填法应遵循的最基本原则。

(3) 换填垫层法常用于处理轻型建筑、地坪、堆料场及道路工程等。对于深厚软弱土层,不应采用局部换填垫层法处理地基。

(4) 换填垫层法的处理深度通常控制在 3m 以内较为经济。《建筑地基处理技术规范》(JGJ 79—2012)规定,换填垫层厚度不宜大于 3m,也不宜小于 0.5m。太厚施工较困难,太薄(小于 0.5m)则换土垫层的作用不显著。

(5) 大面积填土产生的大范围地面负荷影响深度较深，地基压缩变形量大，变形延续时间长，与换填垫层法浅层处理地基的特点不同，应另行按《建筑地基基础设计规范》(GB 50007—2011)执行。

11.3.4　换填垫层法处理地基设计

垫层设计的主要内容包括垫层材料的选用，垫层的厚度、宽度的确定，以及地基沉降计算等。在确定断面的合理厚度和宽度时，既要求有足够的厚度来置换可能被剪切破坏的软弱土层，又要有足够的宽度以防止垫层向两侧挤出。对于排水垫层来说，除要求有一定的厚度和密度满足上述要求外，还要求形成一个排水面，促进软弱土层的固结，提高其强度，以满足上部荷载的要求。

1. 垫层材料选择

对于不同特点的工程，应分别考虑换填材料的强度、稳定性、压力扩散能力、密度、渗透性、耐久性、对环境的影响、价格、来源与消耗等。常用垫层材料为砂石、粉质黏土、灰土、粉煤灰、矿渣、其他工业废渣、土工合成材料等。

(1) 砂石。宜选用碎石、卵石、角砾、圆砾、砾砂、粗砂、中砂或石屑，并应级配良好，不含植物残体、垃圾等杂质。当使用粉细砂或石粉时，应掺入不少于总重 30% 的碎石或卵石。最大粒径不宜大于 50 mm。对湿陷性黄土或膨胀土地基，不得选用砂石等透水性材料。

(2) 粉质黏土。土料中有机质含量不得超过 5%，且不得含有冻土或膨胀土。当含有碎石时，其最大粒径不宜大于 50 mm。用于湿陷性黄土地基或膨胀土地基的粉质黏土垫层，土料中不得夹有砖、瓦和石块等。

(3) 灰土。体积配合比宜为 2∶8 或 3∶7。石灰宜用新鲜的消石灰，其最大粒径不宜大于 5mm。土料宜选用粉质黏土，不宜使用块状黏土，且不得含有松软杂质，土料应过筛，且最大粒径不得大于 15mm。

(4) 粉煤灰。可用于道路、堆场和小型建筑、构筑物等的换填垫层。选用的粉煤灰应满足相关标准对腐蚀性和放射性的要求。粉煤灰垫层上宜覆土 0.3～0.5m。大量填筑粉煤灰时，应经场地地下水和土壤环境的不良影响评价合格后，方可使用。

(5) 矿渣。矿渣垫层主要用于堆场、道路和地坪，也可用于小型建筑、构筑物地基。但必须对选用的矿渣进行试验，在确认其性能稳定并满足腐蚀性和放射性的安全要求后方可使用。易受酸、碱影响的基础或地下管网不得采用矿渣垫层。大量填筑矿渣时，应经场地地下水和土壤环境的不良影响评价合格后，方可使用。

(6) 其他工业废渣。在有充分依据或成功工程经验时，对质地坚硬、性能稳定、无腐蚀性和放射性危害的工业废渣可用于填筑换填垫层，但应经过现场试验证明其经济技术效果良好且施工措施完善后方可使用。

(7) 土工合成材料。作为加筋的土工合成材料应采用抗拉强度较高、耐久性好、抗腐蚀的土工带、土工格栅、土工格室、土工垫或土工织物等土工合成材料。

2. 确定垫层厚度

垫层铺设厚度根据需要置换软弱土层的厚度确定，要求作用在垫层底面处的土的自重

应力与附加应力之和不大于软弱下卧层土的承载力特征值，如图 11.6 所示。其表达式为

$$p_z + p_{cz} \leqslant f_{az} \tag{11-17}$$

式中：p_z——相应于荷载标准组合时垫层底面处的附加压力（kPa）；

p_{cz}——垫层底面处土的自重压力（kPa）；

f_{az}——垫层底面处土层经深度修正后的地基承载力特征值。

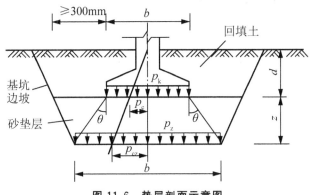

图 11.6 垫层剖面示意图

垫层底面处的附加压力值 p_z 可按软弱下卧层验算方法计算。对条形基础和矩形基础可分别按式(11-18)和式(11-19)计算

条形基础

$$p_z = \frac{b(p_k - p_c)}{b + 2z\tan\theta} \tag{11-18}$$

矩形基础

$$p_z = \frac{bl(p_k - p_c)}{(b + 2z\tan\theta)(l + 2z\tan\theta)} \tag{11-19}$$

式中：b——矩形基础或条形基础底面的宽度（m）；

l——矩形基础底面的长度（m）；

p_k——相应于荷载标准组合时，基础底面处的平均压力（kPa）；

p_c——基础底面处土的自重压力（kPa）；

z——基础底面下垫层的厚度（m）；

θ——垫层的压力扩散角，宜通过试验确定，当无试验资料时，可按表 11-5 采用。

表 11-5 压力扩散角 θ（JGJ 79—2012）

z/b	换填材料		
	中砂、粗砂、砾砂、圆砾、角砾、石屑、卵石、碎石、矿渣	粉质黏土、粉煤灰	灰土
0.25	20°	6°	28°
≥0.50	30°	23°	28°

注：1. 当 $z/b<0.25$ 时，除灰土取 $\theta=28°$ 外，其余材料均取 $\theta=0°$，必要时宜由试验确定。

2. 当 $0.25<z/b<0.5$ 时，θ 值可内插求得。

3. 土工合成材料加筋垫层其压力扩散角宜由现场静载荷试验确定。

3. 确定垫层底面宽度

垫层底面的宽度应满足基础底面应力扩散的要求，并且要考虑垫层侧面土的侧向支承力来确定，因为基础荷载在垫层中引起的应力使垫层有侧向挤出的趋势，如果垫层宽度不足，四周土又比较软弱，垫层有可能被压溃而挤入四周软土中去，使基础沉降增大。

（1）垫层底面宽度可按式（11-20）计算。

$$b' \geqslant b + 2z\tan\theta \qquad (11-20)$$

式中：b'——垫层底面宽度；

θ——压力扩散角，可按表 11-5 采用；当 $z/b<0.25$ 时，仍按表中 $z/b=0.25$ 取值。

> **特别提示**
>
> 整片垫层的宽度可根据施工的要求适当加宽。垫层顶面每边宜超出基础底边不小于 300mm，且从垫层底面两侧向上，按当地基坑开挖的经验和要求放坡。

（2）湿陷性黄土地基下的垫层底面宽度。

① 当为局部处理时，在非自重湿陷性黄土场地，每边应超出基础底面宽度的 1/4，并不应小于 0.5m；在自重湿陷性黄土场地，每边应超出基础底面宽度的 3/4，并不应小于 1m。

② 当为整片处理时，每边超出建筑物外墙基础外缘的宽度不宜小于处理土层厚度的 1/2，且不小于 2m。

4. 垫层的压实标准

垫层的压实标准可按表 11-6 选用。矿渣垫层的压实系数可根据满足承载力设计要求的试验结果，按最后两遍压实的压陷差确定。

表 11-6 各种垫层的压实标准（JGJ 79—2012）

施工	换填材料类别	压实系数 λ_c
碾压、振密或夯实	碎石、卵石	$\geqslant 0.97$
	砂夹石（其中碎石、卵石占全重的 30%～50%）	
	土夹石（其中碎石、卵石占全重的 30%～50%）	
	中砂、粗砂、砾砂、圆砾、角砾、石屑	
	粉质黏土	$\geqslant 0.97$
	灰土	$\geqslant 0.95$
	粉煤灰	$\geqslant 0.95$

注：1. 压实系数 λ_c 为土的控制干密度 ρ_d 与最大干密度 ρ_{dmax} 的比值；土的最大干密度宜采用击实试验确定；碎石或卵石的最大干密度可取（2.1～2.2）t/m³。

2. 表中压实系数 λ_c 系使用轻型击实试验测定土的最大干密度 ρ_{dmax} 时给出的压实控制标准，采用重型击实试验时，对粉质黏土、灰土、粉煤灰及其他材料压实标准应为压实系数 $\lambda_c \geqslant 0.94$。

第11章 地基处理

5. 确定垫层的承载力

垫层的承载力按本章第一节所述方法确定,并验算下卧层的承载力是否满足要求。

对于按现行国家标准《建筑地基基础设计规范》(GB 50007—2011)设计等级为丙级的建筑及一般不太重要的、小型、轻型或对沉降要求不高的工程,在无试验资料或经验时,当施工达到表 11-6 规定的压实标准后,初步设计时可以参考表 11-7 所列的承载力特征值取用。

表 11-7 各种垫层的承载力特征值

换填材料类别	承载力特征值 f_{ak}/kPa
碎石、卵石	200~300
砂夹石(其中碎石、卵石占全重的 30%~50%)	200~250
土夹石(其中碎石、卵石占全重的 30%~50%)	150~200
中砂、粗砂、砾砂、圆砾、角砾	150~200
粉质黏土	130~180
石屑	120~150
灰土	200~250
粉煤灰	120~150
矿渣	200~300

注:压实系数小的垫层,承载力特征值取低值,反之,取高值;原状矿渣垫层取低值,分级矿渣、或混合矿渣垫层取高值。

6. 垫层沉降验算

对于重要的或垫层下存在软弱下卧层的建筑,还应验算地基的沉降量,并应小于建筑物的允许沉降值。

设计计算时,先根据垫层的承载力特征值确定出基础宽度,然后根据下卧层的承载力特征值确定出垫层的厚度,再根据基础宽度确定出垫层宽度。

【例 11-1】 某一砖混结构房屋,承重墙下采用条形基础。已知承重墙传至基础顶面荷载标准值 $F_k=215$kN/m,土层情况:地表为杂填土,厚 1.2m,$\gamma=16$kN/m³,$\gamma_{sat}=17$kN/m³。

其下为淤泥层,$\gamma_{sat}=19$kN/m³,淤泥层承载力特征值 $f_{akz}=75$kPa。地下水距地表 0.8m。现拟采用砂垫层置换软弱土,要求砂垫层承载力特征值应达到 $f_{ak}=150$kPa。试设计此砂垫层,并确定基础底面宽度。

【解】(1)确定基础底面宽度 b。

取基础埋深 $d=1.0$m。因砂垫层属人工填土,承载力修正系数 $\eta_b=0$,$\eta_d=1.0$,基础底面以上土的加权平均重力密度

$$\gamma_m = \frac{16 \times 0.8 + (17-10) \times 0.2}{1.0} = 14.2 (kN/m^3)$$

修正后的砂垫层承载力特征值

$$f_a = f_{ak} + \eta_d \gamma_m (d - 0.5) = 150 + 1.0 \times 14.2 \times (1.0 - 0.5) = 157.1 (kPa)$$

根据轴心受压时地基承载力的验算公式可得

$$b \geqslant \frac{F_k}{f_a - 20d} = \frac{215}{157.1 - 20 \times 1} = 1.57 (m)$$

取 $b = 1.60 m$。

(2) 砂垫层厚度的确定。

取砂垫层厚度 $z = 1.5 m$,则 $d + z = 2.5 m$。淤泥土承载力修正系数 $\eta_b = 0$,$\eta_d = 1.0$,垫层底面以上土的加权平均重力密度

$$\gamma_m = \frac{16 \times 0.8 + (17-10) \times 0.4 + (19-10) \times 1.3}{2.5} = 10.9 (kN/m^3)$$

垫层底部处经修正的淤泥土层承载力特征值

$$f_{az} = f_{akz} + \eta_d \gamma_m (d + z - 0.5) = 75 + 1.0 \times 10.9 \times (2.5 - 0.5) = 96.8 (kPa)$$

垫层底部处土的自重应力

$$p_{cz} = 16 \times 0.8 + (17-10) \times 0.4 + (19-10) \times 0.3 = 27.3 (kPa)$$

基底压力

$$p_k = \frac{F_k + G_k}{b} = \frac{215 + 20 \times 1.0 \times 1.6}{1.6} = 154.38 (kPa)$$

基础底面处土的自重应力

$$p_c = 0.8 \times 16 + (17-10) \times 0.2 = 21.2 (kPa)$$

$\frac{z}{b} = \frac{1.5}{1.6} = 0.94 > 0.5$,查表 11-3 可得应力扩散角 $\theta = 30°$。则垫层底部处土的附加应力

$$p_z = \frac{b(p_k - p_c)}{b + 2z \tan\theta} = \frac{1.6 \times (154.38 - 21.2)}{1.6 + 2 \times 1.5 \times \tan 30°} = 63.95 (kPa)$$

由于

$$p_z + p_{cz} = 63.95 + 27.3 = 91.25 (kPa) < f_{az} = 96.8 (kPa)$$

故砂垫层厚度足够。

(3) 砂垫层宽度的确定。

$$b \geqslant b + 2z \tan\theta = 1.6 + 2 \times 1.5 \times \tan 30° = 3.33 (m)$$

取 $b = 3.4 m$ 砂垫层顶部处基础任一侧边宽度

$$\frac{3.4 - 1.6}{2} = 0.9 (m) > 0.3 (m)$$

则宽度合适,砂垫层剖面图如图 11.7 所示。

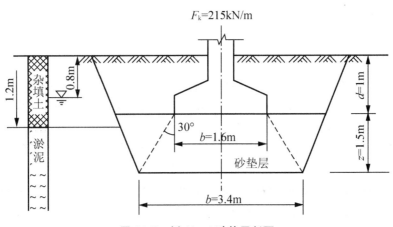

图 11.7　例 11-1 砂垫层剖面

11.3.5　换填垫层法施工

1. 施工机械

（1）粉质黏土与灰土。宜采用平碾、振动碾或羊足碾，以及蛙式夯、柴油夯。
（2）砂石。宜用振动碾。
（3）粉煤灰。宜采用平碾、振动碾、平板振动器、蛙式夯。
（4）矿渣。宜采用平板振动器或平碾，也可采用振动碾。

2. 含水量控制

为获得最佳夯实效果，宜采用垫层材料的最优含水量 w_{op} 作为施工的控制含水量。对于粉质黏土和灰土，现场可控制在最优含水量 $w_{op}\pm2\%$ 的范围内；当使用振动碾压时，可适当放宽下限范围值。最优含水量可按现行国家标准《土工试验方法标准》（GB/T 50123—1999）中轻型击实试验的要求求得。在缺乏试验资料时，也可近似取 0.6 倍液限值；或按照经验采用塑限 $w_p\pm2\%$ 的范围值作为施工含水量的控制值。

若土料湿度过大或过小，应分别予以晾晒、翻松。掺加吸水材料或洒水湿润以调整土料的含水量。对于砂石料则可根据施工方法不同按经验控制适宜的施工含水量，即当用平板式振动器时可取 15%～20%；当用平碾或蛙式夯时可取 8%～12%；当用插入式振动器时宜为饱和。对于碎石及卵石应充分浇水湿透后夯压。

3. 施工方法

换填垫层的施工方法、分层铺填厚度、每层压实遍数等，应根据垫层材料、施工机械设备及设计要求等通过现场试验确定，以求获得最佳夯压效果。一般情况下，垫层的分层铺填厚度可取 200～300mm。

铺筑垫层前，应先进行验槽，检查垫层底面土质、标高、尺寸及轴线位置。垫层施工应分层进行，每层施工后应随即进行质量检验，检验合格后方可进行上层垫层施工。

11.3.6 质量检验

1. 施工质量检验

（1）对粉质黏土、灰土、砂垫层和砂石垫层，可用环刀法、静力触探、轻型动力触探或标准贯入试验检验；对碎石、矿渣垫层的施工质量可用重型动力触探检验。压实系数的检验可采用灌砂法、灌水法或其他方法。

（2）换填垫层的施工质量检验应分层进行，并应在每层的压实系数符合设计要求后，铺填上层土。

（3）当采用环刀法取样时，取样点应位于每层厚度的2/3深度处。检验点数量，条形基础下垫层每10～20m应不少于1个点，独立柱基、单个基础下垫层不应少于1个点。其他基础下垫层每50～100m²应不少于1个点。当采用标准贯入试验或动力触探法检验垫层的施工质量时，每分层平面上检验点的间距应小于4m。

2. 竣工验收

竣工验收应采用静载荷试验检验垫层承载力，且每个单体工程不宜少于3点；对大型工程则应按单体工程的数量或工程面积确定检验点数。

加筋垫层中土工合成材料的检验，应符合下列要求。

（1）土工合成材料质量应符合设计要求，外观无破损、无老化、无污染。

（2）土工合成材料应可张拉、无皱折、紧贴下承层，锚固端应锚固牢靠。

（3）上下层土工合成材料搭接缝应交替错开，搭接强度应满足设计要求。

11.4 排水固结法

11.4.1 排水固结法的加固机理与分类

排水固结法也称预压法，是通过对天然地基，或先在地基中设置砂井（袋装砂井或塑料排水带）等竖向排水体，然后利用建筑物本身重量分级逐渐加载；或在建筑物或构筑物建造前，先在拟建场地上施加或分级施加与其相当的荷载，使土体中孔隙水排出，孔隙体积变小，抗剪强度提高，达到减少地基工后沉降和提高地基承载力的目的。

按照采用的各种排水技术措施的不同，排水固结法可分为堆载预压、真空预压、真空和堆载联合预压等几种方法。

1. 堆载预压法

堆载预压法是指在建筑物或构筑物建造前，先在拟建场地上用堆土或其他荷重，施加或分级施加与其相当的荷载，对地基土进行预压，使土体中孔隙水排出，孔隙体积变小，地基土压密，以增长土体的抗剪强度，提高地基承载力和稳定性；同时可减小土体的压缩性，消除沉降量以便在使用期间不致产生有害的沉降和沉降差。其中堆载预压法处理深度一般达10m左右。

由于软土的渗透性很小,土中水排出速率很慢,为了加速土的固结,缩短预压时间,常在土中打设砂井,作为土中水从土中排出的通道,使土中水排出的路径大大缩短,然后进行堆载预压,使软土中孔隙水压力得以较快地消散,这种方法称为砂井堆载预压法(图11.8)。有时,也在土中插入排水塑料带,代替砂井。由于塑料排水带可以采用专门用于向土中插入塑料排水带的插板机施工,施工速度很快,得到较多应用。

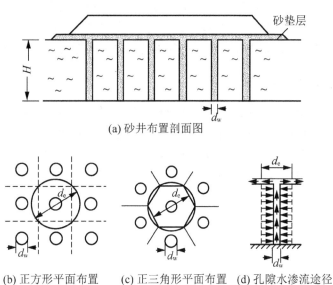

图 11.8　砂井堆载预压示意图

2. 真空预压法

真空预压法是先在需加固的软土地基表面铺设一层透水砂垫层或砂砾层,再在其上覆盖一层不透气的塑料薄膜或橡胶布,四周密封好与大气隔绝,在砂垫层内埋设渗水管道,然后与真空泵连通进行抽气,使透水材料保持较高真空度,利用大气压力差,代替预压荷载。在土的孔隙水中产生负的孔隙水压力,将土中孔隙水和空气逐渐吸出,从而使土体固结。采用真空预压时,由于在加固区产生负压,因此不存在地基在真空预压荷载下的稳定问题,不必分级施加真空荷载。真空预压法处理深度可达15m左右。图11.9是典型真空预压施工断面图。

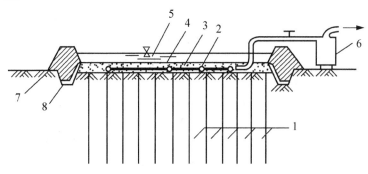

图 11.9　真空预压施工断面图

1—竖向排水通道;2—滤水管;3—砂垫层;4—塑料膜;5—敷水;6—射流泵;7—土堰;8—压膜沟

3. 真空和堆载联合预压法

当设计地基预压荷载大于 80kPa，且进行真空预压处理地基不能满足设计要求时可采用真空和堆载联合预压地基处理。

真空和堆载联合预压是在真空预压基础上发展起来的。我国从 1983 年开始真空和堆载联合预压的试验研究，目前该法广泛应用于高速公路、机场、仓库堆场、堤坝护坡、房屋地基等工程建设中。理论研究和工程实测均表明，利用真空预压和堆载预压加固效果可以叠加的原理，在超软地基上可以获得较单纯真空预压更大的预压荷载，获得更佳的加固效果。

11.4.2 排水固结法的适用范围

排水固结法适用于处理淤泥质土、淤泥和冲填土等饱和黏性土地基。

对于在持续荷载作用下体积会发生很大压缩，强度会明显增长的土，预压法特别适用。对超固结土，只有当土层的有效上覆压力与预压荷载所产生的应力水平明显大于土的先期固结压力时，土层才会发生明显的压缩。竖井排水预压法对处理泥炭土、有机质土和其他次固结变形占很大比例的土效果较差，只有当主固结变形与次固结变形相比所占比例较大时才有明显效果。

● 特 别 提 示

排水固结法的应用条件还需要考虑预压荷载和预压时间；预压荷载是个关键问题，因为施加预压荷载后才能引起地基土的排水固结。然而施加一个与建筑物相等的荷载，这并非轻而易举的事，少则几千吨，多则数万吨，许多工程因无条件施加预压荷载而不宜采用堆载预压处理地基，这时就必须采用真空预压法或其他方法。此外，预压时间也要满足工程工期的需要。

真空预压法与堆载预压法相比，具有加荷速度快，不需要堆载材料，加荷中不会出现地基失稳现象等优点，因此它相对来说施工工期短、费用少，但是它能施加的最大压力只有 95kPa 左右，如要再高，则必须与堆载预压法等联合使用。

11.4.3 排水固结法处理地基设计要点

1. 堆载预压法设计要点

堆载预压法处理地基的设计一般包括下列内容：①选择塑料排水带或砂井，确定其直径、间距、排列方式和深度；②确定预压区范围、预压荷载大小、荷载分级、加载速率和预压时间；③计算地基土的固结度、强度增长、抗滑稳定性和变形。

下面主要介绍预压荷载的大小、分布及加荷速率的确定和排水竖井的设计。

1) 预压荷载的大小、分布及加荷速率的确定

预压荷载的大小根据设计要求确定，一般宜接近设计荷载，必要时可超出设计荷载 10%～20%，即采用超载预压。预压荷载的分布应等于或大于建筑物设计荷载的分布。

在施加预压荷载的过程中，任何时刻作用于地基上的荷载不得超过地基的极限荷载，以免地基失稳破坏。如需施加较大荷载时，应采取分级加荷，并控制加荷速率，使之与地

基的强度增长相适应,待地基在前一级荷载作用下达到一定的固结度后再施加下一级荷载。特别是在加荷后期,更须严格控制加荷速率。加荷速率可通过理论计算来确定,但是一般情况下,通过现场原位测试来控制。现场原位测试工作项目有:地面沉降速率、边桩水平位移和地基中孔隙压力的量测等。根据工程实践经验,提出如下几项控制要求。

(1) 在排水砂垫层上埋设地基竖向沉降观测点,对竖井地基要求堆载中心地表沉降每天不超过15mm;对天然地基,最大沉降每天不应超过10mm。

(2) 在离预压土体边缘约1m处,打一排边桩(即短木桩),边桩的水平位移,每天应不超过5mm,当堆载接近极限荷载对,边桩位移量将迅速增大。

(3) 在地基中不同深度处,埋设孔隙水压力计,应控制地基中孔隙水压力不超过预压荷载所产生应力的50%~60%。

当超过上述三项控制值时,地基有可能发生破坏,应立即停止加荷,一般情况下,加载在60kPa以前,加载速率可不受限制。

2) 排水竖井的设计

排水竖井的设计包括井的深度、直径、间距和平面布置。

对深厚软黏土地基,应设置塑料排水带或砂井等排水竖井。当软土层厚度不大($\leqslant$4m)或软土层含较多薄粉砂夹层,且固结速率能满足工期要求时,可不设置排水竖井。对真空预压工程,必须在地基内设置排水竖井。

排水竖井的深度、直径和间距可根据工程对固结时间的要求,通过固结理论计算确定。一般要求在预期内能完成该荷载下80%的固结度。但是,很大程度上是取决于地质条件和施工方法等因素。

(1) 排水竖井分类。目前施工中常用的排水竖井分普通砂井、袋装砂井和塑料排水带三种,除此之外尚有钢丝排水软管,用于真空预压效果更好。

(2) 排水竖井的直径。普通砂井直径(d_w)可取300~500mm,袋装砂井直径(d_w)可取70~120mm。塑料排水带的当量换算直径可按式(11-21)计算

$$d_p = \frac{2(b+\delta)}{\pi} \tag{11-21}$$

式中:d_p——塑料排水带当量换算直径(mm);

b——塑料排水带宽度(mm);

δ——塑料排水带厚度(mm)。

(3) 直径、间距和平面布置。加大砂井直径和缩短砂井间距都对地基的排水固结有利,经计算比较,缩短桩距比增大井径对加速固结效果会更大些,也即是采用"细而密"的布井方案较好。在实用上,砂井直径不能过小;间距也不可过密,否则将增加施工难度与提高造价。设计时,竖井的间距可按井径比 n 选用($n=d_e/d_w$,d_w 为竖井直径,对塑料排水带可取 $d_w=d_p$)。塑料排水带或袋装砂井的间距可按 $n=15~22$ 选用,普通砂井的间距可按 $n=6~8$ 选用。其平面布置可采用等边三角形或正方形排列。竖井的有效排水直径 d_e 与间距 l(图11.8)的关系为:①等边三角形排列:$d_e=1.05l$;②正方形排列:$d_e=1.13l$。

(4) 排水竖井深度。排水竖井深度主要根据土层的分布、建筑物对地基的稳定性、变

形要求和工期等因素确定。

① 对以变形控制的建筑，竖井深度应根据在限定的预压时间内需完成的变形量确定。竖井宜穿透受压土层。

② 按稳定性控制的工程，如路堤、土坝、岸坡、堆料场等，砂井深度应通过稳定分析确定，且竖井深度至少应超过最危险滑动面 2.0m。

③ 当软土层不厚、底部有透水层时，砂井应尽可能穿透软土层。

④ 当深厚的压缩土层间有砂层或砂透镜体时，砂井应尽可能打至砂层或砂透镜体。

⑤ 对于无砂层的深厚地基则可根据其稳定性及建筑物在地基中造成的附加应力与自重应力的比值确定（一般为 0.1~0.2）。

⑥ 若砂层中存在承压水，由于承压水的长期作用，黏土中就存在超孔隙水压力，这对黏性土固结和强度增长都是不利的，所以宜将砂井打到砂层，利用砂井加速承压水的消散。

经综合考虑上述各因素后，便可以先给定排水竖井长度、直径和间距，然后计算拟达到设计固结度所需的预压时间，如不符合要求，再予以修正调整。

3）预压荷载作用下的地基固结度、抗剪强度、最终变形量的设计计算

预压荷载作用下的地基固结度、抗剪强度、最终变形量的设计计算详见《建筑地基处理技术规范》（JGJ 79—2012）的第 5 节。

2. 真空预压法设计要点

真空预压法与堆载预压法不同的是加压系统，两者排水系统基本上是相同的。真空预压法是通过在砂垫层和竖向排水体中形成负压区，在土体内部与排水体间形成压差，迫使地基土中水排出，地基土体产生固结。

（1）设计前特别要查明透水层位置及范围和地下水状况等，它往往决定真空预压是否适用或需采取附加密封措施，以及垂直排水通道的打设深度；对于表层存在良好的透气层或在处理范围内有充足水源补给的透水层时，应采取有效措施隔断透气层或透水层。

（2）真空预压法处理地基必须设置排水竖井。设计内容包括竖井断面尺寸、间距、排列方式和深度的选择，预压区面积和分块大小，真空预压工艺，要求达到的真空度和土层的固结度，真空预压和建筑物荷载下地基的变形计算，真空预压后地基土的强度增长计算等。

（3）排水竖井的间距确定方法与堆载预压法相同。

① 砂井的砂料应选用中粗砂，其渗透系数应大于 1×10^{-2} cm/s。

② 当透水层位于加固区地层下部时，排水竖井一般不要打到透水层位置上，最好留有 1.2m 厚度，防止排水竖井与透水层贯通。

③ 排水竖井不仅起排水、减少土体排水距离及加速土体固结作用，而且起着传递真空度作用。实践证明采用塑料排水带效果比砂井好。

（4）真空预压区边缘应大于建筑物基础轮廓线，每边增加量不得小于 3m。宜使加固区形状接近正方形，加固面积尽可能大。

(5) 真空预压的膜下真空度应稳定地保持在 86.7kPa 以上，且应均匀分布，竖井深度范围内土层的平均固结度应大于 90%。

(6) 当建筑物的荷载超过真空预压的压力，且建筑物对地基变形有严格要求时，可采用真空-堆载联合预压法，其总压力宜超过建筑物的荷载。

采用真空-堆载联合预压时，先进行抽真空，当真空压力达到设计要求并稳定后，再进行堆载，并继续抽气，堆载时需在膜上铺设土工编织布等保护材料。

(7) 真空预压地基变形、地基中某点强度增长估算，以及固结度计算按相关规定进行。

3. 真空和堆载联合预压设计要点

(1) 堆载体的坡肩线宜与真空预压边线一致。

(2) 对于一般软黏土，上部堆载施工宜在真空预压膜下真空度稳定地达到 86.7kPa 且抽真空时间不少于 10d 后进行。对于高含水量的淤泥类土，上部堆载施工宜在真空预压膜下真空度稳定地达到 86.7kPa 且抽真空 20~30d 后进行。

(3) 当堆载较大时，真空和堆载联合预压应采用分级加载，分级数应根据地基土稳定计算确定。分级加载时，应待前期预压荷载下地基的承载力增长满足下一级荷载下地基的稳定性要求时，方可增加堆载。

11.4.4 排水固结法施工

1. 堆载预压法施工

堆载预压法施工时，应注意以下技术要点。

(1) 塑料排水带的性能指标必须符合设计要求。塑料排水带在现场应妥加保护，防止阳光照射、破损或污染，破损或污染的塑料排水带不得在工程中使用。

(2) 砂井的灌砂量，应按井孔的体积和砂在中密状态时的干密度计算，其实际灌砂量不得小于计算值的 95%；灌入砂袋中的砂宜用干砂，并应灌制密实。

(3) 塑料排水带和袋装砂井施工时，平均井距偏差不应大于井径，垂直度偏差不应大于 1.5%，深度不得小于设计要求。

(4) 塑料排水带和袋装砂井砂袋埋入砂垫层中的长度不应小于 500mm。

(5) 塑料排水带施工所用套管应保证插入地基中的带子不扭曲。塑料排水带需接长时，应采用滤膜内芯带平搭接的连接方法，搭接长度宜大于 200mm。

(6) 袋装砂井施工所用套管内径值略大于砂井直径。

(7) 堆载预压加载过程中，应满足地基承载力和稳定控制要求，对竖向变形、水平位移及孔隙水压力的监测应满足下列要求。

① 竖井地基最大竖向变形量不应超过 15mm/d。
② 天然地基最大竖向变形量不应超过 10mm/d。
③ 堆载预压边缘处水平位移不应超过 5mm/d。
④ 根据上述观察资料综合分析、判断地基的承载力和稳定性。

2. 真空预压法施工

真空预压法施工时,应注意以下技术要点。

(1) 真空预压的抽气设备宜采用射流真空泵,空抽时必须达到 95kPa 以上的真空吸力,真空泵的设置应根据预压面积大小和形状、真空泵效率和工程经验确定,但每块预压区至少应设置两台真空泵。

(2) 真空管路的连接应严格密封,在真空管路中应设置止回阀和截门。水平向分布的滤水管可采用条状、梳齿状及羽毛状等形式,滤水管布置宜形成回路。滤水管应设在砂垫层中,其上应覆盖厚度为 100~200mm 的砂层。滤水管可采用钢管或塑料管,外包尼龙纱或土工织物等滤水材料。滤水管在预压过程中应能适应地基变形。

(3) 铺设密封膜形成封闭系统是真空预压法加固地基成败关键。密封膜应采用抗老化性能好、韧性好、抗穿刺性能强的不透气材料。密封膜热合时宜采用双热合缝的平搭接,搭接宽度应大于 15mm。密封膜宜铺设三层,膜周边可采用挖沟埋膜、平铺并用黏土覆盖压边、围埝沟内及膜上覆水等方法进行密封。若在加固区内地基中有水平透水性较好的土层,尚需在四周设置止水帷幕,否则难以在加固区内地基中形成负压区。地基加固区内有水平透水性好的土层,若不能进行有效隔离形成封闭系统,则采用真空预压法不能取得加固地基效果。

地基土渗透性强时,应设置黏土密封墙。黏土密封墙宜采用双排搅拌桩,搅拌桩直径不宜小于 700mm;当搅拌桩深度小于 15m 时,搭接宽度不宜小于 200mm;当搅拌桩深度大于 15m 时,搭接宽度不宜小于 300mm;搅拌桩成桩搅拌应均匀,黏土密封墙的渗透系数应满足设计要求。

3. 真空和堆载联合预压施工

(1) 采用真空和堆载联合预压时,应先抽真空,当真空压力达到设计要求并稳定后,再进行堆载,并继续抽真空。

(2) 堆载前,应在膜上铺设编织布或无纺布等土工编织布保护层。保护层上铺设 100~300mm 厚砂垫层。

(3) 堆载施工时可采用轻型运输工具,不得损坏密封膜。

(4) 上部堆载施工时,应监测膜下真空度的变化,发现漏气应及时处理。

(5) 堆载加载过程中,应满足地基稳定性设计要求,对竖向变形、边缘水平桩位移及孔隙水压力的监测应满足下列要求。

① 地基向加固区外的侧移速率不应大于 5mm/d。

② 地基竖向变形速率不应大于 10mm/d。

③ 根据上述观察资料综合分析、判断地基的稳定性。

11.4.5 质量检验

1. 施工质量检验

(1) 塑料排水带必须在现场随机抽样送往实验室进行性能指标的测试,其性能指标包括纵向通水量、复合体抗拉强度、滤膜抗拉强度、滤膜渗透系数和等效孔径等。

(2) 对不同来源的砂井和砂垫层砂料，必须取样进行颗粒分析和渗透性试验。

(3) 对于以抗滑稳定控制的重要工程，应在预压区内选择代表性地点预留孔位，在加载不同阶段进行原位十字板剪切试验和取土进行室内土工试验。

(4) 对预压工程，应进行地基竖向变形、侧向位移和孔隙水压力等项目的监测。

(5) 真空预压工程除应进行地基变形、孔隙水压力的监测外，尚应进行膜下真空度和地下水位的量测。

2. 竣工验收

(1) 排水竖井处理深度范围内和竖井底面以下受压土层，经预压所完成的竖向变形和平均固结度应满足设计要求。

(2) 应对预压的地基土进行原位试验和室内土工试验。原位试验可采用十字板剪切试验或静力触探，检验深度不应小于设计处理深度。原位试验和室内土工试验应在卸载 3~5d 后进行。检验数量按每个处理分区不少于 6 点进行检测，对于堆载斜坡处应增加检验数量。

(3) 预压处理后的承载力按第 11.1 节所述方法确定，检验数量按每个处理分区不少于 3 点进行检测。

11.5 强 夯 法

11.5.1 强夯法的加固机理与适用范围

1. 加固机理

强夯法又称为动力固结法或动力压实法。这种方法是反复将质量一般为 10~40t（最大可达到 200t）的夯锤提高到一定高度（一般为 10~40m），使其自由下落，对地基上进行强力冲击，通过巨大冲击和振动能量，提高地基承载力并降低其压缩性，改善地基性能（图 11.10）。

2. 适用范围

国外关于强夯法的适用范围有比较一致的看法。Smoltczyk 在第八届欧洲土力学及基础工程学术会议上的深层加固总报告中指出，强夯法只适用于塑性指数 $I_P \leqslant 10$ 的土。我国大量工程实例证明，强夯法用于处理碎石土、砂土、低饱和度的粉土与黏性土、湿陷性黄土、素填土和杂填土等地基，一般均能取得较好的效果。

图 11.10 强夯法示意图

强夯法处理地基首先由法国 Menard 技术公司于 20 世纪 60 年代创用。我国 1978 年首次在天津新港三号公路进行强夯试验研究，并获得成功，继后，强夯法在全国各地迅速推广。当前,应用强夯法处理的工程范围极为广泛,有工业与民用建筑、仓库、油罐、仓储、公路和铁路路基、飞机场跑道及码头等。

11.5.2 强夯法设计计算

工程实践表明,用强夯法加固地基时,必须根据场地的地质条件和工程要求,正确地选用各项强夯参数,才能取得较好的效果。

强夯法的加固设计包括确定加固深度、夯锤和落距、最佳夯击能、夯点间距、夯击遍数等设计参数。

1. 有效加固深度

有效加固深度既是选择地基处理方法的重要依据,又是反映处理效果的重要参数。一般可按式(11-22)估算有效加固深度

$$H = \alpha \sqrt{M \cdot h} \tag{11-22}$$

式中:H——有效加固深度(m);

M——夯锤重(t);

h——落距(m);

α——系数,根据所处理地基土的性质而定。

目前,国内外尚无关于有效加固深度的确切定义,但一般可理解为:经强夯加固后,该土层强度和变形等指标能满足设计要求的土层范围。

实际上影响有效加固深度的因素很多,除了锤重和落距外,还有地基土的性质、不同土层的厚度和埋藏顺序、地下水位,以及其他强夯的设计参数等都与有效加固深度有着密切的关系。因此,强夯的有效加固深度应根据现场试夯或当地经验确定。在缺少经验或试验资料时,可按表11-8预估。

表11-8 强夯法的有效加固深度(JGJ 79—2012)   单位:m

单击夯击能 E/(kN·m)	碎石土、砂土等粗颗粒土	粉土、黏性土、湿陷性黄土等细颗粒土
1000	4.0~5.0	3.0~4.0
2000	5.0~6.0	4.0~5.0
3000	6.0~7.0	5.0~6.0
4000	7.0~8.0	6.0~7.0
5000	8.0~8.5	7.0~7.5
6000	8.5~9.0	7.5~8.0
8000	9.0~9.5	8.0~8.5
10000	9.5~10.0	8.5~9.0
12000	10.0~11.0	9.0~10.0

注:强夯法的有效加固深度应从最初起夯面算起;单击夯击能 E 大于 12000kN·m 时,强夯的有效加固深度应通过试验确定。

2. 夯锤和落距

单击夯击能为夯锤重 M 与落距 h 的乘积。一般说夯击时最好锤重和落距大,则单击能量大,夯击击数少,夯击遍数也相应减少,加固效果和技术经济效果较好。整个加固场地的总夯击能量(即锤重×落距×总夯击数)除以加固面积称为单位夯击能。强夯的单位夯击能应根据地基土类别、结构类型、荷载大小和要求处理的深度等综合考虑,并可通过试验确定。

一般国内夯锤可取 10~40t,我国至今采用的最大夯锤已经超过 60t。夯锤的平面一般有圆形和方形等形状,夯锤中宜设置若干个上下贯通的气孔,孔径可取 300~400mm,它既可减小起吊夯锤时的吸力,又可减小夯锤着地前的瞬时气垫的上托力,从而减少能量的损失。

锤底面积宜按土的性质确定,强夯锤底静接地压力值可取 25~80kPa,单击夯击能高时,取高值;单击夯击能低时,取低值,对细颗粒土宜取低值。

夯锤确定后,根据要求的单点夯击能量,就能确定夯锤的落距。对相同的夯击能量,常选用大落距的施工方案,这是因为增大落距可获得较大的接地速度,能将大部分能量有效地传到地下深处,增加深层夯实效果,减少消耗在地表土层塑性变形的能量。

3. 夯击点布置及间距

(1) 夯击点布置。强夯夯击点位置可根据基底平面形状,采用等边三角形、等腰三角形或正方形布置(图 11.11)。同时夯击点布置时应考虑施工时吊机的行走通道。对独立基础或条形基础可根据基础形状与宽度相应布置。

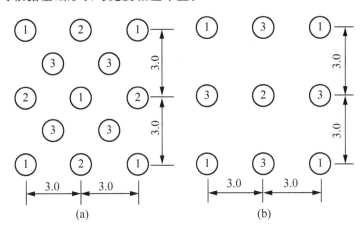

图 11.11 夯击点布置及夯击次序

(2) 夯击点间距。强夯第一遍夯击点间距可取夯锤直径的 2.5~3.5 倍,第二遍夯击点位于第一遍夯击点之间。以后各遍夯击点间距可适当减小。对处理深度较深或单击夯击能较大的工程,第一遍夯击点间距宜适当增大。夯击点间距(夯距)的确定,一般根据地基土的性质和要求处理的深度而定,以保证使夯击能量传递到深处和邻近夯坑周围不产生辐射向裂隙为基本原则。

4. 处理范围

强夯处理范围应大于建筑物基础范围，每边超出基础外缘的宽度宜为设计处理深度的 1/2～2/3，且不应小于 3m；对可液化地基，基础外缘的处理宽度，不应小于 5m；对湿陷性黄土地基，应符合现行国家标准《湿陷性黄土地区建筑规范》(GB 50025—2004)的有关规定。

5. 夯点的夯击次数

强夯夯点的夯击次数，应按现场试夯得到的夯击击数和夯沉量关系曲线确定，且应同时满足下列条件。

（1）最后两击的平均夯沉量不宜大于下列数值：当单击夯击能量小于 4000kN·m 时为 50mm；当夯击能为 4000～6000kN·m 时为 100 mm；当夯击能为 6000～8000kN·m 时为 150 mm；当夯击能为 8000～12000kN·m 时为 200mm。

（2）夯坑周围地面不应发生过大隆起。

（3）不因夯坑过深而发生起锤困难。

6. 夯击遍数及两遍之间的间隔时间

夯击遍数应根据地基土的性质确定，可采用点夯 2～4 遍，对于渗透性较差的细颗粒土，应适当增加夯击遍数。最后再以低能量满夯 2 遍，满夯可采用轻锤或低落距锤多次夯击，锤印搭接。

两遍夯击间应有一定的时间间隔。间隔时间取决于土中超静孔隙水压力消散所需要的时间。当缺少实测资料时，可根据地基土的渗透性确定。对渗透性好的地基，可连续夯击；对渗透性较差的黏性土地基，间隔时间宜为 2～3 周。

7. 承载力

强夯地基承载力特征值应通过现场载荷试验确定。初步设计时也可根据夯后原位测试和土工试验指标按现行国家标准《建筑地基基础设计规范》(GB 50007—2011)有关规定确定。

8. 沉降计算

强夯地基包括两个部分，即有效加固深度内土层的变形和其下卧层的变形，可按《建筑地基基础设计规范》(GB 50007—2011)建议的分层总和法计算，其中夯后有效加固深度内土的压缩模量应通过原位测试或土工试验确定。

11.5.3 强夯法施工

1. 现场试验

现场的测试工作是强夯施工中的一个重要组成部分。为此，在大面积施工之前应选择面积不小于 $400m^2$ 的场地进行现场试验，以便取得设计数据。现场试验中的测试工作一般有以下几个方面内容。

（1）地面及深层变形测试。地面变形测试的手段是：地面沉降观测、深层沉降观测和水平位移观测。

另外，对场地的夯前和夯后平均标高的水准测量，可直接观测出强夯法加固地基的变形效果。还有在分层土面上或同一土层上的不同标高处埋设一般深层沉降标，用以观测各分层土的沉降量，以及强夯法对地基土的有效加固深度；在夯坑周围埋设带有滑槽的测斜导管，再在管内放入测斜仪，在每一定深度范围内测定土体在夯击作用下的侧向位移情况。

(2) 孔隙水压力测试。一般可在试验现场沿夯击点等距离的不同深度，以及等深度的不同距离埋设双管封闭式孔隙水压力仪或钢弦式孔隙水压力仪，在夯击作用下，进行对孔隙水压力沿深度和水平距离的增长和消散的分布规律研究。从而确定两个夯击点间的夯距、夯击的影响范围、间歇时间以及饱和夯击能等参数。

(3) 侧向挤压力测试。将土压力盒事先埋入土中后，在强夯加固前，各土压力盒沿深度分布的土压力的规律，应与静止土压力相近似。在夯击作用下，可测试每夯击一次的压力增量沿深度的分布规律。

(4) 振动加速度测试。研究地面振动加速度的目的，是为了便于了解强夯施工时的振动对现有建筑物的影响。为此，在强夯时应沿不同距离测试地表面的水平振动加速度，绘成加速度与距离的关系曲线。当地表的最大振动加速度为 $0.98m/s^2$ 处（即 $0.1g$，g 为重力加速度，相当于 7 度抗震设防烈度）作为设计时振动影响安全距离。虽然 $0.98m/s^2$ 处的数值与 7 度地震烈度相当，但由于强夯振动的周期比地震短得多，产生振动作用的时间也很短，根据太原工业大学的实测资料，离夯击中心较近处只有 $0.2\sim0.4s$，随距离增加振动时间增长，但也只有 $1\sim2s$。而地震 6 度以上的平均振动时间为 $30s$；且强夯产生振动作用的范围也远小于地震的作用范围，所以强夯施工时，对附近已有建筑物和施工的建筑物的影响肯定要比地震的影响小。而减少振动影响的措施，常采用在夯区周围设置隔振沟（也指一般在建筑物邻近开挖深度 3m 左右的隔振沟）。隔振沟有两种，主动隔振是采用靠近或围绕振源的沟，以减少从振源向外辐射的能量；被动隔振是靠近减振对象的一边挖沟。这两种措施都是有效的。

2. 大面积施工

强夯施工前，应查明场地范围内的地下构筑物和地下管线的位置及标高等，并采取必要的措施，以免因强夯施工而造成损坏。当强夯施工所产生的振动，对邻近建筑物或设备产生有害影响时，应采取防振或隔振措施。

当地下水位较高，夯坑底积水影响施工时，宜采用人工降低地下水位或铺设一定厚度的松散材料。夯坑内或场地的积水时应及时排除。

强夯法大面积施工时应按下列步骤进行。

(1) 清理并平整施工场地。

(2) 标出第一遍夯击点的位置，并测量场地高程。

(3) 起重机就位，使夯锤对准夯点位置。

(4) 测量夯前锤顶标高。

(5) 将夯锤起吊到预定高度，开启脱钩装置，夯锤脱钩自由下落，放下吊钩，测量锤顶高程；若发现因坑底倾斜而造成夯锤歪斜时，应及时将坑底整平。

(6) 重复步骤(5)，按设计规定的夯击次数及控制标准，完成一个夯点的夯击；当夯坑过深，出现提锤困难，但无明显隆起，且尚未达到控制标准时，宜将夯坑回填至与坑顶齐平后，继续夯击。

（7）换夯点，重复步骤(3)～(6)，完成第一遍全部夯点的夯击。

（8）用推土机将夯坑填平，并测量场地高程。

（9）在规定的间隔时间后，按上述步骤逐次完成全部夯击遍数；最后用低能量满夯，将场地表层土夯实，并测量夯后场地高程。

3. 施工监测

强夯施工除了严格遵照施工步骤进行外，还应有专人负责施工过程中的下列监测工作。

（1）开夯前应检查夯锤质量和落距，以确保单击夯击能量符合设计要求。因为若夯锤使用过久往往因底面磨损而使重量减轻。落距未达设计要求的情况，在施工中也常发生。这些都将影响单击夯击能。

（2）在每一遍夯击前，应对夯点放线进行复核，夯完后检查夯坑位置，发现偏差或漏夯应及时纠正。

（3）按设计要求检查每个夯点的夯击次数和每击的夯沉量。对强夯置换尚应检查置换深度。

（4）由于强夯施工的特殊性，施工中所采用的各项参数和施工步骤是否符合设计要求，在施工结束后往往很难进行检查，所以要求在施工过程中对各项参数和施工情况进行详细记录。

11.5.4 质量检验

（1）检查施工过程中的各项测试数据和施工记录，凡不符合设计要求时应补夯或采取其他有效措施。

（2）强夯处理后的地基承载力检验，应在施工结束后间隔一定时间进行，对碎石土和砂土地基，间隔时间可取 7～14d；对粉土和黏性土地基可取 14～28d。

承载力检验点的数量，应根据场地复杂程度和建筑物的重要性确定。对于简单场地上的一般建筑物，每个建筑地基的载荷试验检验点不应少于 3 点；对于复杂场地或重要建筑地基应增加检验点数。

（3）强夯地基均匀性检验，可采用动力触探试验或标准贯入试验、静力触探试验等原位测试，以及室内土工试验。检验点的数量，应根据场地复杂程度和建筑物的重要性确定。对于简单场地上的一般建筑物，按每 $400m^2$ 不少于 1 个检测点，且不少于 3 点；对于复杂场地或重要建筑地基应增加检验点数。对于复杂场地或重要建筑，每 $300m^2$ 不少于 1 个检测点，且不少于 3 点。

11.6 水泥粉煤灰碎石桩法

11.6.1 水泥粉煤灰碎石桩(CFG 桩)法的加固机理

水泥粉煤灰碎石桩，又称 CFG 桩(Cement-Fly-Ash-Gravel Pile)，是由碎石、石屑、

砂和粉煤灰掺适量水泥加水拌和，采用各种成桩机械形成的桩体。即这种处理方法是通过在碎石桩体中添加以水泥为主的胶结材料，添加粉煤灰是为增加混合料的和易性并有低强度等级水泥的作用，同时还添加适量的石屑以改善级配，使桩体获得胶结强度并从散体材料桩转化为具有某些柔性桩特点的高黏结强度桩。通过调整水泥的用量与配比，可使强度等级在 C10～C20 之间变化，最高可达 C25。

CFG 桩由于桩体刚度较大，区别于一般柔性桩和水泥土类桩，常常在桩顶和基础之间铺设一层 150～300mm 的砂石(称其为褥垫层)，以利于桩间土发挥承载力，桩、桩间土和褥垫层一起构成复合地基，如图 11.12 所示。CFG 桩与素混凝土桩的区别仅在于桩体材料的构成不同，而在其变形和受力特性方面没有太大的区别。

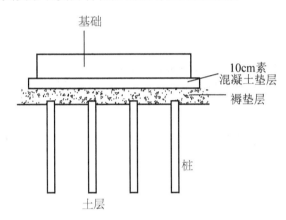

图 11.12　CFG 桩复合地基示意图

CFG 桩复合地基成套技术，是在 20 世纪 80 年代由中国建筑科学研究院立题开始试验研究，1992 年通过了部级鉴定，1994 年被建设部列为全国重点推广项目，1995 年被国家科委(原)列为国家级全国重点推广项目，经过多年的研究和推广应用使其在我国的基本建设中起了非常重要的作用。就目前掌握的资料，CFG 桩可加固从多层建筑到 30 层以下的高层建筑，从民用建筑到工业厂房均可使用。

CFG 桩法也是通过在地基中形成桩体作为竖向加固体，与桩间土组成复合地基共同承担基础、回填土及上部结构荷载。当桩体强度较高时，水泥粉煤碎石桩类似于刚性桩，这样，在常用的几米到二十多米的桩长范围内，桩侧摩阻力都能发挥，不存在柔性桩(如砂石桩、振冲法形成的散体材料桩)或半刚性桩(如水泥土搅拌法、高压喷射注浆法、夯实水泥土桩法等形成的低黏结强度桩体)存在的有效桩长的现象。因此，无论是承载力提高幅度及处理深度都较柔性桩和半刚性桩为优。

11.6.2　CFG 桩法的适用范围

CFG 桩法既适用于条形基础、独立基础，也适用于筏基和箱形基础。就土性而言，适用于处理黏性土、粉土、砂土和正常固结的素填土等地基。对淤泥质土应按地区经验或通过现场试验确定其适用性。

CFG 桩法既可用于挤密效果好的土，又可用于挤密效果差的土。当用于挤密效果好的土时，承载力的提高既有挤密作用，又有置换作用；当用于挤密效果差的土时，承载力的提高只与置换作用有关。

CFG 桩法不只是用于加固软弱的地基，对于较好的地基土，若建筑物荷载较大，天然地基承载力不够，就可以用 CFG 桩来补足。如德州医药管理局三栋 17 层住宅楼，天然地基承载力 110kPa，设计要求 320kPa，利用 CFG 桩复合地基，其中有 210kPa 以上的荷载由桩来承担。此外，对承载力较高但变形不能满足要求的地基，也可采用 CFG 桩来减少地基变形。

11.6.3　CFG 桩复合地基的设计计算

CFG 桩的主要设计内容包括桩径、桩距的选择，复合地基承载力的估算，褥垫层的设置以及沉降计算等。

1. 桩径

桩径与选用的施工方法有关。长螺旋钻中心压灌、干成孔和振动沉管成桩，桩径宜为 350～600mm；泥浆护壁钻孔成桩宜为 600～800mm；钢筋混凝土预制桩宜为 300～600mm。

2. 桩距

桩间距的选用应根据基础形式、设计要求的复合地基承载力和变形、土性及施工工艺确定。

（1）采用非挤土成桩工艺和部分挤土成桩工艺，桩间距宜为 $(3\sim5)d$（d 为桩径）。
（2）采用挤土成桩工艺和墙下条形基础单排布桩的桩间距宜为 $(3\sim6)d$。
（3）桩长范围内有饱和粉土、粉细砂、淤泥、淤泥质土层，当采用长螺旋钻中心压灌成桩施工中可能发生窜孔时，宜采用较大桩间距。

3. 褥垫层的设置

桩顶和基础之间应设置褥垫层。褥垫层厚度宜为 $(40\%\sim60\%)d$。垫层材料宜采用中砂、粗砂、级配砂石和碎石等，最大粒径不宜大于 30mm。

4. CFG 桩复合地基承载力

CFG 桩复合地基承载力特征值应通过现场复合地基载荷试验确定，或采用 CFG 桩静载荷试验结果和其周边土的承载力特征值结合经验确定。

初步设计时可按式(11-9)估算，即

$$f_{spk} = \lambda m \frac{R_a}{A_p} + \beta(1-m)f_{sk}$$

其中单桩承载力发挥系数 λ 和桩间土承载力发挥系数 β 应按地区经验取值。无经验时，λ 可取 0.8～0.9，β 可取 0.9～1.0。处理后桩间土的承载力特征值 f_{sk}，对非挤土成桩工艺，可取天然地基承载力特征值；对挤土成桩工艺，一般黏性土可取天然地基承载力特征值，松散砂土、粉土可取天然地基承载力特征值的 $(1.2\sim1.5)$ 倍，原土强度低的取大值。

5. 沉降验算

CFG 桩复合地基的变形计算按第 11.2 节所述方法进行。

11.6.4 CFG 桩施工

1. CFG 桩常用的施工方法

CFG 桩常用的施工方法有长螺旋钻孔灌注成桩、长螺旋钻中心压灌成桩、振动沉管灌注成桩和泥浆护壁成孔灌注成桩等。

各种施工方法各有其自身的优点和适用性。

(1) 长螺旋钻孔灌注成桩。适用于地下水位以上的黏性土、粉土、素填土、中等密实以上的砂土。

(2) 长螺旋钻中心压灌成桩。适用于黏性土、粉土、砂土和素填土地基,对噪声或泥浆污染要求严格的场地可优先选用。

(3) 振动沉管灌注成桩。适用于粉土、黏性土及素填土地基;挤土造成地面隆起量大时,应采用较大桩距施工。

(4) 泥浆护壁成孔灌注成桩。适用于地下水位以下的黏性土、粉土、砂土、填土、碎石土及风化岩层等地基。桩长范围和桩端有承压水的土层应通过试验确定其适用性。

2. 各施工方法的施工要求

1) 长螺旋钻中心压灌成桩施工和振动沉管灌注成桩的施工要求

长螺旋钻中心压灌成桩施工和振动沉管灌注成桩的施工除应执行国家现行有关规定外,应符合下列要求。

(1) 施工前应按设计要求由实验室进行配合比试验;施工时按配合比配制混合料。长螺旋钻中心压灌成桩施工的坍落度宜为 160~200mm,振动沉管灌注成桩施工的坍落度宜为 30~50mm。振动沉管灌注成桩后桩顶浮浆厚度不宜超过 200mm。

(2) 长螺旋钻中心压灌成桩施工在钻至设计深度后,应控制提拔钻杆时间,混合料泵送量应与拔管速度相配合,不得在饱和砂土或饱和粉土层内停泵待料;沉管灌注成桩施工拔管速度应按匀速控制,拔管速度应控制在(1.2~1.5)m/min,如遇淤泥质土,拔管速度应适当放慢;当遇有松散饱和粉土、粉细砂或淤泥质土,且桩距较小时,宜采取隔桩跳打措施。

(3) 施工桩顶标高宜高出设计桩顶标高不少于 0.5m。当施工作业面高出桩顶设计标高较大时,宜增加混凝土灌注量。

(4) 成桩过程中,应抽样做混合料试块,每台机械每台班不应少于一组(3 块试块),标准养护,测定其立方体抗压强度。

2) 泥浆护壁成孔灌注成桩和锤击、静压预制桩施工

泥浆护壁成孔灌注成桩和锤击、静压预制桩施工,应符合现行行业标准《建筑桩基技术规范》(JGJ 94—2008)的规定。

3) 其他要求

(1) 冬季施工时,混合料入孔温度不得低于 5℃,对桩头和桩间土应采取保温措施。

(2) 清土和截桩时,应采取小型机械或人工剔除等措施,不得造成桩顶标高以下桩身断裂或桩间土扰动。

(3) 褥垫层铺设宜采用静力压实法，当基础底面下桩间土的含水量较低时，也可采用动力夯实法，夯填度(夯实后的褥垫层厚度与虚铺厚度的比值)不得大于0.9。

(4) 在软土中，桩距较大可采用隔桩跳打；在饱和的松散粉土中施打，如桩距较小，不宜采用隔桩跳打方案；满堂布桩，无论桩距大小，均不宜从四周向内推进施工。施打新桩时，与已打桩间隔时间不应少于7d。

(5) 合理设置保护桩长。保护桩长是指成桩时预先设定加长的一段桩长，基础施工时将其剔掉；保护桩长越长，桩的施工质量越容易控制，但浪费的料也越多。设计桩顶标高离地表距离不大于1.5m时，保护桩长可取50~70cm，上部用土封顶；桩顶标高离地表距离较大时，保护桩长可设置70~100cm，上部用粒状材料封顶直到地表。

(6) 桩头的处理。CFG桩施工完毕待桩体达到一定强度(一般为7d左右)，方可进行基槽开挖。在基槽开挖中，如果设计桩顶标高距地面不深(一般不大于1.5m)，宜考虑采用人工开挖，不仅可防止对桩体和桩间土产生不良影响，而且经济可行；如果基槽开挖较深，开挖面积大，采用人工开挖不经济，可考虑采用机械和人工联合开挖，但人工开挖留置厚度一般不宜小于70cm。桩头凿平，并适当高出桩间土1~2cm。

11.6.5 质量检验

1. 施工质量检验

施工质量检验主要检查施工记录、混合料坍落度、桩数、桩位偏差、褥垫层厚度、夯填度和桩体试块抗压强度等。

2. 竣工验收质量检验

(1) 竣工验收时的CFG桩承载力检验应采用复合地基静载荷试验和单桩静载荷试验。

(2) 承载力检验必须在桩体强度满足试验荷载条件时进行，一般宜在施工结束28d后进行。试验数量不应少于总桩数的1%，且每个单体工程的试验数量不应少于3点。

(3) 应抽取不少于总桩数的10%的桩进行低应变动力试验，检测桩身完整性。

11.7 灰土挤密桩法和土挤密桩法

11.7.1 灰土挤密桩法和土挤密桩法的加固机理

灰土挤密桩和土挤密桩是利用沉管、冲击或爆扩等方法在地基中挤土成孔，然后向孔内夯填素土或灰土成桩。成桩时，通过成孔过程中的横向挤压作用，桩孔内的土被挤向周围，使桩间土得以挤密，然后将备好的素土(黏性土)或灰土分层填入桩孔内，并分层捣实至设计标高。用灰土分层夯实的桩体，称为灰土挤密桩；用素土分层夯实的桩体，称为土挤密桩。二者分别与挤密的桩间土组成复合地基，共同承受基础的上部荷载。

灰土挤密桩和土挤密桩加固地基的主要作用是提高地基承载力，降低地基压缩性。对湿陷性黄土则有部分或全部消除湿陷的作用。灰土挤密桩和土挤密桩在成孔时，桩孔部位的土被侧向挤出，从而使桩周土得以挤密。

11.7.2 灰土挤密桩法和土挤密桩法的适用范围

灰土挤密桩法和土挤密桩法适用于处理地下水位以上的湿陷性黄土、素填土和杂填土等地基。处理深度宜为 3~15m。

灰土挤密桩或土挤密桩，在消除土的湿陷性和减小渗透性方面，其效果基本相同或差别不明显，但土挤密桩地基的承载力和水稳性不及灰土挤密桩，选用上述方法时，应根据工程要求和处理地基的目的确定。当以提高地基的承载力或增强其水稳性为主要目的时，宜选用灰土挤密桩法；当以消除地基的湿陷性为主要目的时，宜选用土挤密桩法。

大量的试验研究资料和工程实践表明，土或灰土挤密桩用于处理地下水位以上的湿陷性土、素填土、杂填土等地基，不论是消除土的湿陷性还是提高承载力都是有效的。

当土的含水量大于 24% 及其饱和度超过 65% 时，在成孔及拔管过程中，桩孔及其周围容易缩径和隆起，挤密效果差，应通过试验确定其适用性。

因灰土挤密桩法和土挤密桩法具有就地取材、以土治土、原位处理、深层加密和费用较低的特点，在我国西北及华北等黄土地区得到了广泛应用。

11.7.3 灰土挤密桩和土挤密桩复合地基设计

1. 处理范围

灰土挤密桩或土挤密桩处理地基的面积，应大于基础或建筑物底层平面的面积，并应符合下列规定。

(1) 采用局部处理超出基础底面的宽度时，对非自重湿陷性黄土、素填土和杂填土等地基，每边不应小于基底宽度的 0.25 倍，并不应小于 0.50m；对自重湿陷性黄土地基，每边不应小于基底宽度的 0.75 倍，并不应小于 1.0m。

(2) 当采用整片处理时，超出建筑物外墙基础底面外缘的宽度，每边不宜小于处理土层厚度的 1/2，并不应小于 2m。

2. 处理深度

灰土挤密桩或土挤密桩处理地基的深度，应根据建筑场地的土质情况、工程要求和成孔以及夯实设备等综合因素确定。对湿陷性黄土地基，应符合现行国家标准《湿陷性黄土地区建筑规范》(GB 50025—2004) 的有关规定。

3. 桩径

桩孔直径宜为 300~600mm，并可根据所选用的成孔设备或成孔方法确定。

4. 桩孔布置和桩距

为使桩间土均匀挤密，桩孔宜按等边三角形布置，桩孔之间的中心距离 s，可为桩孔直径的 2.0~3.0 倍，也可按式 (11-23) 估算

$$s = 0.95d \sqrt{\frac{\eta_{cm}\rho_{dmax}}{\eta_{cm}\rho_{dmax} - \rho_{dm}}} \quad (11-23)$$

式中：s——桩孔之间的中心距离 (m)；

d——桩孔直径(m);

ρ_{dmax}——桩间土的最大干密度(t/m³);

ρ_{dm}——地基处理前土的平均干密度(t/m³);

η_{cm}——桩间土经成孔挤密后的平均挤密系数,不宜小于0.93。

桩间土平均挤密系数 η_{cm} 按式(11-24)计算

$$\eta_{cm} = \frac{\rho_{1dm}}{\rho_{dmax}} \tag{11-24}$$

式中:ρ_{1dm}——在成孔挤密深度内,桩间土的平均干密度(t/m³),平均试样数不应少于6组。

5. 布桩根数

布桩根数可按式(11-25)估算

$$n = \frac{A}{A_e} \tag{11-25}$$

式中:n——桩孔的数量;

A——拟处理地基的面积(m²);

A_e——1根土挤密桩或灰土挤密桩所承担的处理地基面积(m²);即

$$A_e = \frac{\pi d_e^2}{4} \tag{11-26}$$

式中:d_e——1根桩分担的处理地基面积的等效圆直径(m);当桩孔按等边三角形布置时,$d_e = 1.05s$;当桩孔按正方形布置时,$d_e = 1.13s$。

6. 灰土挤密桩和土挤密桩复合地基承载力

灰土挤密桩和土挤密桩复合地基承载力特征值应通过现场复合地基载荷试验确定。初步设计时可按第11.2节的式(11-8)估算,即

$$f_{spk} = [1 + m(n-1)]f_{sk}$$

桩土应力比 n 按试验或地区经验确定。

特 别 提 示

灰土挤密桩复合地基的承载力特征值,不宜大于处理前的2.0倍,并不宜大于250 kPa;土挤密桩复合地基的承载力特征值,不宜大于处理前的1.4倍,并不宜大于180kPa。

7. 变形验算

灰土挤密桩或土挤密桩复合地基的变形计算按第11.2节所述方法进行。

8. 其他设计要求

1) 桩孔填料

桩孔内的填料,其消石灰与土的体积配合比,宜为2∶8或3∶7。土料宜选用粉质黏土,土料中的有机质含量不应超过5%,且不得含有冻土和膨胀土,渣土垃圾粒径不应超过15mm。石灰可选用新鲜的消石灰或生石灰粉,粒径不应大于5mm。消石灰的质量应合格,有效 $CaO+MgO$ 含量不得低于60%。

孔内填料应分层回填夯实，填料的平均压实系数 λ_{cm} 值不应小于 0.97，其中压实系数最小值不应小于 0.93。

2）设置垫层

桩顶标高以上应设置 300～600mm 厚的垫层。垫层材料可根据工程要求采用 2：8 或 3：7 灰土、水泥土等。其压实系数均不应小于 0.95。

11.7.4 灰土挤密桩和土挤密桩施工

灰土挤密桩和土挤密桩的施工方法是利用沉管、冲击或爆扩等方法在地基中挤土成孔，然后向孔内夯填素土或灰土成桩，施工要点如下。

1. 成孔工艺

现在成孔方法有沉管（锤击、振动）或冲击成孔等方法，但都有一定的局限性，在城乡居民较集中的地区往往限制使用，如锤击沉管成孔，通常允许在新建场地使用，故选用上述方法时，应综合考虑设计要求、成孔设备或成孔方法、现场土质和对周围环境的影响等因素，选用成孔工艺。

施工灰土挤密桩或土挤密桩时，在成孔或拔管过程中，对桩孔（或桩顶）上部土层有一定的松动作用，因此施工前应根据选用的成孔设备和施工方法在场地预留一定厚度的松动土层，待成孔和桩孔回填夯实结束后将其挖除或按设计规定进行处理。应预留松动土层的厚度，对沉管（锤击、振动）成孔，宜为 0.5～0.7m；对冲击成孔，宜为 1.2～1.5m。

2. 被加固土层含水量的控制

拟处理地基土的含水量对成孔施工与桩间土的挤密至关重要。工程实践表明，当天然土的含水量小于 12% 时，土呈坚硬状态，成孔挤密很困难，且设备容易损坏；当天然土的含水量大于 24%，饱和度大于 75% 时，桩孔可能缩径，桩孔周围的土容易隆起，挤密效果差；当天然土的含水量接近最优含水量时，成孔施工速度快，桩间土的挤密效果好。因此，在成孔过程中，应掌握好拟处理地基土的含水量，使其接近最优（或塑限）含水量。当土的含水量低于 12% 时，宜对拟处理范围内的土层进行增湿。增湿应于地基处理前 4～6d，将需增湿的水通过一定数量和一定深度的渗水孔，均匀地浸入拟处理范围内的土层中。

增湿土的加水量的估算可参阅相关文献。

3. 成孔要求

（1）成孔和孔内回填夯实的施工顺序，当整片处理时，宜从里（或中间）向外间隔 1～2 孔进行，对大型工程，可采取分段施工；当局部处理时，宜从外向里间隔 1～2 孔进行。

（2）桩孔的垂直度偏差不宜大于 1%。

（3）桩孔中心点的偏差不宜超过桩距设计值的 5%。

4. 孔内填料要求

向孔内填料前，孔底必须夯实，并应抽样检查桩孔的直径、深度和垂直度。经检验合格后，应按设计要求，向孔内分层填入筛好的素土、灰土或其他填料，并应分层夯实至设计标高。回填土料一般采用过筛（筛孔不大于 20 mm）的粉质黏土；石灰用块灰消解（闷透）

3~4d后并过筛,其粗粒粒径不大于5 mm的熟石灰。灰土应拌和均匀至颜色一致后及时回填夯实。

5. 灰土垫层铺设要求

铺设灰土垫层前,应按设计要求将桩顶标高以上的预留松动土层挖除或夯(压)密实,然后铺设300~600mm厚的灰土垫层并压实,压实系数不小于0.95。

6. 施工中可能出现的问题和处理方法

(1) 夯打时桩孔内有渗水、涌水、积水现象可将孔内水排出地表,或将水下部分改为混凝土桩或碎石桩,水上部分仍为土(或灰土)桩。

(2) 沉管成孔过程中遇障碍物时可采取以下措施处理。

① 用洛阳铲探查并挖除障碍物,也可在其上面或四周适当增加桩数,以弥补局部处理深度的不足,或从结构上采取适当措施进行弥补。

② 对未填实的面积不大的墓穴、坑洞、地道等,挖除不便时,可将桩打穿通过,并在此范围内增加桩数,或从结构上采取适当措施进行弥补。

(3) 夯打时造成缩径、堵塞、挤密成孔困难、孔壁坍塌等情况,可采取以下措施处理。

① 当含水量过大、缩径比较严重时,可向孔内填干砂、生石灰块、碎砖渣、干水泥、粉煤灰;如含水量过小,可预先浸水,使之达到或接近最优含水量。

② 遵守成孔顺序,由外向里间隔进行(硬土由里向外)。

③ 施工中宜打一孔,填一孔,或隔几个桩位跳打夯实。

④ 合理控制桩的有效挤密范围。

11.7.5 质量检验

(1) 桩孔质量检验应在成孔后及时进行,所有桩孔均需检验并作出记录,检验合格或经处理后方可进行夯填施工。

(2) 应随机抽样检测成孔夯填施工后桩长范围内灰土或土填料的平均压实系数 λ_{cm},抽检的数量不应少于总桩数的1%,且不得少于9根。对灰土桩桩身强度有怀疑时,尚应检验消石灰与土的体积配合比。

(3) 应抽样检测处理深度内桩间土的平均挤密系数 η_{cm},检测探井数不应少于总桩数的0.3%,且每项单体工程不得少于3个。

(4) 对消除湿陷性的工程,除应检测上述内容外,尚应进行现场浸水静载荷试验。

(5) 竣工验收时的承载力检验应采用复合地基静载荷试验。试验应在成桩后14~28d后进行,检验数量不应少于总桩数的1%,且每项单体工程不应少于3点。

11.8 水泥土搅拌法

11.8.1 水泥土搅拌法的基本概念

水泥土搅拌法(Clay Mixing Consolidation)是利用水泥(或石灰)等材料作为固化剂,

通过特制的搅拌机械,就地将软土与固化剂(浆液或粉体,其中浆液适用于深层搅拌法;粉体适用于粉体喷搅法)强制搅拌,由固化剂和软土间产生一系列物理-化学反应,使软土硬结成具有整体性、水稳定性和一定强度的水泥加固土,从而提高地基强度和增大变形模量。根据施工方法的不同,水泥土搅拌法分为水泥浆搅拌(简称湿法)和粉体喷射搅拌(简称干法)两种。前者是用水泥浆和地基土搅拌,后者是用水泥粉或石灰粉和地基土搅拌。一般来说,喷浆拌和比喷粉拌和均匀性好,但有时对高含水量的淤泥,喷粉拌和也有一定的优势。

水泥土搅拌法是美国在第二次世界大战后研制成功,称之为就地搅拌桩(MIP)。我国于1977年由原冶金部建筑研究总院和交通部水运规划设计院引进、开发水泥深层搅拌法,并很快在全国得到推广应用,成为软土地基处理的一种重要手段。

水泥土搅拌法加固软土技术,其独特的优点如下。

(1) 水泥土搅拌法由于将固化剂和原地基软土就地搅拌混合,因而最大限度地利用了原土。

(2) 搅拌时不会使地基侧向挤出,所以对周围原有建筑物的影响很小。

(3) 按照不同地基土的性质及工程设计要求,合理选择固化剂及其配方,设计比较灵活。

(4) 施工时无振动、无噪声、无污染,可在市区内和密集建筑群中进行施工。

(5) 土体加固后重度基本不变,对软弱下卧层不致产生附加沉降。

(6) 与钢筋混凝土桩基相比,节省了大量的钢材,并降低了造价。

(7) 根据上部结构的需要,可灵活地采用柱状、壁状、格栅状和块状等加固形式。

11.8.2 水泥土搅拌法的适用范围

水泥土搅拌法适用于处理正常固结的淤泥与淤泥质土、素填土、黏性土(软塑、可塑)、粉土(稍密、中密)、粉细砂(松散～中密)、中粗砂(松散、稍密)、饱和黄土等土层;不适用于含大孤石或障碍物较多且不容易清除的杂填土、欠固结的淤泥与淤泥质土、硬塑及坚硬的黏性土、密实的砂类土,以及地下水渗流影响成桩质量的土层。

当地基土的天然含水量小于30%(黄土含水量小于25%)时不宜采用干法。冬季施工时应注意负温对处理效果的影响。

水泥土搅拌法用于处理泥炭土、有机质土、塑性指数I_P大于25的黏土、pH小于4的酸性土、地下水具有腐蚀性时,以及无工程经验的地区,必须通过现场试验确定其适用性。

水泥土搅拌法可用于增加软土地基的承载能力、减少沉降量、提高边坡的稳定性,在以下场合应用最多。

(1) 作为建筑物或构筑物的地基、厂房内具有地面荷载的地坪和高填方路堤下基层等。

(2) 进行大面积地基加固,以防止码头岸壁的滑动、深基坑开挖时坍塌、坑底隆起和减少软土中地下构筑物的沉降。

(3) 作为地下防渗墙或止水帷幕以阻止地下渗透水流,对桩侧或板桩背后的软土加固以增加侧向承载能力。

11.8.3 水泥土搅拌桩复合地基设计

1. 加固形式的选择

搅拌桩可布置成柱状、壁状和块状三种形式。

(1) 柱状。每隔一定的距离打设一根搅拌桩，即成为柱状加固形式。适合于单层工业厂房独立柱基础和多层房屋条形基础下的地基加固。

(2) 壁状。将相邻搅拌桩部分重叠搭接成壁状加固形式。适用于深基坑开挖时的边坡加固以及建筑物长高比较大、刚度较小、对不均匀沉降比较敏感的多层混合结构条形基础下的地基加固。

(3) 块状。对上部结构单位面积荷载大，对不均匀下沉控制严格的构筑物地基进行加固时可采用这种布桩形式。它是纵、横两个方向的相邻桩搭接而形成的。如在软土地区开挖深基坑时，为防止坑底隆起也可采用块状加固形式。

2. 褥垫层的设置

竖向承载搅拌桩复合地基应在基础和桩之间设置褥垫层，厚度可取 200～300mm。褥垫层的材料可选用中砂、粗砂、级配砂石等，最大粒径不宜大于 20mm。褥垫层的夯填度不应大于 0.9。

3. 柱状水泥土搅拌桩复合地基的设计要点

柱状水泥土搅拌桩复合地基的设计内容包括确定水泥掺量和外加剂、单桩竖向承载力、复合地基承载力、面积置换率、桩数和桩位的平面布置，以及变形验算。

1) 确定水泥掺量和外加剂

(1) 水泥掺量。水泥土搅拌法处理软土的固化剂宜选用强度等级为 32.5 级以上的普通硅酸盐水泥。水泥掺量除块状加固时不宜小于被加固土质量的 7% 外，其余不宜小于 12%。湿法水泥浆的水灰比可选用 0.5～0.6。

(2) 外掺剂。外掺剂可根据工程需要选用具有早强、缓凝、减水、节省水泥等性能的材料，但应避免污染环境。外掺剂主要有木质素磺酸钙、石膏、磷石膏、三乙醇胺等。木质素磺酸钙是一种减水剂，试验表明，它对水泥土强度影响不大，石膏和三乙醇胺对水泥土的强度有增强作用，磷石膏对大部分软黏土来说是一种经济有效的固化剂，一般可节省水泥 26%。

2) 确定搅拌桩的长度

搅拌桩的长度应根据上部结构对地基承载力和变形的要求确定，并应穿透软弱土层到达地基承载力相对较高的土层。当设置的搅拌桩同时为提高地基的稳定性时，其桩长应超过危险滑弧以下不少于 2m。干法的加固深度不宜大于 15m，湿法的加固深度不宜大于 20m。

3) 初步确定单桩竖向承载力特征值

单桩竖向承载力特征值应通过现场单桩载荷试验确定，初步设计时可按第 11.2 节式 (11-10) 估算，并应同时满足式 (11-27) 的要求，应使由桩身材料强度确定的单桩承载力大于由桩周土和桩端土的抵抗力所提供的单桩承载力

$$R_a = U_p \sum_{i=1}^{n} q_{si} l_{pi} + \alpha_p q_p A_p$$

$$R_a = \eta f_{cu} A_p \tag{11-27}$$

式中：U_p——桩周长；

l_{pi}——桩周范围内第 i 层土的厚度；

α_p——桩端端阻力发挥系数，按地区经验确定，可取 $0.4 \sim 0.6$；

q_p——桩端土的承载力特征值，取未经修正的桩端地基土承载力特征值；

f_{cu}——与搅拌桩桩身水泥土配比相同的室内加固土试块，边长为 70.7mm 的立方体在标准养护条件下 90d 龄期的立方体抗压强度平均值(kPa)；

η——桩身强度折减系数，干法可取 $0.20 \sim 0.25$；湿法可取 0.25；

q_{si}——桩侧第 i 层土的侧阻力特征值(kPa)，对淤泥可取 $4 \sim 7$kPa；对淤泥质土可取 $6 \sim 12$kPa；对软塑状态的黏性土可取 $10 \sim 15$kPa；对可塑状态的黏性土可取 $12 \sim 18$kPa；对稍密的砂类土可取 $15 \sim 20$kPa；对中密的砂类土可取 $20 \sim 25$kPa。

4) 初步确定复合地基承载力特征值

加固后搅拌桩复合地基承载力特征值应通过现场单桩或多桩复合地基载荷试验确定，初步设计时可按第 11.2 节式(11-9)估算

$$f_{spk} = \lambda m \frac{R_a}{A_p} + \beta(1-m) f_{sk}$$

式中：λ——单桩承载力发挥系数，按地区经验确定，可取 1.0；

β——桩间土承载力发挥系数，按地区经验确定(对淤泥、淤泥质土和流塑状软土可取 $0.1 \sim 0.4$；对其他土层可取 $0.4 \sim 0.8$)。

5) 确定面积置换率 m

根据设计要求的复合地基承载力特征值 f_{spk} 和单桩竖向承载力特征值 R_a 按式(11-28)计算搅拌桩的置换率

$$m = \frac{f_{spk} - \beta \cdot f_{sk}}{\dfrac{R_a}{A_p} - \beta \cdot f_{sk}} \tag{11-28}$$

6) 确定桩数

复合地基的置换率确定后，可根据复合地基置换率确定总桩数

$$n = \frac{mA}{A_p} \tag{11-29}$$

式中：A——基础的底面积。

7) 确定桩位的平面布置

总桩数确定后，即可根据基础形状和采用一定的布桩形式合理布桩，确定设计实际用桩数。柱状处理可采用正方形或等边三角形等布桩形式，独立基础下的桩数不宜少于 4 根。

8) 变形验算

柱状水泥土搅拌桩复合地基的变形计算原则同 CFG 桩复合地基。当搅拌桩处理范围以下存在软弱下卧层时，还应进行软弱下卧层地基承载力验算。

11.8.4 水泥土搅拌桩施工

1. 基本要求

（1）水泥土搅拌桩施工现场施工前应予以平整，清除地上和地下的障碍物。

（2）水泥土搅拌桩施工前应根据设计进行工艺性试桩，数量不得少于3根，多轴搅拌施工不得少于3组。

（3）搅拌头翼片的枚数、宽度、与搅拌轴的垂直夹角、搅拌头的回转数、提升速度应相互匹配，干法搅拌时钻头每转一圈的提升（或下沉）量宜为10～15mm，以确保加固深度范围内土体任一点均能经过20次以上的搅拌。

（4）搅拌桩施工时，停浆（灰）面应高于桩顶设计标高500mm。开挖基坑时，应将桩顶以上土层及桩顶施工质量较差桩段，采用人工挖除。

（5）施工中应保证搅拌桩机底盘的水平和导向架的竖直，搅拌桩的垂直度偏差不得超过1%；桩位偏差不得大于50mm，桩直径和桩长不得小于设计值。

2. 水泥土搅拌桩施工工艺

水泥土搅拌法施工步骤由于湿法和干法的施工设备不同而略有差异，其主要施工工艺流程如图11.13所示。

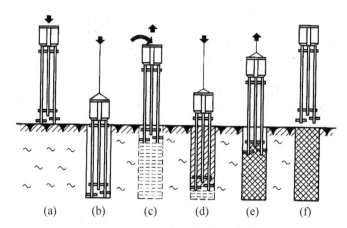

图11.13 水泥土搅拌桩施工工艺流程

（1）定位[图11.13(a)]。起重机（或塔架）悬吊搅拌机到达指定桩位，对中。当地面起伏不平时，应使起吊设备保持水平。

（2）预搅下沉[图11.13(b)]。待搅拌机的冷却水循环正常后，启动搅拌机电机，放松起重机钢丝绳，使搅拌机沿导向架搅拌切土下沉，下沉的速度可由电机的电流监测表强制。工作电流不应大于70A。如果下沉速度太慢，可从输浆系统补给清水以利钻进。

（3）制备水泥浆。待搅拌机下沉到一定深度时，即开始按设计确定的配合比拌制水泥浆，待压浆前将水泥浆倒入集料斗中。

（4）提升喷浆搅拌[图11.13(c)]。当水泥浆液到达出浆口后，应喷浆搅拌30s，在水泥浆与桩端土充分搅拌后，再开始提升搅拌头。

(5) 重复上、下搅拌[图 11.13(d)、(e)]。搅拌机提升至设计加固深度的顶面标高时,集料斗中的水泥浆应正好排空。为使软土和水泥浆搅拌均匀,可再次将搅拌机边旋转边沉入土中,至设计加固深度后再将搅拌机提升出地面。

(6) 清洗[图 11.13(f)]。向集料斗中注入适量清水,开启灰浆泵,清洗全部管路中残存的水泥浆,直至基本干净,并将黏附在搅拌头上的软土清洗干净。

(7) 移位。重复上述步骤(1)～(6),再进行下一根桩的施工。

由于搅拌桩顶部与上部结构的基础或承台接触部分受力较大,因此通常还可对桩顶 1.0～1.5m 范围内再增加一次输浆,以提高其强度。

11.8.5 质量检验

1. 施工过程质量检验

(1) 施工过程中应随时检查施工记录和计量记录。

(2) 水泥土搅拌桩的施工质量检验可采用下列方法。

① 成桩 3d 内,可用轻型动力触探(N_{10})检查上部桩身的均匀性,检验数量为施工总桩数的 1%,且不少于 3 根。

② 成桩 7d 后,采用浅部开挖桩头进行检查,开挖深度宜超过停浆(灰)面下 0.5m,检查搅拌的均匀性,量测成桩直径,检查量不少于总桩数的 5%。

2. 竣工验收质量检验

(1) 水泥土搅拌桩复合地基承载力验收质量检验应采用复合地基静载荷试验和单桩静载荷试验,检验数量不少于总桩数的 1%,复合地基静载荷试验数量不少于 3 台(多轴搅拌为 3 组)。静载荷试验宜在成桩 28d 后进行。

(2) 对变形有严格要求的工程,应在成桩 28d 后,采用双管单动取样器钻取芯样作水泥土抗压强度检验,检验数量为施工总桩数的 0.5%,且不少于 6 点。

(3) 基槽开挖后,应检验桩位、桩数与桩顶桩身质量,如不符合设计要求,应采取有效补强措施。

简答题

1. 根据加固机理,地基处理可分为哪些类别?
2. 简述复合地基的定义、分类与形成条件。
3. 什么是复合地基面积置换率?什么是桩土荷载分担比和复合模量?
4. 什么是压实系数?什么是最优含水量?什么是夯填度?
5. 换土垫层有哪些作用?如何确定垫层的厚度和宽度?
6. 简述堆载预压法和真空预压法的适用范围、设计要点、施工要点及施工质量检验内容。

7. 与堆载预压法相比，真空预压法有哪些特点？
8. 简述强夯法的适用范围、设计要点、施工要点及施工质量检验内容。
9. 简述水泥粉煤灰碎石桩法的适用范围、设计要点、施工要点及施工质量检验内容。
10. 简述灰土挤密桩法和土挤密桩法的适用范围、设计要点、施工要点及施工质量检验内容。
11. 简述水泥土搅拌法的适用范围、设计要点、施工要点及施工质量检验内容。

第 12 章

特殊土地基

学习目标

本章介绍了湿陷性黄土地基、膨胀土地基、红黏土地基。通过本章的学习,根据地区特点,要求学生掌握湿陷性黄土地基的工程处理措施、膨胀土地基的工程处理措施、红黏土地基的工程处理措施。

引例

河南安阳至林州高速公路某段落为湿陷性黄土地基,湿陷土层厚 3.0m。经技术经济分析后决定采用强夯法进行处理。设计的单击夯击能采用 1000kN·m,夯点布设采用正方形插挡法,夯点最大间距 5m,夯击遍数 3 遍。采用的夯锤重为 120kN,落距 8.5m。取得了良好的效果。

12.1 湿陷性黄土地基

12.1.1 湿陷性黄土的分布及主要特征

1. 黄土与湿陷性黄土的概念

凡以风力搬运沉积又没有经过次生扰动的、无层理的黄色粉质、含碳酸盐类,并具有肉眼可见的、大孔的土状沉积物称为黄土(也称原生黄土)。其他成因的、黄色的、又常具有层理和夹有砂、砾石层的土状沉积物称为黄土状土(也称次生黄土)。黄土和黄土状土(以下统称为黄土)广泛分布于我国的华北、西北等地。

具有天然含水量的黄土一般有较高的强度和较小的压缩性。但遇水浸湿后,有的即使在其自重应力作用下也会发生显著变形,强度迅速降低;而有的却并不发生湿陷。凡天然黄土在覆盖土层的自重应力或自重应力和附加应力的共同作用下,受水浸湿,发生土的结构迅速破坏而导致显著的附加下沉(其强度也随着迅速降低的),称为湿陷性黄土;否则称为非湿陷性黄土。非湿陷性黄土地基的设计与施工与一般黏性土地基相同。

湿陷性黄土分为自重湿陷性黄土和非自重湿陷性黄土。在土自重应力作用下,受水浸湿后不发生湿陷称为非自重湿陷性黄土;在土自重应力作用下,浸湿后发生湿陷则为自重湿陷性黄土。

2. 湿陷性黄土的分布及主要特征

在我国,黄土分布的面积约有 64 万 km^2,其中湿陷性黄土约占黄土分布面积的 60%,主要分布在秦岭以北的黄河中游地区,如甘、陕的大部分,以及晋南、豫西等地,在我国大的地貌分区图上,称之为黄土高原。河北、山东、内蒙古和东北地区南部以及青海、新疆等地也有所分布。黄土地区沟壑纵横,常发育成为许多独特的地貌形状,常见的有黄土塬、黄土梁、黄土峁、黄土陷穴等地貌。

湿陷性黄土一般具有下列特征。

(1) 在一定压力作用下,受水浸湿后发生显著的附加下沉。
(2) 天然孔隙比一般为 1.0 左右。
(3) 颗粒组成以粉土粒为主,常为 60% 以上。
(4) 含有大量可溶性盐类。
(5) 颜色为黄色或褐黄色。
(6) 天然剖面形成垂直节理。
(7) 一般具有肉眼可见的大孔隙。

12.1.2 湿陷性黄土的判定和地基评价

1. 黄土湿陷性的判定

黄土的湿陷性可采用湿陷系数 δ_s 来判别。湿陷系数 δ_s 是指单位厚度土样在规定压力作用下受水浸湿后所产生的湿陷量，它通过室内侧限浸水压缩试验确定，并由式(12-1)计算

$$\delta_s = \frac{h_p - h_p'}{h_0} \tag{12-1}$$

式中：h_p——保持天然含水量和结构的土样在侧限条件下加压至规定压力 p 时，压缩稳定后的高度(mm)；

h_p'——上述加压稳定后的土样在浸水作用下压缩稳定后的高度(mm)；

h_0——试样的原始高度(mm)。

我国《湿陷性黄土地区建筑规范》(GB 50025—2004)(以下称《黄土规范》)，按照国内各地经验，对黄土的湿陷性采用以下评定标准。

$\delta_s \geq 0.015$ 定为湿陷性黄土，否则为非湿陷性黄土。湿陷性土层的厚度也是用此界限值确定的。一般认为 $0.015 \leq \delta_s \leq 0.03$ 为弱湿陷性黄土；$0.03 < \delta_s \leq 0.07$ 为中等湿陷性黄土；$\delta_s > 0.07$ 为强湿陷性黄土。

对测定湿陷系数 δ_s 的试验压力，《黄土规范》作了如下规定。

(1) 基底下 10m 以内的土层采用 200kPa；10m 以下至非湿陷性黄土顶层，采用其上覆土的饱和自重压力(大于 300kPa 时取 300kPa)。

(2) 当基底压力大于 300kPa 时，宜用实际压力。

(3) 对压缩性较高的新近堆积黄土，基底下 5m 以内的土层宜用 100～150kPa 压力，5～10m 和 10m 以下至非湿陷性黄土层顶面，应分别采用 200kPa 和上覆土的饱和自重压力。

2. 湿陷性黄土场地湿陷类型的划分

如前所述，湿陷性黄土分为非自重湿陷性和自重湿陷性两种，后者一旦浸水，在其上覆土自重应力作用下，迅速发生湿陷，且比较强烈。因此，在自重湿陷性黄土地区进行建筑，必须采取比非自重湿陷性黄土场地要求更高的措施，才能确保建筑物的安全和正常使用。所以，在工程地质勘察中必须区分湿陷性黄土场地的湿陷类型，判定是非自重湿陷性的还是自重湿陷性的。

对于这两种湿陷类型的划分，可采用自重湿陷量实测值或计算值来判定。实测自重湿陷量可用现场试坑浸水试验测定，计算自重湿陷量值应按式(12-2)确定

$$\Delta_{zs} = \beta_0 \sum_{i=1}^{n} \delta_{zsi} h_i \tag{12-2}$$

式中：δ_{zsi}——第 i 层土的自重湿陷系数，保持天然湿度和结构的试样，加压至该试样上覆土的饱和自重压力时测得，测定和计算同 δ_s；

h_i——第 i 层土的厚度(mm)；

β_0——因地区土质而异的修正系数，在缺乏实测资料时，可按下列规定取值：①陇西地区取 1.5；②陇东—陕北—晋西地区取 1.2；③关中地区取 0.9；④其他地区取 0.5。

自重湿陷量的计算值 Δ_{zs}，应自天然地面(当挖、填方的厚度和面积较大时，应自设计地面)算起，至其下非湿陷性黄土层的顶面止，其中自重湿陷系数 δ_{zs} 小于 0.015 的土层不累计。

《黄土规范》规定：当实测或计算自重湿陷量小于或等于 7cm 时，定为非自重湿陷性黄土场地；当实测或计算自重湿陷量大于 7cm 时，定为自重湿陷性黄土场地；当实测或计算自重湿陷量出现矛盾时，应按自重湿陷量的实测值判定。

3．湿陷性黄土地基的湿陷等级

由若干个具有不同湿陷系数的黄土层所组成的湿陷性黄土地基，它的湿陷程度可以用这些土层被水浸湿饱和并下沉稳定后所发生湿陷的总和即总湿陷量来衡量。总湿陷量越大，地基浸水后建筑物和地面的变形越严重，对建筑物的危害性越大，对设计、施工措施的要求也越高。

湿陷性黄土被水浸湿饱和并下沉稳定后总湿陷量 Δ_s，应按式(12-3)计算

$$\Delta_s = \sum_{i=1}^{n} \beta \delta_{si} h_i \tag{12-3}$$

式中：δ_{si}——第 i 层土的湿陷系数；

h_i——第 i 层土的厚度(mm)；

β——考虑基底下地基土的受水浸湿可能性和侧向挤出等因素的修正系数。在缺乏实测资料时，可按下列规定取值：①基底下 0~5m 深度内，取 1.50；②基底下 5~10m 深度内，取 1.0；③基底下 10m 至非湿陷性黄土层的顶面，在自重湿陷性黄土场地，可取工程所地区的 β_0 值。

总湿陷量的计算值 Δ_s 的计算深度，应自基础底面(如基底标高不确定时，自地面下 1.5m)算起；在非自重湿陷性黄土场地，累计至基底下 10m(或地基压缩层)深度止；在自重湿陷性黄土场地，累计至非湿陷性黄土层的顶面止，其中湿陷系数 δ_s(10m 以下为 δ_{zs})小于 0.015 的土层不累计。

湿陷性黄土地基的湿陷等级，应根据总湿陷量的计算值和自重湿陷量的计算值，按表 12-1 综合确定。

表 12-1 湿陷性黄土地基的湿陷等级

Δ_s/mm	湿陷类型		
	非自重湿陷性场地	自重湿陷性场地	
	$\Delta_{zs} \leq 70$mm	70mm $< \Delta_{zs} \leq$ 350mm	$\Delta_{zs} >$ 350mm
$\Delta_s \leq 300$	Ⅰ(轻微)	Ⅱ(中等)	—
$300 < \Delta_s \leq 700$	Ⅱ(中等)	*Ⅱ(中等)或Ⅲ(严重)	Ⅲ(严重)
$\Delta_s > 700$	Ⅱ(中等)	Ⅲ(严重)	Ⅳ(很严重)

注：当 $\Delta_s >$ 600mm 且自重湿陷量的计算值 $\Delta_{zs} >$ 300mm 时，可判为Ⅲ级，其他情况可判为Ⅱ级。

【**例 12-1**】陕北某建筑场地经勘察为黄土地基,在探井中取原状土试样,在试验室进行浸水压缩试验,实测数值如表 12-2 所示。试判别该黄土地基是否属湿陷性黄土(土样的原始高度 $h_0=20\text{mm}$)。

表 12-2 黄土浸水压缩试验结果

试样编号	1	2	3
取土深度/m	1.5	2.5	3.5
加 200kPa 压力后试样的稳定高度/mm	19.40	19.32	19.56
浸水后试样的稳定高度/mm	18.32	18.23	18.40

【**解**】按式(12-1)计算各试样的湿陷系数。

(1) $\delta_s = \dfrac{h_p - h_p'}{h_0} = \dfrac{19.40 - 18.32}{20} = 0.054 > 0.015$

(2) $\delta_s = \dfrac{h_p - h_p'}{h_0} = \dfrac{19.32 - 18.23}{20} = 0.055 > 0.015$

(3) $\delta_s = \dfrac{h_p - h_p'}{h_0} = \dfrac{19.56 - 18.40}{20} = 0.058 > 0.015$

判定为湿陷性黄土。

【**例 12-2**】表 12-3 是关中某建筑场地在初勘时某号探井的土工试验资料,试划分该场地的湿陷类型和湿陷等级。

表 12-3 黄土浸水压缩试验结果

试样编号	1	2	3	4	5	6	7	8	9
取土深度/m	1.5	2.5	3.5	4.5	5.5	6.5	7.5	8.5	9.5
δ_s	0.065	0.046	0.056	0.058	0.075	0.044	0.016	0.018	0.008
δ_{zs}	0.008	0.016	0.040	0.036	0.065	0.008	0.001	0.003	0.001

【**解**】由表 12-3 可见 δ_s 都较大,属强湿陷性的;同时 3m 以下 δ_{zs} 也较大。故全部湿陷性土层按 9m 考虑。

(1) 划分湿陷类型。按式(12-2)计算自重湿陷量值

$$\Delta_{zs} = \beta_0 \sum_{i=1}^{n} \delta_{zsi} h_i = 0.9 \times (0.016 \times 100 + 0.040 \times 100 + 0.036 \times 100 + 0.065 \times 100)$$

$$= 0.9 \times (1.6 + 4.0 + 3.6 + 6.5) = 14.13(\text{cm}) > 7\text{cm}$$

判别为自重湿陷性黄土场地。

(2) 确定湿陷等级。

$$\Delta_s = \beta \sum_{i=1}^{n} \delta_{si} h_i = 1.5 \times (0.065 \times 50 + 0.046 \times 100 + 0.056 \times 100 + 0.058 \times 100 + 0.075 \times 100$$

$$+ 0.044 \times 50) + 1.0 \times (0.044 \times 50 + 0.016 \times 100 + 0.018 \times 100)$$

$$= 1.5 \times 28.95 + 1.0 \times 5.6$$

$$= 49.03(\text{cm})$$

因 30cm<Δ_s≤70cm，按表 12-1 判定为Ⅱ级自重湿陷黄土地基。

12.1.3 湿陷性黄土地基的工程处理措施

在湿陷性黄土场地上修建建筑物必须根据建筑物的重要性、地基湿陷的类别与等级、地基受水浸湿可能性的大小和施工条件，因地制宜，采取以地基处理为主的综合措施，防止地基湿陷，确保建筑物安全和正常使用。

1. 地基处理

湿陷性黄土地基处理的目的，主要是为了改善地基土的力学性质，防止和减小建筑物地基浸水湿陷，它与其他土的地基处理的目的是不一样的。

1) 湿陷性黄土场地上的建筑物分类

湿陷性黄土地区的建筑物根据其重要性，地基受水浸湿可能性的大小和在使用期间对不均匀沉降限制的严格程度分为甲、乙、丙、丁四类，见表 12-4。

表 12-4 湿陷性黄土场地上的建筑物分类

建筑物分类	各类建筑的划分
甲类	高度大于 60m 和 14 层及 14 层以上体型复杂的建筑 高度大于 50m 的构筑物 高度大于 100m 的高耸结构 特别重要的建筑 地基受水浸湿可能性大的重要建筑 对不均匀沉降有严格限制的建筑
乙类	高度为 24~60m 的建筑 高度为 30~50m 的构筑物 高度为 50~100m 的高耸结构 地基受水浸湿可能性较大的重要建筑 地基受水浸湿可能性大的一般建筑
丙类	除乙类以外的一般建筑和构筑物
丁类	次要建筑

2) 湿陷性黄土场地上的建筑物对地基处理的要求

湿陷性黄土场地上的建筑应针对不同土质条件和建筑物的类别，在地基压缩层内或湿陷性黄土层内采取处理措施，以满足沉降控制的要求。

(1) 甲类建筑应消除地基的全部湿陷量或采用桩基础穿透全部湿陷性黄土层，或将基础设置在非湿性黄土层上。消除地基的全部湿陷量的处理厚度如下。

① 在非自重湿陷性黄土场地，应将基础底面以下附加压力与上覆土的饱和自重压力之和大于湿陷起始压力的所有土层进行处理，或处理至地基压缩层的深度止。

② 在自重湿陷性黄土场地，应处理基础底面以下的全部湿陷性黄土层。

(2) 乙类建筑应消除地基的部分湿陷量。其最小处理厚度如下。

① 在非自重湿陷性黄土场地，不应小于地基压缩层深度的 2/3，且下部未处理湿陷性黄土层的起始压力值不应小于 100kPa。

② 在自重湿陷性黄土场地，不应小于湿陷性土层深度的 2/3，且下部未处理湿陷性黄土层的剩余湿陷量不应大于 150mm。

③ 如基础宽度大或湿陷性黄土层厚度大，处理地基压缩层深度的 2/3 或全部湿陷性黄土层深度的 2/3 确有困难时，在建筑物范围内应采用整片处理。其处理厚度：在非自重湿陷性黄土场地不应小于 4m，且下部未处理湿陷性黄土层的湿陷起始压力值不宜小于 100kPa；在自重湿陷性黄土场地不应小于 6m，且下部未处理湿陷性黄土层的剩余湿陷量不宜大于 150mm。

(3) 丙类建筑应消除地基的部分湿陷量。其最小处理厚度如下。

① 当地基湿陷性等级为 Ⅰ 级时，对单层建筑可不处理地基；对多层建筑，地基处理厚度不应小于 1m，且下部未处理湿陷性黄土层的湿陷起始压力值不宜小于 100kPa。

② 当地基湿陷性等级为 Ⅱ 级时，在非自重湿陷性黄土场地，对单层建筑，地基处理厚度不应小于 1m，且下部未处理湿陷性黄土层的湿陷起始压力值不宜小于 80kPa；对多层建筑，地基处理厚度不宜小于 2m，且下部未处理湿陷性黄土层的湿陷起始压力值不宜小于 100kPa；在自重湿陷性黄土场地，地基处理厚度不应小于 2.5m，且下部未处理湿陷性黄土层的剩余湿陷量不应大于 200mm。

③ 当地基湿陷性等级为 Ⅲ 或 Ⅳ 级时，对多层建筑宜采用整片处理，地基处理厚度分别不应小于 3m 或 4m，且下部未处理湿陷性黄土层的剩余湿陷量，单层及多层建筑均不应大于 200mm。

(4) 丁类建筑的地基可不处理。

3) 湿陷性黄土地基常用的处理方法

选择湿陷性黄土地基的处理方法，应根据建筑物的类别和湿陷性黄土的特性，并考虑施工设备、施工进度、材料来源和当地环境等因素，经技术经济综合分析比较后确定。湿陷性黄土地基常用的处理方法，可按表 12-5 选择。

表 12-5 湿陷性黄土地基常用的处理方法

名称		适用范围	可处理基底下湿陷性黄土层厚度/m
垫层法		地下水位以上，局部或整片处理	1~3
夯实法	强夯	地下水位以上，$S_r<60\%$ 的湿陷性黄土，局部或整片处理	3~6
	重夯		1~2
挤密法		地下水位以上，$S_r<65\%$ 的湿陷性黄土	5~15
桩基础		基础荷载大，有可靠的持力层	≤30
预浸水法		Ⅲ、Ⅳ 级自重湿陷性黄土场地，6m 以下尚应采用垫层等方法处理	可消除地面 6m 以下全部土层的湿陷性
单液硅化或碱液加固法		加固地下水位以上的已有建筑物地基	≤10，单液硅化加固的最大深度可达 20

2. 防水措施

湿陷性黄土产生湿陷必须具备的外部条件是地基土浸水。防水措施的目的是消除黄土发生湿陷变形的外在条件。

(1) 基本防水措施。在建筑物布置、场地排水、屋面排水、地面防水、散水、排水沟、管道敷设、管道材料和接口等方面，应采取措施防止雨水或生产、生活用水的渗漏。

(2) 检漏防水措施。在基本防水措施的基础上对防护范围内的地下管道，应增设检漏管沟和检漏井。

(3) 严格防水措施。在检漏防水措施的基础上，应提高防水地面、排水沟、检漏管沟和检漏井等设施的材料标准，如增设可靠的防水层、采用钢筋混凝土排水沟等。

3. 结构措施

结构措施是前两项措施的补充手段。其目的是为了使建筑物结构能适应不均匀沉降和局部变形，以弥补其他措施失效而产生的地基变形。它包括建筑平面布置力求简单，加强建筑上部结构整体刚度，预留沉降净空等来减小建筑物不均匀沉降或使建筑物能适应或抵抗地基的湿陷变形。

12.2 膨胀土地基

膨胀土是一种非饱和的、结构不稳定的高塑性黏性土。它的黏粒成分主要由亲水性矿物组成，并具有显著的吸水膨胀和失水收缩变形特性。膨胀土在我国主要分布于广西、云南、湖北、河南、安徽、四川等二十几个省(区)。

12.2.1 膨胀土的工程特性指标

1. 自由膨胀率 δ_{ef}

自由膨胀率是人工制备的烘干土在水中增大的体积与其原有体积之比，用百分数表示

$$\delta_{ef} = \frac{V_w - V_0}{V_0} \times 100\% \quad (12-4)$$

式中：V_w——土样在水中膨胀稳定后的体积；
V_0——土样原始体积。

2. 膨胀率 δ_{ep}

膨胀率是指原状土样在侧限压缩仪中，在一定压力下浸水膨胀稳定后所增加的高度与原始高度之比，用百分数表示

$$\delta_{ep} = \frac{h_w - h_0}{h_0} \times 100\% \quad (12-5)$$

式中：h_w——某级荷载下土样在水中膨胀稳定后的高度；
h_0——土样原始高度。

12.2.2 膨胀土的判别

《膨胀土地区建筑技术规范》(GB 50112—2013)(以下称《膨胀土规范》)中规定，凡具有下列工程地质特征及建筑物破坏形态，且自由膨胀率 $\delta_{ef} \geqslant 40\%$ 的黏性土，应判定为膨胀土。

(1) 土的裂隙发育，常有光滑面和擦痕，有的裂隙中充填有灰白、灰绿等杂色黏土。在自然条件下呈坚硬或硬塑状态。

(2) 多出露于二级或二级以上阶地、山前和盆地边缘的丘陵地带。地形较平缓，无明显自然陡坎。

(3) 常见有浅层滑坡、地裂。新开挖坑(槽)壁易发生坍塌等现象。

(4) 建筑物多呈"倒八字""X"或水平裂缝，裂缝随气候变化而张开和闭合。

12.2.3 膨胀土的场地与地基评价

1. 膨胀土的膨胀潜势分类

膨胀土的膨胀潜势按自由膨胀率 δ_{ef} 分类，见表 12-6。

表 12-6 膨胀土的膨胀潜势分类(GB 50112—2013)

自由膨胀率 $\delta_{ef}/(\%)$	膨胀潜势
$40 \leqslant \delta_{ef} < 65$	弱
$65 \leqslant \delta_{ef} < 90$	中
$\delta_{ef} \geqslant 90$	强

2. 膨胀土地基的胀缩等级

《膨胀土规范》规定：以 50kPa 压力下测定土的膨胀率，计算地基分级变形量，作为划分胀缩等级的标准，见表 12-7。

表 12-7 膨胀土地基的胀缩等级(GB 50112—2013)

地基分级变形量 s_e/mm	等 级
$15 \leqslant s_e < 35$	Ⅰ
$35 \leqslant s_e < 70$	Ⅱ
$s_e \geqslant 70$	Ⅲ

12.2.4 膨胀土地基的工程处理措施

在膨胀土地基上建造基础时，应从场址选择、设计和地基处理三方面采取措施。

1. 场址选择方面

场址选择宜符合下列要求。

(1) 宜选择地形条件比较简单,且土质比较均匀、胀缩性较弱的地段。
(2) 宜具有排水畅通或易于进行排水处理的地形条件。
(3) 宜避开地裂、冲沟发育和可能发生浅层滑坡等地段。
(4) 宜避开地下溶沟、溶槽发育、地下水变化剧烈的地段。
(5) 坡度宜小于14°并有可能采用挡土结构治理的地段。

2. 设计方面

1) 总平面设计

总平面布置时最好选择胀缩性较小和土质较均匀的地区布置建筑物。建筑场地要设计好地表排水,建筑物周围宜布置种植草皮,保持自然地形和植被,避免大挖大填等。总图设计要做好护坡保湿设计。

2) 建筑设计

建筑物不宜过长,体型应简单,避免凹凸,转角。必要时可设置沉降缝。设计时应考虑地基的胀缩变形对轻型结构建筑物的损坏作用,尽量少用1~2层的低层民用建筑,做宽散水并增加覆盖面。室内地坪宜采用混凝土预制块,不做砂、石等垫层。要辅以防水处理。建筑物的角端和内外墙的连接处,必要时可增设水平钢筋。

3) 结构设计

应尽量避免使用对基础变形敏感的结构。可采取增加基础附加荷载的措施以减少土的胀缩变形。建筑物的角端和内外墙的连接处,必要时可增设水平钢筋。砌体结构内可设钢筋混凝土圈梁。

3. 地基处理方面

膨胀土地基处理可采用换土、砂石垫层、土性改良等方法,膨胀土土性改良可采用掺和水泥、灰土等材料。

平坦场地上胀缩等级为Ⅰ级和Ⅱ级的膨胀土地基宜采用砂、碎石垫层。垫层厚度不应小于300mm。垫层宽度应大于基础底面宽度,两侧宜采用与垫层相同的材料回填,并应做好防水、隔水处理。

对较均匀且胀缩等级为Ⅰ级的膨胀土地基,可采用条形基础,基础埋深较大或基底压力较小时,宜采用墩基础;对胀缩等级为Ⅲ级或设计等级为甲级的膨胀土地基,宜采用桩基础。

12.3 红黏土地基

12.3.1 红黏土及其分布

红黏土是指石灰岩、白云岩等碳酸盐类岩石在亚热带温湿气候条件下,经长期的风化作用所形成的褐红色的黏性土。红黏土一般堆积于洼地和山麓坡地,上硬下软,具有明显的胀缩性,有时还呈棕红、黄褐等色,其液限w_L一般大于50%。红黏土的颗粒经再次搬运到低洼处堆成新的土层,其颜色较未搬运者浅,常含粗颗粒,但仍保持红黏土的基本特征,且其液限 w_L 大于 45%,称次生红黏土。红黏土在我国云南、贵州、广西分布最为广泛,湖南、湖北、安徽、四川等部分地区也有分布。

12.3.2 红黏土的物理力学特征

(1) 天然含水量高,一般为 40%~60%,有的高达 90%。

(2) 密度小。天然孔隙比一般为 1.4~1.7,最高达 2.0,具有大孔隙。

(3) 高塑限,液限一般为 60%~80%,有的高达 110%;塑限一般为 40%~60%,有的高达 90%;塑性指数一般为 20~50。

(4) 由于塑限很高,所以尽管红黏土天然含水量高,一般仍处于坚硬或硬塑状态。液性指数一般小于 0.25。但其饱和度一般在 90% 以上,因此,甚至坚硬红黏土也处于饱和状态。

(5) 一般呈现较高的强度和较低的压缩性,三轴剪切内摩擦角为 0°~3°,黏聚力 50~160kPa,压缩系数 $a_{1-2}=0.1\sim0.4\text{MPa}^{-1}$,变形模量 10~30MPa,最高可达 50MPa,荷载试验比例界限 200~300kPa。

(6) 不具有湿陷性,其湿陷系数为 0.0004~0.0008≪0.015。原状土浸水后膨胀量很小(<2%),但失水后收缩剧烈。原状土体积收缩率为 25%,而扰动土可达 40%~50%。

12.3.3 红黏土的工程地质特征

1. 红黏土的物理力学性质变化范围及其规律性

从上面的叙述可知,红黏土的物理力学指标具有相当大的变化范围,其承载力自然会有显著的差别。貌似均匀的红黏土,其工程性能的变化却十分复杂,这也是红黏土的一个重要特点。

(1) 在沿深度方向,随着深度的加大,其天然含水量、孔隙比和压缩性都有较大的增高,状态由坚硬、硬塑可变为可塑、软塑以及流塑状态,因而强度则大幅度降低。

(2) 在水平方向,随着地形地貌及下伏基岩的起伏变化,红黏土的物理力学指标也有明显的差别。在地势较高的部位,由于排水条件好,其天然含水量、孔隙比和压缩性均较低,强度较高,而地势较低处则相反。因此,红黏土的物理力学性质在水平方向是很不均匀的。

(3) 平面分布上的次生坡积红黏土与原生残积红黏土,其物理力学性能有着显著的差别。

2. 红黏土的胀缩性

由于红黏土的矿物成分亲水性较弱,使得天然状态下的红黏土的膨胀量极小。另外,红黏土具有高孔隙比、高含水量、高分散性及呈饱和状态,致使红黏土有很高的收缩量。因此,红黏土的胀缩性表现为以收缩为主。

3. 红黏土的裂隙性

呈坚硬、硬塑状态的红黏土由于强烈收缩作用形成了大量裂隙,并且裂隙的发育和发展速度极快。故裂隙发育也是红黏土的一大特征。由于裂隙的存在,又促使土层深部失水,有些裂隙发展成为地裂。土中裂隙发育深度一般为 2~4m,有效可达 7~8m,土体整体性遭到破坏,总体强度大为削弱。

在干旱气候条件下,新挖坡面几日内便会被裂隙切割得支离破碎,容易使地面水侵入,导致土的抗剪强度降低,常常造成边坡变形和失稳。

12.3.4 红黏土地基的工程处理措施

红黏土上部常呈坚硬至硬塑状态,设计时应根据具体情况,充分利用它作为天然地基的持力层。当红黏土下部存在着局部的软弱下卧层或岩层起伏过大时,应该估计到地基不均匀沉降的影响,从而采取相应措施。

红黏土地区常存在岩溶、土洞或土层不均匀等不利因素的影响,应对地基、基础或上部结构采取适当措施,如换土、填洞、加强基础和上部结构的刚度、采用桩基等。

红黏土有裂隙发育,作为建筑物地基,在施工时和建筑物建成以后应做好防水排水措施,以避免水分渗入地基中。由于红黏土的不均匀性,对于重要建筑物,开挖基槽时应做好施工验槽工作。

对于天然土坡和人工开挖的边坡和基槽,必须注意土体中裂隙发育情况,避免水分渗入引起滑坡和崩塌事故。应该防止人为地破坏坡面植被和自然排水系统,土面上的裂隙应当填塞,应该做好建筑物场地的地表水、地下水,以及生产和生活用水的排水、防水措施,以保证土体的稳定性。

一、简答题

1. 什么是湿陷性黄土?试述湿陷性黄土的工程特征。
2. 如何根据湿陷性系数判定黄土的湿陷?
3. 如何划分湿陷性黄土地基的湿陷等级?
4. 在湿陷性黄土地基上进行工程建设时,应采取哪些措施防止地基湿陷对建筑物造成的危害?
5. 影响膨胀土胀缩性的主要因素有哪些?
6. 红黏土的成因是什么?它有哪些特殊的工程性质?

二、计算题

陇东某建筑物地基为黄土地基,在探井中取原状土试样,取土深度:土样1为2.5m,土样2为5.0m,土样3为7.5m。在试验室进行浸水压缩试验,实测数值如表12-8所示。判别该黄土地基是否属湿陷性黄土(土样的原始高度 $h_0=20mm$)。

表12-8 黄土浸水压缩试验结果

试样编号	1	2	3
加200kPa压力后试样的稳定高度/mm	19.50	19.56	19.40
浸水后试样的稳定高度/mm	18.40	18.43	18.30

第 13 章

地基基础抗震

> **学习目标**
>
> 本章介绍了地震的基本知识、地基基础的震害现象和建筑地基基础抗震设计。通过本章的学习，要求学生掌握震级与烈度的区别、液化判别与抗震措施、天然地基承载力验算；熟悉场地选择、地基基础方案选择和桩基础的抗震要求。

引 例

汶川大地震

2008年5月12日14时27分59.5秒，四川省阿坝藏族羌族自治州汶川县发生里氏8.0级地震，震中位于四川省阿坝藏族羌族自治州汶川县映秀镇与漩口镇交界处、四川省省会成都市西北偏西方向79km处。

此次地震破坏地区超过10万km^2。震中地震烈度达到11度。地震波及大半个中国及亚洲多个国家和地区，北至辽宁，东至上海，南至香港地区、澳门地区、泰国、越南，西至巴基斯坦均有震感。

汶川大地震共造成69227人死亡，374643人受伤，17923人失踪，是中华人民共和国成立以来破坏力最大的地震，也是唐山大地震后伤亡最惨重的一次。

地震是地球内部构造运动的产物，是一种自然现象。地震对人类社会带来灾难，造成不同程度的人身伤亡和财产损失。地震使地基基础失稳，建筑物破坏。为了减轻或避免损失，就必须研究地基基础的抗震问题。

13.1 概 述

13.1.1 地震的概念

地震是地壳在内部或外部因素作用下产生强烈振动的地质现象。产生地震的原因很多，火山爆发可引起火山地震，地下溶洞或地下采空区的塌陷会引起陷落地震，强烈的爆破、山崩、陨石坠落等也可引起地震。但这些地震一般规模小，影响范围也小。地球上地震的绝大多数是由地壳自身运动造成的，此类地震称为构造地震。

产生构造地震的原因是由于地球在长期运动过程中，地壳内的岩层产生和积累着巨大的地应力。当某处积累的地应力逐渐增加到超过该处岩层的强度时，就会使岩层产生破裂或错断。此时，积累的能量便随岩层的断裂急剧地释放出来，并以地震波的形式向四周传播。地震波到达地面时将引起地面的振动，即表现为地震。一般来说，构造地震容易发生在活动性大的断裂带两端和拐弯部位、两条断裂的交汇处，以及运动变化强烈的大型隆起和凹陷的转换地带。原因在于这些地方的地应力比较集中、岩层构造也相对比较脆弱。

地震的发源处称为震源，震源在地表面的垂直投影点称为震中，震中附近的地区称为震中区域，震中与某观测点间的水平距离称为震中距。震源到震中的距离称为震源深度。震源深度一般为几千米至300km不等，最大深度可达720km。地震震源深度小于70km时称为浅源地震，70~300km之间时称为中源地震，大于300km时称为深源地震。全世界有记录的地震中约有75%是浅源地震。

千余年的地震历史资料及近代地震学研究表明，地球上的地震分布极不均匀，主要分布于新构造运动较为活跃的两条地震带上：一条是环太平洋地震带，另一条是地中海至南亚的欧亚地震带。我国正处在这两大地震带的中间，属于多地震活动的国家，其中台湾省大地震最多，新疆、四川、西藏地区次之。近几十年来，我国宁夏、辽宁、河北和云南等省(区)都发生过大地震。

13.1.2 地震波及地震反应

地震引起的振动以波的形式从震源向各个方向传播并释放能量，这就是地震波，它包含在地球内部传播的体波和只限于在地面附近传播的面波。

体波又包括两种形式的波，即纵波和横波。纵波是由震源向外传播的压缩波，它在传递过程中，其介质质点的振动方向与波的前进方向一致，周期短，振幅小。横波是由震源向外传播的剪切波，其介质质点的振动方向与波的前进方向垂直，周期较长，振幅较大。

面波是体波经地层界面多次反射形成的次生波，它包括两种形式的波，即瑞利波和洛甫波。面波振幅大，周期长。弹性理论公式计算以及实测表明：纵波传播速度最快，衰减也快，横波次之，面波最慢，但能传播到很远的地方。一般情况下，当横波或面波到达时，地面振动最猛烈，造成危害也大。

当地震波在土层中传播时，经过不同土层的界面多次反射，将出现不同周期的地震波。若某一周期的地震波与地表土层的固有周期相近时，由于共振作用该地震波的振幅将显著增大，其周期称为卓越周期。若建筑物的基本周期与场地土层的卓越周期相近时，也将由于共振作用而增大振幅，导致建筑物破坏。

13.1.3 震级与烈度

1. 震级

震级是对地震中释放能量大小的度量。地震中震源释放的能量越大，震级也就越高。目前，国际上比较通用的是里氏震级，即地震震级 M 为

$$M = \lg A \tag{13-1}$$

A 是标准地震仪在距震中 100km 处记录的以 μm 为单位的最大水平地动位移。震级每增加一级，能量增大约 30 倍。一般来说，小于 2.5 级的地震，人们感觉不到；5 级以上的地震开始引起不同程度的破坏，称为破坏性地震或强震；7 级以上的地震称为大震。地球上记录到的最大地震震级为 8.9 级。

2. 烈度

烈度是指发生地震时地面及建筑物遭受破坏的程度。在一次地震中，地震的震级是确定的，但地面各处的烈度各异，距震中越近，烈度越高；距震中越远，烈度越低。震中附近的烈度称为震中烈度。根据地面建筑物受破坏和受影响的程度，地震烈度划分为 12 度。烈度越高，表明受影响的程度越强烈。地震烈度不仅与震级有关，同时还与震源深度、震中距以及地震波通过的介质条件等多种因素有关。

震中烈度的高低，主要取决于地震震级和震源深度。震级大、震源浅，则震中烈度高。根据我国的地震资料表明，对于浅源地震其震中烈度 I_0 与地震震级 M 的经验公式如下

$$M = 0.58 I_0 + 1.5 \tag{13-2}$$

二者的大致关系如表 13-1 所示。

表 13-1 震中烈度与地震震级的大致关系

震级 M	2	3	4	5	6	7	8	8以上
震中烈度 I_0	1~2	3	4~5	6~7	7~8	9~10	11	12

震级和烈度虽然都是衡量地震强烈程度的指标，但烈度直接反映了地面建筑物受破坏的程度，因而与工程设计有着更密切的关系。工程中涉及的烈度概念有以下几种。

1) 基本烈度

基本烈度是指在今后一定时期内，某一地区在一般场地条件下可能遭受的最大地震烈度。基本烈度所指的地区，是一个较大的区域范围。因此，又称为区域烈度。

2) 场地烈度

所谓场地是指建筑物所在的局部区域，大体相当于厂区、居民点和自然村的范围。场地烈度即指区域内一个具体场地的烈度。通常在烈度高的区域内可能包含烈度较低的场地，而在烈度低的区域内也可能包含烈度较高的场地。这主要是因为局部场地的地质构造、地基条件、地形变化等因素与整个区域有所不同，这些局部性控制因素称为小区域因素或场地条件。一般在场地选址时，应进行专门的工程地质和水文地质调查工作，查明场地条件，确定场地烈度，据此避重就轻，选择对抗震有利的地段布置工程。

3) 设防烈度

设防烈度是指按国家规定的权限批准的作为一个地区抗震设防依据的地震烈度。设防烈度是针对一个地区而不是针对某一建筑物确定，也不随建筑物的重要程度提高或降低。我国现行《建筑抗震设计规范》（GB 50011—2010）将设防烈度分为三个水准。根据对地震资料的统计分析，50年内超越概率约为63%的地震烈度（众值烈度）定为第一水准，其比基本烈度约低一度半；50年内超越概率为10%的烈度（即1990《中国地震烈度区划图》规定的基本烈度，或新修订的《中国地震动参数区划图》规定的峰值加速度所对应的烈度）定为第二水准；50年内超越概率为2%~3%的烈度作为罕遇地震的概率水准，定为第三水准。相应于第三水准的烈度在基本烈度为6度时为7度强，7度时为8度强，8度时为9度弱，9度时为9度强。

13.2 地基基础的震害现象

13.2.1 地震灾害情况

地球上发生的强烈地震常造成大量人员伤亡、大量建筑物破坏，交通、生产中断，水灾、火灾和疾病等次生灾害发生。我国约有2/3的省区发生过破坏性地震，其中大中城市数量居多，一半位于基本烈度7度或7度以上地区，而且地震震源浅，强度大，对建筑物破坏严重。以2008年四川省汶川发生的里氏8.0级地震为例，死亡人数近10万人，直接经济损失达数百亿元，用于震后救灾和恢复重建的费用也达数百亿元，损失惨重。

我国自古以来有记载的地震达 8000 多次，7 级以上地震就有 100 多次。表 13-2 列举了我国大陆的部分大地震（$M>7$）及其震害情况。

表 13-2　中国大陆的部分大地震（$M>7$）及其震害情况

地震地点	发生时间	震级	震中烈度	震源深度 /km	受灾面积 /km²	死亡人数与震害情况
河北邢台	1966.3.22	7.2	10	10	23000	0.79 万人，县内房屋几乎倒平
云南通海	1970.1.5	7.7	10	13	1777	1.56 万人，房屋倒塌 90%
云南永善	1974.5.11	7.1	9	14	2300	0.16 万人
云南龙陵	1976.5.29	7.6	9	—	—	73 人，房屋倒塌约半数
四川炉霍	1973.2.6	7.9	10	—	6000	0.22 万人，除木房外全倒
四川松潘	1976.8.16	7.2	8	—	5000	38 人
辽宁海城	1975.2.4	7.3	9	12~15	920	0.13 万人，乡村房屋倒塌 50%
河北唐山	1976.7.28	7.8	11	12~16	32000	24.2 万人，85% 的房屋倒塌或严重破坏
汶川地震	2008.5.12	8.0	11	10	123118	6.9 万人，受灾面积和破坏程度均高于唐山地震

13.2.2　地基的震害

由于地区特点和地形地质条件的复杂性，强烈地震造成的地面和建筑物的破坏类型多种多样。典型的地基震害有地面塌陷、断裂、地基土液化和滑坡几种。

1. 震陷

震陷是指地基土由于地震作用而产生的明显的竖向永久变形。在发生强烈地震时，如果地基由软弱黏性土和松散砂土构成，其结构受到扰动和破坏，强度严重降低，在重力和基础荷载的作用下会产生附加的沉陷。在我国沿海地区及较大河流的下游软土地区，震陷往往也是主要的地基震害。当地基土的级配较差、含水量较高、孔隙比较大时震陷也大。砂土的液化也往往引起地表较大范围的震陷。此外，在溶洞发育和地下存在大面积采空区的地区，在强烈地震的作用下也容易诱发震陷。

2. 地基土液化

在地震的作用下，饱和砂土的颗粒之间发生相互错动而重新排列，其结构趋于密实，如果砂土为颗粒细小的粉细砂，则因透水性较弱而导致孔隙水压力加大。同时颗粒间的有效应力减小，当地震作用大到使有效应力减小到零时，将使砂土颗粒处于悬浮状态，即出现砂土的液化现象。

砂土液化时其性质类似于液体，抗剪强度完全丧失，使作用于其上的建筑物产生大量的沉降、倾斜和水平位移，可引起建筑物开裂、破坏甚至倒塌。在国内外的大地震中，砂土液化现象相当普遍，是造成地震灾害的重要原因。

影响砂土液化的主要因素为地震烈度，振动的持续时间，土的粒径组成，密实程度，饱和度，土中黏粒含量以及土层埋深等。

3. 地震滑坡

在山区和陡峭的河谷区域，强烈地震可能引起诸如山崩、滑坡、泥石流等大规模的岩土体运动，从而直接导致地基、基础和建筑物的破坏。此外，岩土体的堆积也会给建筑物和人类的安全造成危害。

4. 地裂

地震导致岩面和地面的突然破裂和位移会引起位于附近的或跨断层的建筑物的变形和破坏。如唐山地震时，地面出现一条长10km、水平错动1.25m、垂直错动0.6m的大地裂，错动带宽约2.5m，致使在该断裂带附近的房屋、道路、地下管道等遭到极其严重的破坏，民用建筑几乎全部倒塌。

13.2.3 建筑基础的震害

建筑基础的常见震害如下所示。

1. 沉降、不均匀沉降和倾斜

观测资料表明，一般地基上的建筑物由地震产生的沉降量通常不大；而软土地基则可产生10~20cm的沉降，也有达30cm以上者；如地基的主要受力层为液化土或含有厚度较大的液化土层，强震时则可能产生数十厘米甚至1m以上的沉降，造成建筑物的倾斜和倒塌。

2. 水平位移

常见于边坡或河岸边的建筑物，其常见原因是土坡失稳和岸边地下液化土层的侧向扩展等。

3. 受拉破坏

地震时，受力矩作用较大的桩基础的外排桩受到过大的拉力时，桩与承台的连接处会产生破坏。杆、塔等高耸结构物的拉锚装置也可能因地震产生的拉力过大而破坏。

地震作用是通过地基和基础传递给上部结构的，因此，地震时首先是场地和地基受到考验，继而产生建筑物和构筑物振动并由此引发地震灾害。

13.3 建筑地基基础抗震设计

13.3.1 抗震设计的任务与要求

地震时，在岩土体中传播的地震波引起地基土体振动，使之产生附加变形，其强度也相应发生变坏。地基基础抗震设计的任务就是研究地基中地基与基础的稳定性与变形，包括地基的抗震承载力验算、地基液化可能性判别和液化等级的划分、震陷分析、合理的基础结构形式，以及保证地基基础能有效工作所必须采取的抗震措施等内容。

在进行建筑抗震设计时，根据其使用功能的重要性，按其受地震破坏时产生的后果，《建筑工程抗震设防分类标准》(GB 50223—2008)将建筑分为甲类、乙类、丙类、丁类，见表 13-3。

表 13-3 建筑的类别

类 别	特 征
甲类建筑	使用上有特殊设施，涉及国家公共安全的重大建筑工程和地震时可能发生严重次生灾害等特别重大灾害后果，需要进行特殊设防的建筑
乙类建筑	地震时使用功能不能中断或需尽快恢复的生命线相关建筑，以及地震时可能导致大量人员伤亡等重大灾害后果，需要提高设防标准的建筑
丙类建筑	甲、乙、丁类以外的一般建筑
丁类建筑	使用上人员稀少且震损不致产生次生灾害，允许在一定条件下适度降低要求的建筑

各抗震设防类别建筑的抗震设防标准，应符合下列要求。

(1) 甲类建筑。地震作用应高于本地区抗震设防烈度的要求，其值应按批准的地震安全性评价结果确定；抗震措施，当抗震设防烈度为 6～8 度时，应符合本地区抗震设防烈度提高一度的要求，当为 9 度时，应符合比 9 度抗震设防更高的要求。

(2) 乙类建筑。地震作用应符合本地区抗震设防烈度的要求；抗震措施，一般情况下，当抗震设防烈度为 6～8 度时，应符合本地区抗震设防烈度提高一度的要求；当为 9 度时，应符合比 9 度抗震设防更高的要求；地基基础的抗震措施应符合有关规定。对于较小的乙类建筑，当其结构改用抗震性能较好的结构类型时，应允许仍按本地区抗震设防烈度的要求采取抗震措施。

(3) 丙类建筑。地震作用和抗震措施均应符合本地区抗震设防烈度的要求。

(4) 丁类建筑。一般情况下，地震作用仍应符合本地区抗震设防烈度的要求；抗震措施应允许比本地区设防烈度的要求适当降低，但抗震设防烈度为 6 度时不应降低。

(5) 抗震设防烈度为 6 度时，除《建筑工程抗震设防分类标准》(GB 50223—2008)有具体规定外，对乙、丙、丁类建筑可不进行地震作用计算。

13.3.2 抗震设计的目标和方法

1. 抗震设计的目标

《建筑工程抗震设防分类标准》(GB 50223—2008)将建筑物的抗震设防目标确定为"三个水准"，其具体表述为：一般情况下，遭遇第一水准烈度(众值烈度)的地震时，建筑物处于正常使用状态，从结构抗震分析的角度看，可将结构视为弹性体系，采用弹性反应谱进行弹性分析；遭遇第二水准烈度(基本烈度)的地震时，结构进入非弹性工作阶段，但非弹性变形或结构体系的损坏控制在可修复的范围；遭遇第三水准烈度地震(预估的罕遇地震)时，结构有较大的非弹性变形，但应控制在规定的范围内，以免倒塌。工程中通常将上述抗震设计的三个水准简要地概括为"小震不坏，中震可修，大震不倒"。

为保证实现上述抗震设防目标，《建筑工程抗震设防分类标准》(GB 50223—2008)规定在具体的设计工作中采用两阶段设计步骤。第一阶段的设计是承载力验算，取第一水准的地震动参数计算结构的弹性地震作用标准值和相应的地震作用效应，采用《建筑结构可靠度设计统一标准》规定的分项系数设计表达式进行结构构件的承载力验算，其可实现第一、二水准的设计目标。大多数结构可仅进行第一阶段设计，而通过概念设计和抗震构造措施来满足第三水准的设计要求。第二阶段设计是弹塑性变形验算，对特殊要求的建筑，地震时易倒塌的结构以及有明显薄弱层的不规则结构，除进行第一阶段设计外，还要进行结构薄弱部位的弹塑性层间变形验算并采取相应的抗震构造措施，以实现第三水准的设防要求。

上述设防原则和设计方法可简短地表述为"三水准设防，两阶段设计"。

地基基础一般只进行第一阶段设计。对于地基承载力和基础结构，只要满足了第一水准对于强度的要求，同时也就满足了第二水准的设防目标。对于地基液化验算则直接采用第二水准烈度，对判明存在液化土层的地基，采取相应的抗液化措施。地基基础相应于第三水准的设防要通过概念设计和构造措施来满足。

2. 抗震设计的方法

结构的抗震设计包括计算设计和概念设计两个方面。计算设计是指确定合理的计算简图和分析方法，对地震作用效应作定量计算及对结构抗震进行验算。概念设计是指从宏观上对建筑结构作合理的选型、规划和布置，选用合格的材料，采取有效的构造措施等。20世纪70年代以来，人们在总结大地震灾害的经验中发现：对结构抗震设计来说"概念设计"比"计算设计"更为重要。由于地震动的不确定性和结构在地震作用下的响应和破坏机理的复杂性，"计算设计"很难全面有效地保证结构的抗震性能，因而必须强调良好的"概念设计"。地震作用对地基基础影响的研究，目前还很不足，因此地基基础的抗震设计更应重视概念设计。如前所述，场地条件对结构物的震害和结构的地震反应都有很大影响，因此，场地的选择和处理、地基与上部结构动力相互作用的考虑，以及地基基础类型的选择等都是概念设计的重要方面。

13.3.3 场地选择

任何一个建筑物都坐落和嵌固在建设场地特定的岩土地基上，地震对建筑物的破坏作用是通过场地、地基和基础传递给上部结构的；同时，场地与地基在地震时又支承着上部结构。因此，选择适宜的建筑场地对于建筑物的抗震设计至关重要。为了有效地减轻地震的破坏作用，《建筑抗震设计规范》采取场地选择和地基处理的措施来减轻场地破坏效应。

1. 建筑场地类别划分

场地分类的目的是为了便于采取合理的设计参数和有关的抗震构造措施。从各国规范中场地分类的总趋势看，分类的标准应当反映影响场地面运动特征的主要因素，但现有的强震资料还难以用更细的尺度与之对应，所以场地分类一般至多分为三类或四类，划分指标尤以土层软硬描述为最多，它虽然只是一种定性描述，由于其精度能与场地分类要求相适应，似乎已为各国规范所认同。作为定量指标覆盖层厚度也已被许多规范所接受，采用剪切波速作为土层软硬描述的指标近年来逐渐增多。我国近年来修订的规范都采用了这类指标进行场地分类。此外，为避免场地分类所引入的设计反应谱跳跃式变化。我国的《构筑物抗震设计规范》(GB 50191—2012)等国家标准还采用了连续场地指数对应连续反应谱的处理方式。

《建筑抗震设计规范》中采用以岩石的剪切波速 v_s 或土的等效剪切波速 v_{se} 和覆盖层厚度双指标分类方法将建筑场地类别划分为四类,其中Ⅰ类划分为 I_0 和 I_1 两个亚类。具体划分如表 13-4 所示。

表 13-4 建筑场地的覆盖层厚度与建筑场地类别(GB 50011—2010)

岩石的剪切波速或土的等效剪切波速/(m/s)	场地类别				
	I_0	I_1	Ⅱ	Ⅲ	Ⅳ
$v_s > 800$	0				
$800 \geqslant v_s > 500$		0			
$500 \geqslant v_{se} > 250$		<5m	≥5m		
$250 \geqslant v_{se} > 150$		<3m	3~50m	>50m	
$v_{se} \leqslant 150$		<3	3~15	15~80	>80

场地覆盖层厚度的确定方法如下。
(1) 在一般情况下应按地面至剪切波速大于 500m/s 的坚硬土层或岩层顶面的距离确定。
(2) 当地面 5m 以下存在剪切波速大于相邻上层土剪切波速 2.5 倍的下卧土层,且其下卧岩土层的剪切波速均不小于 400m/s 时,可按地面至该下卧层顶面的距离确定。
(3) 剪切波速大于 500m/s 的孤石和硬土透镜体视同周围土层一样。
(4) 土层中的火山岩硬夹层当作绝对刚体看待,其厚度从覆盖土层中扣除。

对土层剪切波速的测量,在大面积的初勘阶段,测量的钻孔数量应为控制性钻孔的 1/5~1/3,且不少于 3 个。在详勘阶段,测试土层剪切波速的钻孔数量单幢建筑不宜少于 2 个,测试数据变化较大时,可适量增加;对小区中处于同一地质单元内的密集建筑群,测试土层剪切波速的钻孔数量可适量减少,但每幢高层建筑和大跨空间结构的钻孔数量均不得少于 1 个。对于丁类建筑及丙类建筑中层数不超过 10 层、高度不超过 24m 的多层建筑,当无实测剪切波速时,可根据岩土名称和性状,按表 13-4 划分土的类型,再利用当地经验在表 13-5 的剪切波速范围内估计各土层剪切波速。

表 13-5 土的类型划分和剪切波速范围(GB 50011—2010)

土的类型	岩土名称和形状	土层剪切波速范围/(m/s)
岩石	坚硬、较硬且完整的岩石	$v_s > 800$
坚硬土或软质岩石	破碎和较破碎的岩石或软和较软的岩石,密实的碎石土	$800 \geqslant v_s > 500$
中硬土	中密、稍密的碎石土,密实、中密的砾、粗、中砂,$f_{ak} > 150$ 的黏性土和粉土、坚硬黄土	$500 \geqslant v_s > 250$
中软土	稍密的砾、粗、中砂,除松散外的细、粉砂,$f_{ak} \leqslant 150$ 的黏性土和粉土,$f_{ak} > 130$ 的填土,可塑新黄土	$250 \geqslant v_s > 150$
软弱土	淤泥和淤泥质土,松散的砂,新近沉积的黏性土和粉土,$f_{ak} \leqslant 130$ 的填土,流塑黄土	$v_s \leqslant 150$

注:f_{ak} 为由载荷试验方法得到的地基承载力特征值(kPa),v_s 为岩土剪切波速。

场地土层的等效剪切波速按式(13-3)和式(13-4)计算

$$v_{se}=d_0/t \quad (13-3)$$

$$t=\sum_{i=1}^{n}(d_i/v_{si}) \quad (13-4)$$

式中：v_{se}——土层等效剪切波速(m/s)；

d_0——计算深度(m)，取覆盖层厚度和 20m 两者中的较小值；

t——剪切波在地面至计算深度间的传播时间；

d_i——计算深度范围内第 i 土层的厚度(m)；

v_{si}——计算深度范围内第 i 土层的剪切波速(m/s)；

n——计算深度范围内土层的分层数。

2. 场地选择

通常，场地的工程地质条件不同，建筑物在地震中的破坏程度也明显不同。因此，在工程建设中适当选取建筑场地，将大大减轻地震灾害。此外，由于建设用地受到地震以外众多因素的限制，除了极不利和有严重危险性的场地以外往往是不能排除其作为建设场地的。故很有必要按照场地、地基对建筑物所受地震破坏作用的强弱和特征采取抗震措施，也即地震区场地分类与选择的目的。

建筑场地的地形条件、地质构造、地下水位及场地土覆盖层厚度、场地类别等对地震灾害的程度有显著影响。我国多次地震震害调查表明，局部地形条件对地震作用下建(构)筑物的破坏有较大影响，条状突出的山嘴、高耸孤立的山丘、非岩石的陡坡、河岸和边坡边缘等均对建筑抗震不利。因此，我国《建筑抗震设计规范》规定，选择建筑场地时，应按表 13-6 划分对建筑抗震有利、不利和危险的地段。

表 13-6 有利、一般、不利和危险地段的划分(GB 50011—2010)

地段类别	地质、地形、地貌
有利地段	稳定基岩，坚硬土，开阔、平坦、密实、均匀的中硬土等
一般地段	不属于有利、不利和危险的地段
不利地段	软弱土，液化土，条状突出的山嘴，高耸孤立的山丘、陡坡、陡坎，河岸和边坡的边缘，平面分布上成因、岩性、状态明显不均匀的土层(含故河道、疏松的断层破碎带、暗埋的塘浜沟谷和半填半挖地基)，高含水量可塑黄土，地表存在结构性裂缝等
危险地段	地震时可能发生滑坡、崩塌、地陷、地裂、泥石流等及发震断裂带上可能发生地表位错的部位

在选择建筑场地时，应根据工程需要，掌握地震活动情况、工程地质和地震地质的有关资料，对抗震有利、不利和危险地段做出综合评价。对不利地段，应提出避开要求；当无法避开时应采取有效措施。对危险地段，严禁建造甲、乙类的建筑，不应建造丙类的建筑。

建筑场地为Ⅰ类时，对甲、乙类建筑允许应按本地区抗震设防烈度的要求采取抗震构造措施；丙类建筑允许按本地区抗震设防烈度降低一度的要求采取抗震构造措施，但抗震设防烈度为 6 度时应按本地区抗震设防烈度的要求采取抗震构造措施。建筑场地为Ⅲ、Ⅳ

类时,对设计基本地震加速度为 0.15g 和 0.30g 的地区,除另有规定外,宜分别按抗震设防烈度 8 度(0.20g)和 9 度(0.40g)时各类建筑的要求采取抗震构造措施。此外,抗震设防烈度为 10 度地区或行业有特殊要求的建筑抗震设计,应按有关专门规定执行。

● 知 识 拓 展

进行场地选择时还应考虑建筑物自振周期与场地卓越周期的相互关系,原则上应尽量避免两种周期过于相近,以防共振,尤其要避免将自振周期较长的柔性建筑置于松软深厚的地基土层上。若无法避免,例如,我国上海、天津等沿海城市地基软弱土层深厚,又需兴建大量高层和超高层建筑,此时宜提高上部结构整体刚度和选用抗震性能较好的基础类型,如箱基或桩箱基础等。

13.3.4 地基基础方案选择

地基在地震作用下的稳定性对基础和上部结构内力分布的影响十分明显,因此确保地震时地基基础不发生过大变形和不均匀沉降是地基基础抗震设计的基本要求。

地基基础的抗震设计是通过选择合理的基础体系和抗震验算来保证其抗震能力。对地基基础抗震设计的基本要求如下。

(1) 同一结构单元不宜设置在性质截然不同的地基土层上,尤其不要放在半挖半填的地基上。

(2) 同一结构单元不宜部分采用天然地基而另外部分采用桩基。

(3) 地基有软弱黏性土、液化土、新近填土或严重不均匀土时,应估计地震时地基的不均匀沉降或其他不利影响,并采取相应措施。

一般来说,在进行地基基础的抗震设计时,应根据具体情况,选择对抗震有利的基础类型,并在抗震验算时尽量考虑结构、基础和地基的相互作用影响,使之能反映地基基础在不同阶段的工作状态。在决定基础的类型和埋深时,还应考虑下列工程经验。

(1) 同一结构单元的基础不宜采用不同的基础埋深。

(2) 深基础通常比浅基础有利,因其可减少来自基底的振动能量输入。土中水平地震加速度一般在地表下 5m 以内减少很多,四周土对基础振动能起阻抗作用,有利于将更多的振动能量耗散到周围土层中。

(3) 纵横内墙较密的地下室、箱形基础和筏板基础的抗震性能较好。对软弱地基,宜优先考虑设置全地下室,采用箱形基础或筏板基础。

(4) 地基较好、建筑物层数不多时,可采用单独基础,但最好用地基梁联成整体,或采用交叉条形基础。

(5) 实践证明桩基础和沉井基础的抗震性能较好,并可穿透液化土层或软弱土层,将建筑物荷载直接传到下部稳定土层中,是防止因地基液化或严重震陷而造成震害的有效方法。但要求桩尖和沉井底面埋入稳定土层宜为 1~2m,并进行必要的抗震验算。

(6) 桩基宜采用低承台,可发挥承台周围土体的阻抗作用。桥梁墩台基础中普遍采用低承台桩基和沉井基础。

13.3.5 天然地基承载力验算

地基和基础的抗震验算，一般采用"拟静力法"。其假定地震作用如同静力，然后在该条件下验算地基和基础的承载力和稳定性。承载力的验算方法与静力状态下的验算方法相似，即计算的基底压力应不超过调整后的地基抗震承载力。因此，当需要验算天然地基承载力时，应采用地震作用效应标准组合。《建筑抗震设计规范》规定，基础底面平均压力和边缘最大压力应符合式(13-5)和式(13-6)要求

$$p \leqslant f_{aE} \tag{13-5}$$

$$p_{max} \leqslant 1.2 f_{aE} \tag{13-6}$$

式中：p——地震作用效应标准组合的基础底面平均压力(kPa)；

p_{max}——地震作用效应标准组合的基础底面边缘最大压力(kPa)；

f_{aE}——调整后的地基抗震承载力(kPa)，按式(13-7)计算。

高宽比大于 4 的高层建筑，在地震作用下基础底面不宜出现拉应力；其他建筑的基础底面与地基之间的零应力区面积不应超过基础底面面积的 15%。

目前大多数国家的抗震规范在验算地基土的抗震强度时，抗震承载力都采用在静承载力的基础上乘以一个系数的方法加以调整。考虑调整的出发点如下。

（1）地震是偶发事件，是特殊荷载，因而地基的可靠度容许有一定程度的降低。

（2）地震是有限次数不等幅的随机荷载，其等效循环荷载不超过十几到几十次，而多数土在有限次数的动载下强度较静载下稍高。

基于上述两方面原因，《建筑抗震设计规范》采用抗震极限承载力与静力极限承载力的比值作为地基土的承载力调整系数，其值也可近似通过动静强度之比求得。因此，在进行天然地基的抗震验算时，地基的抗震承载力应按式(13-7)计算

$$f_{aE} = \zeta_a f_a \tag{13-7}$$

式中：ζ_a——地基抗震承载力调整系数，按表 13-7 采用；

f_a——深宽修正后的地基承载力特征值，应按《建筑地基基础设计规范》(GB 50007—2011)(以下简称《地基规范》)采用。

表 13-7 地基土抗震承载力调整系数表(GB 50011—2010)

岩土名称和性状	ζ_a
岩石，密实的碎石土，密实的砾、粗、中砂，$f_{ak} \geqslant 300$ kPa 的黏性土和粉土	1.5
中密、稍密的碎石土，中密和稍密的砾、粗、中砂，密实和中密的细、粉砂，$150 \leqslant f_{ak} < 300$ kPa 的黏性土和粉土，坚硬黄土	1.3
稍密的细、粉砂，$100 \leqslant f_{ak} < 150$ kPa 的黏性土和粉土，可塑黄土	1.1
淤泥，淤泥质土，松散的砂，杂填土，新近堆积黄土及流塑黄土	1.0

注：表中 f_{ak} 指未经深宽修正的地基承载力特征值，按现行国家标准《地基规范》确定。

我国多次强地震中遭受破坏的建筑表明，只有少数房屋是因地基的原因而导致上部结构破坏的。而这类地基大多数是液化地基、易产生震陷的软土地基和严重不均匀的地基。而一般地基均具有较好的抗震性能，极少发现因地基承载力不够而产生震害。因此，通常对于量大面广的一般地基和基础可不做抗震验算，而对于容易产生地基基础震害的液化地

基、软土地基和严重不均匀地基,则规定了相应的抗震措施,以避免或减轻震害。《建筑抗震设计规范》规定下列建筑可不进行天然地基及基础的抗震承载力验算。

(1) 砌体房屋。

(2) 地基主要受力层范围内不存在软弱黏性土层的一般单层厂房、单层空旷房屋和不超过8层且高度在25m以下的一般民用框架房屋及与其基础荷载相当的多层框架厂房。

(3) 该规范规定可不进行上部结构抗震验算的建筑。

13.3.6 液化判别与抗震措施

历次地震灾害调查表明,在地基失效破坏中由砂土液化造成的结构破坏在数量上占有很大的比例,因此有关砂土液化的规定在各国抗震规范中均有所体现。处理与液化有关的地基失效问题一般是从判别液化可能性和危害程度以及采取抗震对策两个方面来加以解决。

液化判别和处理的一般原则如下。

(1) 对饱和砂土和饱和粉土(不含黄土)地基,除6度外,应进行液化判别。对6度区一般情况下可不进行判别和处理,但对液化沉陷敏感的乙类建筑可按7度的要求进行判别和处理。

(2) 存在液化土层的地基,应根据建筑的抗震设防类别、地基的液化等级,结合具体情况采取相应的措施。

1. 液化判别和危险性估计方法

对于一般工程项目,砂土或粉土液化判别及危害程度估计可按以下步骤进行。

(1) 初判。以地质年代、黏粒含量、地下水位及上覆非液化土层厚度等作为判断条件,其具体规定如下。

① 地质年代为第四纪晚更新世及以前时,7度、8度时可判为不液化。

② 当粉土的黏粒(粒径小于0.005m的颗粒)含量百分率,7度、8度和9度时分别不小于10、13和16时可判为不液化。

③ 浅埋天然地基的建筑,当上覆非液化土层厚度和地下水位深度符合下列条件之一时,可不考虑液化影响。

$$d_u > d_0 + d_b - 2 \quad (13-8)$$

$$d_w > d_0 + d_b - 3 \quad (13-9)$$

$$d_u + d_w > 1.5 d_0 + 2 d_b - 4.5 \quad (13-10)$$

式中:d_w——地下水位深(m),宜按设计基准期内年平均最高水位采用,也可按近期内年最高水位采用;

d_u——上覆非液化土层厚度(m),计算时宜将淤泥和淤泥质土层扣除;

d_b——基础埋置深度(m),不超过2m时采用2m;

d_0——液化土特征深度(指地震时一般能达到的液化深度),可按表13-8采用。

表13-8 液化土特征深度(GB 50011—2010)

饱和土类别	7度	8度	9度
粉土	6m	7m	8m
砂土	7m	8m	9m

(2) 细判。当初步判别认为需进一步进行液化判别时,应采用标准贯入试验判别地面下 20m 深度范围内土层的液化可能性;但对按《建筑抗震设计规范》(GB 50011—2010)规定可不进行天然地基及基础的抗震承载力验算的各类建筑,可只判别 15~20m 范围内土层的液化可能性。

当采用桩基或埋深大于 5m 的深基础时,尚应判别地面下 15m 范围内的液化。当饱和土的标贯击数(未经杆长修正)小于或等于液化判别标贯击数临界值时,应判为液化土。当有成熟经验时,也可采用其他方法。

在地面以下 20m 深度范围内,液化判别标贯击数临界值可按式(13-11)计算

$$N_{cr} = N_0 \beta [\ln(0.6 d_s + 1.5) - 0.1 d_w] \sqrt{3/\rho_c} \tag{13-11}$$

式中:N_{cr}——液化判别标准贯入锤击数临界值;
N_0——液化判别标准贯入锤击数基准值,按表 13-9 采用;
d_s——饱和土标准贯入试验点深度(m);
d_w——地下水位深度(m);
ρ_c——黏粒含量百分率,当小于 3 或是砂土时,均应取 3;
β——调整系数,设计地震第一组取 0.8,第二组取 0.95,第三组取 1.05。

表 13-9　液化判别标准贯入锤击数基准值 N_0(GB 50011—2010)

设计基本地震加速度	0.10g	0.15g	0.20g	0.30g	0.40g
液化判别标准贯入锤击数基准值	7	10	12	16	19

上面所述初判、细判都是针对土层柱状内一点而言,在一个土层柱状内可能存在多个液化点,如何确定一个土层柱状(相应于地面上的一个点)总的液化水平是场地液化危害程度评价的关键,《建筑抗震设计规范》提供采用液化指数 I_{lE} 来表述液化程度的简化方法。即先探明各液化土层的深度和厚度,按式(13-12)计算每个钻孔的液化指数

$$I_{lE} = \sum_{i=1}^{n} (1 - \frac{N_i}{N_{cri}}) d_i W_i \tag{13-12}$$

式中:I_{lE}——地基的液化指数;
n——判别深度内每一个钻孔的标准贯入试验总数;
N_i、N_{cri}——分别为 i 点标准贯入锤击数的实测值和临界值,当实测值大于临界值时取临界值的数值;
d_i——第 i 点所代表的土层厚度(m),可采用与该标贯试验点相邻的上、下两标贯试验点深度差的一半,但上界不高于地下水位深度,下界不深于液化深度;
W_i——第 i 层土考虑单位土层厚度的层位影响权函数值(m^{-1})。当该层中点深度不大于 5m 时应采用 10,等于 20m 时应采用零值,5~20m 时应按线性内插法取值。

在计算出液化指数后,便可按表 13-10 综合划分地基的液化等级。

表 13-10　液化指数与液化等级的对应关系(GB 50011—2010)

液化等级	轻微	中等	严重
液化指数 I_{lE}	$0 < I_{lE} \leq 6$	$6 < I_{lE} \leq 18$	$I_{lE} > 18$

2. 地基的抗液化措施及选择

液化是地震中造成地基失效的主要原因，要减轻这种危害，应根据地基液化等级和结构特点选择相应措施。目前常用的抗液化工程措施都是在总结大量震害经验的基础上提出的，即综合考虑建筑物的重要性和地基液化等级，再根据具体情况确定。

理论分析与振动台试验均已证明液化的主要危害来自于基础外侧，液化土层范围内位于基础正下方的部位其实最难液化。由于最先液化区域对基础正下方未液化部分产生影响，使之失去侧边土压力支持并逐步被液化，此种现象称为液化侧向扩展。因此，在外侧易液化区的影响得到控制的情况下，轻微液化的土层是可以作为基础的持力层的。在海城及日本阪神地震中有数栋以液化土层作为持力层的建筑，在地震中未产生严重破坏。因此，将轻微和中等液化等级的土层作为持力层在一定条件下是可行的。但工程中应经过严密的论证，必要时应采取有效的工程措施予以控制。此外，在采用振冲加固或挤密碎石桩加固后桩间土的实测标贯值仍低于相应临界值时，不宜简单地判为液化。许多文献或工程实践均已指出振冲桩和挤密碎石桩有挤密、排水和增大地基刚度等多重作用，而实测的桩间土标贯值不能反映排水作用和地基土的整体刚度。因此，规范要求加固后的桩间土的标贯值不宜小于临界标贯值。

《建筑抗震设计规范》对于地基抗液化措施及其选择具体规定如下。

1) 平坦均匀液化土层的抗液化措施

当液化土层较平坦且均匀时，宜按表13-11选用地基抗液化措施；尚可计入上部结构重力荷载对液化危害的影响，根据对液化震陷量的估计适当调整抗液化措施。不宜将未经处理的液化土层作为天然地基持力层。

表 13-11 液化土层的抗液化措施(GB 50011—2010)

建筑抗震设防类别	地基的液化等级		
	轻微	中等	严重
乙类	部分消除液化沉陷，或对基础和上部结构处理	全部消除液化沉陷，或部分消除液化沉陷且对基础和上部结构处理	全部消除液化沉陷
丙类	基础和上部结构处理，也可不采取措施	基础和上部结构处理，或更高要求的措施	全部消除液化沉陷，或部分消除液化沉陷且对基础和上部结构处理
丁类	可不采取措施	可不采取措施	基础和上部结构处理，或其他经济的措施

2) 全部消除地基液化沉陷的措施

全部消除地基液化沉陷的措施应符合下列要求。

(1) 采用桩基时，桩端伸入液化深度以下稳定土层中的长度(不包括桩尖部分)应按计算确定，且对碎石土，砾、粗、中砂，坚硬黏土和密实粉土尚不应小于0.8m，对其他非岩石土尚不宜小于1.5m。

(2) 采用深基础时，基础底面应埋入液化深度以下的稳定土层中，其深度不应小于0.5m。

(3) 采用加密法(如振冲、振动加密、挤密碎石桩、强夯等)加固时，应处理至液化深度下界；振冲或挤密碎石桩加固后，桩间土标贯击数不宜小于前述液化判别标贯击数的临界值。

(4) 用非液化土替换全部液化土层，或增加上覆非液化土层厚度。

(5) 采用加密法或换土法处理时，在基础边缘以外的处理宽度应超过基础地面以下处理深度的1/2且不小于基础宽度的1/5。

3) 部分消除地基液化沉陷的措施

部分消除地基液化沉陷的措施应符合下列要求。

(1) 处理深度应使处理后的地基液化指数减小，其值不宜大于5；对独立基础和条形基础尚不应小于基础底面下液化土的特征深度和基础宽度的较大值。

(2) 采用振冲或挤密碎石桩加固后，桩间土的标贯击数不宜小于前述液化判别标贯击数的临界值。

(3) 基础边缘以外的处理宽度应超过基础地面以下处理深度的1/2，且不小于基础宽度的1/5。

4) 减轻液化影响的基础和上部结构处理措施

减轻液化影响的基础和上部结构处理，可综合采用下列各项措施。

(1) 选择合适的基础埋置深度。

(2) 调整基础底面积，减少基础偏心。

(3) 加强基础的整体性和刚度，如采用箱基、筏基或钢筋混凝土交叉条形基础，加设基础圈梁等。

(4) 减轻荷载，增强上部结构的整体刚度和均匀对称性，合理设置沉降缝，避免采用对不均匀沉降敏感的结构形式等。

(5) 管道穿过建筑物处应预留足够尺寸或采用柔性接头等。

3. 对于液化侧向扩展产生危害的考虑

为有效地避免和减轻液化侧向扩展引起的震害，《建筑抗震设计规范》根据国内外的地震调查资料，提出对于液化等级为中等液化和严重液化的古河道、现代河滨和海滨地段，当存在液化扩展和流滑可能时，不宜修建永久性建筑，否则应进行抗滑验算(对桩基亦同)、采取防土体滑动措施或结构抗裂措施。

1) 抗滑验算的处理原则

抗滑验算可按下列原则考虑。

(1) 非液化上覆土层施加于结构的侧压相当于被动土压力，破坏土楔的运动方向与被动土压发生时的运动方向一致。

(2) 液化层中的侧压相当于竖向总压的1/3。

(3) 桩基承受侧压的面积相当于垂直于流动方向桩排的宽度。

2) 减小地裂对结构影响的措施

(1) 将建筑的主轴沿平行于河流的方向设置。

(2) 使建筑的长高比小于 3。

(3) 采用筏基或箱基，基础板内应根据需要加配抗拉裂钢筋，筏基内的抗弯钢筋可兼作抗拉裂钢筋，抗拉裂钢筋可由中部向基础边缘逐段减少。当土体产生引张裂缝并流向河心或海岸线时，基础底面的极限摩阻力形成对基础的撕拉力，理论上，其最大值等于建筑物重力荷载之半乘以土与基础间的摩擦系数，实际上常因基础底面与土有部分脱离接触而减少。

地基主要受力层范围内存在软弱黏性土层与湿陷性黄土时，应结合具体情况综合考虑，采用桩基、地基加固处理等措施，也可根据对软土震陷量的估计采取相应措施。

13.3.7 桩基础的抗震要求

唐山地震的宏观经验表明，桩基础的抗震性能普遍优于其他类型基础，但桩端直接支承于液化土层和桩侧有较大地面堆载者除外。此外，当桩承受有较大水平荷载时仍会遭受较大的地震破坏作用。因此，《建筑抗震设计规范》增加了桩基础的抗震验算和构造要求，以减轻桩基的震害。下面简要介绍《建筑抗震设计规范》关于桩基础的抗震验算和构造的有关规定。

1. 桩基可不进行承载力验算的范围

对于承受竖向荷载为主的低承台桩基，当地面下无液化土层，且桩承台周围无淤泥、淤泥质土和地基土承载力特征值不大于 100kPa 的填土时，某些建筑可不进行桩基的抗震承载力验算。其具体规定与天然地基的不验算范围基本相同，区别是对于 7 度和 8 度时，一般的单层厂房和单层空旷房屋，不超过 8 层且高度在 24m 以下的一般民用框架房屋，以及基础荷载与前述民用框架房屋相当的多层框架厂房也可不验算。

2. 非液化土中低承台桩基的抗震验算

对单桩的竖向和水平向抗震承载力特征值，均可比非抗震设计时提高 25%。考虑到一定条件下承台周围回填土有明显分担地震荷载的作用，故规定当承台周围回填土夯实至干密度不小于《地基规范》对填土的要求时，可由承台正面填土与桩共同承担水平地震作用；但不应计入承台底面与地基土间的摩擦力。

3. 存在液化土层时的低承台桩基

存在液化土层时的低承台桩基，其抗震验算应符合下列规定。

(1) 对埋置较浅的桩基础，不宜计入承台周围土的抗力或刚性地坪对水平地震作用的分担作用。

(2) 当承台底面上、下分别有厚度不小于 1.5m 和 1.0m 的非液化土层或非软弱土层时，可按下列两种情况进行桩的抗震验算，并按不利情况设计。

① 桩承受全部地震作用，桩的承载力比非抗震设计时提高 25%，液化土的桩周摩阻力及桩的水平抗力均乘以表 13-12 所列的折减系数。

② 地震作用按水平地震影响系数最大值的 10% 采用，桩承载力仍按非液化土中的桩基确定，但应扣除液化土层的全部摩阻力及桩承台下 2m 深度范围内非液化土的桩周摩擦力。

表 13-12 土层液化影响折减系数

实际标贯击数/临界标贯击数	深度 d_s/m	折减系数
≤0.6	$d_s \leqslant 10$	0
	$10 < d_s \leqslant 20$	1/3
>0.6~0.8	$d_s \leqslant 10$	1/3
	$10 < d_s \leqslant 20$	2/3
>0.8~1.0	$d_s \leqslant 10$	2/3
	$10 < d_s \leqslant 20$	1

(3) 对于打入式预制桩和其他挤土桩,当平均桩距为 2.5~4 倍桩径且桩数不少于 5×5 时,可计入打桩对土的加密作用及桩身对液化土变形限制的有利影响。当打桩后桩间土的标准贯入锤击数值达到不液化的要求时,单桩承载力可不折减,但对桩尖持力层作强度校核时,桩群外侧的应力扩散角应取为零。打桩后桩间土的标准贯入击数宜由试验确定,也可按下式计算

$$N_1 = N_P + 100\rho(1 - e^{-0.3N_P}) \tag{13-13}$$

式中:N_1——打桩后的标准贯入锤击数;

ρ——打入式预制桩的面积置换率;

N_P——打桩前的标准贯入锤击数。

上述液化土中桩的抗震验算原则和方法主要考虑了以下情况。

① 不计承台旁土抗力或地坪的分担作用偏于安全,也就是将其作为安全储备,因目前对液化土中桩的地震作用与土中液化进程的关系尚未弄清。

② 根据地震反应分析与振动台试验,地面加速度最大的时刻出现在液化土的孔压比小于 1(常为 0.5~0.6)时,此时土尚未充分液化,只是刚度比未液化时下降很多,故可仅对液化土的刚度作折减。折减系数的取值与《构筑物抗震设计规范》基本一致。

③ 液化土中孔隙水压力的消散往往需要较长的时间。地震后土中孔压不会很快消散完毕,往往于震后才出现喷砂冒水,这一过程通常持续几小时甚至一两天,其间常有沿桩与基础四周排水的现象,其说明此时桩身摩阻力已大减,从而出现竖向承载力不足和缓慢的沉降,因此应按静力荷载组合校核桩身的强度与承载力。

除应按上述原则验算外,还应对桩基的构造予以加强。桩基理论分析表明,地震作用下桩基在软、硬土层交界面处最易受到剪、弯损害。阪神地震后许多桩基的实际考查也证实了这一点,但在采用 m 法的桩身内力计算方法中却无法反映,目前除考虑桩土相互作用的地震反应分析可以较好地反映桩身受力情况外,还没有简便实用的计算方法保证桩在地震作用下的安全,因此必须采取有效的构造措施。对液化土中的桩,应自桩顶至液化深度以下符合全部消除液化沉陷所要求的距离范围内配置钢筋,且纵向钢筋应与桩顶部位相同,箍筋应加密。

处于液化土中的桩基承台周围宜用非液化土填筑夯实,若用砂土或粉土则应使土层的标准贯入锤击数不小于规定的液化判别标准贯入锤击数的临界值(详见第 13.3.6 节)。

在有液化侧向扩展的地段，距常时水线 100m 范围内的桩基尚应考虑土流动时的侧向作用力，且承受侧向推力的面积应按边桩外缘间的宽度计算。常时水线宜按设计基准期内（河流或海水）的年平均最高水位采用，也可按近期的年最高水位采用。

习题

简答题

1. 什么是地震？地震有哪些类型？
2. 地基的震害有哪些常见类型？影响地基抗震能力的主要因素有哪些？
3. 什么是震级、地震烈度、基本烈度和设防烈度？
4. 地基液化的原因是什么？怎样进行地基的抗液化处理？
5. 地基基础的抗震设计包含哪些内容？
6. 天然地基基础抗震应如何验算？
7. 简述桩基础的抗震要求。

第 14 章

地基基础工程事故的预防及处理

学习目标

本章介绍了地基基础工程事故的类型和地基基础工程事故的预防及处理，通过本章的学习，要求学生掌握地基沉降事故及防治、地基失稳事故及防治、基坑工程事故及防治、桩基础工程事故及防治；熟悉特殊土地基工程事故及防治、地下室渗漏事故及防治溶蚀、管涌事故及防治。

第14章 地基基础工程事故的预防及处理

引 例

1995年12月,武汉市整体爆破一幢18层的高层建筑。该建筑高度65.5m,采用336根锤击沉管扩底灌注桩,桩长17.5m,桩端进入中密粉细砂持力层1~4m。爆破拆除的原因是该高层建筑结构到顶后3个月内产生很大的倾斜,顶部水平位移达2884mm,倾斜超过5‰,且发展速度很快,如不及时拆除,有整体倾覆的危险。这一桩基失稳的事故告诉人们采用桩基础并不是万无一失的,应当重视桩基础安全度的研究。

随着我国经济建设的发展与需要,各地不断地兴建各类工厂企业、多层与高层建筑、办公大楼、体育场馆以及立交桥等工程。良好的地基条件越来越少,一些建筑物不得不坐落在不良的场地上。据调查统计,世界各国发生的建筑工程事故中,以地基基础失事占多数。一般地说,人们只能在设计前通过几个钻孔土样的试验得知其少数信息,通过钎探验槽结果了解其表层信息,至于更深层更全面的情况却不能全面的掌握,往往凭经验加以处理,这就很容易产生误差甚至错误。而且,地基基础都是地下隐蔽工程,建筑工程竣工后,难以检查,使用期间出现事故的苗头也不易察觉,一旦发生事故难以补救,甚至造成灾难性的后果。

地基基础工程事故发生可能是因勘测、设计、构造、建造、安装与使用等因素相互作用引起的。所以,探讨地基基础工程事故发生的原因,是一个值得重视的课题,它具有普遍性、地方性和经验性,对它分析后得到的经验教训,更是建筑工程技术人员需要不断积累的知识财富。

14.1 地基基础工程事故的类型

地基基础工程事故可以分为地基工程事故和基础工程事故两类。

1. 地基工程事故

地基工程事故可分为天然地基上的事故和人工地基上的事故两类。无论是天然地基上的事故还是人工地基上的事故,按其性质都可概括为地基强度和变形两大问题。地基强度问题引起的地基事故主要表现在地基承载力不足或丧失稳定性,地基变形问题引起的事故常发生在软土、湿陷性黄土、膨胀土、季节性冻土等地区。

地基工程事故的类型包含地基变形、地基失稳、地基土渗流、特殊土地基工程事故等。

2. 基础工程事故

基础工程事故是指建(构)筑物基础部分强度不够、变形过大或基础错位造成建筑工程事故。基础工程事故包含下列内容。

(1) 基础错位事故:①基础平面错位:上部结构与基础在平面上相互错位,有的甚至方向有误,上部结构与基础南北方向颠倒;②基础标高有误;③基础上预留洞口和预埋件的标高和位置有误。

(2) 基础构件施工质量事故:钢筋混凝土基础工程表面出现严重蜂窝、漏筋或孔洞。

(3) 桩基工程事故。

(4) 基础形式不合理或设计错误等。

地基和基础工程事故常导致建筑物出现以下的情况：建筑物倾斜、建筑物倒塌、地基严重下沉、建筑物墙体开裂、建筑物基础开裂、建筑物地基滑动、建筑物地基溶蚀与管涌、建筑物地基液化失效等，如图 14.1 所示。

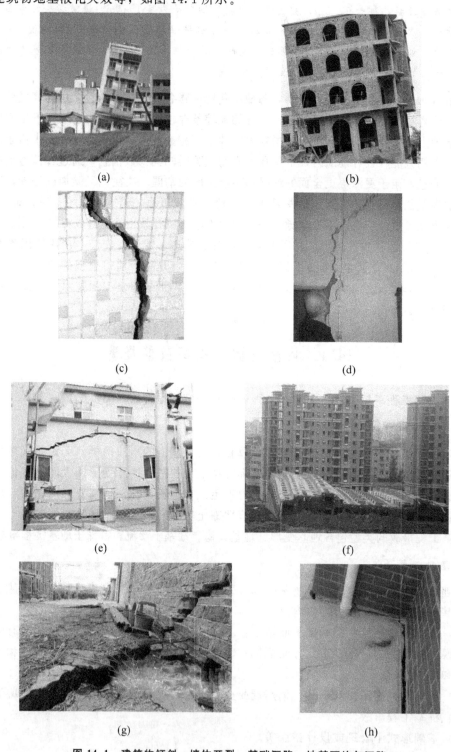

图 14.1 建筑物倾斜、墙体开裂、基础沉降、地基不均匀沉降

(i)   (j)

图 14.1　建筑物倾斜、墙体开裂、基础沉降、地基不均匀沉降(续)

14.2　地基基础工程事故的预防及处理概述

事故预防应重视对建筑场地工程地质和水文地质条件的全面和正确了解，关键是要搞好工程勘察工作，并且要做到精心设计和精心施工。

当地基的整体稳定性和承载力不能满足要求时，在荷载作用下，地基将会产生局部或整体剪切破坏。天然地基承载力的高低主要与土的抗剪强度有关，也与基础形式、基础底面积大小和埋深有关。在建筑物荷载的作用下，地基将产生沉降、水平位移以及不均匀沉降，若地基的变形超过允许值，将会影响建筑物、构筑物的安全与正常使用，严重的将造成建筑物破坏甚至倒塌。其中以不均匀沉降超过允许值而造成的工程事故比例最高，尤其是在深厚的软黏土地区。

事故的处理则需视具体问题采取不同的措施。

14.2.1　地基沉降事故及防治

1．地基沉降对上部结构的影响

地基沉降量过大或者不均匀沉降，对上部结构的影响主要反映在以下几个方面。

（1）墙体产生裂缝。不均匀沉降使砖砌体承受弯曲而导致砌体因受拉应力过大而产生裂缝。

（2）柱体断裂或压碎。不均匀沉降使中心受压柱体产生纵向弯曲而导致拉裂，严重的可造成压碎失稳。

（3）建筑物产生倾斜。长高比较小的建筑，特别是高耸构筑物，不均匀沉降将引起构筑物倾斜。

2．处理的程序与方法

（1）当发现建筑物产生不均匀沉降导致建筑物倾斜或产生裂缝时，首先要搞清不均匀沉降发展的情况，然后再决定是否需要采取加固措施。若必须采取加固措施，则要确定其处理方法。如果不均匀沉降继续发展，首先要通过地基基础加固遏制沉降继续发展，如采用锚杆静压桩托换，或其他桩式托换，或采用地基加固方法。沉降未影响安全使用可不进行纠倾。对需要纠倾的建筑物视具体情况可采用迫降纠倾法、顶升纠倾法或综合纠倾法。

（2）对结构裂缝视裂缝情况可采用下述处理方法：①修补裂缝：在缝内填入膨胀水泥浆或环氧黏结剂，或其他化学浆液，表面抹平，重做面层；②局部修复：部分凿除，重新浇筑或砌筑；③结构补强：外包钢板或高强碳纤维、或钢筋混凝土；④其他处理方法：改变结构方案、改变使用条件或局部拆除重做。

14.2.2 地基失稳事故及防治

地基失稳可能产生整体剪切破坏、局部剪切破坏和冲切剪切破坏，地基产生剪切破坏将使建筑物倒塌或破坏，其破坏形式与地基土层分布、土体性质、基础形状、埋深等因素有关。此种事故重在预防。

【工程案例 14-1】2010 年 9 月 10 日，广东肇庆封开县实验厂原职工宿舍楼河岸路段发生滑坡地质灾害（图 14.2），导致该区 7 栋居民楼房倒塌落入江中，所幸没有人员伤亡。

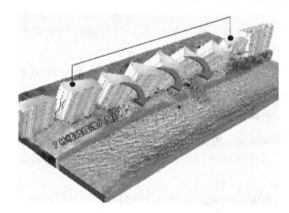

图 14.2　滑坡地质灾害导致楼房倒塌

【工程案例 14-2】广东雷州市 7 层旅店大楼，是一幢新建的公共建筑，前面 7 层后面 6 层，建筑高度为 24.4m，总长度 63.5m，宽度为 13m，建筑面积 4190m²。该工程为全现浇钢筋混凝土框架工程，钢筋混凝土独立基础。1990 年 8 月主体工程完工后，发现地梁开裂，并有不均匀沉降，53 根柱中最大沉降量为 105mm。3 个月后测得最大沉降值为 410mm，倾斜 330mm，发现 1~6 层部分梁柱、墙出现裂缝 31 处之多，最大裂缝宽度为 3mm，最长裂缝为 4800mm。检查出上述问题后半年多的时间中，未采取任何措施。在 1992 年 5 月 3 日，在无异常天气的条件下，整幢房子全部倒塌，造成了多人伤亡的严重事故，直接损失 500 多万元。

原因分析：该大楼地处沿海淤泥质土地区，而设计人员在没有工程地质勘察资料的情况下，盲目地按 100~120kPa 的地基承载力进行设计。事故发生后，在建筑现场旁边 1.8m 的地下取土测定，土的天然含水量为 65%~75%，按当时的《地基基础设计规范》规定，这种土的容许承载力只有 40~50kPa，仅为设计承载力的 40%。又由于少算荷载，实际柱基底压力为 189.6kPa，为土容许承载力的 4 倍左右。由此造成基础的严重不均匀沉降，使上部结构产生较大的附加应力，导致建筑物破坏倒塌，造成了多人伤亡的严重事故。因此，对地基强度破坏的危害性应有足够的重视，特别是在土承载力不高，渗透性低而加荷速度快（如过快的施工速度），或有水平荷载作用（如风荷载），或在斜坡及丘陵地段进行建筑时，更应慎重处理。

应吸取的教训：在建筑工程中，因地基承载力不足导致其失稳产生剪切破坏的后果往往是很严重的，必须引起土建工程技术人员的极度重视。设计人员应慎重对待工程勘查报告提供的地基承载力建议值，严格计算基础的实际压力，若对勘察告的建议值有怀疑，可以再做载荷试验验证。施工人员在天然地基上建造大中型工程时，应复核设计地基承载力的合理性。一旦发生地基产生较大的沉降或倾斜，必须立即停工，会同勘查、设计和使用单位共同研究。采取必要措施，防止地基和建筑物发生灾难性破坏。

14.2.3 基坑工程事故及防治

1. 基坑工程事故客观影响因素

基坑工程自身的特点对事故的发生起着很大的影响作用，主要表现在以下几个方面。

（1）基坑工程的位置主要集中在市区，往往存在施工场地狭小、周围建筑物密集、临近道路和市政地下管线等问题，因而对基坑稳定性和变形控制要求极高。

（2）基坑工程技术性很强，涉及面广，具有很强的区域性、综合性。它和设计、施工、检测、管理等都有关，这就导致出问题或事故的可能性增大。

（3）基坑工程施工周期长，常需经历多次降雨，以及其他不确定影响因素，如突发性的地震、山洪、土的冻胀，故事故的发生往往具有突然性，难以防范。

2. 基坑工程事故主观影响因素

1）勘察因素

基坑工程的设计是以勘察资料及其结论为基本依据的，以往基坑工程经验告诉我们，勘察资料的不详、不准、疏漏，勘察结论的不完备、不准确，是基坑工程事故发生的罪魁祸首。基坑勘察不当，主要是思想上的认识和重视不够，认为基坑支护是临时工程，不愿为勘察付出过多的人力、物力和财力。而地质条件、水文条件、气象条件等对基坑工程的影响很大。

2）设计因素

目前，我国因设计失误而导致的基坑工程事故主要体现在以下几方面。

（1）计算参数选用有问题，设计计算或验算的准确性取决于计算参数的选用，若选用不当易导致围护结构偏移，甚至坑底大量涌土的事故发生。

（2）支护方案选择不正确，基坑实际开挖深度、地基土体的物理力学性质、地下水位、周围环境、设计变形要求，以及施工条件等诸多因素是基坑支护方案选择的基础，任意一个因素考虑不周或疏忽都有可能造成严重后果。

（3）撑锚设计有误，土钉设计间距、位置不当或长度不足而引起土钉抗力不足，支撑支点太少、位置不当或间距过疏而引起支撑杆件产生过大变形等。

（4）设计的安全储备小，业主为了追求经济利益，过大的减少支护结构配筋，且验算中使用的安全系数过小，容易导致支护结构较大变形、滑坡、管涌、流砂等事故。

(5) 荷载取值与实际受力状态有较大出入。

3) 施工因素

(1) 施工质量不符合标准。施工工艺落后，设备陈旧，管理水平低。如灌注桩强度达不到设计要求，止水桩搭接出现裂缝，起不到止水效果，地下连续墙钢筋不连续，墙体有严重蜂窝、露筋现象，压密注浆深度不够等。

(2) 施工方法不当，没有严格遵守施工规程。这方面的现象比较普遍，如挖土机械压在支护桩附近反铲挖土，使支护结构所承受的荷载大大增加；外基坑开挖应按设计施工顺序进行，应遵循"先撑后挖，严禁超挖"的原则，并进行及时支护；基坑底面暴露时间过长，基坑底面产生一定的回弹变形；等等。

(3) 施工管理混乱，安全意识淡薄。如施工期间，大量向基坑倾倒施工废水、生活用水，或将工棚、材料库建在基坑边缘，建筑垃圾堆放在基坑边缘等，造成支护结构主动压力大幅度增加，引起支护结果大变形；为了运输方便，随意在基坑内开口，破坏原有的支护结构和止水帷幕的整体性。

(4) 防水、降排水措施不妥。如降水时，未对基坑做止水帷幕或止水帷幕不连续、不封闭，导致基坑内严重渗水并引起基坑周围一定范围内土体的不均匀沉降。

3. 预防措施

1) 客观影响因素的预防

由于基坑工程客观影响因素的复杂性、不可抗性、不确定性，目前能采取的办法如下。

(1) 加强基坑工程领域的科学理论研究，使理论能够更好地为现实基坑工程服务。

(2) 开发大型施工机械设备，能够有效地加快基坑工程进度，保障基坑工程的安全。

2) 主观影响因素的预防

(1) 重视地质勘察工作，特别要重视深基坑开挖所在地的地形、地貌、水文和工程地质特点的勘察。

(2) 重视基坑工程设计工作，做到设计精心、安全可靠。基坑工程的复杂性和高风险性要求决策者在充分掌握本地区或类似条件下的成功经验与失败教训的前提下，根据自身工程要求和条件综合考虑，做出一个安全、可靠、经济的整体设计方案。

(3) 确保施工的规范性，包括施工单位资质的考核、施工方法、施工质量的达标。

(4) 加强监理监督的作用和监理市场的管理，提高监理人员素质和监理单位在工程建设中的地位，实现我国工程监理与国际接轨。

14.2.4 溶蚀、管涌事故及防治

1. 发生溶蚀与管涌事故的情况

(1) 石灰岩地区经长期地下水的作用，可能发生溶洞。溶洞发育地区，将发生地基溶蚀。

(2) 山区残积土或坡积土颗粒大小相差悬殊时。在地下水流动作用下，可能发生溶蚀或管涌。

(3) 如地基土质级配不良，地下水流速大，则地基中土的细颗粒可能被冲走，而产生管涌。

凡在上述地区建造的工程都应仔细进行工程地质勘察，如果认为地基中存在上述溶蚀问题，应另选场地，因为处理上述溶蚀事故的措施相当不容易，并且费用很高。

【工程案例 14-3】 美国东南部亚拉巴马州净水厂建在一座小山旁，基槽开挖 6m 深，以建造沉淀池和过滤建筑物，工厂完工并使用一个月后的一天早上，操作人员听到很响的咕咕声，随着一连串的隆隆声，像远距离开大炮一样，过滤建筑物发生严重摇动并开裂，从顶部一直开裂到底部，同时建筑物一半发生倾斜。

事故原因分析：净水厂的地基土为残积土，基岩为石灰岩，裂缝发育。建筑物施工期间，施工单位不慎打破直径 457mm 的自来水总管，结果将容量为 226m^3 的大水箱放空，使得大量水渗入地下，当地基受水浸泡后，由于残积土颗粒大小悬殊，细颗粒被水冲走，发生溶蚀与管涌，导致沉淀池底部出现大的洞穴，沉淀池基础与地基之间多处产生很大的缺口，宽达 15～30cm。由于地基严重溶蚀与管涌结果。净水厂完全遭到破坏，无法使用。

应吸取的教训：土建工程技术人员应该认识到地下水对工程的设计方案、施工方法和工期、建筑工程的投资和使用都有密切关系。如果对地下水处理不当，可能发生工程事故。

2. 地下水对工程的影响及防治

(1) 基础埋深。基础宜埋置在地下水位以上，冻土层厚度以下，后者与土中的毛细水有关。

(2) 施工排水。当基础埋置地下水位以下时，基槽开挖和基础施工必须排水。如果排水不好或基槽遭踩踏都会造成隐患。

(3) 地下水升降。下降会使建筑物产生不均匀沉降，而上升会使黏土层软化、湿陷性黄土下沉、膨胀土层吸水膨胀。

(4) 溶蚀与管涌。在石灰岩地区地下水存在会造成溶蚀，在有承压水地区，如基槽挖除承压水以上隔水层，则可能出现大量涌水浸泡地基。

(5) 空心结构浮起。水池、油罐、空旷地下工程埋深超越地下水位较多时，可能上浮，影响使用。

【工程案例 14-4】 1996 年 9 月，海口市经受 12 级飓风袭击，伴有 400mm 以上的大暴雨，在滨海大道旁的某商住小区内，一座停工中的体积达 30000m^3 的巨型地下室突然窜出地面 5～6m，整体倾斜，犹如平地出现一艘水泥船，停泊在两幢高楼的中间。虽然经过降水、牵引、归位等工程措施处理，但因地下室两端高差仍有 900mm 无法扶正，且顶板和外墙均已开裂，不能继续利用而报废。这一典型的倾覆失稳的事故再次告诫人们，黏性土中的巨大浮力不容忽视。

14.2.5 特殊土地基工程事故及防治

1. 湿陷性黄土地基工程事故及防治

湿陷性黄土地基受水浸湿后，土体结构迅速破坏而发生显著附加沉降导致建筑物破坏是常见的湿陷性黄土地基工程事故。

为防止黄土湿陷采取合理措施包括：①通过地基处理消除建筑物地基的全部湿陷量和部分湿陷量；②防止水浸入地基，避免地基土体发生湿陷；③加强上部结构刚度，采用合理体型，使建筑物对地基湿陷变形有较大的适应性。

湿陷性黄土地基处理方法有下述几种：土或灰土垫层法，土桩或灰土桩法，重锤夯实法和强夯法，预浸水法，振冲碎石桩法，深层搅拌法，灌浆法，桩基础。

对湿陷性黄土地基上已有建筑物地基加固和纠偏主要采用下述方法：桩式托换，灌浆法，石灰桩法和灰土桩法，加载促沉法和浸水促沉法纠偏及其他纠偏技术。

2. 膨胀土地基工程事故及防治

膨胀土是具有较大的吸水膨胀和失水收缩变形特征的高塑性黏性土。

膨胀土地基处理主要措施：排水或保湿措施、换土、加深基础埋深或采用桩基础等。

3. 冻土地基工程事故及防治

土中水冻结时，体积约增加原水体积的9%，从而使土体体积膨胀，融化后土体体积变小。土体冻结使原来土体矿物颗粒间的水分联结变为冰晶胶结，使土体具有较高的抗剪强度和较小的压缩性。

防治建筑物冻害的方法有多种，基本上可归为两类：一类是通过地基处理消除或减小冻胀和融沉的影响；另一类是增强结构对地基冻胀和融沉的适应能力。

消除或减小冻胀和融沉影响的地基处理方法：换填法，采用物理化学方法改良土质，保温法，排水隔水法。

4. 盐渍土地地基工程事故及防治

盐渍土是指含盐量超过一定数量的土。

盐渍土的主要特点有盐渍土中液相含有盐溶液，固相含有结晶盐。盐渍土地基浸水后，土中盐溶解产生地基溶陷。某些盐渍土在环境温度或湿度变化时可能产生土体体积膨胀；盐渍土的盐溶液会导致建筑物和市政设施材料的腐蚀。

减小盐渍土地基溶陷的处理方法：水预溶法，换填法，强夯法，盐化处理法，采用桩基础。

防止盐渍土地基盐胀的措施有：化学方法，换填法，设地面隔热层，降低地温变化的幅度。

14.2.6 桩基础工程事故及防治

1. 沉管灌注桩质量事故及防治

沉管灌注桩质量事故的表现是桩身缩径、夹泥，桩身裂缝或断桩。造成沉管灌注桩质量事故的原因是：提管速度过快、混凝土配合比不良、和易性流动性差、混凝土浇筑时间过快。

沉管灌注桩是挤土桩，施工过程中挤土使地基中产生超静孔隙水压力。若桩间距过小，地基土中过高的超静孔隙水压力，以及邻近桩沉管挤压等原因可能使桩身产生裂缝甚至断桩。桩身蜂窝、空洞的主要原因是混凝土级配不良，粗骨料粒径过大，和易性差及黏土层中夹砂层影响等。

可采用下述措施预防事故发生：①通过试桩核对勘察报告所提供的工程地质资料、检验打桩设备质量的技术措施是否合适；②采用合适的沉、拔管工艺，根据土层情况控制拔管速度；③选用合理的混凝土配合比；④确定合理打桩程序，减小相邻影响。

2. 钻孔灌注桩质量事故及防治

钻孔灌注桩可分为干作业法和泥浆护壁法两大类。干作业法又可分为机械钻孔和人工挖孔两类。泥浆护壁法又可分为反循环钻成孔、正循环钻成孔、潜水钻成孔以及钻孔扩底等多种成孔工艺。

主要事故反映在下述方面：①钻孔灌注桩沉渣过厚；②塌孔或缩孔造成桩身断面减小，甚至造成断桩；③桩身混凝土质量差，出现蜂窝、孔洞。

预防措施：根据土质条件选用合理的施工工艺和优质护壁泥浆，采用合适的混凝土配合比。若发现桩身质量欠佳和沉渣过厚，可采用在桩身混凝土中钻孔、压力灌浆加固，严重时可采用补桩处理。

3. 预制桩质量事故及防治

常见质量事故为桩顶破碎、桩身侧移、倾斜及断桩事故。打入桩较易发生桩顶破碎现象，其原因可能是：混凝土强度不够、桩顶钢筋构造不妥、桩顶不平整、锤重选择不当、桩顶垫层不良等。打入桩和静压桩会产生挤土效应，可能引起桩身侧移、倾斜，甚至断桩。

避免桩顶破碎现象的措施：根据产生桩顶破碎的原因采取相应措施，避免桩顶破碎现象发生。若桩顶已经破坏可凿去破碎层，制作高强混凝土桩头，养护后再锤击沉桩。

减小挤土效应的措施：合理安排打桩顺序，控制打桩速度，如需要可先钻孔取土再沉桩，有时也可在桩侧设置砂井或减压孔。采用空心敞口预制桩也可减小挤土效应。

4. 桩基变位事故及防治

对先打桩后挖土的工程，由于打桩的挤土作用和动力波作用，使原处于静平衡状态的地基土体遭到破坏。如果打桩后紧接着开挖基坑，由于开挖时的应力释放，再加上挖土高差形成一侧卸荷和侧向推力，土体易产生一定的水平位移，使先打设的桩产生水平位移。

预防该类事故的措施是合理编排施工组织计划。在群桩基础的桩打设后，宜停留一定时间，待土中由于打桩积聚的应力有所释放，孔隙水压力有所降低，被扰动的土体重新固结后，再开挖基坑土方，而且土方的开挖宜均匀，分层，尽量减少开挖时的土压力差，以避免土体产生较大水平位移。

14.2.7 地下室渗漏事故及防治

建筑物地下室工程大约有 50% 或多或少存在渗漏问题，地下水位高的地区渗漏事故尤为严重。

1. 混凝土蜂窝、孔洞渗漏

混凝土蜂窝、孔洞由混凝土浇筑质量不良形成。如未按顺序振捣混凝土而漏振、混凝土离析、砂浆分离、石子成堆或严重跑浆、有泥块等杂物掺入混凝土等。补救措施可根据蜂窝、孔洞及渗漏情况,查明渗漏部位,然后进行堵漏处理。对于蜂窝,在修补处理前,先将面层松散不牢的石子剔凿掉,用钻子或剁斧将表面凿毛,清理后用水冲刷干净。

2. 混凝土产生裂缝

造成渗漏造成混凝土产生裂缝的原因有下述几种:混凝土搅拌不均匀或水泥品种混用,因其收缩不一产生裂缝;大体积混凝土施工时,由于温度控制不严而产生温度裂缝;设计时,由于对土的侧压力及水压力作用考虑不周,结构缺乏足够的刚度导致裂缝等。

3. 施工缝渗漏

施工缝是防水混凝土工程中的薄弱部位,造成施工缝渗漏的原因有下述几种:由于留设位置不当未按施工缝的处理方法进行处理;下料方法不当,造成骨料集中于施工缝处;钢筋过密,内外模板距离狭窄,混凝土浇捣困难,施工质量不易保证;浇筑混凝土时,因工序衔接等原因造成新老接合部位产生收缩裂缝等。

绝大部分有关地基与基础工程事故是可以避免的,应该努力去避免一切可以避免的工程事故。但也不是一切地基与基础工程事故都可以避免的。地基与基础工程问题具有随机性、模糊性、未知性,如工程地质条件和水文地质条件、荷载,特别是风荷载和地震荷载等,从这一角度可以说工程事故又是不可能完全避免的。应该学习掌握处理工程事故的技能,尽量减小工程事故造成的损失,尽快恢复建筑物的功能。

习 题

简答题

1. 简述地基基础工程事故的类型。
2. 简述地基沉降事故的原因及防治。
3. 简述地基失稳事故的原因及防治。
4. 简述基坑工程事故的原因及防治。
5. 简述溶蚀、管涌事故的原因及防治。
6. 简述特殊土地基工程事故的原因及防治。
7. 简述桩基础工程事故的原因及防治。
8. 简述地下室渗漏事故的原因及防治。

参 考 文 献

[1] 中华人民共和国国家标准. 建筑地基基础设计规范(GB 50007—2011)[S]. 北京：中国建筑工业出版社，2011.
[2] 中华人民共和国国家标准. 岩土工程勘察规范(GB 50021—2001)(2009 年版)[S]. 北京：中国建筑工业出版社，2009.
[3] 中华人民共和国国家标准. 湿陷性黄土地区建筑规范(GB 50025—2004)[S]. 北京：中国建筑工业出版社，2004.
[4] 中华人民共和国国家标准. 建筑抗震设计规范(GB 50011—2010)[S]. 北京：中国建筑工业出版社，2010.
[5] 中华人民共和国国家标准. 膨胀土地区建筑技术规范(GB 50112—2013)[S]. 北京：中国建筑工业出版社，2013.
[6] 中华人民共和国国家标准. 复合土钉墙基坑支护技术规范(GB 50739—2011)[S]. 北京：中国计划出版社，2012.
[7] 中华人民共和国国家标准. 复合地基技术规范(GB/T 50783—2012)[S]. 北京：中国计划出版社，2012.
[8] 中华人民共和国国家标准. 建筑基坑工程监测技术规范(GB 50497—2009)[S]. 北京：中国计划出版社，2009.
[9] 中华人民共和国行业标准. 建筑桩基技术规范(JGJ 94—2008)[S]. 北京：中国建筑工业出版社，2008.
[10] 中华人民共和国行业标准. 建筑地基处理技术规范(JGJ 79—2012)[S]. 北京：中国建筑工业出版社，2012.
[11] 中华人民共和国行业标准. 建筑基坑支护技术规程(JGJ 120—2012)[S]. 北京：中国建筑工业出版社，2012.
[12] 陈晋中. 土力学与地基基础[M]. 北京：机械工业出版社，2011.
[13] 刘国华. 地基与基础[M]. 北京：化学工业出版社，2010.
[14] 程建伟. 土力学与地基基础工程[M]. 北京：机械工业出版社，2010.
[15] 陈东佐. 基础工程[M]. 北京：化学工业出版社，2010.
[16] 龚晓南. 地基处理手册[M]. 3 版. 北京：中国建筑工业出版社，2008.
[17] 孔军. 土力学与地基基础[M]. 2 版. 北京：中国电力出版社，2008.
[18] 陈书申，陈晓平. 土力学与地基基础[M]. 3 版. 武汉：武汉理工大学出版社，2006.
[19] 龚晓南. 地基处理[M]. 北京：中国建筑工业出版社，2005.
[20] 叶书麟，叶观宝. 地基处理[M]. 2 版. 北京：中国建筑工业出版社，2004
[21] 王社良. 抗震结构设计[M]. 3 版. 武汉：武汉理工大学出版社，2007
[22] 张雁，刘金波. 桩基手册[M]. 北京：中国建筑工业出版社，2009
[23] 周金春. 建筑施工技术[M]. 石家庄：河北科学技术出版社，2005.
[24] 刘昌辉，时红莲. 基础工程学[M]. 武汉：中国地质大学出版社，2005.
[25] 李继明. 地基与基础[M]. 武汉：中国地质大学出版社，2006.
[26] 席永慧. 土力学与基础工程[M]. 上海：同济大学出版社，2006.
[27] 王协群，等. 基础工程[M]. 北京：北京大学出版社，2006.

[28] 沈保汉. 桩基与深基坑支护技术发展[M]. 北京：知识产权出版社，2006.
[29] 张忠亭，丁小学. 钻孔灌注桩设计与施工[M]. 北京：中国建筑工业出版社，2006.
[30] 张忠苗. 桩基工程[M]. 北京：中国建筑工业出版社，2007.
[31] 周景星，等. 基础工程[M]. 2版. 北京：清华大学出版社，2007.
[32] 徐晓红. 基础工程[M]. 北京：中国计量出版社，2008.
[33] 丁克胜. 土木工程施工[M]. 武汉：华中科技大学出版社，2008.
[34] 史佩栋. 桩基工程手册2008[M]. 北京：人民交通出版社，2008.
[35] 莫海鸿，杨小平. 基础工程[M]. 2版. 北京：中国建筑工业出版社，2008.
[36] 刘金波. 建筑桩基技术规范理解与应用[M]. 北京：中国建筑工业出版社，2008.
[37] 石海均，等. 土木工程施工[M]. 北京：北京大学出版社，2009.
[38] 肖明和，等. 地基与基础[M]. 北京：北京大学出版社，2009.
[39] 钟汉华，等. 建筑工程施工技术[M]. 北京：北京大学出版社，2009.
[40] 刘金砺，等. 建筑桩基技术规范应用手册[M]. 北京：中国建筑工业出版社，2010.
[41] 孙大群. 桩工初级技能[M]. 北京：高等教育出版社，2005.
[42] 李惠强. 高层建筑施工技术[M]. 北京：机械工业出版社，2005.
[43] 朱照林. 地基基础施工便携手册[M]. 北京：中国计划出版社，2005.
[44] 江正荣. 建筑地基与基础施工手册[M]. 北京：中国建筑工业出版社，2005.
[45] 洪树生. 建筑施工技术[M]. 北京：科学出版社，2007.
[46] 郑少瑛，等. 土木工程施工技术[M]. 北京：中国电力出版社，2007.
[47] 熊智彪. 建筑基坑支护[M]. 北京：中国建筑工业出版社，2008.
[48] 李建峰. 现代土木工程施工技术[M]. 北京：中国电力出版社，2008.
[49] 任建喜. 岩土工程测试技术[M]. 武汉：武汉工业大学出版社，2009.
[50] 孙加保，刘春峰. 建筑施工设计教程[M]. 北京：化学工业出版社，2009.
[51] 杨小平. 基础工程[M]. 广州：华南理工大学出版社，2010.
[52] 王绍君. 高层与大跨建筑结构施工[M]. 北京：北京大学出版社，2010.
[53] 宇仁岐. 建筑施工技术[M]. 北京：高等教育出版社，2011.
[54] 昌永红. 地基与基础[M]. 北京：北京交通大学出版社，2011.
[55] 蔡雪峰. 土木工程施工技术[M]. 北京：高等教育出版社，2011.
[56] 孙世国. 土力学地基基础[M]. 北京：中国电力出版社，2011.
[57] 胡铁明. 高层建筑施工[M]. 武汉：武汉理工大学出版社，2011.
[58] 吴志斌. 建筑施工技术[M]. 北京：北京理工大学出版社，2011.
[59] 杨跃. 现代高层建筑施工[M]. 武汉：华中科技大学出版社，2011.

北京大学出版社高职高专土建系列教材书目

序号	书名	书号	编著者	定价	出版时间	配套情况
	"互联网+"创新规划教材					
1	建筑构造(第二版)	978-7-301-26480-5	肖芳	42.00	2016.1	APP/PPT/二维码
2	建筑识图与构造	978-7-301-28876-4	林秋怡等	46.00	2017.11	PPT/二维码
3	建筑构造与识图	978-7-301-27838-3	孙伟	40.00	2017.1	APP/二维码
4	建筑装饰构造(第二版)	978-7-301-26572-7	赵志文等	39.50	2016.1	PPT/二维码
5	中外建筑史(第三版)	978-7-301-28689-0	袁新华等	42.00	2017.9	PPT/二维码
6	建筑工程概论	978-7-301-25934-4	申淑荣等	40.00	2015.8	PPT/二维码
7	市政工程概论	978-7-301-28260-1	郭福等	46.00	2017.5	PPT/二维码
8	市政管道工程施工	978-7-301-26629-8	雷彩虹	46.00	2016.5	PPT/二维码
9	市政道路工程施工	978-7-301-26632-8	张雪丽	49.00	2016.5	PPT/二维码
10	市政工程材料检测	978-7-301-29572-2	李继伟等	44.00	2018.9	PPT/二维码
11	建筑三维平法结构图集(第二版)	978-7-301-29049-1	傅华夏	68.00	2018.1	APP
12	建筑三维平法结构识图教程(第二版)	978-7-301-29121-4	傅华夏	68.00	2018.1	APP/PPT
13	AutoCAD建筑制图教程(第三版)	978-7-301-29036-1	郭慧	49.00	2018.4	PPT/素材/二维码
14	BIM应用:Revit建筑案例教程	978-7-301-29693-6	林标锋等	58.00	2018.8	APP/PPT/二维码
15	建筑制图(第三版)	978-7-301-28411-7	高丽荣	38.00	2017.7	APP/PPT/二维码
16	建筑制图习题集(第三版)	978-7-301-27897-0	高丽荣	35.00	2017.7	APP
17	建筑工程制图与识图(第二版)	978-7-301-24408-1	白丽红	34.00	2016.8	APP/二维码
18	建筑设备基础知识与识图(第二版)	978-7-301-24586-6	靳慧征等	47.00	2016.8	二维码
19	建筑结构基础与识图	978-7-301-27215-2	周晖	58.00	2016.9	APP/二维码
20	建筑力学(第三版)	978-7-301-28600-5	刘明晖	55.00	2017.8	PPT/二维码
21	建筑力学与结构(第三版)	978-7-301-29209-9	吴承霞等	59.50	2018.5	APP/PPT/二维码
22	建筑力学与结构(少学时版)(第二版)	978-7-301-29022-4	吴承霞等	46.00	2017.12	PPT/答案
23	建筑施工技术(第三版)	978-7-301-28575-6	陈雄辉	54.00	2018.1	PPT/二维码
24	建筑施工技术	978-7-301-28756-9	陆艳侠	58.00	2018.1	PPT/二维码
25	建筑工程施工技术(第三版)	978-7-301-27675-4	钟汉华等	66.00	2016.11	APP/二维码
26	高层建筑施工	978-7-301-28232-8	吴俊臣	65.00	2017.4	PPT/答案
27	建筑工程施工组织设计(第二版)	978-7-301-29103-0	鄢维峰等	37.00	2018.1	PPT/答案/二维码
28	建筑工程施工组织实训(第二版)	978-7-301-30176-0	鄢维峰等	41.00	2019.1	PPT/二维码
29	工程建设监理案例分析教程(第二版)	978-7-301-27864-2	刘志麟等	50.00	2017.1	PPT/二维码
30	建设工程监理概论(第三版)	978-7-301-28832-0	徐锡权等	44.00	2018.2	PPT/答案/二维码
31	建筑工程质量与安全管理(第二版)	978-7-301-27219-0	郑伟	55.00	2016.8	PPT/二维码
32	建筑工程计量与计价——透过案例学造价(第二版)	978-7-301-23852-3	张强	59.00	2017.1	PPT/二维码
33	城乡规划原理与设计(原城市规划原理与设计)	978-7-301-27771-3	谭婧婧等	43.00	2017.1	PPT/素材/二维码
34	建筑工程计量与计价	978-7-301-27866-6	吴育萍等	49.00	2017.1	PPT/二维码
35	建筑工程计量与计价(第三版)	978-7-301-25344-1	肖明和等	65.00	2017.1	APP/二维码
36	安装工程计量与计价(第四版)	978-7-301-16737-3	冯钢	59.00	2018.1	PPT/答案/二维码
37	建筑水电安装工程计量与计价(第二版)	978-7-301-26329-7	陈连姝	62.00	2019.7	PPT/答案/二维码
38	市政工程计量与计价(第三版)	978-7-301-27983-0	郭良娟等	59.00	2017.2	PPT/二维码
39	建筑施工机械(第二版)	978-7-301-28247-2	吴志强等	35.00	2017.5	PPT/答案
40	建筑工程测量(第二版)	978-7-301-28296-0	石东等	51.00	2017.5	PPT/二维码
41	建筑工程测量(第三版)	978-7-301-29113-9	张敬伟等	49.00	2018.1	PPT/答案/二维码
42	建筑工程测量实验与实训指导(第三版)	978-7-301-29112-2	张敬伟等	29.00	2018.1	答案/二维码
43	建设工程法规(第三版)	978-7-301-29221-1	皇甫婧琪	44.00	2018.4	PPT/二维码
44	建设工程招投标与合同管理(第四版)	978-7-301-29827-5	宋春岩	42.00	2018.9	PPT/答案/试题/教案
45	工程项目招投标与合同管理(第三版)	978-7-301-28439-1	周艳冬	44.00	2017.7	PPT/二维码
46	工程项目招投标与合同管理(第三版)	978-7-301-29692-9	李洪军等	47.00	2018.8	PPT/二维码
47	建筑工程经济(第三版)	978-7-301-28723-1	张宁宁等	36.00	2017.9	PPT/答案/二维码
48	建筑工程资料管理(第二版)	978-7-301-29210-5	孙刚等	47.00	2018.3	PPT/二维码
49	建筑材料与检测	978-7-301-28809-2	陈玉萍	44.00	2017.10	PPT/二维码
50	建筑工程材料	978-7-301-28982-2	向积波等	42.00	2018.1	PPT/二维码
51	建筑材料与检测(第二版)	978-7-301-25347-2	梅杨等	35.00	2015.2	PPT/答案/二维码
52	建筑供配电与照明工程	978-7-301-29227-3	羊梅	38.00	2018.2	PPT/答案/二维码

序号	书 名	书 号	编著者	定价	出版时间	配套情况
53	房地产投资分析	978-7-301-27529-0	刘永胜	47.00	2016.9	PPT/二维码
54	建筑工程质量事故分析(第三版)	978-7-301-29305-8	郑文新等	39.00	2018.8	PPT/二维码
55	建筑施工技术	978-7-301-29854-1	徐 淳	59.50	2018.9	APP/PPT/二维码
56	建筑施工组织设计	978-7-301-30236-1	徐运明等	43.00	2019.1	PPT/答案
57	工程地质与土力学（第三版）	978-7-301-30230-9	杨仲元	50.00	2019.2	PPT/答案/试题
58	居住区规划设计（第二版）	978-7-301-30133-3	张 燕	59.00	2019.5	PPT/二维码
"十二五"职业教育国家规划教材						
1	★建筑工程应用文写作(第二版)	978-7-301-24480-7	赵立等	50.00	2014.8	PPT
2	★土木工程实用力学(第二版)	978-7-301-24681-8	马景善	47.00	2015.7	PPT
3	★建设工程监理(第二版)	978-7-301-24490-6	斯 庆	35.00	2015.1	PPT/答案
4	★建筑节能工程与施工	978-7-301-24274-2	吴明军等	35.00	2015.5	PPT
5	★建筑工程经济(第二版)	978-7-301-24492-0	胡六星等	41.00	2014.9	PPT/答案
6	★建设工程招投标与合同管理(第四版)	978-7-301-29827-5	宋春岩	42.00	2018.9	PPT/答案/试题/教案
7	★工程造价概论	978-7-301-24696-2	周艳冬	31.00	2015.1	PPT/答案
8	★建筑工程计量与计价(第三版)	978-7-301-25344-1	肖明和等	65.00	2017.1	APP/二维码
9	★建筑工程计量与计价实训(第三版)	978-7-301-25345-8	肖明和等	29.00	2015.7	
10	★建筑装饰施工技术(第二版)	978-7-301-24482-1	王 军	37.00	2014.7	PPT
11	★工程地质与土力学(第二版)	978-7-301-24479-1	杨仲元	41.00	2014.7	PPT
基础课程						
1	建设法规及相关知识	978-7-301-22748-0	唐茂华等	34.00	2013.9	PPT
2	建筑工程法规实务(第二版)	978-7-301-26188-0	杨陈慧等	49.50	2017.6	PPT
3	建设工程法规	978-7-301-20912-7	王先恕	32.00	2012.7	PPT
4	AutoCAD 建筑绘图教程(第二版)	978-7-301-24540-8	唐英敏等	44.00	2014.7	PPT
5	建筑CAD项目教程(2010版)	978-7-301-20979-0	郭 慧	38.00	2012.9	素材
6	建筑工程专业英语(第二版)	978-7-301-26597-0	吴承霞	24.00	2016.2	
7	建筑工程专业英语	978-7-301-20003-2	韩薇等	24.00	2012.2	PPT
8	建筑识图与构造(第二版)	978-7-301-23774-8	郑贵超	40.00	2014.2	PPT/答案
9	房屋建筑构造	978-7-301-19883-4	李少红	26.00	2012.1	PPT
10	建筑识图	978-7-301-21893-8	邓志勇等	35.00	2013.1	PPT
11	建筑识图与房屋构造	978-7-301-22860-9	负禄等	54.00	2013.9	PPT/答案
12	建筑构造与设计	978-7-301-23506-5	陈玉萍	38.00	2014.1	PPT/答案
13	房屋建筑构造	978-7-301-23588-1	李元玲等	45.00	2014.1	PPT
14	房屋建筑构造习题集	978-7-301-26005-0	李元玲	26.00	2015.8	PPT/答案
15	建筑构造与施工图识读	978-7-301-24470-8	南学平	52.00	2014.8	PPT
16	建筑工程识图实训教程	978-7-301-26057-9	孙 伟	32.00	2015.12	PPT
17	建筑制图习题集(第二版)	978-7-301-24571-2	白丽红	25.00	2014.8	
18	◎建筑工程制图(第二版)(附习题册)	978-7-301-21120-5	肖明和	48.00	2012.8	PPT
19	建筑制图与识图(第二版)	978-7-301-24386-2	曹雪梅	38.00	2015.8	PPT
20	建筑制图与识图习题册	978-7-301-18652-7	曹雪梅等	30.00	2011.4	
21	建筑制图与识图(第二版)	978-7-301-25834-7	李元玲	32.00	2016.9	PPT
22	建筑制图与识图习题集	978-7-301-20425-2	李元玲	24.00	2012.3	PPT
23	新编建筑工程制图	978-7-301-21140-3	方筱松	30.00	2012.8	PPT
24	新编建筑工程制图习题集	978-7-301-16834-9	方筱松	22.00	2012.8	
建筑施工类						
1	建筑工程测量	978-7-301-19992-3	潘益民	38.00	2012.2	PPT
2	建筑工程测量	978-7-301-28757-6	赵 昕	50.00	2018.1	PPT/二维码
3	建筑工程测量实训(第二版)	978-7-301-24833-1	杨凤华	34.00	2015.3	答案
4	建筑工程测量	978-7-301-22485-4	景 铎等	34.00	2013.6	PPT
5	建筑施工技术	978-7-301-19997-8	苏小梅	38.00	2012.1	PPT
6	基础工程施工	978-7-301-20917-2	董 伟等	35.00	2012.7	PPT
7	建筑施工技术实训(第二版)	978-7-301-24368-8	周晓龙	30.00	2014.7	
8	PKPM软件的应用(第二版)	978-7-301-22625-4	王 娜等	34.00	2013.6	
9	◎建筑结构(第二版)(上册)	978-7-301-21106-9	徐锡权	41.00	2013.4	PPT/答案
10	◎建筑结构(第二版)(下册)	978-7-301-22584-4	徐锡权	42.00	2013.6	PPT/答案
11	建筑结构学习指导与技能训练(上册)	978-7-301-25929-0	徐锡权	28.00	2015.8	PPT
12	建筑结构学习指导与技能训练(下册)	978-7-301-25933-7	徐锡权	28.00	2015.8	PPT
13	建筑结构(第二版)	978-7-301-25832-3	唐春平等	48.00	2018.6	PPT
14	建筑结构基础	978-7-301-21125-0	王中发	36.00	2012.8	PPT

序号	书　名	书　号	编著者	定价	出版时间	配套情况
15	建筑结构原理及应用	978-7-301-18732-6	史美东	45.00	2012.8	PPT
16	建筑结构与识图	978-7-301-26935-0	相秉志	37.00	2016.2	
17	建筑力学与结构	978-7-301-20988-2	陈水广	32.00	2012.8	PPT
18	建筑力学与结构	978-7-301-23348-1	杨丽君等	44.00	2014.1	PPT
19	建筑结构与施工图	978-7-301-22188-4	朱希文等	35.00	2013.3	PPT
20	建筑材料(第二版)	978-7-301-24633-7	林祖宏	35.00	2014.8	PPT
21	建筑材料检测试验指导	978-7-301-16729-8	王美芬等	18.00	2010.10	
22	建筑材料与检测(第二版)	978-7-301-26550-5	王　辉	40.00	2016.1	PPT
23	建筑材料与检测试验指导(第二版)	978-7-301-28471-1	王　辉	23.00	2017.7	PPT
24	建筑材料选择与应用	978-7-301-21948-5	申淑荣等	39.00	2013.3	PPT
25	建筑材料检测实训	978-7-301-22317-8	申淑荣等	24.00	2013.4	
26	建筑材料	978-7-301-24208-7	任晓菲	40.00	2014.7	PPT/答案
27	建筑材料检测试验指导	978-7-301-24782-2	陈东佐等	20.00	2014.9	PPT
28	建筑工程商务标编制实训	978-7-301-20804-5	钟振宇	35.00	2012.7	
29	◎地基与基础(第二版)	978-7-301-23304-7	肖明和等	42.00	2013.11	PPT/答案
30	地基与基础实训	978-7-301-23174-6	肖明和等	25.00	2013.10	PPT
31	土力学与地基基础	978-7-301-23675-8	叶火炎等	35.00	2014.1	PPT
32	土力学与基础工程	978-7-301-23590-4	宁培淋等	32.00	2014.1	PPT
33	土力学与地基基础	978-7-301-25525-4	陈东佐	45.00	2015.2	PPT/答案
34	建筑工程施工组织实训	978-7-301-18961-0	李源清	40.00	2011.6	PPT
35	建筑施工组织与进度控制	978-7-301-21223-3	张廷瑞	36.00	2012.9	PPT
36	建筑施工组织项目式教程	978-7-301-19901-5	杨红玉	44.00	2012.1	PPT/答案
37	钢筋混凝土工程施工与组织	978-7-301-19587-1	高　雁	32.00	2012.5	PPT
38	建筑施工工艺	978-7-301-24687-0	李源清等	49.50	2015.1	PPT/答案
工 程 管 理 类							
1	建筑工程经济	978-7-301-24346-6	刘晓丽等	38.00	2014.7	PPT/答案
2	施工企业会计(第二版)	978-7-301-24434-0	辛艳红等	36.00	2014.7	PPT/答案
3	建筑工程项目管理(第二版)	978-7-301-26944-2	范红岩等	42.00	2016.3	PPT
4	建设工程项目管理(第二版)	978-7-301-24683-2	王　辉	36.00	2014.9	PPT/答案
5	建设工程项目管理(第二版)	978-7-301-28235-9	冯松山等	45.00	2017.6	PPT
6	建筑施工组织与管理(第二版)	978-7-301-22149-5	翟丽旻等	43.00	2013.4	PPT/答案
7	建设工程合同管理	978-7-301-22612-4	刘庭江	46.00	2013.6	PPT/答案
8	建筑工程招投标与合同管理	978-7-301-16802-8	程超胜	30.00	2012.9	PPT
9	建设工程招投标与合同管理实务	978-7-301-20404-7	杨云会等	42.00	2012.4	PPT/答案/习题
10	工程招投标与合同管理	978-7-301-17455-5	文新平	37.00	2012.9	PPT
11	建筑工程安全管理(第2版)	978-7-301-25480-6	宋　健等	42.00	2015.8	PPT/答案
12	施工项目质量与安全管理	978-7-301-21275-2	钟汉华	45.00	2012.10	PPT/答案
13	工程造价控制(第2版)	978-7-301-24594-1	斯　庆	32.00	2014.8	PPT/答案
14	工程造价管理(第二版)	978-7-301-27050-9	徐锡权等	44.00	2016.5	PPT
15	建筑工程造价管理	978-7-301-20360-6	柴　琦等	27.00	2012.3	PPT
16	工程造价管理(第2版)	978-7-301-28269-4	曾　浩等	38.00	2017.5	PPT/答案
17	工程造价案例分析	978-7-301-22985-9	甄　凤	30.00	2013.8	PPT
18	建设工程造价控制与管理	978-7-301-24273-5	胡芳珍等	38.00	2014.6	PPT/答案
19	◎建筑工程造价	978-7-301-21892-1	孙咏梅	40.00	2013.2	PPT
20	建筑工程计量与计价	978-7-301-26570-3	杨建林	46.00	2016.1	PPT
21	建筑工程计量与计价综合实训	978-7-301-23568-3	龚小兰	28.00	2014.1	
22	建筑工程估价	978-7-301-22802-9	张　英	43.00	2013.8	PPT
23	安装工程计量与计价综合实训	978-7-301-23294-1	成春燕	49.00	2013.10	素材
24	建筑安装工程计量与计价	978-7-301-26004-3	景巧玲等	56.00	2016.1	PPT
25	建筑安装工程计量与计价实训(第二版)	978-7-301-25683-1	景巧玲等	36.00	2015.7	
26	建筑与装饰装修工程工程量清单(第二版)	978-7-301-25753-1	翟丽旻等	36.00	2015.5	PPT
27	建设项目评估(第二版)	978-7-301-28708-8	高志云等	38.00	2017.9	
28	钢筋工程清单编制	978-7-301-20114-5	贾莲英	36.00	2012.2	
29	建筑装饰工程预算(第二版)	978-7-301-25801-9	范菊雨	44.00	2015.7	PPT
30	建筑装饰工程计量与计价	978-7-301-20055-1	李茂英	42.00	2012.2	PPT
31	建筑工程安全技术与管理实务	978-7-301-21187-8	沈万岳	48.00	2012.9	PPT
建 筑 设 计 类							
1	建筑装饰CAD项目教程	978-7-301-20950-9	郭　慧	35.00	2013.1	PPT/素材

序号	书　名	书　号	编著者	定价	出版时间	配套情况
2	建筑设计基础	978-7-301-25961-0	周圆圆	42.00	2015.7	
3	室内设计基础	978-7-301-15613-1	李书青	32.00	2009.8	PPT
4	建筑装饰材料(第二版)	978-7-301-22356-7	焦　涛等	34.00	2013.5	PPT
5	设计构成	978-7-301-15504-2	戴碧锋	30.00	2009.8	PPT
6	设计色彩	978-7-301-21211-0	龙黎黎	46.00	2012.9	PPT
7	设计素描	978-7-301-22391-8	司马金桃	29.00	2013.4	PPT
8	建筑素描表现与创意	978-7-301-15541-7	于修国	25.00	2009.8	
9	3ds Max 效果图制作	978-7-301-22870-8	刘　晗等	45.00	2013.7	PPT
10	Photoshop 效果图后期制作	978-7-301-16073-2	脱忠伟等	52.00	2011.1	素材
11	3ds Max & V-Ray 建筑设计表现案例教程	978-7-301-25093-8	郑恩峰	40.00	2014.12	PPT
12	建筑表现技法	978-7-301-19216-0	张　峰	32.00	2011.8	PPT
13	装饰施工读图与识图	978-7-301-19991-6	杨丽君	33.00	2012.5	PPT
	规　划　园　林　类					
1	居住区景观设计	978-7-301-20587-7	张群成	47.00	2012.5	PPT
2	居住区规划设计	978-7-301-21031-4	张　燕	48.00	2012.8	PPT
3	园林植物识别与应用	978-7-301-17485-2	潘　利等	34.00	2012.9	PPT
4	园林工程施工组织管理	978-7-301-22364-2	潘　利等	35.00	2013.4	PPT
5	园林景观计算机辅助设计	978-7-301-24500-2	于化强等	48.00	2014.8	PPT
6	建筑·园林·装饰设计初步	978-7-301-24575-0	王金贵	38.00	2014.10	PPT
	房　地　产　类					
1	房地产开发与经营(第2版)	978-7-301-23084-8	张建中等	33.00	2013.9	PPT/答案
2	房地产估价(第2版)	978-7-301-22945-3	张　勇等	35.00	2013.9	PPT/答案
3	房地产估价理论与实务	978-7-301-19327-3	褚菁晶	35.00	2011.8	PPT/答案
4	物业管理理论与实务	978-7-301-19354-9	裴艳慧	52.00	2011.9	PPT
5	房地产营销与策划	978-7-301-18731-9	应佐萍	42.00	2012.8	PPT
6	房地产投资分析与实务	978-7-301-24832-4	高志云	35.00	2014.9	PPT
7	物业管理实务	978-7-301-27163-6	胡大见	44.00	2016.6	
	市　政　与　路　桥					
1	市政工程施工图案例图集	978-7-301-24824-9	陈亿琳	43.00	2015.3	PDF
2	市政工程计价	978-7-301-22117-4	彭以舟等	39.00	2013.3	PPT
3	市政桥梁工程	978-7-301-16688-8	刘　江等	42.00	2010.8	PPT/素材
4	市政工程材料	978-7-301-22452-6	郑晓国	37.00	2013.5	PPT
5	道桥工程材料	978-7-301-21170-0	刘水林等	43.00	2012.9	PPT
6	路基路面工程	978-7-301-19299-3	偶昌宝等	34.00	2011.8	PPT/素材
7	道路工程技术	978-7-301-19363-1	刘　雨等	33.00	2011.12	PPT
8	城市道路设计与施工	978-7-301-21947-8	吴颖峰	39.00	2013.1	PPT
9	建筑给排水工程技术	978-7-301-25224-6	刘　芳等	46.00	2014.12	PPT
10	建筑给水排水工程	978-7-301-20047-6	叶巧云	38.00	2012.2	PPT
11	数字测图技术	978-7-301-22656-8	赵　红	36.00	2013.6	PPT
12	数字测图技术实训指导	978-7-301-22679-7	赵　红	27.00	2013.6	PPT
13	道路工程测量(含技能训练手册)	978-7-301-21967-6	田树涛等	45.00	2013.2	PPT
14	道路工程识图与 AutoCAD	978-7-301-26210-8	王容玲等	35.00	2016.1	PPT
	交　通　运　输　类					
1	桥梁施工与维护	978-7-301-23834-9	梁　斌	50.00	2014.2	PPT
2	铁路轨道施工与维护	978-7-301-23524-9	梁　斌	36.00	2014.1	PPT
3	铁路轨道构造	978-7-301-23153-1	梁　斌	32.00	2013.10	PPT
4	城市公共交通运营管理	978-7-301-24108-0	张洪满	40.00	2014.5	PPT
5	城市轨道交通车站行车工作	978-7-301-24210-0	操　杰	31.00	2014.7	PPT
6	公路运输计划与调度实训教程	978-7-301-24503-3	高福军	31.00	2014.7	PPT/答案
	建　筑　设　备　类					
1	建筑设备识图与施工工艺(第2版)	978-7-301-25254-3	周业梅	44.00	2015.12	PPT
2	水泵与水泵站技术	978-7-301-22510-3	刘振华	40.00	2013.5	PPT
3	智能建筑环境设备自动化	978-7-301-21090-1	余志强	40.00	2012.8	PPT
4	流体力学及泵与风机	978-7-301-25279-6	王　宁等	35.00	2015.1	PPT/答案

注：🌐为"互联网+"创新规划教材；★为"十二五"职业教育国家规划教材；◎为国家级、省级精品课程配套教材，省重点教材。相关教学资源如电子课件、习题答案、样书等可通过以下方式联系我们。

联系方式：010-62756290，010-62750667，yxlu@pup.cn，pup_6@163.com，欢迎来电咨询。